JN206450

コンピュータシステムの理論と実装
第2版

モダンなコンピュータの作り方

Noam Nisan、Shimon Schocken　著
斎藤 康毅　訳

Noam Nisan and Shimon Schocken

The Elements of Computing Systems
Building a Modern Computer from First Principles

Second Edition

The MIT Press
Cambridge, Massachusetts
London, England

"less is more"
「少ないほど豊かである」
ということを教えてくれた、両親へ

賞賛の声

コンピュータシステムを統合的に捉え、あらゆる側面を知ることができる。コンピュータシステム全体を新しい視点で見ることができる。

—— **ジョナサン・ボウエン** 『タイムズ・ハイアー・エデュケーション』
(イギリスの高等教育専門誌)

ニッサンとショッケンは、「人間の思考」から「論理ゲート」までを完璧に網羅する傑作を生み出した。この本で二人は、for ループや OR ゲートの設計といった単純なものからコンピュータやコンパイラの設計といった本格的なものまで、すべての要素を平易な言葉で同じように説明している。本書のツールセットを使えばそれらを実際に作り、「命」を吹き込むことができる。

—— **アーカッシュ・タヤギ** テキサス A&M 大学教授

訳者まえがき

「Nandから始めて、テトリスまでを作ってみよう」——これを聞いて、少しでもコンピュータサイエンスを学んだことがある人なら、冗談だと思うに違いない。そんな大変なことができるわけがないと。しかし本書は、その冗談を真剣に受け止め、実際にやってみせる。しかも、完璧なやり方で。

本書はノーム・ニッサンとシモン・ショッケンによる共著『The Elements of Computing Systems, Second edition』の日本語訳である。原著の初版は2005年に出版され、以来、多くの読者に支持されてきた。2021年には第2版が出版され、大幅な改訂が加えられた。今回の邦訳版は、その第2版を翻訳したものである。

僕が原著の初版を手に取ったのは、かなり昔のことだ。最初に読んだとき（そして作り通したとき）、本当に驚いた。Nandが、あれよあれよと成長していく。気づけば加算器に、気づけばALUに、そして仮想マシン、OSへと進化を遂げる。さらに頑張ればテトリスだって作れる。全部を作り終えたとき、いったいどうやってここまで来たのだろうと思った。同時に、一冊の技術書でこんなに感動することがあるのだとも思った。僕は一気にこの本に魅了され、翻訳したいと願った。

ありがたいことに、本書の翻訳を担当することができた。翻訳作業を進める中で、本書の持つ魅力を改めて実感した。構成がいい。説明がうまい。リズムがある。なにより、実際に作り上げる過程が楽しい。「作る喜び」とは、こういうことを言うのだろう。そして思った。自分の手で作り上げるというのは、とても意味のあることだと。

自ら手を動かし、試行錯誤しながら前に進む中で、コンピュータの仕組みに対する深い理解が育まれていく。これは、講義を聞くだけでは得られない、かけがえのない経験である。さらに自分の手で作り上げることで、達成感を味わうこともできる。自分の手でひとつのコンピュータシステムを構築したのだという実感が、大きな自信と喜びをもたらしてくれるだろう。最後にテトリスが動いたときの感動は、きっと忘れ

られないものになるはずだ。これほどまでに読者を引き付け、多くの支持を集める理由は、そういうところにあるのかもしれない。

　日本では邦訳（初版）が 2015 年に出版された。以来、日本でも多くの読者に支持されてきた。ネットを少し検索すれば、本書に関する多くの感想やレビューが見つかる。そこでは、本書の魅力や面白さが興奮気味に語られている。翻訳者として、とても嬉しく思う。そして、本書の第 2 版を翻訳することができたことを、光栄に思う。

　最後に、本書の翻訳にあたり、多くの方々にお世話になった。編集や制作の方々には多くのご指導とご助言をいただいた。また、以下は本書の原稿を読んでいただき、貴重なコメントをいただいた方々である。心より感謝申し上げたい。

　矢島 陽樹、吉田 丈士、斎藤 航、高野 茂幸、河原 卓美、阿久津 恵太、首藤 朗、佐藤 弘崇、山田 顕人、日下 雅博、小山 修生、軽部 俊和、藤本 晃輔、青木 健一、kumavale、伊賀 彰、石田 典士、東 大輔、牛田 陽晟、藤野 慎也、中野 拓帆、髙橋 廉、Nilton F.G. Filho、古賀 大幹

　最後に、本書を手に取っていただいた読者の方々に感謝申し上げる。本書が多くの読者に「作る喜び」をもたらしてくれることを願ってやまない。

2024 年 10 月 1 日

斎藤 康毅

まえがき

聞いたことは忘れる。見たことは思い出す。体験したことは身につく。

——孔子（紀元前 551 年〜479 年）

　ビット、原子、ニューロン、遺伝子——これらは 21 世紀における重要なテーマである。知識人を目指すには、それら 4 つを正しく理解すべきだとよく言われる。科学によってさまざまな現象の動作原理は解明されているが、「原子、ニューロン、遺伝子」の 3 つに関して言えば、実際にそれらがどのように動作しているのかを完全に理解することは私たち人間には不可能かもしれない。しかし、ビットやコンピュータは違う。現代のコンピュータは非常に複雑ではあるが、それがどのように動作し、どうやって作られているのかを完全に理解することができる。ビット、原子、ニューロン、遺伝子——これらのうち少なくとも 1 つは完全に理解できるのだ。そう思うと実に頼もしい。

　コンピュータの黎明期には、好奇心旺盛な人なら誰でも、マシンの動作原理を全体を通して理解することができた。ハードウェアとソフトウェアの相互作用はシンプルで分かりやすく、コンピュータ操作の全体像をありのままに一貫して見渡すことができた。残念ながらコンピュータ技術が急速に複雑化するにつれて、そのような明快さはほとんどが消え失せてしまった。コンピュータサイエンスで最も重要なアイデアや技術は、よくわからないインターフェースや独自の実装が幾重にも重なり、その本質が覆い隠されている。そして、その複雑さによって、コンピュータサイエンスは多くのニッチな専門分野に枝分かれしてしまった。

　筆者らが本書を書いた理由は、多くの学生が「木を見て森を見ず」の状態であるように思えたからだ。一般的な学生であれば、プログラミング、コンピュータ理論、エンジニアリングといった一連の授業がすでに組まれているだろう。そして、そのよう

なカリキュラムには、"森全体"の美しさを立ち止まって味わう時間は含まれていないことが多い。ここで言う"森全体"とは、ハードウェアとソフトウェアが密接に関連し合う世界でもあり、抽象化された技術や要件を満たした実装が連携し合う世界でもある。

この絡み合った世界を自分の目で実際に見ることができないとしたらどうだろうか？実際、多くの学生や専門家は、コンピュータの内部で何が起こっているのかを完全には理解しておらず、そのことに引け目を感じているはずだ。コンピュータは 21 世紀で最も重要な機械であるだけに、これは実に残念なことだ。

では、コンピュータの仕組みを理解するための最善の方法はなんだろうか。それはコンピュータをゼロから作ることである。筆者らはそう信じて疑わない。この考えに基づき考案したプランは次のとおりである。まずはシンプルだが十分にパワフルなコンピュータの仕様を決める。そして、プラットフォームとなるハードウェアと階層構造からなるソフトウェアをゼロから作る。この作る作業をひとつひとつ正確に進めていく。汎用コンピュータをゼロから作るのは大変な作業だから、ひとつひとつ確実に作業を進めることが重要なのだ。

本書で行う作業は、単に汎用コンピュータをを作るだけでなく、ハードウェアとソフトウェアの大規模な開発プロジェクトと見なすこともできる。そのため、大規模プロジェクトをいかに計画し、管理するかを学ぶ稀有な機会も得られる。実際、本書を読むと、注意深い設計と入念な計画によって、基本的な部品から信じられないほど複雑で実用的なシステムができあがることが分かるだろう。読者がその過程に魅了されることを期待したい。

本書で行うプロジェクトは、現在では「Nand to Tetris」という名前で知られている。Nand と呼ばれる最も初歩的な論理ゲートから始まり、12 のプロジェクトを経て、テトリスを実行できるコンピュータが完成する。もちろんテトリスだけでなく、思いついたプログラムならなんでも実行できる汎用コンピュータである。実際に筆者らは、そのような汎用コンピュータを設計し、実装するという作業を何度も繰り返してきた。本書を執筆したのは、その作業と同じ経験を読者にも味わってもらうためである。また、https://www.nand2tetris.org に Web サイトも公開している。「Nand to Tetris」を学びたい人や教えたい人なら誰でも、そのサイトに用意された資料やツールを自由に利用できる。

現在、「Nand to Tetris」は世界中の大学や高校、プログラマーの短期集中コース、オンライン授業、ハッカークラブなどで教材として使われており、大きな反響を得ている。高校生から Google のエンジニアに至るまで何千人もの学習者から、「Nand 「to Tetris」はこれまでで最高の教育体験だったという意見をもらっている。物理学者のリチャード・ファインマンは、次の有名な言葉を残している。「自分で作れないならば、本当に理解したとは言えない」と。同じく本書も作ることを通して理解するのがモットーだ。どうやら多くの人は、この「作る精神」に強く共感しているのだろう。

本書の初版が出版されて以来、筆者らは多くの質問やコメント、提案などを受け取ってきた。オンライン教材を修正することで、いくらか対処してきたが、時間とともに書籍と Web との間のギャップが大きくなってきた。さらに、書籍の内容や構成について改善したい点も多くなってきた。そこで（改訂作業をできる限り先延ばしはしたが）、筆者らは腕まくりをして第 2 版を執筆することに決めた。そして、本書が完成したのだ。この「まえがき」の残りのページでは、本書で扱う内容や旧版との違いについて説明する。

本書の扱う範囲

本書では、ハードウェアとソフトウェアを実際に作りながら、コンピュータサイエンスにおける重要なテーマを学ぶ。具体的には、次に示すトピックをハンズオン形式で学ぶ。

ハードウェア

ブール演算、組み合わせ論理回路、順序論理回路、論理ゲートの設計と実装、マルチプレクサ、フリップフロップ、レジスタ、RAM、カウンタ、ハードウェア記述言語（Hardware Description Language; HDL）、回路シミュレーション、回路テスト

アーキテクチャ

ALU/CPU の設計と実装、クロックとサイクル、アドレッシングモード、フェッチと実行の論理、命令セット、メモリマップド I/O

低水準言語

機械語 (バイナリ形式) の設計と実装、命令セット、アセンブリ言語、アセンブリ言語でのプログラミング、アセンブラ

仮想マシン

スタックベースのオートマトン、スタック演算、関数の呼び出しと復帰、再帰

処理、単純な仮想マシン言語の設計と実装

高水準言語

単純なオブジェクトベース言語（Java のような言語）の設計と実装：抽象データ型、クラス、コンストラクタ、メソッド、スコープルール、構文とセマンティクス、参照

コンパイラ

字句解析、構文解析、シンボルテーブル、コード生成、配列とオブジェクトの実装、2 段階コンパイル

プログラミング

アセンブラ、仮想マシン（Virtual Machine; VM）、コンパイラの実装（使用するプログラミング言語は任意）

オペレーティングシステム

メモリ管理、数学ライブラリ、入出力ドライバ、文字列処理、テキスト・グラフィカル要素のレンダリング、高水準言語のサポート

データ構造とアルゴリズム

スタック、ハッシュテーブル、リスト、木構造、算術アルゴリズム、幾何アルゴリズム、処理時間の検討

ソフトウェアエンジニアリング

モジュール設計、インターフェース/実装パラダイム、API デザインとドキュメント、ユニットテスト、将来を見据えたテスト設計、品質保証、大規模プロジェクト

これらのトピックは、「現代のコンピュータをゼロから作る」という明確な目的のもとで選ばれたものである。より正確に言うと、オブジェクトベースのプログラミング言語で書かれたコードを実行できる汎用コンピュータを作るために選ばれた必要最小限のトピックである。ここに「Nand to Tetris」のユニークさがある。また、この選ばれたトピックには、コンピュータサイエンスにおいて重要な概念や技術が多く含まれている（コンピュータサイエンスにおいて "最も美しいアイデア" と言えるものもいくつか含まれている）。

授業

「Nand to Tetris」の授業は、通常、大学生と大学院生の両方が受講する。また、独学で学ぶ人たちの間でも人気がある。本書の内容は、通常のコンピュータサイエンスの授業の内容とは独立しているので、大学のカリキュラムに関係なく、いつでも本書を使って勉強を開始できる。本書の内容を授業で教える場合は、次のどちらかのタイミングで教えるのが一般的である。

● プログラミングの基本を学んだ後に行う入門的な授業
  この授業には、コンピュータサイエンスで学ぶ内容の先を見据え、システム全体の理解を目指す入門的な内容を含むだろう。
● コンピュータサイエンスのすべての授業を学んだ最後の授業
  この授業には、学生が実際のプロジェクトに取り組むことで、これまでのコンピュータサイエンスの授業で見落としてきたギャップを埋めることができるだろう。

また、従来の「コンピュータアーキテクチャ」と「コンパイラ」の授業で教えられていた内容を、「Nand to Tetris」の授業でまとめて教えるという案も人気がある。どのような方針で授業をするにせよ、「Nand to Tetris」を使った授業にはさまざまな名前が付けられている。たとえば「コンピュータシステムの構成要素」「デジタルシステムの構築」「コンピュータ構成」「コンピュータを作ろう」などがある。もちろん「Nand to Tetris」という名前の授業もある。

本書は大きく「第I部　ハードウェア」と「第II部　ソフトウェア」の2つに分けられる。その2つのパートは、それぞれ6つの章と6つのプロジェクトで構成されている。本書全編を通して読んで学習することを推奨するが、2つのパートを別々に学習することも可能である。授業の進捗や教える内容に応じて、各パートをそれぞれ6〜7週間、もしくは1学期分の授業として教えることができるだろう。

本書は自己完結している。つまり、他の書籍や文献を読まなくても、本書だけ読めば理解できるようになっている。本書で必要なハードウェアやソフトウェアに関する知識はすべて、各章の説明とプロジェクトで提供されている。「第I部　ハードウェア」では前提知識を必要としないため、1章から6章は誰でも取り組めるだろう。「第II部　ソフトウェア」の7章から12章では、前提条件としてプログラミング経験（なんらかの高水準言語のプログラミング経験）が必要である。

「Nand to Tetris」の授業は、コンピュータサイエンス専攻の学生に限定されるものではない。むしろ、あらゆる分野の学生に適している。特に、ハードウェアアーキテクチャ、オペレーティングシステム、コンパイラ、ソフトウェア工学のすべてを1つの授業で実践的に理解したい人にうってつけである。繰り返しになるが、本書を読むための唯一の前提条件は、プログラミング経験である（第Ⅱ部で必要になる）。実際、「Nand to Tetris」の受講者の多くはコンピュータサイエンス専攻の学生ではない。彼らは、複数の授業を受講することなく、コンピュータサイエンスで重要な多くのトピックを学びたいと考えている。また、本書の学習者の多くはソフトウェア開発者でもある。彼らは、コンピュータ技術を"下へ下へ"掘り下げ、その仕組みを理解し、より優れたプログラマーになることを望んでいる。

ハードウェアとソフトウェアの両分野において開発者不足が深刻化している。そのような事情から、コンピュータサイエンスの集中的かつ効率的な学習コースへの需要が高まっている。それらはプログラマーの短期集中コースやオンライン授業という形をとることが多く、学習者が就職に備えられるように構成されている。そこで教えられる内容は、プログラミングやアルゴリズム、コンピュータシステムに関する最低限の実務知識である。「Nand to Tetris」は、そのようなトピックを1つの教材でカバーするという点でユニークである。加えて、「Nand to Tetris」で行うプロジェクトは、他のコースで学んだアルゴリズムやプログラムに関する知識の多くを統合し実践する場にもなる。

ツール

本書で説明するハードウェアとソフトウェアを作るには「ツール」が必要である。本書で使用するツールはすべて「Nand to Tetris Software Suite」として無料で提供されている。このツールの中には、ハードウェアシミュレータ、CPUエミュレータ、VMエミュレータ、チュートリアル、実行可能なアセンブラ、仮想マシン、コンパイラ、オペレーティングシステムが含まれる。さらに、https://www.nand2tetris.org の Web サイトには、すべてのプロジェクトで使用するコード——約200に及ぶテストプログラムとテストスクリプトがあり、これらを各プロジェクトのユニットテストで用いながら開発を進めていく——も含まれている。本書で提供するツールは、

Windows、Linux、macOS の各環境で利用できる[†1]。

構成

第 I 部　ハードウェア

第 I 部は 1 章から 6 章で構成される。1 章ではブール代数について学び、Nand
ゲートからその他の基本的な論理ゲートを作る。2 章では組み合わせ論理回路
について説明し、加算器と ALU を作る。3 章では順序論理回路について説明
し、レジスタとメモリデバイスを作り、RAM を完成させる。4 章では、低水
準のプログラミングについて説明し、記号形式（人間が読める記号表現）とバ
イナリ形式の両方で機械語を書く。5 章では、1 章から 3 章で作成されたチッ
プを使って、4 章で説明した機械語で書かれたプログラムを実行できるハード
ウェアアーキテクチャへと統合する。6 章では、低水準のプログラムの変換に
ついて論じ、アセンブラを作成する。

第 II 部　ソフトウェア

第 II 部は 7 章から 12 章で構成される。コンピュータサイエンス入門レベルの
プログラミングの素養（言語は問わない）が必要である。7 章と 8 章では、ス
タックベースのオートマトンについて説明し、JVM（Java Virtual Machine）
のような仮想マシンを作る。9 章では、オブジェクトベースの Java のような
高水準言語を紹介する。10 章と 11 章では、構文解析とコード生成のアルゴリ
ズムについて説明し、2 段階のコンパイラを作成する。12 章では、代数や幾何
学に関連するアルゴリズム、メモリ管理の方法などを示し、それらを実現する
OS について説明する。この OS は、第 II 部で実装する高水準言語と第 I 部で
実装するハードウェアプラットフォームとの間のギャップを埋めるように設計
されている。

本書は「抽象化と実装」のパラダイムに従っている。各章は、関連する概念や一般
的なハードウェアまたはソフトウェアシステムについてのイントロダクションで始
まる。続いて、システムの仕様について説明する。ここでは、システムの抽象化、す

[†1]　訳注：「Nand to Tetris」には、ブラウザ上で開発できる環境も用意されている。この Web IDE は
https://nand2tetris.github.io/web-ide で利用できる。この環境を使用することで、特別なソフト
ウェアをインストールすることなく、すぐにプロジェクトに取り組むことができる。

なわちシステムに期待される振る舞いを明らかにする。各章では "What（何をするか？）" について説明した後に、"How（どのように抽象化したものを実装するか？）" についての解説を行い、「実装」の節へと進む。通常、「実装」の次に「プロジェクト」の節がある。この節では、作成の手順を段階的に示し、ユニットテストを行うためのツールについて説明を行う。最後の節は「展望」であり、その章でまだ説明していない重要な問題を取り上げる。

プロジェクト

　本書で作るコンピュータシステムは "本物" である。すなわち、実際に組み立てることができ、実際に動かすことができる。本書はアクティブな読者——腕まくりをし、コンピュータシステムをゼロから作りたいと願う読者——のための本である。本書で説明するコンピュータを実際に時間を割いて作り上げた読者は、ただ本を読んだときとは比べられないほどに深く理解できるであろう。

　1章、2章、3章、5章では、簡単なハードウェア記述言語（HDL）を使ってハードウェアを実装し、付属のハードウェアシミュレータで動作を確認する。これは、業界のハードウェアアーキテクトが実際に作業を行う方法と同じである。6章、7章、8章、10章、11章のアセンブラ、仮想マシン、コンパイラは、どのプログラミング言語でも書くことができる。4章のプロジェクトではアセンブリ言語を使う。9章と12章では Jack と呼ばれる Java に似たプログラミング言語を使って簡単なコンピュータゲームと基本的なオペレーティングシステムを作る。Jack のコンパイラは10章と11章で実装する。

　本書には全部で12個のプロジェクトがある。一般的な大学で教えるレベルの授業では、1つのプロジェクトに対して、平均して週に一度の宿題が必要になるだろう。プロジェクトは完全に自己完結しているので、希望する順番で行う（または省略する）ことができる。もちろん、「Nand to Tetris」を完全に経験するにはすべてのプロジェクトを順番にこなす必要があるが、これも1つのオプションにすぎない。

　1学期の授業でこれほど多くの内容をカバーすることは可能だろうか？　答えは「イエス」である。その証拠に、150以上の大学で「Nand to Tetris」の内容が1学期の授業として教えられている。学生の満足度は非常に高く、「Nand to Tetris」のオンライン授業は常に高い評価を得ている。「Nand to Tetris」が多くの支持を得てきた理由のひとつは、重要な点のみに集中しているからであろう。たとえば、分かりきった場合を除いて「最適化」については省略している。最適化という重要なテーマにつ

いては、他の専門的な授業に任せることにしている。さらに、正常な入力を想定して学生には開発を行ってもらっている。これにより、例外処理のためのコードを書く必要がなくなり、プロジェクトはシンプルになり、より管理しやすくなる。もちろん、異常な入力にいかに対処するかは重要なテーマである。しかし、これに関しても他の場所で、たとえば、次のプロジェクトで新たに取り組んだり、またはプログラミングやソフトウェア設計に特化した授業などで学ぶことができるだろう。

第2版

「Nand to Tetris」は元々2つのテーマを軸に構成されていたが、第2版ではこの構成を明確にした。第2版では、第I部と第II部という2つの独立したパートに分けている。各パートは6つの章と6つのプロジェクトから構成されており、導入のためのページも新たに設けた。重要な点は、第I部と第II部が互いに独立していることだ。これにより、前期/後期のコースだけでなく、四半期ごとのコースにも適した構成となっている。

また第2版では、「付録」を新たに4つ追加した。これは多くの学習者からの要望を受けたものである。新しい付録では、第1版で各章に散らばっていたさまざまな技術的トピックをまとめて紹介している。また、Nand演算子から任意のブール関数が構築できることを証明する付録も用意した(これにより、ハードウェア設計に理論的な視点が加わる)。この他にも第2版では、新しい図や例、補足説明などが数多く追加されている。

「Nand to Tetris」の主要テーマは「抽象化と実装」である。第2版では、「抽象化と実装」を分離することに重点を置いて、すべての章を書き直した。また「Nand to Tetris」のQ&Aフォーラムには何年にもわたって何千にも及ぶ質問が投稿されており、第2版では、それらの質問に対応するための例や説明も追加している。

表記上のルール

太字(**Bold**)
　　新しい用語、強調やキーワードフレーズを表す。

等幅(`Constant Width`)
　　プログラムのコード、コマンド、配列、要素、文、オプション、スイッチ、変

数、属性、キー、関数、型、クラス、名前空間、メソッド、モジュール、プロパ
ティ、パラメータ、値、オブジェクト、イベント、イベントハンドラ、XML タ
グ、HTML タグ、マクロ、ファイルの内容、コマンドからの出力を表す。その
断片（変数、関数、キーワードなど）を本文中から参照する場合にも使われる。

等幅太字（`Constant Width Bold`）
ユーザーが入力するコマンドやテキストを表す。コードを強調する場合にも使
われる。

等幅イタリック（`Constant Width Italic`）
ユーザーの環境などに応じて置き換えなければならない文字列を表す。

ヒントや示唆を表す。

興味深い事柄に関する補足を表す。

ライブラリのバグやしばしば発生する問題などのような、注意あるいは警告を
表す。

監訳者および翻訳者による補足説明を表す。

意見と質問

本書（日本語翻訳版）の内容については、最大限の努力をもって検証、確認してい
るが、誤りや不正確な点、誤解や混乱を招くような表現、単純な誤植などに気がつか
れることもあるかもしれない。そうした場合、今後の版で改善できるよう知らせてほ
しい。将来の改訂に関する提案なども歓迎する。連絡先は次のとおり。

株式会社オライリー・ジャパン

電子メール　japan@oreilly.co.jp

本書の Web ページには次のアドレスでアクセスできる。

https://www.oreilly.co.jp/books/9784814400874
https://mitpress.mit.edu/books/elements-computing-systems（英語）
https://www.nand2tetris.org/（著者）
https://github.com/oreilly-japan/the-elements-of-cs-2e-ja（日本語版のサポートサイト。正誤表など）

オライリーに関するその他の情報については、次のオライリーの Web サイトを参照してほしい。

https://www.oreilly.co.jp/
https://www.oreilly.com/（英語）

オライリー学習プラットフォーム

オライリーはフォーチュン 100 のうち 60 社以上から信頼されている。オライリー学習プラットフォームには、6 万冊以上の書籍と 3 万時間以上の動画が用意されている。さらに、業界エキスパートによるライブイベント、インタラクティブなシナリオとサンドボックスを使った実践的な学習、公式認定試験対策資料など、多様なコンテンツを提供している。

https://www.oreilly.co.jp/online-learning/

また以下のページでは、オライリー学習プラットフォームに関するよくある質問とその回答を紹介している。

https://www.oreilly.co.jp/online-learning/learning-platform-faq.html

謝辞

本書に付属するソフトウェアツールは、ライマン大学（IDC Herzlia）とヘブラ

イ大学の学生たちによって開発された。チーフソフトウェアアーキテクトは Yaron Ukrainitz と Yannai Gonczarowski の二人が務め、Iftach Ian Amit、Assaf Gad、Gal Katzhendler、Hadar Rosen-Sior、Nir Rozen が開発者として参加してくれた。また、Oren Baranes、Oren Cohen、Jonathan Gross、Golan Parashi、Uri Zeira がツールの改善に取り組んでくれた。これらの学生とともに仕事を進めることができたことは、この上ない喜びであり、彼らの教育に関与できたことを誇らしく思う。

ティーチングアシスタントを務めてくれた Muawyah Akash、Philip Hendrix、Eytan Lifshitz、Ran Navok、David Rabinowitz に感謝したい。彼らには、本書の元となった授業において、さまざまなサポートをしてもらった。また、Tal Achituv、Yong Bakos、Tali Gutman、Michael Schröder には、授業の教材作りのさまざまな面で大きな助けとなった。Aryeh Schnall、Tomasz Różański、Rudolf Adamkovič からは、本書の編集に関してきめ細やかな提案をいくつももらった。Rudolf のコメントには特に勉強になった。ここに感謝したい。

世界中の多くの人々が「Nand to Tetris」に関わってくれた。一人ひとりに直接お礼を言うことはできないが、一人だけ例外がいる。コロラド州出身のソフトウェアエンジニアでありファームウェアエンジニアであるマーク・アームブラスト（Mark Armbrust）だ。マークは「Nand to Tetris」を学ぶ人にとっての"守り神"であった。「Nand to Tetris」の Q&A フォーラムの運営をボランティアで引き受けてくれたマークは、多くの質問に優しく、そして忍耐強く答えてくれた。彼の回答は解決策を直接教えるものではなく、むしろ学習者自らが解決策を見出す方法を示してくれた。そうすることで、マークは世界中の多くの学習者から尊敬と称賛を集めた。10年以上にわたって「Nand to Tetris」の第一線で活躍したマークは、2,607 本の記事を書き、何十個ものバグを発見し、修正のためのプログラムを書いてくれた。本業に加えてこれらすべてをこなしながら、マークは「Nand to Tetris」コミュニティの支柱となった。コミュニティは彼の第二の故郷となった。マークは 2019 年 3 月、数か月にわたる心臓病との闘いの末に亡くなった。入院中、マークは「Nand to Tetris」の学生たちから毎日何百通ものメールを受け取っていた。世界中の若者がマークの行いに感銘を受けた。そして、マークの限りない寛大さに感謝した。

近年、コンピュータサイエンス教育は、個人の成長や経済的なチャンスを広げる大きな原動力になっている。振り返ってみると、筆者らは早くからすべての教材をオープンソースとして自由に利用できるようにしようと決めていた。その選択を幸運に思う。「Nand to Tetris」は、なんの制限もなく、誰でも学ぶことができるし、教えることもできる。非営利である限り、私たちの Web サイトにアクセスし、必要なもの

を手に入れることができる。実際、「Nand to Tetris」によって質の高いコンピュー
タ教育を広く提供することができた。そして、多くの善意ある人たちの協力により、
教育の大きなエコシステムが形成されたのだ。私たちは、その実現に協力してくれた
世界中の多くの人々に感謝している。

目次

第I部
ハードウェア

発見の旅とは、新しい景色を探すことではない。新しい目を持つことである。
——マルセル・プルースト（1871–1922）
フランスの作家

本書は "発見の旅" である。本書によって、あなたは次の3つのことを学ぶ。

● コンピュータの動く仕組み
● 複雑な問題を扱いやすいモジュールに分割する方法
● ハードウェアとソフトウェアからなる巨大なシステムを作る方法

　本書では実際に手を動かしながら、完全なコンピュータシステムをゼロから作り上げる。この体験を通してあなたが学ぶであろう教訓は、本書で作り上げるコンピュータシステム自体よりも価値があり普遍的なものである。心理学者のカール・ロジャーズは言う。「行動に大きな影響を与える唯一の学びは、自己発見・自己本位によるもの、つまり、経験によって理解された真実のみである」と。ここでは、これから先に待ち受ける "発見・真実・経験" について、簡単に説明を行う。

I.1　Hello, World Below（こんにちは、低レイヤの世界）

　プログラミングの授業を受けたことがある人は、おそらく以下に示すようなコードを最初の授業で目にしたことだろう。そうでなくても、このプログラムが何をしているかは想像がつくだろう。

```
// 最初のプログラムの例
class Main {
  function void main() {
    do Output.printString("Hello World");
    return;
  }
}
```

　これは「Hello World」というテキストを表示するだけのプログラムである。この
コードは Jack と呼ばれる言語で書かれている。Jack はシンプルなプログラミング
言語であり、Java に似ている。この「Hello World」を表示するプログラムは一見や
さしそうに見えるが、現実は違う。そのようなプログラムが実際のところはどのよう
に実行されているのか、簡単に裏側を覗いてみよう。

　コンピュータは、機械語で書かれた命令しか理解できない。そのため、上記に示し
たような機械語の抽象化である「テキストで書かれたプログラム」をコンピュータは
理解できない。プログラムをコンピュータで実行したい場合、まず初めにしなければ
ならないことは変換作業である。具体的には、プログラムに書かれている構文を解析
し、その内容を明らかにした上で、コンピュータが理解できる低水準言語に変換する
という作業が必要になる。この緻密な変換作業は**コンパイル**と呼ばれる。コンパイル
によって、コンピュータで実行可能な機械語の命令列が生み出される。

　もちろん、機械語もまた抽象化されたものである。機械語の中身は、ある規則に基
づくバイナリデータの集合である。この抽象化を具現化するには、なんらかの**ハード
ウェアアーキテクチャ**が必要になる。そして、そのアーキテクチャの実装には、いく
つかのチップ——レジスタ、メモリ、ALU など——が用いられる。さらに、それら
のハードウェアデバイスはどれもがすべて、より低水準の**基本論理ゲート**から構成さ
れる。そして、それらのゲートは **Nand** や **Nor** などのより単純なゲートから構築す
ることができる。さらに、それらの単純なゲートも階層的にはかなり低水準ではある
が、**スイッチング素子**から作られており、スイッチング素子は一般的にトランジスタ
によって作られる。そして、トランジスタを構成するものはというと……さて、話は
ここで終わりにしよう。なぜなら、そこでコンピュータサイエンスが終わり、物理学
がスタートするからだ。

　読者の中には、これを読んで次のように思った方がいるかもしれない。「私のコン
ピュータでは、プログラムをコンパイルして実行するのはとても簡単だ。やることは
と言えば、アイコンをクリックするか、コマンドを入力するだけだから！」と。現代
のコンピュータシステムは巨大な氷山のようなもので、人の目が届くのはその表面だ

けである。多くの人にとって、コンピュータに関する知識というものは、概略だけの表面的なものにすぎない。しかし、もしあなたがその裏側を探索したいと願うなら、それはとても幸運なことである。そこには魅力的な世界が待ち受けている。なぜなら、その世界はコンピュータサイエンスで最も美しいアイデアと技術から作られているからだ。この低レイヤの世界を熟知しているかどうかが、平凡なプログラマーと優れた開発者を分ける試金石となる。優れた開発者は、ハードウェアとソフトウェアの複雑に絡み合った世界について深く理解している。そのような知識を得るには、そして骨の髄まで理解するには、完全なコンピュータシステムをゼロから作ることが最も適した方法である。

I.2 Nand to Tetris

コンピュータをゼロから作るとして、どのようなコンピュータを作るべきだろうか？ 実は、すべての汎用コンピュータ（たとえば、パソコン、スマートフォン、サーバーなど）は、「Nand to Tetris」のコンピュータの要件を満たしている。すべてのコンピュータは基本論理ゲートを元に作ることができる。そして、産業界で最も広く使われている基本論理ゲートが Nand ゲートである（Nand ゲートについては 1 章で説明する）。また、どのような汎用コンピュータであっても、そのコンピュータ上で動く「テトリス」のプログラムを実装することができる。さらにテトリス以外にも、テキスト、グラフィック、アニメーション、音楽、ビデオ、分析、シミュレーション、人工知能といった、これまで人類が考案してきたプログラムはなんであっても汎用コンピュータ上で動く。したがって、「Nand to Tetris」の「Nand」と「Tetris」の 2 つの言葉に何も "特別さ" はない。「Nand to Tetris」が特別なのは、「to」という言葉にある。なんの変哲もないスイッチング素子から汎用コンピュータを作るまでの過程——その過程が特別な旅となる。そのため、どういったハードウェアやソフトウェアを作るかは、世の中にあるコンピュータシステムを特徴づける同じアイデアと技術に基づいている限り、あまり重要ではない。

図I-1 に「Nand to Tetris」のロードマップにおける主要なマイルストーンを示す。下部のハードウェア階層に示すとおり、汎用コンピュータは ALU と RAM を持つ。そして、ALU と RAM は、基本論理ゲートから作られる。驚くべきことに、すべての論理ゲートは Nand ゲートだけから作ることができる。次に、上部のソフトウェア階層に目を移してほしい。高水準言語には、コードを機械レベルの命令まで変換するための一連の変換器（コンパイラ／インタプリタ、仮想マシン、アセンブラ）が用いら

れる。一部の高水準言語はコンパイラではなくインタプリタによって処理されたり、仮想マシンを使用しないものもあるが、大きな視点ではどれも同じである。このような「すべてのコンピュータは本質的に同じである」という考えは、チャーチ・チューリング予想として知られており、コンピュータサイエンスの基本的原則である。

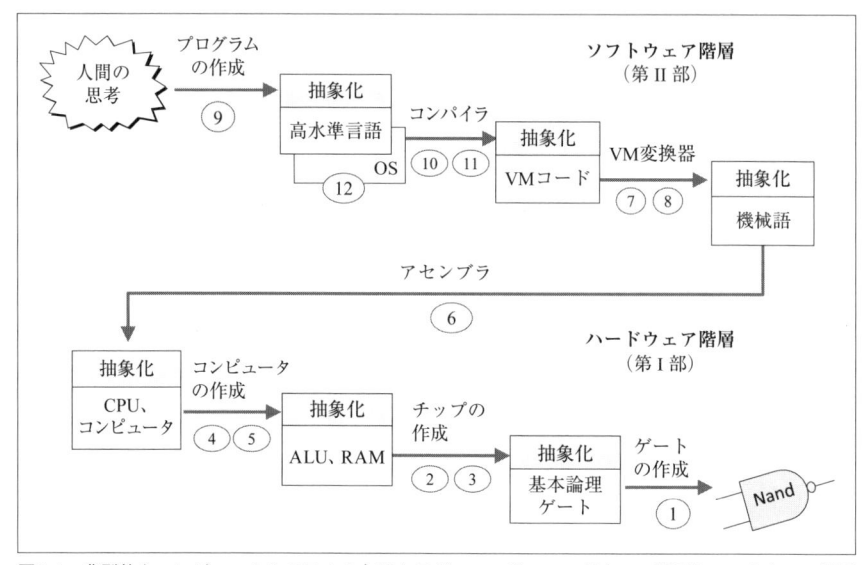

図I-1　典型的なコンピュータシステムの主要なモジュールは、ハードウェア階層とソフトウェア階層から構成される。各モジュールには「抽象化の視点」（モジュールの「インターフェース」とも呼ばれる）と「実装」がある。右向きの矢印はモジュールの関係性を示す。つまり、矢印の接続元が、矢印の接続先のモジュールを抽象化し構成要素として用いていることを示す。丸の中の数字は、「Nand to Tetris」のプロジェクト（章）を表す。本書には全部で 12 のプロジェクトがある。

　本書には課題や洞察、ヒントがある。そして、テクニックやトリック、専門用語を学ぶ。そうして得られる経験は、ハードウェアやソフトウェアのエンジニアが実際の仕事から得られるものとまったく同じである。その意味で、「Nand to Tetris」は一種の通過儀礼と言える。もし本書をやり遂げることができたならば、コンピュータのプロフェッショナルになるための優れた基盤を得られるだろう。

　さて、「Nand to Tetris」で作るハードウェアと高水準言語は具体的に何にするか？ 選択肢のひとつは、広く使われているコンピュータのモデルと、人気のあるプログラミング言語が考えられる。しかし、筆者らはそれらの選択肢を選ばなかった。そ

の理由は3つある。まず、コンピュータのモデルは、いずれ新たなものが現れ、時代遅れになるからである。同様に、人気のあるプログラミング言語も時間とともに新しいものに置き換わる。そのため、特定のハードウェアやソフトウェアには縛られたくないと考えた。第二の理由に、実際に使用されているコンピュータやプログラミング言語には、教育的に重要でない仕様が多くあり、実装には時間がかかるからである。そして第三の理由に、制御/理解/拡張が容易なハードウェアとソフトウェアを求めたからである。これら3つの点を考慮して、本書の第 I 部で構築するコンピュータの「Hack」、そして第 II 部で実装する高水準言語の「Jack」が生まれた。

通常、コンピュータシステムは**トップダウン**で、つまり、上位レベルの抽象化から、より下位レベルの単純なものへと変換される流れで説明される。たとえば、コンピュータアーキテクチャ上で実行される機械語の命令が、マシンのワイヤを通って移動し、ALU や RAM チップを操作するマイクロコード[†1]に変換されるという具合だ。これとは別の方法として、**ボトムアップ**の説明もできる。たとえば、ALU と RAM チップが、マイクロコードを実行するために、どのように設計されるかをボトムアップで説明することもできる。トップダウンとボトムアップ——この2つのアプローチは異なる視点を授けてくれるので、両者ともに勉強になる。

図I-1では、矢印の方向がトップダウンの方向を示している。矢印は、上位モジュールから下位モジュールへを結ぶ右向きの矢印である。この矢印は、上位モジュールが下位モジュールの抽象化された構成要素を使って実装されることを意味する。たとえば、高水準言語であるプログラムは、抽象化された VM コード（仮想マシン用のコマンド）に変換される。そして VM コードは、抽象化された機械語の命令セットに変換される、という具合だ。抽象化と実装の区別は、システム設計において重要な役割を果たす。

I.3 抽象化と実装

読者の中には、「果たして完全なコンピュータシステムをゼロから作り上げることが可能だろうか？」と疑問に思った方もいるかもしれない。しかも、最初に使える材料は、Nand などの最もプリミティブなゲートだけである。これは途方もなく複雑な課題である。私たちはこの複雑さに対して、システムを**モジュール**に分割することで

[†1] 訳注：マイクロコードとは、プロセッサに対する命令を、プロセッサ内部で実行される、より下位レベルのチップを操作する信号に分割した命令のこと。

対処する。各モジュールは独立した章で扱い、個別に作る。これを聞いて、「どのようにしてモジュール単位で独立に説明し、組み立てを行うのか？」とまたしても疑問に思ったかもしれない。確かに、各モジュールはすべて互いに関係性がある。これは本書を通して明らかになっていくことだが、優れた設計を行えば、モジュールの開発は、そのモジュールだけを考えて取り組むことができる。つまり、他のモジュールとは独立して——その他のシステムについては考えないで——開発に取り組むことができる。そのため、モジュールは好きな順番で作ることもできるし、チームで作業する場合は複数のモジュールを並行して作ることもできる。

　人間には「分割し統治する（Divide and Conquer）」という能力が備わっている。そのおかげで、複雑なシステムを適度なモジュールに分割して理解することができる。そしてその能力は、モジュールの**抽象化**と**実装**を見分ける能力によって、さらに高められる。コンピュータサイエンスの分野では、「抽象化と実装」という言葉は具体的な意味合いで使われる。抽象化は「モジュールが何をするか（What）」を記述し、実装は「それをどのように行うのか（How）」を記述する。この区別を念頭に置いた上で、システムエンジニアリングにおける最も重要なルールを説明しよう。それは、モジュールを構成要素として使用する場合（それがどのようなモジュールであったとしても）、モジュールの抽象化のみを考え、その実装については完全に無視できるということである。

　たとえば、**図I-1** の「CPU、コンピュータ」より下のモジュールに注目してみよう。図にあるように、「CPU、コンピュータ」の実装には、RAM（ランダムアクセスメモリ）を含む、下の階層にあるモジュールが使われる。RAM は驚くべきデバイスである。RAM には何十億ものレジスタがあるが、そのうちのどれにでも直接に、しかも一瞬でアクセスできる。**図I-1** から分かることは、アーキテクチャの設計者はRAM を抽象化して使うべきであるということだ。つまり、RAM がどのように実装されているかは考えなくてよいのだ。

　続いて、**図I-1** の「CPU、コンピュータ」をひとつ下へ進み、「RAM」について考えてみよう。今度は RAM チップを作る立場である。図の右向きの矢印をたどっていくと、RAM の実装はその下の階層にある初歩的な論理ゲートとチップをベースにしていることが分かる。具体的には、RAM のデータ記憶やダイレクトアクセスの機能は、レジスタとマルチプレクサを使って実現できる。このとき、レジスタとマルチプレクサは抽象化されたモジュールとして使用できる。つまり、そのインターフェースに焦点を当て、その実装については何も気にする必要はない。このようにして、Nand ゲートに至るまで同じ作業が繰り返される。

　ここまでの話をまとめると、下層のモジュールを使用するときはいつでも、そのモジュールを既製のブラックボックスとして扱うことができる、ということになる。必要なのは、モジュールのインターフェースに関するドキュメントだけである。ドキュメントには、そのモジュールは何ができるのか（What）が記述されている。そのモジュールがどのように実装されているか（How）について考える必要はまったくない。この「抽象化と実装」のパラダイムに従うことで、私たちは複雑さに立ち向かうことができる。つまり、複雑なシステムを適切なモジュールに分割することで、私たちの仕事は管理可能な実装作業になり、エラーの検出や修正はそのモジュールに限定することができる。これは、ハードウェアとソフトウェアを作るプロジェクトにおいて最も重要な設計原則である。

　言うまでもなく、優れた**モジュール設計**には緻密な技量が求められる。各モジュールには明確なインターフェースと独立した実装作業やユニットテストが必要である。実際、モジュール設計は応用コンピュータサイエンスの生業である。システム設計者は誰でも、日常的に**モジュール**や**インターフェース**と呼ばれる抽象化を定義する。そして、それを自分で実装するか、他の人に実装を依頼するかのどちらかを行う。この抽象化はレイヤ構造をとることが多い。レイヤが重なっていくほどに、システムの能力も増していく。モジュールの設計者が優れた設計を行えば、実装作業は川の流れのように進む。しかし設計がいいかげんであれば、その作業は地獄となる。

　芸術の域に達するほどのモジュール設計のセンスは、多くの優れた実例を見ながら実践することで磨かれる。これから「Nand to Tetris」で経験することが、まさにそれである。本書にはたくさんのハードウェアとソフトウェアの抽象化がある。本書を読めば、抽象化において簡明さや機能性がいかに重要であるかを理解できるだろう。そして、抽象化された機能をひとつずつ実装し、それらを組み合わせることで、より大きな機能を組み立てるのだ。自分の手によってコンピュータが徐々にできあがる光景を見ることは、とてもワクワクする経験になるだろう。

1.4　**方法論**

　「Nand to Tetris」では、ハードウェア階層とソフトウェア階層を作る。ハードウェア階層は、本書の第 I 部で作る約 30 の論理ゲートとチップによって構成される。これらのゲートやチップ（最上位のコンピュータアーキテクチャを含む）は、**ハードウェア記述言語**（Hardware Description Language; HDL）を使って記述される。本書で使用する HDL はシンプルな言語なので、1 時間もあれば習得できる（HDL 言

語の詳細は付録 B を参照）。HDL プログラムの正確性は、ハードウェアシミュレータによってテストされる（ハードウェアシミュレータはパソコン上で動作するソフトウェアである）。これは実際のハードウェアエンジニアの日常業務である。彼らはソフトウェアベースのシミュレータを使ってチップを作り、テストを行う。そして、シミュレートされたチップの性能に満足したら、その仕様書である HDL プログラムを製造会社に送る。その HDL プログラムは最適化された後、シリコン上にハードウェアを製造する装置へと引き継がれる。

「Nand to Tetris」の第 II 部に進むと、アセンブラ、仮想マシン、コンパイラを含むソフトウェア階層を作る。これらのプログラムは、どんな高水準プログラミング言語でも実装できる。さらに、基本的なオペレーティングシステムを Jack（というプログラミング言語）で実装する。

このような壮大なプロジェクトを 1 つのコースや 1 冊の本に収めることがどうして可能なのか不思議に思うかもしれない。それはモジュール設計に加え、設計に関する不確実性を極限まで減らすことで達成された。各プロジェクトには工夫を凝らした教材——詳細な API、骨組みとなるプログラム、テスト用のスクリプト、段階的な実装ガイドラインなど——を提供している。

プロジェクトの 1～12 を完成させるのに必要なソフトウェアツールはすべて、「Nand to Tetris」のソフトウェアスイート[†2]に含まれており、https://www.nand2tetris.org からダウンロードできる。「Nand to Tetris」のソフトウェアスイートには、ハードウェアシミュレータ、CPU エミュレータ、VM エミュレータ、ハードウェアのチップ、アセンブラ、コンパイラが含まれる。ソフトウェアスイートをパソコンにダウンロードすれば、これらのツールはすべて読者の手元のパソコンで実行できる。

I.5　この先の展望

「Nand to Tetris」は 12 のプロジェクトからなる。本書のプロジェクトの進め方はボトムアップである。Nand などのプリミティブな論理ゲートから始まり、高水準のオブジェクトベースのプログラミング言語まで上へ上へと進んでいく（**図I-1** を参照）。各プロジェクトの構成はトップダウンである。先にモジュールが何をするために設計され、なぜ必要なのかという抽象的な説明から始める。モジュールの抽象化を

---

†2　訳注：ソフトウェアスイートとは、複数のアプリケーションをまとめて提供するパッケージのこと。

理解したら、その次に実装に進む。モジュールの実装では、その下のレイヤでの抽象化された構成要素を使う。

最後に、第 I 部の壮大な計画について簡単に話そう。1 章では、Nand ゲートから始め、And、Or、Xor ゲートなどの初歩的でよく使われる論理ゲートを作る。2 章と 3 章では、それらの構成要素を使って、ALU（算術論理ユニット）とメモリデバイスを作る。4 章では、ハードウェアを作る旅を一時中断し、記号形式とバイナリ形式の機械語を紹介する。5 章では、ALU とメモリデバイスを使って CPU（中央処理装置）と RAM（ランダムアクセスメモリ）を作る。そして CPU と RAM を用いて、4 章で紹介した機械語のプログラムを実行できる汎用コンピュータを作成する。6 章では、記号形式の機械語で書かれた低水準のプログラムを実行可能なバイナリコードに変換するプログラムであるアセンブラについて説明し、その実装を行う。これでハードウェア階層の構築が完了する。このプラットフォームが、本書の第 II 部の出発点となる。第 II 部では、仮想マシン、コンパイラ、オペレーティングシステムからなるモダンなソフトウェア階層を実装する。

以上が、本書のこの先の展望である。この説明により、"発見の旅" に進む気持ちが高まることを願う。さあ、準備は整った。それでは出発しよう！

1章
ブール論理

とても単純なものから、人間の手に負えないほど複雑なものが作られる。

——ジョン・アッシュベリー（1927–2017）

アメリカの詩人

　パソコンであれ、携帯電話であれ、ネットワークルータであれ、あらゆるデジタル機器は、バイナリデータを保存し処理するために設計されたチップを内蔵している。そのようなチップは、それぞれに形や性質は異なるものの、その構成要素はどれも同じである。その構成要素とは**論理ゲート**（Logic Gate）である。論理ゲートは物理的にはさまざまなハードウェア技術を使って実現できるが、論理的な動作はすべての実装で同じである。これを**抽象化**と呼ぶ。

　本章では、最もプリミティブな論理ゲートである Nand から始める。そして、その Nand からその他すべての論理ゲートを作る。本章では Not、And、Or、Xor の 4 つのゲートを作り、続いてマルチプレクサとデマルチプレクサと呼ばれる 2 つのゲートを作る（これらがどのようなゲートであるかは、すぐ後に説明する）。私たちが作るコンピュータは 16 ビットのデータを処理するように設計しているため、Not16 やAnd16 といったように、16 ビットのデータを処理するゲートを作成する。本章を終える頃には、より一般的な論理ゲートができあがり、それらは後ほどコンピュータの処理チップとメモリチップを作るときに用いる。コンピュータの処理チップとメモリチップについては 2 章と 3 章でそれぞれ説明する。

　この章では、論理ゲートを設計し実装するために必要な、最小限の理論と実践的なツールを紹介するところから始める。特に、ブール代数とブール関数について説明し、これらがどのように論理ゲートで実現されるのかを見ていく。次に、ハードウェア記述言語（HDL）を使って論理ゲートを実際にどう実装するのか、そしてその設計

をハードウェアシミュレータでどうやってテストするのかも解説する。この導入部分は、第 I 部全体で重要な役割を果たす。その理由は、ブール代数と HDL が、これ以降のハードウェアに関する章やプロジェクトのすべてで使用されるからである。

1.1　ブール代数

　ブール代数はブール値（真理値）を扱う。このブール値には通常、true/false、1/0、yes/no、on/off などのラベルが使われる。本書ではブール値のラベルに 1 と 0 を用いる。ブール関数は入力としてブール値を受け取り、出力としてブール値を返す関数である。コンピュータのハードウェアではブール値を扱う。そのため、ブール関数はハードウェアアーキテクチャの仕様や分析、最適化などにおいて中心的な役割を担う。

ブール演算子

　ブール関数は、**ブール演算子**（Boolean Operator）とも呼ばれる。3 つのよく知られたブール関数を**図1-1** に示す。この 3 つの関数は、And、Or、Not と呼ばれ、それぞれ $x \cdot y$、$x + y$、$\bar{x}$ と表記される（もしくは、$x \wedge y$、$x \vee y$、$\neg x$ という記号でも表される）。2 つの変数で定義される「すべてのブール関数」を**図1-2** に示す。「すべてのブール関数」である理由は、2 つの変数の取り得る値の組み合わせがすべて列挙されているからである。また**図1-2** の演算子には、「Nand」や「Xor」のように名前が付けられている。ちなみに、Nand 演算子の名前は Not-And の略称であり、$\mathrm{Nand}(x, y)$ は $\mathrm{Not}(\mathrm{And}(x, y))$ と等価であることに由来する。Xor 演算子は**排他的論理和**（Exclusive Or）の略称であり、2 つの変数のうち一方のみが 1 のときに 1 を出力する。Nor ゲートは Not-Or に由来する。なお、これらのゲート名はそれほど重要ではない。

x	y	x And y	x	y	x Or y	x	Not x
0	0	0	0	0	0	0	1
0	1	0	0	1	1	1	0
1	0	0	1	0	1		
1	1	1	1	1	1		

図1-1　3 つの基本的なブール関数

		x	0	0	1	1
		y	0	1	0	1
定数 0	0		0	0	0	0
And	$x \cdot y$		0	0	0	1
x And Not y	$x \cdot \bar{y}$		0	0	1	0
x	x		0	0	1	1
Not x And y	$\bar{x} \cdot y$		0	1	0	0
y	y		0	1	0	1
Xor	$x \cdot \bar{y} + \bar{x} \cdot y$		0	1	1	0
Or	$x + y$		0	1	1	1
Nor	$\overline{x + y}$		1	0	0	0
同値	$x \cdot y + \bar{x} \cdot \bar{y}$		1	0	0	1
Not y	$\bar{y}$		1	0	1	0
If y then x	$x + \bar{y}$		1	0	1	1
Not x	$\bar{x}$		1	1	0	0
If x then y	$\bar{x} + y$		1	1	0	1
Nand	$\overline{x \cdot y}$		1	1	1	0
定数 1	1		1	1	1	1

図 1-2 2 つの変数を入力するブール関数をすべて列挙する。一般に、n 個のバイナリ変数（ここでは $n = 2$）を入力するブール関数は 2^{2^n} 個ある（非常に多くのブール関数になる）。

　And、Or、Not の 3 つのゲートがあれば、任意の入出力に対するブール関数を表現することができる。では、**図1-2** の中で{And, Or, Not}の集合は、他のブール演算子の集合よりも特別なのだろうか？ 答えは「ノー」である。{And, Or, Not}に特別さは何もない。より深い答えとしては、さまざまなブール演算子の部分集合が任意のブール関数を表現するために使用でき、{And, Or, Not}はそのような部分集合のひとつにすぎない。さらに驚くべきことには、その 3 つの基本演算子のいずれも、Nand ゲートを用いて表現できる。このことから、任意のブール関数は Nand ゲートのみを用いて実現できることが分かる。付録 A には、この驚くべき主張の証明がある（この証明は興味のある人向けの補足資料である）。

ブール関数の定義方法

　ブール関数を定義する方法には 2 つの方式がある。ひとつは、**図1-3** のように**真理値表**（Truth Table）を使って関数を定義する方法である。変数が $v_1, \ldots, v_n$（**図1-3**

では $n = 3$) の場合、2^n 個の組み合わせに対して、その出力 $f(v_1, \ldots, v_n)$ をすべて列挙する。もうひとつは、$f(x, y, z) = (x \ \mathrm{Or} \ y) \ \mathrm{And} \ \mathrm{Not}(z)$ のように、ブール関数を使った別の表現方式もある。この表現方法を「ブール式」と呼ぶ。

x	y	z	$f(x, y, z) = (x \ \mathrm{Or} \ y) \ \mathrm{And} \ \mathrm{Not}(z)$
0	0	0	0
0	0	1	0
0	1	0	1
0	1	1	0
1	0	0	1
1	0	1	0
1	1	0	1
1	1	1	0

図1-3　真理値表と関数によるブール関数の定義例

　では、ブール式と真理値表が同じであることを検証するにはどうすればよいだろうか？ **図1-3** を例にして考えてみよう。まずは最初の行の $f(0, 0, 0)$ を計算してみる。これは $(0 \ \mathrm{Or} \ 0) \ \mathrm{And} \ \mathrm{Not}(0)$ である。この式を評価すると 0 となり、真理値表と同じ値になる。後は、同じような検証作業を表のすべての行で行えばよい。しかし、これはかなり面倒な作業である。

　以上のボトムアップ方式の面倒な検証をする代わりに、トップダウンでも等価性を証明できる。それは、ブール式の $(x \ \mathrm{Or} \ y) \ \mathrm{And} \ \mathrm{Not}(z)$ を分析することである。And 演算子の左の項に注目すると、その項が 1 に評価されるのは「x が 1 または y が 1」のときだけである。And 演算子の右項に注目すると、その項が 1 に評価されるのは「z が 0」のときだけである。これら 2 つの考察をまとめると、式全体が 1 と評価されるのは『「x が 1 または y が 1」かつ「z が 0」』のときだけである。このパターンは、真理値表の 3/5/7 行目にのみ発生する。実際、表の右端の列を見ると、3/5/7 行目だけが 1 である。

真理値表とブール式

　n 個の変数を持つブール関数がブール式で表現されている場合、私たちはその真理値表を作ることができる。やるべきことは、表のすべての行に対して関数を計算するだけだ。これは手間のかかる作業だが、分かりやすいやり方である。逆に、真理値

表が与えられたとき、そこからブール式を作ることもできる。その証明は付録 A にある。

コンピュータを作るにあたって、真理値表とブール式は共に重要である。さらには、一方の表現からもう一方の表現に変換する能力も重要である。たとえば、DNA の塩基配列を決定するためのハードウェアを作ることになり、その専門家である生物学者が、塩基配列決定のロジックを真理値表を使って表現したいと考えたとする。私たちの仕事は、このロジックをハードウェアで実現することである。与えられた真理値表をもとに、私たちはそれをブール式に変換できる。ブール式であれば、ブール代数を使用してブール式を簡略化した後、この章の後半で行うように、論理ゲートを使用してブール式を実装することができる。多くの場合、真理値表は対象の状態を記述するのに便利な表現手段であり、ブール式はシリコン上で実装するのに便利な表現手段である。一方の表現からもう一方の表現に変換する能力は、ハードウェア設計における最も重要な能力のひとつである。

ブール関数の真理値表は一意である。一意であるとは、特定のブール関数に対して真理値表がただ 1 つ存在することを意味する。一方、真理値表が同じであっても、それに対応するブール関数は多くのバリエーションが存在する。短いブール式もあれば、長いブール式もある。たとえば、$(\text{Not}(x \text{ And } y) \text{ And}(\text{Not}(x) \text{ Or } y) \text{ And}(\text{Not}(y) \text{ Or } y))$ という式は、$\text{Not}(x)$ という式と等価である。ブール式を単純化する作業は、ハードウェア最適化の初めの一歩である。これには付録 A に示されているように、ブール代数が用いられる。

1.2　論理ゲート

ゲート（Gate）は、ブール関数を実装する物理的なデバイスである。今日、ほとんどのデジタルコンピュータは「電気」を使ってゲートを実現し、2 進データを表現している。しかし、スイッチングと伝達性のある代替技術があれば、電気以外にどのようなものでも利用できる。たとえば、磁石、光、バイオ、水圧、空気圧、量子、さらにはドミノを使ったメカニズムまで、これまでの歴史の中でブール関数のハードウェア実装はいくつも生み出されてきた（それらの多くは「できること」を示しただけであり、実用性には課題がある）。今日、ゲートはシリコンの上でトランジスタとして実装され、チップとしてパッケージ化されるのが一般的である。本書では、「チップ」と「ゲート」という用語を互換的に使用する。

論理ゲートを実現するにはさまざまな技術がある。また、ブール代数はいかなる技

術を使ったとしても、その振る舞いを抽象化して表すことができる。これは非常に重要なことを示している。コンピュータ科学者は、電気、回路、スイッチ、リレー装置、電源といった物理的な要素については基本的に考える必要はない。その代わりに、論理ゲートの抽象化された世界に集中することができる。ハードウェアについては、他の誰か（物理学者や電気技術者など）がうまく実装してくれていると信じて使うことができるのだ。そのため、**図1-4** に示すような基本ゲートについてはブラックボックスと見なすことができ、その実装はいずれかの方法で行われているだろうが、そのことについては気にする必要はない。論理ゲートの抽象化された動作を解析するためにブール代数を使用することは、1937 年にクロード・シャノンの修士論文によって明らかにされた。その論文は、コンピュータサイエンスにおける最も重要な修士論文と言われている。

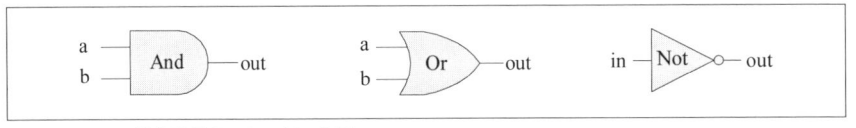

図1-4　3 つの基本論理ゲートのゲート図

基本ゲートと複合ゲート

　論理ゲートの入力と出力はすべて 0 と 1 からなる要素であるため、それらを互いに組み合わせて**複合ゲート**（Composite Gate）を構成することができる。たとえば、3 入力のブール関数である $And(a, b, c)$ の実装を考えてみよう。$And(a, b, c)$ は 3 つの変数全てが 1 の場合に 1 となり、それ以外は 0 となる。ブール代数を用いると、$a \cdot b \cdot c = (a \cdot b) \cdot c$ であることが分かる。前置表記法[†1]の場合、$And(a, b, c) = And(And(a, b), c)$ と表すことができる。この結果を利用すれば、**図1-5** のような、3 入力 And ゲートを構築できる。

---

†1　訳注：前置表記法は、演算子を被演算子の前に置く記法である。通常の数式表現（中置表記法）では「1 + 2」と書くところを、前置表記法では「＋ 1 2」と表す。

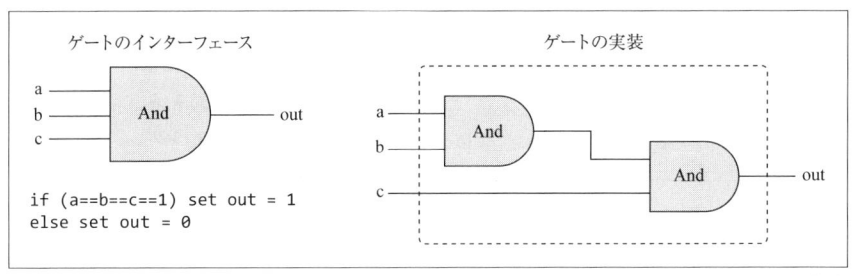

図1-5 3入力 And ゲートの実装方法。右図の四角形枠は、ゲートのインターフェースについて概念上の境界線を示している。

　論理ゲートは、「外側」と「内側」という、2つの異なる視点から捉えることができる。**図1-5** の右図はゲートの「内側」に関するアーキテクチャ、つまり**実装**を表す。一方、左図はゲートの**インターフェース**であり、外の世界に対する入力ピンと出力ピンの振る舞いを示している。「内側」についてはゲートの設計者だけが関係するものである。一方、「外側」は他の設計者に向けたものである。他の設計者は内部構成を気にすることなく、抽象化されたモジュールとして使用することができる。

　それでは、他の論理回路設計の例について、たとえば Xor について考えてみよう。先ほど議論したとおり、$Xor(a, b)$ の値が 1 になるのは、「a が 1 で b が 0 のとき」または「a が 0 で b が 1 のとき」のどちらかである。別の表現を用いれば、$Xor(a, b) = Or(And(a, Not(b)), And(Not(a), b))$ となる。これより**図1-6** に示すような論理回路設計が導かれる。

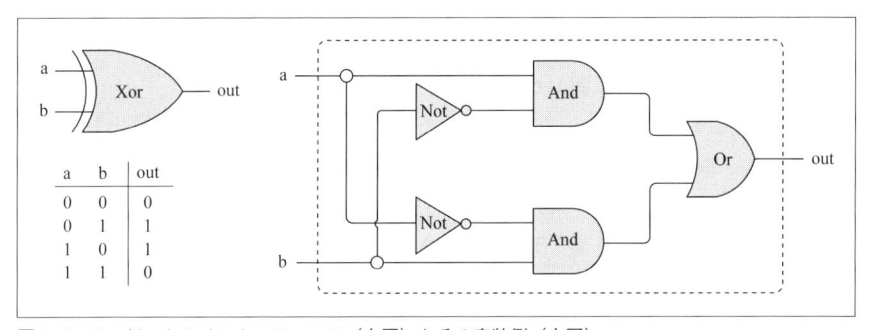

図1-6 Xor ゲートのインターフェース（左図）とその実装例（右図）

　ここで注意すべきは、ゲートの**インターフェース**はただ 1 つしか存在しない、と

いうことである（インターフェースは通常、真理値表やブール式または言葉で表される）。しかし、インターフェースの「実装」にはさまざまな方法が存在する。その実装方法の中には、他よりも効率的で優れたものがある。たとえば、**図1-6** に示した Xor 関数はひとつの実装例にすぎない。実際、**図1-6** よりも、ゲート数とゲート間接続をより少なくできる効率的な実装がある。論理回路設計は、機能性の点から言えば、特定のインターフェースをなんらかの方法で実現することが求められる。一方、効率性の点から言えば、できるだけ少ないゲートを使用することが一般的に良い指標となる。なぜならゲートが少ないほど、コスト、消費エネルギー、計算時間が少なくて済むからである。

　以上をまとめると、論理回路設計の技法は次のように説明できる。抽象化されたゲート（「仕様」や「インターフェース」とも呼ばれるもの）が与えられたとき、すでに実装済みの他のゲートを用いて、対象のゲートを実装する効率的な方法を探すことが論理回路設計の技法である。

1.3　ハードウェアの構築

　それではゲートが実際に作られる過程を見ていこう。まずは簡単な例から始める。ここでは自宅のガレージに「チップの組み立てショップ」をオープンしたと想像しよう。最初の仕事は Xor ゲートを 100 個作ることに決まったとする。私たちは受注した仕事の頭金を使って、はんだごて、銅線、それにたくさんの And/Or/Not ゲートを購入する。そして、その3種類のゲートは、「And ゲート」「Or ゲート」「Not ゲート」とラベルを貼った入れ物の中にそれぞれ入れておく。ゲートはプラスチックの容器で覆われ、入力ピンと出力ピンと電源供給プラグが外へ出ている。私たちの目標は、これらの部品を使って**図1-6** のゲート図を実装することである。

　まずは And ゲートを2つ、Not ゲートを2つ、Or ゲートを1つ取り出し、図の配線図に従ってボードにゲートを取り付ける。続いてこれらのゲートを互いにつなぐために、それぞれのゲートの入力ピンと出力ピンを銅線を使ってはんだ付けする。

　配線図に従って慎重に作業を進めれば、3本の配線が外に出ることになる。そうしたら、その3本の配線の先にそれぞれピンをはんだ付けし、その3本のピンを除いて全体をプラスチックの容器で覆い、「Xor」というラベルを貼り付ける。後はこの組み立て作業を繰り返すだけだ。仕事が終われば、完成したチップをすべて新しい入れ物に入れ、その入れ物には「Xor ゲート」とラベルを貼る。もしこの先、他のゲートを作りたいとしたら、これまで And、Or、Not ゲートを使ってきたときと同じように、

Xor ゲートを構成要素として使うことができる。

　おそらく気づいたかもしれないが、このチップの組み立て方法には多くの問題がある。第一に、与えられたチップの配線図が正しいという保証は何もない。今回は Xor のような単純なチップのため、配線図が正しいことを証明することはできる。しかし、現実の複雑なチップの多くではそのようなことはできない。そういった場合、実験に基づいてテストを行う必要がある。実験に基づくテストとは、チップを組み立て、電源につなぎ、入力ピンに対して 0/1 のさまざまな組み合わせを設定し、そのときの出力が仕様に従うかどうか逐一確認するテストである。もし出力が期待するものでなければ、物理的な構造をいじくり回す必要がある。もちろん、それはかなり面倒な作業になるだろう。また仮に正しい設計を行ったとしても、何度も繰り返す組み立て作業は時間がかかり、ミスも起こりやすい。より良い方法が他にあるはずだ。

1.3.1　ハードウェア記述言語（HDL）

　今の時代、ハードウェア設計者はモノを作るために手を汚さなくてよい。**ハードウェア記述言語**（Hardware Description Language; HDL）を使えば、チップのアーキテクチャを設計することができる。設計者は、HDL プログラムを書くことによってチップのロジックを指定し、その後で厳密なテストを行う。テストはコンピュータのシミュレータ上で仮想的に行う。これには**ハードウェアシミュレータ**（Hardware Simulator）と呼ばれる特別なソフトウェアツールが使われる。ハードウェアシミュレータはチップのアーキテクチャを記述した HDL を読み込み、ソフトウェア上で再現する。続いて設計者は、シミュレータにテストを行うように指示を与える。具体的には、さまざまな入力を与えて仮想チップの動作をシミュレートし、その出力が期待する結果と一致するかどうかを検証する。そうすることで、クライアントの要望したチップかどうかを確かめることができる。

　ハードウェア設計者は、チップが論理的に正しく振舞うかどうかに加えて、処理速度、エネルギー消費量、チップ実装の全体コストなどについても注意を払う。ハードウェアシミュレータは、これらすべての要素をシミュレートし、定量的に検証することができる。そのため、仮想チップがコストとパフォーマンスの点で要望を満たすまで、設計の最適化を繰り返すことができる。

　このように、HDL を用いることでチップ全体のプランを練り、デバッグを行い、最適化を行うことができる。しかも、これらの作業は、物理的な製品に対して 1 円のコストも費やすことなく行える。

　シミュレートされたチップの性能がクライアントの要望を満たしていると判断した

段階で、最適化された HDL プログラムが「設計図」となる。その設計図から実際の
チップがシリコンに大量にプリントされる。チップ製造の最後の段階——最適化され
た HDL プログラムから大量生産への段階——は通常、ロボットによるチップ製造を
専門とする会社に外注される。

例：Xor ゲートの構成

　この節の残りの部分では、Xor ゲートを例にとって、HDL を簡単に紹介する。
HDL の詳細は付録 B にある。

　それでは**図1-7** の左下に注目してみよう。チップを定義する HDL は、ヘッダー
とパーツの 2 つのセクションからなる。ヘッダーのセクションはチップのインター
フェースについて、具体的には、チップの名称、入力ピンの名称、出力ピンの名称の
3 つを指定する。パーツのセクション（PARTS セクション）では、チップのアーキテ
クチャを構成するチップパーツを記述する。各パーツは**文（ステートメント）**によっ
て表現される。文はパーツの名前を記述した後に、他のパーツとの接続方法を括弧を
使った式で指定する。そのような文を書くためには、内部で使うパーツのインター
フェース（入力ピンと出力ピンの名前、および意図する動作）について知る必要があ
る。たとえば、**図1-7** の HDL プログラムを書いた人は、Not ゲートの入力ピンと出
力ピンはそれぞれ in と out という名前であり、And ゲートと Or ゲートでは a と
b そして out という名前でラベル付けされている、ということを知っている必要があ
る（「Nand to Tetris」で使用するチップの API は付録 D にすべてまとめてある）。

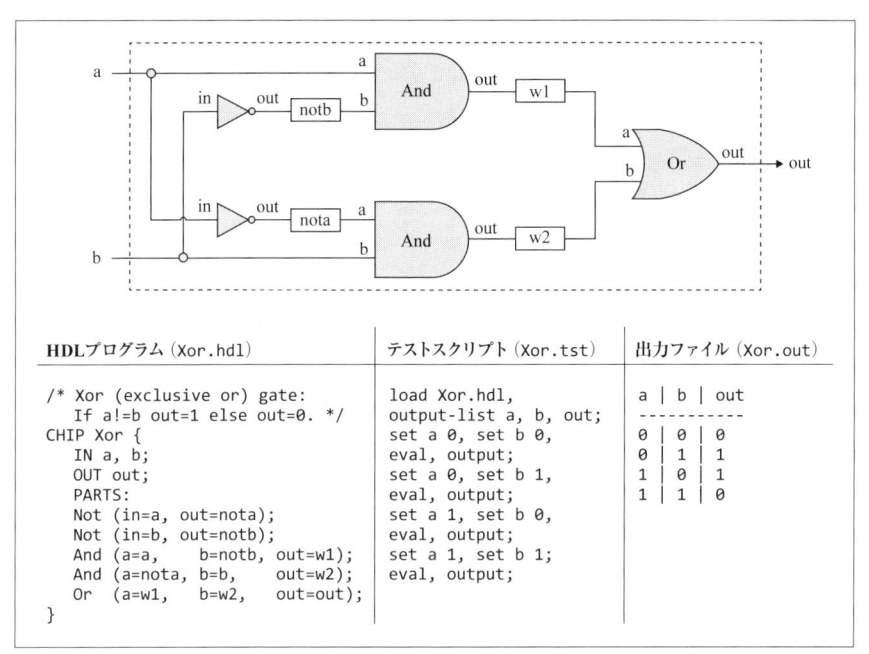

図1-7　ブール関数 $\mathrm{Xor}(a, b) = \mathrm{Or}(\mathrm{And}(a, \mathrm{Not}(b)), \mathrm{And}(\mathrm{Not}(a), b))$ のゲート図と HDL 実装。テストスクリプトと出力ファイルも合わせて示す（出力ファイルはテストによって生成される）。ハードウェア記述言語とテスト記述言語は、付録 B と付録 C でそれぞれ詳細に説明する。

内部的なパーツの連結は、必要に応じて**内部ピン**（Internal Pin）を作成し、それを連結することによって表現される。たとえば、**図1-7** のゲート図において、Not ゲートの出力が And ゲートに連結されている箇所を見てみよう。HDL のコードでは、Not(...,out=nota) と And(a=nota,....) という記述によって、この連結が表される。最初の文で nota という名前の内部ピンを作成し、out ピンの値を nota に送る。2つ目の文は nota の値を And ゲートの入力である a に送る。ここで2つ注意点がある。1つ目は、内部ピンは、HDL で初めて登場したタイミングで "自動的" に作られるということである。2つ目は、ピンの出力を複数に分けることができ、その数に制限はないことである。たとえば**図1-7**では、a と b の入力線は同時に2つのゲートに入力される。ゲート図においては、線の「分岐」によって、複数ゲートへの連結が表される。HDL では分岐の有無はコードから判断できる。

「Nand to Tetris」で使用する HDL は、産業用の HDL と似たような見た目であ

るが、はるかに単純である。本書の HDL の構文はほとんどが自明で、いくつかの例を見たり、必要に応じて付録 B を参照したりすることで簡単に学ぶことができる。

テスト

チップの品質を保証するためにはテストが必要である。このテストは、具体的で再現可能であり、ドキュメントとしてもきちんとまとめられた形で行われる。その点を考慮して、ハードウェアシミュレータは、スクリプト言語で書かれたテストを実行するように設計されている。**図1-7** に示したテストスクリプトは、「Nand to Tetris」のハードウェアシミュレータが理解できるスクリプト言語で書かれている。

ここでは**図1-7** のテストスクリプトについて簡単に説明する。テストスクリプトの最初の 2 行で、シミュレータに Xor.hdl のプログラムを読み込ませ、選択した変数の値を出力する準備を行う。次に、スクリプトでテストケースを列挙する。各テストケースでは、チップの入力ピンに指定されたデータ値を設定し、出力を計算する。そして、指定された出力ファイルにテスト結果を記録する。Xor のような単純なゲートの場合は、すべての入力の組み合わせをカバーできる。この場合、結果として得られる出力ファイル（**図1-7** の右側）によって、チップが完全に正しく設計されたものであることを実験で検証できる。後ほど見ていくが、より複雑なチップにおいては、そのようなすべてのケースを網羅することは現実的ではない。

「Nand to Tetris」のソフトウェアスイートには、本書に登場するすべてのチップのテストスクリプト、および骨組み部分のみを記述した HDL プログラムを付属している。それらは、Hack コンピュータを実際に作りたいと願う読者には喜ばれるだろう。チップを作るには HDL を学ばなければならないが、テスト記述言語については学ぶ必要はない。とはいえ、提供されるテストスクリプトを読んで理解できたほうが良いこともある。スクリプト言語については付録 C で詳しく説明しているので、必要に応じて参照してほしい。

1.3.2　ハードウェアシミュレーション

HDL プログラムを書いてデバッグを行う作業は、一般的なソフトウェア開発と似ている。主な違いは、高水準言語の代わりに HDL を書くこと。そして、コンパイラを使ってコードを変換する代わりに、**ハードウェアシミュレータ**を使うことである。ハードウェアシミュレータはコンピュータのプログラムであり、HDL で書かれたコードを理解できる。ハードウェアシミュレータは HDL を実行可能な形式に変換し、テストスクリプトに従ってテストを行う。現在、商用のハードウェアシミュレー

タは数多く存在する。本書では、シンプルなハードウェアシミュレータを提供する。このシミュレータには必要なツールがすべて含まれており、チップの構築やテスト、また他のチップを組み合わせることなどができる。最終的には汎用コンピュータがこのシミュレータ上で動作する。ハードウェアシミュレータの画面を**図1-8**に示す。

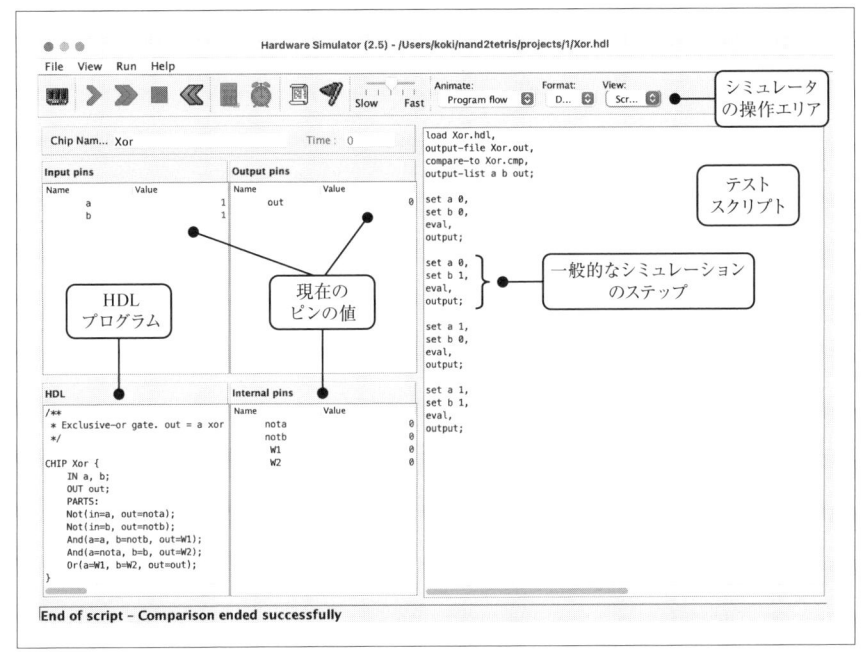

図1-8　ハードウェアシミュレータで Xor チップをシミュレートしているときの画面（バージョンが違うと、GUI の見た目が若干異なる場合がある）。この画面は、テストスクリプトを実行した直後のシミュレータの状態である。ピンの値は、最後のシミュレーションのステップで使われた値（a=1、b=1）が表示されている。この画面には表示されていないが、「比較ファイル（compare file）」があり、特定のテストスクリプトのシミュレーション結果と比較するために用いられる。比較ファイルは、テストスクリプトと同様に、チップの製造を依頼するクライアントから提供されるのが一般的である。

1.4　仕様

　本節では、私たちのコンピュータシステムを作るために必要なゲートの仕様について説明する。これらのゲートは普通のもので、それぞれが一般的なブール演算を実行するように設計されている。本節ではゲートのインターフェースについて、つまり

「What（ゲートは何をするか）」だけを取り上げる。「How（ゲートをどのように実現するか）」については後の節で説明する。

1.4.1　Nand ゲート

私たちのコンピュータアーキテクチャの出発点は Nand ゲートである。この Nand ゲートから他のすべてのゲートとチップが作られる。Nand ゲートは次に示すブール関数を実現する。

a	b	Nand(a, b)
0	0	1
0	1	1
1	0	1
1	1	0

もしくは次の「API 形式」で表現することもできる。

<u>チップ名</u>	Nand
<u>入力</u>	a, b
<u>出力</u>	out
<u>関数</u>	if ((a==1) and (b==1)) then out = 0, else out = 1

本書では、上に示すような「API 形式」でチップの仕様を示す。チップの API は、チップ名、入力ピン名、出力ピン名、チップの行う処理（関数）、そしてオプションとしてコメントを含む。

1.4.2　基本論理ゲート

ここで説明する論理ゲートは、一般的には「基本ゲート」と呼ばれる。なぜ「基本」かというと、より複雑なゲートが基本ゲートから構成されるからである。Not、And、Or、Xor ゲートの 4 つのゲートは、古典的な論理演算子を実現する。そして、マルチプレクサとデマルチプレクサの 2 つのゲートは、情報の流れを制御する。

Not

1 入力の Not ゲートは**インバータ**とも呼ばれる。0 を 1 に、1 を 0 に変換する。ゲートの API は次のようになる。

```
チップ名  Not
入力     in
出力     out
関数     if (in==0) then out = 1, else out = 0
```

And

両方の入力が 1 のときに 1 を返し、それ以外は 0 を返す。

```
チップ名  And
入力     a, b
出力     out
関数     if ((a==1) and (b==1)) then out = 1, else out = 0
```

Or

入力の少なくともひとつが 1 のときに 1 を返し、それ以外は 0 を返す。

```
チップ名  Or
入力     a, b
出力     out
関数     if ((a==0) and (b==0)) then out = 0, else out = 1
```

Xor

排他的論理和（Exclusive Or）とも呼ばれ、2 つの入力が互いに異なる場合に 1 を返し、それ以外は 0 を返す。

```
チップ名  Xor
入力     a, b
出力     out
関数     if (a!=b) then out = 1, else out = 0
```

マルチプレクサ

マルチプレクサ（Multiplexor）は 3 入力のゲートである（**図1-9**）。a、b という 2 つのビットは**データビット**と解釈でき、3 つ目の sel というビットは**選択ビット**と解釈できる。マルチプレクサは sel の値によって、a か b のどちらかを出力する。そのため、このゲートは**セレクタ**（Selector）と呼ぶほうがふさわしいとも言える。ちなみに「マルチプレクサ」という名前は、通信システムで採用されたものである。通信システムでは複数の入力信号を 1 本のワイヤに乗せて送信するため、それぞれの信

号をシリアライズ[†2]する必要がある。シリアライズは多重化（Multiplexing）とも呼ばれ、マルチプレクサを拡張したデバイスが使われる。

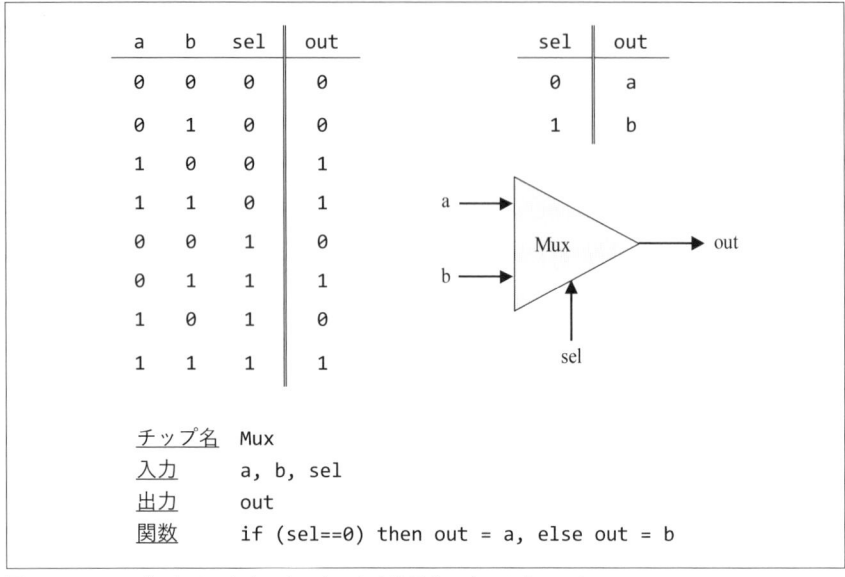

a	b	sel	out
0	0	0	0
0	1	0	0
1	0	0	1
1	1	0	1
0	0	1	0
0	1	1	1
1	0	1	0
1	1	1	1

sel	out
0	a
1	b

<u>チップ名</u>　Mux
<u>入力</u>　　　a, b, sel
<u>出力</u>　　　out
<u>関数</u>　　　if (sel==0) then out = a, else out = b

図1-9　マルチプレクサ。右上の表は左の表を簡易的に表したものである。

デマルチプレクサ

　デマルチプレクサ（Demultiplexor）はマルチプレクサとは逆のことを行う。入力を1つ受け取り、選択ビットに従って、2つの出力のどちらかに振り分ける。もう一方の出力は0に設定される。デマルチプレクサのAPIを**図1-10**に示す。

---

†2　訳注：シリアライズとは、複数の要素を一列に並べる操作や処理のこと。「直列化」とも呼ばれる。

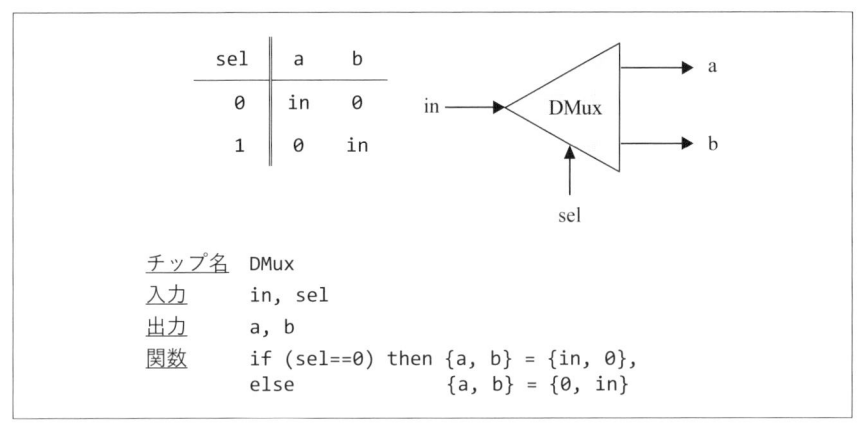

図1-10　デマルチプレクサ

1.4.3　複数ビットの基本ゲート

　一般的なコンピュータのハードウェアは、複数ビット（Multi-Bit）を操作するように設計されている。たとえば、2つの16ビットのデータに対してビットごとにAnd演算を行うような操作である。本節では、16ビットの論理ゲートをいくつか紹介する。それらのゲートは、本書で構築するコンピュータで必要になる。ちなみに、nビットの論理ゲートのアーキテクチャは、nの値（たとえば、16、32、64ビット）に関係なく同じである。

　HDLプログラムは複数ビットを1つのビットのときと同じように扱うことができる。ただし複数ビットの場合は、個々のビットにアクセスするためにインデックスを付ける。たとえばinとoutが16ビットの値を表す場合、out[3]=in[5]は、outのインデックスが3のビットに、inのインデックスが5のビットの値を設定する。ビットは右から左にインデックスが付けられ、右端のビットが0番目で、左端のビットが15番目となる。

複数ビット Not

　nビットのNotゲートは、入力されたnビットの各ビットに対してNot演算を行う。

```
チップ名   Not16
入力       in[16]
出力       out[16]
関数       for i = 0..15 out[i] = Not(in[i])
```

複数ビット And

n ビットの And ゲートは 2 つの n ビットを入力とし、ペア同士のビットで And 演算を行う。

```
チップ名   And16
入力       a[16], b[16]
出力       out[16]
関数       for i = 0..15 out[i] = And(a[i], b[i])
```

複数ビット Or

n ビットの Or ゲートは 2 つの n ビットを入力とし、ペア同士のビットで Or 演算を行う。

```
チップ名   Or16
入力       a[16], b[16]
出力       out[16]
関数       for i = 0..15 out[i] = Or(a[i], b[i])
```

複数ビットマルチプレクサ

n ビットのマルチプレクサは、2 つの入力がそれぞれ n ビットになったことを除いて、**図1-9** で示した基本的なマルチプレクサとまったく同じである。

```
チップ名   Mux16
入力       a[16], b[16], sel
出力       out[16]
関数       if (sel==0) then for i = 0..15 out[i] = a[i],
           else for i = 0..15 out[i] = b[i]
```

1.4.4　複数入力の基本ゲート

2 入力の論理ゲートを一般化すれば、複数入力の論理ゲート（任意の数の入力を受け取る論理ゲート）となる。本節では複数入力のゲートをいくつか紹介する。それらは、この先本書で作るさまざまなチップで使用される。

複数入力 Or

m 入力の Or ゲートは、m 入力のうち少なくともひとつが 1 であれば 1 を出力し、それ以外は 0 を出力する。本書では 8 入力の Or ゲートが必要になる。

<u>チップ名</u>　Or8Way
<u>入力</u>　　　in[8]
<u>出力</u>　　　out
<u>関数</u>　　　out = Or(in[0], in[1], ..., in[7])

複数入力/複数ビットのマルチプレクサ

m 入力 n ビットのマルチプレクサは、m 本ある n ビット入力から 1 つを選択し、それを出力する。その選択は k ビットの信号によって指定され、$k = \log_2 m$ の関係が成り立つ。次に 4 入力マルチプレクサの API を示す。

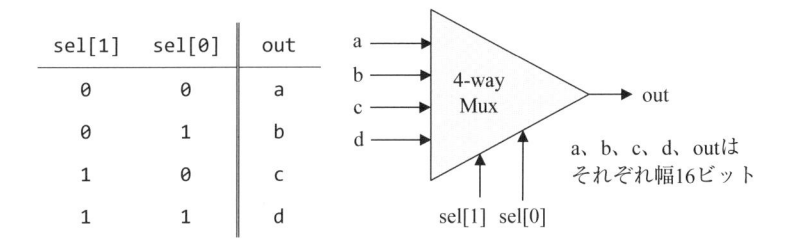

sel[1]	sel[0]	out
0	0	a
0	1	b
1	0	c
1	1	d

a、b、c、d、outは
それぞれ幅16ビット

このタイプのゲートで、本書で開発するコンピュータで必要なものは「4 入力 16 ビットのマルチプレクサ」と「8 入力 16 ビットのマルチプレクサ」である。

<u>チップ名</u>　Mux4Way16
<u>入力</u>　　　a[16],b[16],c[16],d[16],sel[2]
<u>出力</u>　　　out[16]
<u>関数</u>　　　if (sel==00,01,10, or 11) then out = a,b,c, or d
<u>コメント</u>　代入操作はすべての16ビットに対して行われる。
　　　　　　たとえば、「out=a」は「for i=0..15 out[i] = a[i]」を意味する。

<u>チップ名</u>　Mux8Way16
<u>入力</u>　　　a[16],b[16],c[16],d[16],e[16],f[16],g[16],h[16], sel[3]
<u>出力</u>　　　out[16]
<u>関数</u>　　　if (sel==000,001,010, ..., or 111)
　　　　　　then out = a,b,c,d, ..., or h
<u>コメント</u>　代入操作はすべての16ビットに対して行われる。
　　　　　　たとえば、「out=a」は「for i=0..15 out[i] = a[i]」を意味する。

複数出力/複数ビットのデマルチプレクサ

m 出力 n ビットのデマルチプレクサは、1 つの n ビット入力を m 本の n ビット出力のいずれかに振り分ける。その他の出力は 0 に設定される。選択は k ビットの信号によって指定され、$k = \log_2 m$ の関係が成り立つ。次に 4 出力デマルチプレクサの API を示す。

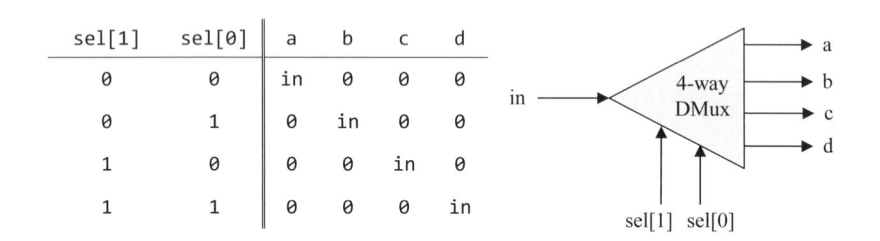

sel[1]	sel[0]	a	b	c	d
0	0	in	0	0	0
0	1	0	in	0	0
1	0	0	0	in	0
1	1	0	0	0	in

このタイプのゲートで、本書で開発するコンピュータで必要なものは「4 出力 1 ビットのデマルチプレクサ」と「8 出力 1 ビットのデマルチプレクサ」である。

<u>チップ名</u>　DMux4Way
<u>入力</u>　　　in, sel[2]
<u>出力</u>　　　a, b, c, d
<u>関数</u>　　　if (sel==00)　　 then {a,b,c,d} = {in,0,0,0},
　　　　　　else if (sel==01) then {a,b,c,d} = {0,in,0,0},
　　　　　　else if (sel==10) then {a,b,c,d} = {0,0,in,0},
　　　　　　else if (sel==11) then {a,b,c,d} = {0,0,0,in}

<u>チップ名</u>　DMux8Way
<u>入力</u>　　　in, sel[3]
<u>出力</u>　　　a, b, c, d, e, f, g, h
<u>関数</u>　　　if (sel==000)　　 then {a,b,c,..., h} = {in,0,0,0,0,0,0,0},
　　　　　　else if (sel==001) then {a,b,c,..., h} = {0,in,0,0,0,0,0,0},
　　　　　　else if (sel==010) then {a,b,c,..., h} = {0,0,in,0,0,0,0,0},
　　　　　　...
　　　　　　else if (sel==111) then {a,b,c,..., h} = {0,0,0,0,0,0,0,in}

1.5　実装

前節では、基本論理ゲートの仕様（インターフェース）について説明した。「What（ゲートは何をするか）」について説明したので、次は「How（ゲートをどのように実

現するか)」について説明する。ここでは論理ゲートを実装するための2つの一般的なアプローチに焦点を当てる。その2つのアプローチとは、**動作シミュレーション**（Behavioral Simulation）と**ハードウェア実装**（Hardware Implementation）である。両アプローチは、本書で行うすべてのハードウェア構築プロジェクトにおいて重要な役割を果たす。

1.5.1　動作シミュレーション

　これまで紹介したチップの説明は、あくまで抽象化された外部インターフェースに関するものだった。チップを HDL で実装する前に、そのような抽象的記述を実際に動かしてみたいと思うかもしれない。では、どうすればよいだろうか。

　チップの動作と 対 話 するだけなら、わざわざ HDL で作る必要はない。その代わりに、一般的なプログラミング言語を使って、もっと簡単に実装することもできる。たとえば、オブジェクト指向言語を使って、汎用チップを「クラス」として実装できる。チップのインスタンスを生成するためのコンストラクタと、そのロジックを評価する **eval メソッド**を実装し、高水準のチップを低水準のチップで定義できるようにクラス同士を互いに対話させることができる。さらに、見た目の良い GUI（グラフィカル・ユーザー・インターフェース）を追加し、チップの入力にさまざまな値を入れ、ロジックを評価し、チップの出力を観察することもできる。「動作シミュレーション」と呼ばれるこのソフトウェアベースの手法は、非常に理にかなっている。HDL で実装するという手間のかかる作業を始める前に、チップのインターフェースを使った実験が可能になる。

　「Nand to Tetris」のハードウェアシミュレータは、まさにそのような機能を提供する。このシミュレータは HDL プログラムの動作をシミュレートすることが主な機能ではあるが、それに加えて「Nand to Tetris」のハードウェアプロジェクトで構築するすべてのチップの「ビルトイン（Built-in)」のソフトウェア実装も備えている。ビルトイン版のチップは実行可能なソフトウェアモジュールとして実装されており、チップのインターフェースを提供する雛形の HDL プログラムから呼び出される。たとえば、Xor チップのビルトイン版の HDL プログラムは次のようになる。

```
/* Xorゲート :
   If a!=b out=1 else out=0 */
CHIP Xor {
   IN a, b;
   OUT out;
```

```
    BUILTIN Xor;
}
```

　これを**図1-7** の HDL プログラムと比較してみよう。まず注意したい点は、通常のチップとビルトインチップはまったく同じインターフェースを持つということである。よって、両者はまったく同じ機能を提供する。しかし、ビルトイン実装では、PARTS セクションが「BUILTIN Xor」という一文に置き換えられている。「BUILTIN Xor」により、このチップは Xor.class によって実装されていることをシミュレータに知らせる。Xor.class ファイルは Java のクラスファイルで、nand2tetris/tools/builtInChips のフォルダにある（他のすべてのビルトインチップのクラスファイルもそのフォルダにある）。

　高水準プログラミングを使えば、論理ゲートを実現するのは難しいことではない。これが動作シミュレーションのもうひとつの長所である。動作シミュレーションは"安くて速い"のだ。もちろん、ハードウェアのエンジニアは、ある時点で本番に挑む必要がある。つまり、チップをソフトウェアではなく、シリコンで実現可能な HDL プログラムとして実装する必要がある。続いて、そのようなハードウェア実装について説明する。

1.5.2　ハードウェア実装

　ここでは本章で登場した 15 個の論理ゲートについて、その実装方法のガイドラインを示す。本書のルールとして、実装方法のガイドラインはわざと簡潔にしてある。これは読者がゲートの実装を自らの手で発見してほしいからである。そして、その発見に喜びを感じてほしいからである。そのため本書では、実装を始めるのに必要な情報だけ与えるにとどめる。

Nand

　私たちのハードウェアは Nand ゲートを出発点とすることに決めたので、Nand は外部から与えられる基本ゲートとして扱う。付属のハードウェアシミュレータには Nand の実装が組み込まれているので、Nand を実装する必要はない。

Not

　Nand ゲートを 1 つ使って実装できる。

ヒント

Nand の真理値表を見ながら考えてみよう。Nand の入力をどのように設定すれば、0 という一本の入力信号が Nand ゲートに 1 を出力させ、1 という一本の入力信号が Nand ゲートに 0 を出力させることができるか？

And

Nand と Not の 2 つのゲートから実装できる。

Or/Xor

Or ゲートは、And と Not を使って実装できる。Xor ゲートは、And、Not、Or を使って実装できる。

マルチプレクサ/デマルチプレクサ

これらのゲートは、これまで作成したゲートを使って実装できる。

複数ビットの Not/And/Or ゲート

ここでは 1 ビットの Not/And/Or ゲートはすでに実装済みとする。n ビットのゲートは、1 ビットの基本ゲートを n 個並べ、各ゲートが対応する入力ビットを個別に処理するようにすればよい。最終的な HDL は、(コピー&ペーストを使った)繰り返しが多く見られる退屈なコードとなる。だが、複数ビットのゲートは、より複雑なチップでこれから先も使われるため、とても重要である。

複数ビットのマルチプレクサ

n ビットのマルチプレクサの実装は、1 ビットのマルチプレクサを n 個用意し、そのすべてに同じ選択ビットを入力するだけである。この作業もまた退屈ではあるが、できあがるチップはとても役立つものとなる。

複数入力ゲート

ヒント

フォーク(分岐)を考えよ。

1.5.3　ビルトインチップ

「1.5.1　動作シミュレーション」で説明したとおり、本書のハードウェアシミュレータにはソフトウェアベースのビルトイン実装が備わっている。もちろん、「Nand to Tetris」で最も重要なビルトイン実装は Nand である。HDL プログラムの PARTS セクションで Nand が使われると、ハードウェアシミュレータは tools/builtInChips/Nand.hdl のビルトイン実装を呼び出す。この呼び出し手順の仕組みは、他のチップにおいても同じである。仮に *Xxx* という名前のゲートが HDL プログラムの PARTS セクションにあった場合、ハードウェアシミュレータはカレントフォルダ内で *Xxx*.hdl ファイルを探す。ファイルが見つかった場合、シミュレータはその HDL コードを評価する。ファイルが見つからなかった場合、シミュレータは tools/builtInChips フォルダを探す。ファイルが見つかった場合、シミュレータはチップのビルトイン実装を実行し、見つからなかった場合はエラーメッセージを表示してシミュレーションを終了する。

この仕組みはとても便利である。たとえば、Mux.hdl プログラムを実装し始めたが、なんらかの理由で完成しなかったとしよう。そうすると、他のチップを作るときに Mux チップをパーツとして使えないので、それ以上先に進むことができない。幸いなことに（というよりも、そのように設計したのだが）、ビルトインチップが救いの手を差し伸べる。あなたがやるべきことは、実装中のファイル名を Mux1.hdl に変更するだけだ。そうすれば、Mux チップをパーツとして使う場合、カレントフォルダに Mux.hdl ファイルがないので、ビルトイン実装の Mux が使われる。そうすれば先に進める。後日、Mux1.hdl に戻って、実装作業を再開したくなるかもしれない。そのときは、元のファイル名である Mux.hdl に戻し、中断したところから作業を続ければよい。

1.6　プロジェクト

本節では「プロジェクト 1」を完了するために必要なツールや材料について説明する。また、お勧めの実装手順やヒントについても説明する。

目標

本章で紹介した論理ゲートをすべて実装する。最初に使用できるゲートは、Nand ゲートのみである。作り終わったゲートについては、それ以降使うことができる。

リソース

まずは「Nand to Tetris」のソフトウェアスイートが含まれる zip ファイルをダウンロードしよう。そして、その zip ファイルを解凍し、フォルダ名を nand2tetris とする。このとき nand2tetris/tools には本章で説明したハードウェアシミュレータが含まれている。「プロジェクト 1」を完了するのに必要なツールは、ハードウェアシミュレータと（自分の好きな）テキストエディタだけである。本書の以降のハードウェアのプロジェクトでも、その 2 つのツールだけが必要となる。

本章で取り上げた 15 個のチップ（Nand は除く）は、付録 B で説明する HDL 言語を使って実装する。本書では、*Xxx* というチップを実装するに際して、一部の実装が欠けた雛形となる *Xxx*.hdl ファイル（「スタブファイル」とも呼ばれる）を用意している。さらに、シミュレータがどのようにテストを行うかを指示した *Xxx*.tst という名前のテストスクリプトのファイルと、テストスクリプトの出力結果と比較するための *Xxx*.cmp という名前のファイルも用意している。*Xxx*.cmp には、テストスクリプトの正しい出力が記述されている。これらすべてのファイルは nand2tetris/projects/1 にある。読者の課題は、このフォルダにあるすべての *Xxx*.hdl ファイルを完成させ、テストを通過させることである。HDL を書く作業は、自分の好きなテキストエディタを使って行うことができる。

要件

あなたのチップ設計（修正した.hdl ファイル）と.tst ファイルをハードウェアシミュレータに読み込み、一連のテストを行う。この際、出力結果が.cmp ファイルの内容と一致しなければならない。比較が一致しない場合は、シミュレータの動作は停止しエラーメッセージが表示される。

手順

次の手順で進めることを推奨する。

0. 本プロジェクトに必要な**ハードウェアシミュレータ**は nand2tetris/tools に用意されている
1. 必要に応じて「付録 B　ハードウェア記述言語」を参照する
2. 必要に応じて https://www.nand2tetris.org にある資料に目を通す（ツールに関する情報は https://www.nand2tetris.org/software にある）
3. nand2tetris/projects/1 にあるすべてのチップを作成し、シミュレーション

　を行う

　「Nand to Tetris」は、Web ブラウザで動作するオンライン IDE を提供している。オンライン IDE を使ってプロジェクトに取り組むこともできる。この場合は、特別なソフトウェアのインストールなしに、本書のプロジェクトに取り組める。「プロジェクト 1」では、以下のツールを使用する。

- ハードウェアシミュレータ：https://nand2tetris.github.io/web-ide/chip

　オンライン IDE の使用方法については、付録 G を参照すること。

実装のヒント

 本書では「チップ」と「ゲート」という用語を互換的に使用する。

- 各ゲートは複数の方法で実装できる。実装は単純であればあるほど良い。原則としては、できるだけ少ないチップを使用することが望ましい。
- 各チップは Nand ゲートのみから直接実装できるが、すでに実装された複合ゲートを使用することを推奨する。
- 自分で「ヘルパーチップ」のようなものを新たに作る必要はない。HDL プログラムでは、本章で説明するチップのみを使用すべきである。
- この章で説明されている順番にチップを実装すること。なんらかの理由でチップの HDL 実装が完了しなかった場合でも、その（完成しなかった）チップを他の HDL プログラムから使うこともできる。そのためには、完成しなかったチップのファイル名を変更するか削除すると、シミュレーターは代わりにビルトインのチップを使う。

1.7　展望

　本章では、コンピュータのアーキテクチャで使われる基本的な論理ゲートについて説明した。これらのゲートは、2 章と 3 章で処理チップとメモリチップを構築するために使用される。さらに、その処理チップとメモリチップは、コンピュータの CPU とメモリデバイスを構築するために使用される。

　私たちは基礎となる構成要素として「Nand」を選んだわけだが、他の論理ゲートを出発点とすることもできる。たとえば、Nor ゲートだけから、また別の案としては And、Or、Not ゲートの組み合わせから、完全なコンピュータシステムを構築することもできる。論理回路設計におけるこれらのアプローチは、理論上はどれも同じである。原理的には、もし電気技術者や物理学者たちが効率的で低コストな論理ゲートの実現方法を考え出すことができれば、私たちは喜んで、その論理ゲートを構成要素として使うだろう。しかし現実には、ほとんどのコンピュータは Nand ゲートか Nor ゲートのどちらかから作られている。

　本章では、最適化について特に注意を払わなかった。たとえば、複合ゲートを構築するために使われる基本ゲートの個数を考慮したり、設計によって生じるであろうワイヤの交差について考えたりすることはしなかった。最適化は実践上極めて重要であり、多くの専門家は最適化に重点を置いている。この他に本書で省略したテーマは、「物理的な視点」についてである。たとえば、シリコンに埋め込まれたトランジスタ（もしくは他のスイッチング技術）からどのように論理ゲートが実現されるかについては説明していない。もちろん、論理ゲートを実現するためにはいくつもの方法があり、それぞれに特徴が異なる（スピード、消費電力、製造コストなどの点で異なる）。これらをカバーするには、電気工学や固体物理学のようなコンピュータサイエンス以外の分野を学ぶ必要がある。

　次章では、ビットを使って 2 進数を表現する方法を説明する。また、論理ゲートを使って算術演算を実現する方法についても説明する。算術演算の機能は、本章で実装した論理ゲートを使って実現される。

2章
ブール算術

数えることは、この世の宗教である。この世の希望であり、救済である。

——ガートルード・スタイン（1874–1946）

　本章では、数を表現し算術演算を行うためのチップを作成する。私たちの出発点は1章で作成した論理ゲートであり、終着点は**算術論理演算器**（ALU）である。ALUは後に、**中央演算装置**（CPU）で行う計算の中心を担う。CPUはコンピュータで扱うすべての命令を実行するチップである。そのため、ALUを作ることは「Nand to Tetris」の旅において重要なマイルストーンとなる。

　いつものように、ここでも段階的に話を進める。前半の節では、符号付き整数を表すためにバイナリコードがどのように使われるかを説明する。合わせて、符号付き整数の和を求めるためにブール算術がどのように使われるかも説明する。「2.5　仕様」では、**加算器**（Adder）について解説する。本章で登場する加算器は3つある。2ビットの加算器、3ビットの加算器、そして2組のnビットを処理する加算器である。それらの加算器があれば、ALUの仕様を満たす準備が整う。ALUは驚くほどシンプルな論理設計に基づいている。「2.6　実装」と「2.7　プロジェクト」では、HDLと本書が提供するハードウェアシミュレータを用いて加算器のチップとALUを実装する方法について、助言とガイドラインを与える

2.1　算術演算

　汎用コンピュータシステムは、符号付き整数に対して少なくとも以下の算術演算を実行できる。

- 加算
- 符号変換
- 減算
- 比較
- 乗算
- 除算

まずは、加算と符号変換を行うゲートの開発から始める。後で、この2つのゲートから他の算術演算を構築できることを示す。

数学においてもコンピュータサイエンスにおいても、**加算**は単純な演算でありながら奥が深い。驚くべきことに、算術演算だけでなく、デジタルコンピュータが実行できるすべての機能は、2進数の加算に還元できる。したがって、2進数の加算の仕組みを理解することは、コンピュータのハードウェアが実行する多くの基本的な操作を理解する上で非常に重要である。

2.2　2進数

たとえば「6083」という数字が**10進数**によって表されているとしよう。この場合、次の計算式に従い値が計算される。

$$(6083)_{10} = 6 \cdot 10^3 + 0 \cdot 10^2 + 8 \cdot 10^1 + 3 \cdot 10^0 = 6083$$

10進数は、10を底とし、各桁の位置に応じた値が与えられる。次に「10011」というコードが2進数、つまりは**バイナリ**表現によって表されているとしよう。この場合、10の代わりに2を底とする点を除けば、先ほどとまったく同じ手順で計算できる。

$$(10011)_2 = 1 \cdot 2^4 + 0 \cdot 2^3 + 0 \cdot 2^2 + 1 \cdot 2^1 + 1 \cdot 2^0 = 19$$

コンピュータの内部では、あらゆるものがバイナリコードで表される。たとえば「素数の例を挙げよ」と尋ねられて、キーボード上の1キー、9キー、Enterキーを順に押したとしよう。このとき、コンピュータのメモリには、バイナリコードの **10011** が格納される。続いて、その素数を画面に表示するようにコンピュータに依頼したとしよう。このとき、次のような処理が行われる。まず、コンピュータのオペレーティ

ングシステム（OS）が 10011 を表す 10 進数を計算し、それが「19」であることが分かる。次に、この整数値を「1」と「9」の 2 つの文字に変換し、現在のフォントを調べ、その 2 つの文字のビットマップ画像を取得する。そして OS は、画面ドライバに画面のピクセルを操作させ、ついに「19」という数字が画面上に表示される（これら一連の作業が、ほんの一瞬の間に行われる）。12 章では、このようなレンダリング操作を行う OS を開発する。

私たち人間は 10 進数を好む。なぜ 10 進数かというと、古代のある時点で、10 本の指を使って量を表すことに慣れ、その習慣が定着したという説から説明がつくだろう。しかし数学的な観点から言えば、「10」という数字に重要性はまったくない。コンピュータに関して言えば、「10」は完全に厄介者である。コンピュータはあらゆるものを 2 進数で扱うため、10 進数にはなんの関心もない。しかし、人間が 10 進数を使って数字を扱うため、人間が数の情報を見たり与えたりしたいときには、コンピュータは裏側で 2 進数から 10 進数へ、もしくは 10 進数から 2 進数への変換を行わなければならない。それ以外は、コンピュータは 2 進数で処理する。

固定ワードサイズ

整数は無限に続く。任意の数 x に対して、x より小さい整数と x より大きい整数が常に存在する。しかし、コンピュータは有限の機械であり、数を表現するために決まった**ワードサイズ**を使う。ワードサイズとは、コンピュータが基本的な処理単位（この場合は整数値）を表現するのに使用するビット数である。通常、整数を表現するために 8、16、32、64 ビットのレジスタが使われる[†1]。それらのレジスタは固定のサイズであるため、表現できる値には制限がある。

たとえば、整数を表すために 8 ビットのレジスタが使われているとしよう。このビット列は、$2^8 = 256$ 通りの異なる値を表すことができる。仮に非負の整数を表すことを考えると、00000000 は 0 に、00000001 は 1 に、00000010 は 2 に、00000011 は 3 に、と続き、そして最後は 11111111 は 255 に、といったように割り当てることができる。n ビットを使えば、0 から $2^n - 1$ までの整数を表すことができる。

では、負の数はバイナリコードを使ってどのように表されるのだろうか？ この章の後半では、この難題を完璧とも言える方法で解決する。

[†1]　一般的なプログラミング言語のデータ型で言えば、8、16、32、64 ビットはそれぞれ、byte、short、int、long に対応する。たとえば、short 型の変数を機械語レベルの命令に変換すると、16 ビットのレジスタで扱うことができる。原則として、プログラマーはアプリケーションの要求を満たす最もコンパクトなデータ型を使用することが推奨される。

　もうひとつ質問しよう。レジスタのサイズによって表現できる数値の範囲が固定されている。では、その範囲を超えた数値を扱うにはどうしたらよいだろうか？　最近の高水準言語であれば、任意の数値を扱うための機能が提供されている。一般には、数値を表現するのに必要な数だけ n ビットのレジスタを並べることで、その機能は実装される。複数ワードの数値に対して算術演算や論理演算を実行するのは時間がかかるので、アプリケーションが極端に大きい数値や小さい数値を処理する必要がある場合にのみ、この方法を使用することが推奨される。

2.3　2進数の加算

　2進数の加算を行うには、小学校で習った「足し算」と同じように、与えられた2つの数を右から左の方向へ各桁で足し合わせればよい。最初に一番右の桁——これは**最下位ビット**（Least Significant Bit; LSB）と呼ばれる——の和を計算する。続いて、先ほどの計算結果のキャリービット——「桁上りビット」とも呼ばれる——と次の桁の和を足し合わせる。この手続きを**最上位ビット**（Most Significant Bit; MSB）に到達するまで続ける。このアルゴリズムを実際に行った例を以下に示す。ここでは4ビットの固定ワードサイズを使う。

	0	0	0	1	（キャリー）		1	1	1	1
	1	0	0	1	x		1	0	1	1
+	0	1	0	1	y	+	0	1	1	1
0	1	1	1	0	x + y	1	0	0	1	0

オーバーフローなし　　　　　　　　　　　　オーバーフロー

　もし最上位ビットの和において、そのキャリービットの値が1であれば、**オーバーフロー**（Overflow）が発生したことになる。オーバーフローにどう対処するかは設計者の判断の問題である。本書ではオーバーフローは無視することにする。私たちの場合は、2つの n ビットの加算した結果が n ビットまで正しいことを保証すれば十分である。何かを無視することは、他と整合性がとれている限り、まったく問題ないのだ。

2.4　符号付き2進数

n 桁の 2 進数は 2^n 通りの異なる値をコード化できる。バイナリコードで符号付き数字（正と負）を表現するためには、この 2^n 通りの領域を 2 つに分けることが自然な方法である。つまり、一方の領域は正の数を、もう一方の領域は負の数を表すために用いる。符号付き数を導入するには、理想的には、ハードウェアの実装がなるべく複雑にならないようなコード化方式が望ましい。

バイナリコードを使って符号付き整数を表現するために、これまでいくつかのコード化方式が考案されてきた。今日ほとんどすべてのコンピュータで用いられる方式は、**2 の補数**（2's Complement）と呼ばれる方式である。これは**基数の補数**（Radix Complement）とも呼ばれる。n ビットのワードサイズで 2 の補数を使うと、マイナス x は $2^n - x$ によって表される。たとえば、4 ビットのワードサイズで −7 を表すとすれば、$2^4 - 7 = 9$ である。つまり、−7 は 1001 で表される。ここで +7 が 0111 であることを考えれば、1001+0111 = 0000 となることが分かる（オーバーフローのビットは無視する）。**図2-1** に、4 ビットの 2 進数システムにおける 2 の補数表現をすべて示す。

```
0000:   0
0001:   1
0010:   2
0011:   3
0100:   4
0101:   5
0110:   6
0111:   7
1000:  −8    (16 − 8)
1001:  −7    (16 − 7)
1010:  −6    (16 − 6)
1011:  −5    (16 − 5)
1100:  −4    (16 − 4)
1101:  −3    (16 − 3)
1110:  −2    (16 − 2)
1111:  −1    (16 − 1)
```

図2-1　4ビット2進数システムにおける 2 の補数表現

図2-1 をよく見れば、n ビットのバイナリシステムにおいて、2 の補数表現を使う利点が分かる。具体的には次のことが言える。

- 2^n 個の符号付き整数を表すことができ、その範囲は $-(2^{n-1})$ から $2^{n-1} - 1$ となる。
- 非負の数のコードは、先頭ビットの値が 0 から始まる。
- 負の数のコードは、先頭ビットの値が 1 から始まる。
- x のバイナリコードから $-x$ のバイナリコードを得るには、x の「最下位ビット」と「一番右側の 1 のビット[†2]」をそのままにして、その他のビットをすべて反転させる。もしくは、x のすべてのビットを反転させ、その結果に 1 を足すことで実現できる。

　2 の補数が特に魅力的である点は、**減算**が加算と同様に扱える点にある。たとえば、$5 - 7$ という計算を考えてみよう。これは $5 + (-7)$ と表すことができる。**図2-1** に従えば、0101+1001 を計算することになる。この計算の結果は、1110 であり、これは -2 を表す。もうひとつ別の例を示す。$(-2) + (-3)$ を計算するためには 1110+1101 を計算する必要がある。この計算の結果は、11011 である。オーバーフローのビットを無視すると、1011 となり、これは -5 を表す。

　2 の補数表現を使えば、非負の数の加算を行うハードウェアだけで、符号付き数の加算と減算ができることが分かる。後述するように、乗算から除算、平方根に至るまで、あらゆる算術演算は「2 進数の加算」を使って実装できる。つまり、「2 進数の加算」という計算の上にコンピュータの膨大な機能が成り立っている。そして「2 の補数」という表現方式によって、符号付き数の加算と減算のための特別なハードウェアが不要になる。2 の補数は、応用コンピュータサイエンスにおいて最も活躍する隠れたヒーローの一人なのだ。

2.5　仕様

　ここでは、単純な加算器から始まり、算術論理演算ユニット（ALU）に至るまでの一連のチップについて説明する。本書のこれまでの流れと同じく、まずは抽象化（"What"——そのチップは何をするか）について説明する。実装の詳細（"How"——そのチップをどのように実現するか）については「2.6　実装」で説明する。繰り返しになるが、2 の補数のおかげで、符号付き数のために特別なことをする必要がない。

---

†2　訳注：最下位ビットが 0 の場合、「最下位ビット」と「一番右側の 1 のビット」をそのままにして、その他のビットはすべて反転させる。たとえば、0110 の場合、1010 となる。最下位ビットが 1 の場合、最下位ビットだけそのままにして、その他のビットをすべて反転させる。たとえば、0101 の場合、1011 となる。

これは大変喜ばしいことだ。これから紹介するすべての算術チップは、符号付き整数と符号なし整数の混ざった数に対して同じように機能する。

2.5.1 加算器

ここでは次の 3 つの加算器の仕様を示す。

- 半加算器（Half Adder）：2 つのビットの和を求める。
- 全加算器（Full Adder）：3 つのビットの和を求める。
- 加算器（Adder）：2 つの n ビットの和を求める。

これらに加えて、**インクリメンタ**（Incrementer）と呼ばれる特殊な加算器についても仕様を示す。インクリメンタは与えられた数に 1 を加算するように設計される。なお、「半加算器」や「全加算器」という名前は、全加算器が 2 つの半加算器から実装できるという事実に由来する。つまり、「半分」の機能を持つ回路を 2 つ使って「全体」の機能を実現するという考え方が、これらの名前の基になっているのである。

半加算器

2 進数の加算を行うには、2 つのビットの和を求めることが、まず初めに必要となる。2 つのビットの和の結果として 2 ビットの出力を得るが、ここでは出力の右のビットを sum、左のビットを carry と呼ぶことにする。この操作を行うチップを**図2-2** に示す。

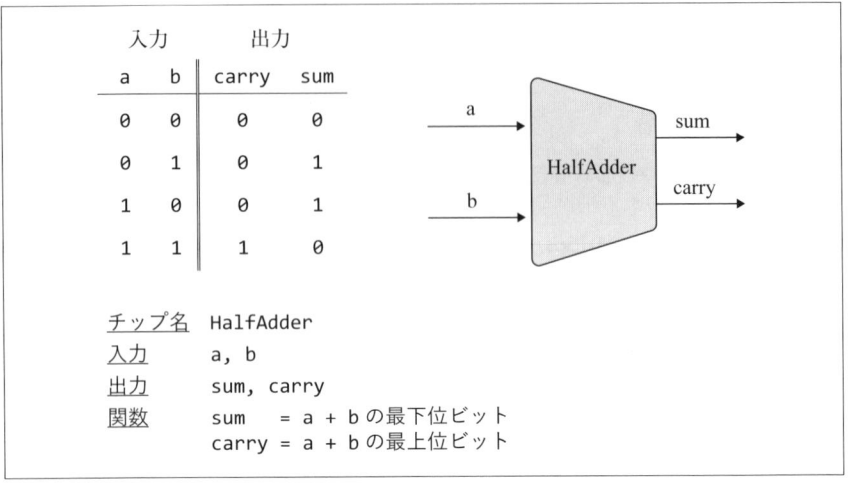

図2-2　2つのビットの和を求めるための半加算器

全加算器

　3つのビットの和を求める**全加算器**を**図2-3**に示す。半加算器と同様に、全加算器の出力も2本あり、3つの入力ビットの加算の結果を表す。

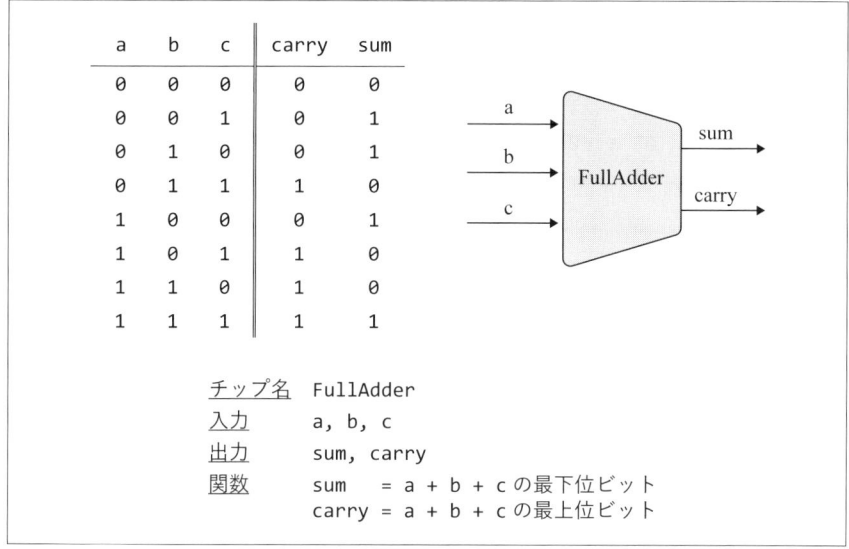

図2-3　3つのビットの和を求めるための全加算器

加算器

　コンピュータは、整数を 8、16、32、64 ビットといった固定のワードサイズで表す。**加算器**（Adder）と呼ばれるチップは、このような n ビットの数を加算するために使われる。16 ビットの加算器を**図 2-4** に示す。

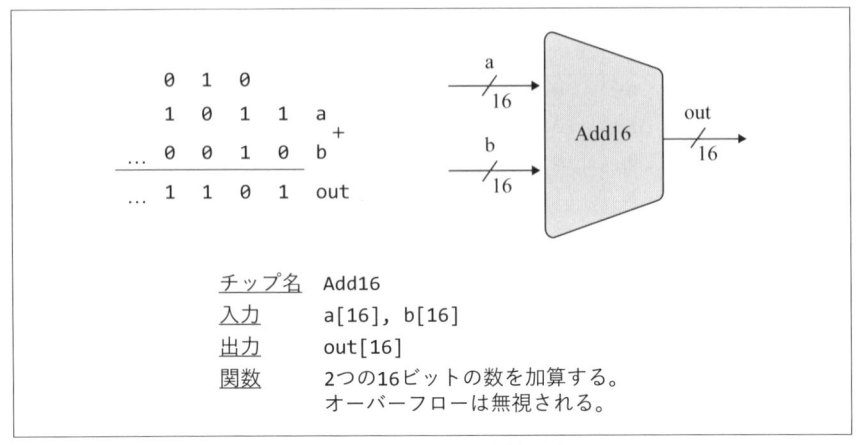

図2-4　2つの 16 ビットの和を求める加算器。左図には加算の例を示す。

　なお、n ビット加算器チップは、n の値に関係なく、16 ビット加算の論理設計を拡張することで容易に実装できる。

インクリメンタ

　後ほどコンピュータアーキテクチャを設計する際に、与えられた数値に 1 を加えるチップが必要になる（これにより、現在の命令を実行した後、メモリから次の命令を取得できるようになる）。加算器チップを使用して $x + 1$ 演算を実現できるが、専用の**インクリメンタ**チップを使用することで、より効率的に実装することができる。以下に、このチップのインターフェースを示す。

```
チップ名   Inc16
入力       in[16]
出力       out[16]
関数       out = in + 1
コメント   オーバーフローは無視される。
```

2.5.2　ALU（算術論理演算器）

　これまで見てきた加算器チップの仕様は "一般的" なものであった。一般的とは、どのようなコンピュータでも使われる、という意味である。それとは対照的に、ここで説明する ALU は、「Nand to Tetris」の **Hack** と呼ばれるコンピュータ専用に設計されたチップである（ALU は、CPU において中心的な役割を担うチップとなる）。

私たちの ALU のアーキテクチャは、最小限の内部パーツだけから構成されてはいるが、非常に多くの機能を持つ。この設計は、効率性と無駄のないシンプルさを兼ね備えた論理設計の良い例と言える。

ALU は「算術論理演算器」の名が示すように、算術演算と論理演算を計算するように設計されたチップである。ALU に実装する演算機能の選択は、費用対効果を考慮して決める必要がある。Hack プラットフォームにおいては、次の 2 点を仕様として定めている。

- ALU は整数だけを扱う（浮動小数点数などは扱わない）。
- **図 2-5** に示す 18 種類の算術論理関数を実行できる。

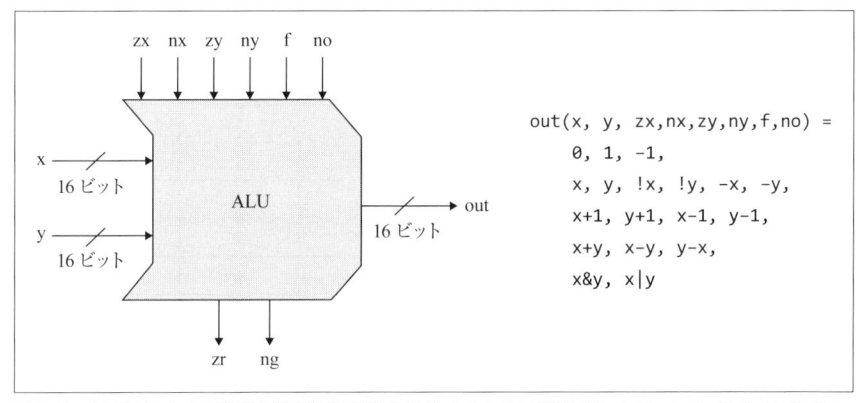

図 2-5　右図に示す 18 種類の算術論理関数を計算するために設計された Hack の ALU（! は Not、&は And、| は Or を示す 16 ビットの演算である）。今のところ、zr と ng の出力ビットについては省略する。

図 2-5 から分かるとおり、Hack の ALU は x と y の 2 つの 16 ビットの整数（2 の補数）を入力として受け取る。それに加えて、zx、nx、zy、ny、f、no の 6 つの 1 ビット入力を受け取る。これら 6 つの入力は**制御ビット**と呼ばれ、ALU が実行する演算を指定する。その仕様を**図 2-6** に示す。

入力xに対しての前処理		入力yに対しての処理		+か&を計算する	出力に対しての後処理	ALUの出力結果
if zx then x=0	if nx then x=!x	if zy then y=0	if ny then y=!y	if f then out=x+y else out=x&y	if no then out=!out	out(x,y) =
zx	nx	zy	ny	f	no	out
1	0	1	0	1	0	0
1	1	1	1	1	1	1
1	1	1	0	1	0	-1
0	0	1	1	0	0	x
1	1	0	0	0	0	y
0	0	1	1	0	1	!x
1	1	0	0	0	1	!y
0	0	1	1	1	1	-x
1	1	0	0	1	1	-y
0	1	1	1	1	1	x+1
1	1	0	1	1	1	y+1
0	0	1	1	1	0	x-1
1	1	0	0	1	0	y-1
0	0	0	0	1	0	x+y
0	1	0	0	1	1	x-y
0	0	0	1	1	1	y-x
0	0	0	0	0	0	x&y
0	1	0	1	0	1	x|y

図2-6　6つの制御ビット（zx、nx、zy、ny、f、no）によって、ALU は右端の列にある関数のいずれかを計算する。

　ALU のロジックを理解するために、ここでは $x = 27$ のときの $x - 1$ の計算の流れを見てみよう。初めに「27」に対応する 16 ビットのバイナリコードを x に送る。今回の計算では y の値は関係ないので、無視することができる。次に**図2-6**で「x-1」の計算を探すと、その制御ビットは 001110 であることが分かる。その仕様に従って制御ビットを与えれば、ALU に「26」を表すバイナリコードを出力させることができる。

　さらに深く掘り下げて、Hack の ALU がどのように "魔法" を実現しているのかを

説明する。**図2-6**の最上段に注目すると、6つの制御ビットのそれぞれが個別の条件付き操作を行っていることが分かる。たとえば、zxビットは「もし (zx==1) ならば、xを0に設定する」という操作を行うことを示している。**図2-6**の6つの操作はzxから順番に実行される。まず、xとyの入力を0に設定するかどうかを決め、次にその値を反転するかどうかを決める。これがxとyに対する前処理である。その後、前処理された値に対して+または&を計算し、最後に計算結果の値を反転するかどうかを決める。これらの操作（反転、加算、論理積など）はすべて16ビットで行われる。

それではもう一度x-1の計算について考えてみよう。今度は6つの制御ビット001110によって、本当にx-1の計算が実現できるのかを確認してみよう。制御ビットは、左から右の順に操作を行う。まずはzxとnxビットが共に0なので、入力xは0にせず、反転もしない——つまり、xはそのままである。続いてzyとnyビットは共に1なので、最初にyを0に設定し、次にyを反転することで1111111111111111という16ビットの値を得る。この16ビットの値は2の補数表現で-1に対応する。そしてfビットが1なので、「加算 (+)」が選択され、結果として$x + (-1)$の計算が行われる。最後にnoビットが0なので、これまでの計算結果は反転されずに出力される。このようにして、制御ビットの001110をALUに与えることで、x-1の計算が実行されることが分かる。

図2-6にある他の17個の関数についてはどうだろうか？ ALUはそれらも仕様どおりに計算するのだろうか？ もちろん、表の他の行についても同じプロセスに従って、正しさを確認することができる。各自でやってみるのもよい。あるいは、本書を信頼して（そのような確認作業は省略して）、先に進むこともできる。

6つの制御ビットは、$2^6 = 64$通りの異なる関数を実行できることに注意したい。私たちはその64個の関数の中から18個だけを選び、それをALUの仕様としてドキュメントに記した。というのも、Hackプラットフォームにおいては、その18個の関数で十分だからである。好奇心旺盛な読者は、その18個以外の関数の中に意味のある計算を見つけるかもしれない。しかし、私たちはHackシステムでそれらを利用しないことにした。

HackのALUのインターフェースを**図2-7**に示す。このALUは2つの入力に対して指定した関数を計算するのに加えて、zrとngの2つのビットを出力する。これらのビットは、ALUの出力が0か負かを示す（この2つの出力ビットは、この先CPUの実装で使われる）。

```
チップ名    ALU
入力        x[16], y[16], // 2つの16ビットデータ入力
           zx,           // 入力xをゼロにする
           nx,           // 入力xを反転(negate)する
           zy,           // 入力yをゼロにする
           ny,           // 入力yを反転する
           f,            // if f==1 out=add(x,y) else out=and(x,y)
           no            // 出力outを反転する
出力        out[16],      // 16ビットの出力
           zr,           // if out==0 zr=1 else zr=0
           ng            // if out<0 ng=1 else ng=0
関数
           if zx x=0     // 16ビットの定数0
           if nx x=!x    // ビット単位の反転
           if zy y=0     // 16ビットの定数0
           if ny y=!y    // ビット単位の反転
           if f out=x+y  // 2の補数による加算
           else out=x&y  // ビット単位のAnd演算
           if no out=!out // ビット単位の反転
           if out==0 zr=1 else zr=0   // 16ビットの等号比較
           if out<0 ng=1  else ng=0   // 2の補数による比較
コメント    オーバーフローは無視される。
```

図2-7　Hack の ALU の API

　本書の ALU を設計するに至った過程を説明することは有益だろう。筆者らは、ま
ずコンピュータに実行させたい基本となる演算を暫定的にリストアップした（その結
果が**図2-6** の右列である）。次に、x、y、out をどのようにバイナリコードで操作す
れば目的の演算が実現できるかを考えた。このような処理要件に加え、ALU の論理
を可能な限りシンプルに保つという目的から、「6つの制御ビット」を使用するという
設計に至った。その結果、ALU はシンプルなものになり、基本論理ゲートだけから
簡単に実装できるようになった。ハードウェア設計では、シンプルさとエレガントさ
がなにより重要である。

2.6　実装

　本節では実装のためのガイドラインを最小限にとどめている。本書ではすでに多く
の実装のヒントを与えてきた。ぜひ読者自らの手で、答え（チップのアーキテクチャ）

を発見してほしい。

本節では「... の論理設計を実装する」というフレーズを使うが、それは次の3つの
ステップを指す。

1. （論理回路図を描くなどして）論理設計を考える。
2. その論理設計を実現する HDL コードを書く。
3. テストスクリプトとハードウェアシミュレータを使ってテストとデバッグを
   行う。

詳細については、「2.7 プロジェクト」で説明する。

半加算器

図2-2 の真理値表を調べれば、sum(a,b) と carry(a,b) は、「プロジェクト1」
で実装した単純なブール関数と同じであることが分かるだろう。そのため、半加算器
は簡単に実装できる。

全加算器

全加算器は、半加算器2つと単純な回路1つから実装することができる（そのた
め、「半加算器」「全加算器」と呼ばれる）。半加算器を用いないで、直接実装するこ
ともできる。

加算器

2つの n ビット数の加算は、右から左へビット単位で行うことができる。まずは、
最下位ビットの組（2つのビット）が加算され、その結果のキャリービットが次の
ビットの組の加算に送られる。このプロセスは、最上位ビットの組が加算されるまで
続けられる。各ステップでは3ビットの加算が行われ、そのうちの1ビットは"前"
の加算から送られることに注意してほしい。

キャリービットが前のビットの組によって計算されるのならば、どうして"並列"
にビットの組を加算できるのか、と読者は不思議に思うかもしれない。その答えは、
それらの計算が1クロックのサイクル内で完了し安定するほどに高速だからである。
クロックサイクルと同期については次の章で説明する。今のところ、時間的な要素は
完全に無視して、すべてのビットの組を同時に加算する HDL コードを書くことがで
きる。

インクリメンタ

n ビットのインクリメンタは、多くの異なる方法で簡単に実装することができる。

ALU

私たちの ALU は入念に設計されたものである。必要とされる ALU の演算はすべて、**論理上**、6 つの制御ビットに対する単純なブール演算によって表される。そのため、ALU の**物理的**な実装も、**図 2-6** の疑似コードで示した単純なブール演算によって実現できる。実装の最初のステップは、16 ビット入力をゼロにする、または反転させる論理設計から始めるのがよいだろう。この論理（ゼロ、反転）は、入力の x と y、そして出力の out において用いられる。ビット単位の And 演算と加算は、「プロジェクト 1」と「プロジェクト 2」ですでに実装済みである。そのため、残る作業は、制御ビット f の値に応じて、And 演算と加算を選ぶゲートを構築することである（この選択を行うゲートも「プロジェクト 1」で実装済みである）。ALU のメインの機能が正しく動作すれば、ALU の出力である zr と ng（これらは共に 1 ビット）の実装に進むことができる。

2.7　プロジェクト

目標

本章で紹介したチップをすべて実装する。必要な材料は、1 章で説明したゲートと、このプロジェクトで作ったチップだけである。

ビルトインチップ

先ほど説明したように、このプロジェクトで作るチップは、1 章で説明したチップをパーツとして使用する。1 章のチップを正しく実装できたとしても、その代わりにビルトイン版のチップを使うことを推奨する。もっと言うと「Nand to Tetris」のハードウェアのプロジェクトでは、HDL 実装の代わりに、ビルトインチップをパーツとして使用することを常に推奨する。これがベストプラクティスである。なぜなら、ビルトインチップは仕様どおりの動作が保証されており、さらに動作が高速であるからである。

このベストプラクティスに従う簡単な方法がある。それは、プロジェクトフォルダ nand2tetris/projects/2 に、「プロジェクト 1」の .hdl ファイルを追加しないこ

とだ。ハードウェアシミュレータは、HDL コードの中で「プロジェクト 1」のチップ部品、たとえば `And16` があると、カレントフォルダに `And16.hdl` ファイルがあるかどうかを確認する。見つからなかった場合、ハードウェアシミュレータはそのチップのビルトイン版を使うことになる。

このプロジェクトの残りのガイドラインは「プロジェクト 1」と同じである。繰り返しになるが、HDL プログラムは、使用するチップが少なければ少ないほど良い。また、「ヘルパーチップ」のような新しいチップを別途実装する必要はない。本プロジェクトの HDL プログラムは、1 章と 2 章のチップだけで実装できる。

「プロジェクト 2」は、オンライン IDE のハードウェアシミュレータ（https://nand2tetris.github.io/web-ide/chip）を使って取り組むこともできる。

2.8 展望

本章で示した多ビット加算器の実装方法は標準的なものである。ただし、「効率性」の点については特に注意を払わなかった。実際、私たちの実装は効率の悪いものである。その原因は、n ビット加算器において、キャリービットが最下位ビットから最上位ビットまで段階的に伝播するのに時間を要するからである。この計算は、**キャリー先読み**（Carry Lookahead）と呼ばれる論理回路を用いることで高速化できる。コンピュータアーキテクチャにおいて「加算」は一番使われる演算なので、そのような低水準の改良は、コンピュータ全体のパフォーマンスを大きく向上させる可能性がある。しかし、本書では主に機能性に焦点を当て、チップの最適化はより専門的なハードウェアの本や授業に任せることにする。

ハードウェアとソフトウェアからなるシステムの全体的な機能は、CPU とその上で動作する OS によって提供される。また、ALU は CPU の中心を担う。新しいコンピュータシステムを設計する場合、ALU と OS の間でどのように必要な機能を割り当てるかという問題は、本質的に「コストとパフォーマンス」の問題に行き着く。原則として、算術演算と論理演算を直接ハードウェアに実装したほうが、ソフトウェアでの実装よりも効率的だが、その分ハードウェアのコストが上がる。

「Nand to Tetris」で私たちが選択したトレードオフは、最小限の機能を持つ基本的な ALU を設計し、必要に応じてソフトウェアを使って追加の数学演算を実装する、というものである。たとえば、私たちの ALU には乗算も除算もない。本書の第 II 部で OS について説明するが（12 章）、そこでは乗算と除算のための効率的で洗練

されたビット単位のアルゴリズムと、その他の数学演算を実装する。それらの OS の
ルーチンは、Hack プラットフォーム上で動作する高水準言語のコンパイラによって
使用される。したがって、高水準言語のプログラマーが x * 12 + sqrt(y) のよう
な式を書くと、コンパイルを行うことで、式の一部は ALU によって直接評価され、
一部は OS によって評価されるようになる。そのとき、プログラマーは低水準のハー
ドウェアの詳細を意識することはまったくない。実際、OS の重要な役割のひとつは、
プログラマーが使用する高水準言語の抽象化と、それが実現されるハードウェアとの
間のギャップを埋めることである。

3章
メモリ

過去のことしか思い出せないなんて、なさけない記憶力ですよ。

——ルイス・キャロル（1832–1898）

（『鏡の国のアリス』矢川澄子訳、新潮文庫）

x=y+17 のような演算を考えてみよう。2 章では、ゲートを使って数を表し、y+17
のような簡単な計算を行う方法を示した。次に考えることは、ゲートを使って計算結
果を保存させる方法についてである。特に、x のような変数に計算結果を持たせ、後
で使うまで、その値を保持させる方法について考える。そのためには、**メモリチップ**
（Memory Chip）が新たに必要になる。

1 章と 2 章で構築したチップはすべて「時間」を気にする必要がなかった。こ
れまで私たちは、入力信号を与えると即座に出力が得られた（ただし、内部のチッ
プ部品が計算を完了するまでのほんのわずかな時間は要する）。そのようなチップ
は、**組み合わせ**（Combinational）回路と呼ばれることがある。本章のテーマは**順序**
（Sequential）回路である。時間を気にしない組み合わせ回路とは異なり、順序回路
の出力は現在の入力だけでなく、以前に（過去に）処理した入出力にも依存する。

言うまでもなく、現在と過去という概念は、時間という概念と密接に関係してい
る。したがって、メモリについて話す前に、まずは時間の進み方をモデル化する必要
がある。コンピュータシステムにおける時間は、**tick** と **tock** と呼ぶ一連のバイナリ
信号を生成する**クロック**（Clock）を使ってモデル化できる。tick の始まりとその次
の tock の終わりの間の時間は**サイクル**（Cycle）と呼ばれる。サイクルを使って、コ
ンピュータのすべてのメモリチップの動作を制御することができる。

本章では初めに、メモリデバイスについて簡単に説明する。その次に順序回路の技
術を説明し、それが時間に依存するチップを作るために使用できることを示す。そし

て実際に、レジスタ、RAM デバイス、カウンタを作る。これらのメモリデバイスと、2 章で構築した演算デバイスにより、汎用コンピュータシステムを構築するのに必要なすべてのチップが出揃う（汎用コンピュータは 5 章で完成する）。

3.1　メモリデバイス

コンピュータのプログラムでは、変数、配列、オブジェクトを扱う。それらをハードウェア上で実現するには、**状態を維持する**メモリデバイスが必要になる。人は長い進化の過程で驚異的な記憶システムを発達させてきた。私たちは記憶する能力を当然のものと考えがちだが、時間と状態を扱わない古典論理の分野においては、記憶する能力を実現するのは困難である。そのため、ここでは初めに「時間」をモデル化し、論理ゲートに状態を維持させ、時間の変化に対応する方法について考える。

この問題に対処するため、クロックと、0 と 1 を表す 2 つの安定状態間を遷移する時間依存の論理ゲートを導入する。このゲートは **D フリップフロップ**（Data Flip-Flop; DFF）[1]と呼ばれる。DFF は、本書で扱うすべてのメモリデバイスの基本構成要素となる。レジスタ、RAM、カウンタなどのメモリデバイスの内部では DFF が低水準のチップ部品として使用される。

DFF の基本的な役割は、**図3-1** を見れば明らかになるだろう。見てのとおり、DFF はこれから作るメモリ階層の構成要素となる。本章では、DFF を使用して 1 ビットレジスタを作る方法、および n 個のレジスタを連結して n ビットレジスタを作る方法を示す。次に、そのようなレジスタを任意の数だけ含む RAM デバイスを作る。そして、**アドレッシング**、つまりアドレスによって RAM から無作為に選ばれたレジスタに瞬時にアクセスする方法を説明する。

---

[1]　訳注：フリップフロップの語源は、シーソーが左右に傾く際の音の擬音を表す英語の「flip, flop」に由来する。

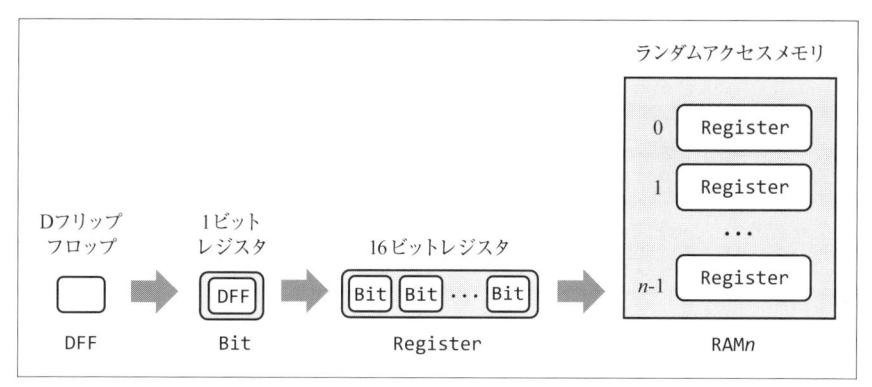

図3-1　本章で作るメモリ階層

　メモリデバイス用のチップを作り始める前に、まずは「時間」と「状態」をモデル化する方法と関連するツールについて説明する。

3.2　順序回路

　1章と2章で取り上げたチップはすべて、時間に依存しない古典論理に基づいていた。メモリデバイスを開発するためには、入力の変化だけでなく、クロックの変化にも反応する論理ゲートへと拡張する必要がある。たとえば、私たちは「dog」という単語の意味を時刻 t において記憶しているとしよう。この場合、時刻 $t-1$ のときも記憶しており、それは最初に記憶に刻んだ時点にまでさかのぼることができるのだ。このように「状態を維持する」というのは時間的能力である。この時間的能力を開発するためには、コンピュータアーキテクチャを「時間」という次元で拡張し、ブール関数を使って時間を扱う仕組みを構築しなければならない。

3.2.1　時間について

　ここまでの「Nand to Tetris」の旅では、チップは入力に対して即座に反応すると仮定した。たとえば、ALU に「7」と「2」そして「引き算（を表す制御ビット）」を入力すると、ALU の出力は瞬時に「5」になった。現実には、少なくとも2つの理由により、出力は遅延する。第一に、チップの入力は何もないところから現れるのではなく、他のチップの出力から送られてきた信号であり、この移動には時間がかかる。第二に、チップが実行する計算にも時間がかかる。チップ内部の部品数が多ければ多

いほど、つまりロジックが複雑であればあるほど、チップの回路から出力が現れるまでに時間がかかる。

　そのため、私たちは「時間」について考えなければならない。**図3-2**の一番上にあるように、時間は通常、一方向に進む「矢印」として比喩的に表される。時間の進行は連続的であり、2つの時間の間には別の時間が存在し、時間の変化は限りなく小さくなり得る。この時間の概念は哲学者や物理学者の間では一般的ではあるが、コンピュータ科学者にとってはあまりにも神秘的で捉えようがない。そこで、時間の進行を連続的ではなく、**サイクル**と呼ばれる一定の長さの区間に分割することを考える。この表現方法は離散的であり、時間は「サイクル1」「サイクル2」「サイクル3」といったように表される。無限の粒度を持つ連続的な時間の矢印とは異なり、サイクルはそれ以上分割できない。物事の変化はサイクルの変わり目にのみ起こり、サイクル内（サイクルが変化しないとき）は物事は止まっている。

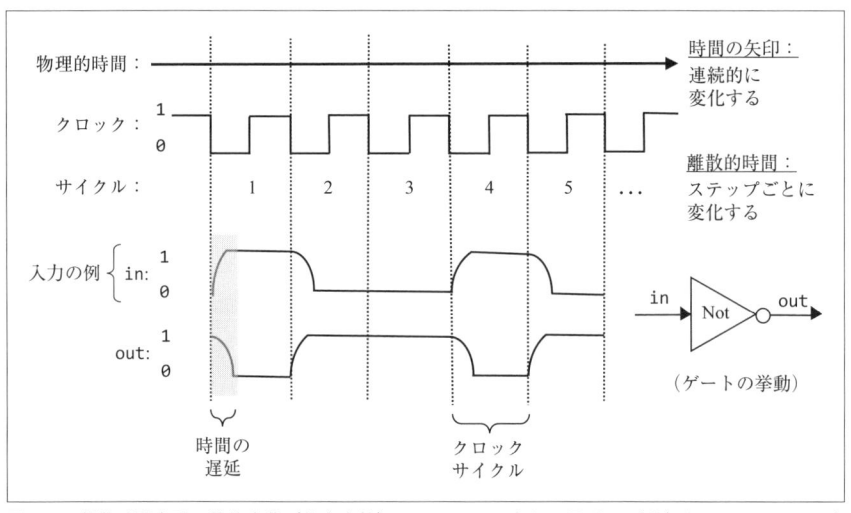

図3-2　離散時間表現。状態変化（入出力値）はサイクルの変わり目だけで観察される。サイクル内の変化は無視される。

　もちろん、世界が止まることはない。しかし、時間を離散的に扱うことで、連続的な変化を無視することができる。私たちはサイクル n とサイクル $n+1$ における世界の状態を知ることさえできれば十分であり、サイクルの間の変化については何も気にする必要がない。この離散的な時間を導入することで、コンピュータアーキテク

チャの設計において2つの重要な利点が得られる。第一に、通信や計算時間の遅れに伴うランダム性を打ち消すことができる。第二に、後述するように、システム全体で異なるチップの動作を同期させることができる。

それでは具体的に説明しよう。まずは**図3-2**の下の部分に注目してほしい。これはNotゲートが、ある入力に対してどのように反応するかを示したものである。ゲートに1を入力すると、ゲートの出力が0に安定するまでにわずかの時間がかかる。しかし1サイクルの時間は、その遅延よりも意図的に長くしてあるので、サイクルの終わりに到達したとき、ゲートの出力は0に安定している。私たちはサイクルの終わりにのみゲートの状態を調べるので、途中の遅延を見ることはない。これにより、ゲートに0を与えると、ポンッ！ とゲートが1で応答したかのように見える。このように各サイクルの最後に観測を行うことで、NOTゲートに x というバイナリ入力を与えると、Not(x) を瞬時に出力すると考えることができる。

注意深い読者なら、そのような方式が機能するためには、**サイクル長**（Cycle's Length）を適切に設定する必要があることに気づいただろう。具体的には、サイクル長は「システムで発生し得る最大の時間遅延」よりも長くする必要がある。そのため、サイクル長はハードウェアプラットフォームの設計における最も重要なパラメータのひとつとなる。コンピュータを設計する際、ハードウェアエンジニアは2つの設計目標を満たすサイクル長を選択する。一方で、サイクルはシステムで起こり得るあらゆる時間遅延に対応するだけの十分な長さであるべきである。他方で、サイクルが短ければ短いほどコンピュータは速くなる。サイクルの遷移中にのみ状態が変化するのであれば、サイクルが短いほうが速く進むのは明らかだ。以上をまとめると、サイクル長は、システム内のどのチップの最大時間遅延よりもわずかに長くなるように選択すべきということになる。スイッチング技術の飛躍的な進歩により、現在では10億分の1秒というサイクルを作り出せるようになり、驚異的なコンピュータ速度が達成されている。

サイクルを実現するには、2つのフェーズの間を連続的に交互に動く発振器を使うのが一般的である。2つのフェーズは、「0/1」「low/high」「tick/tock」のようにラベル付けされる。tickの開始から、その次のtockの終了までの経過時間は**サイクル**（Cycle）と呼ばれる。1サイクルが離散時間の単位である。現在のクロック位相（「tick」または「tock」）はバイナリ信号で表される。ハードウェアの回路を使用して、同じクロック信号がシステム内のすべてのメモリチップに同時に送信される。そのようなすべてのチップに接続されたクロックは**マスタークロック**とも呼ばれる。マスタークロックにつながるすべてのチップでは、クロック入力は下位レベルのDFF

回路に流される。そして、クロックサイクルの終わりにのみ、チップが新しい状態に移行し、その新しい状態が出力される。

3.2.2 フリップフロップ

メモリチップは、情報を記憶（保存）するように設計されている。この記憶という行為を可能にする低水準のデバイスは**フリップフロップ**ゲートと呼ばれ、いくつかの種類がある。「Nand to Tetris」では、**D フリップフロップ**（Data Flip-Flop; DFF）と呼ばれるタイプを使用しており、そのインターフェースには 1 ビットのデータ入力と 1 ビットのデータ出力が含まれる（**図3-3** の上部を参照）。さらに DFF には、マスタークロック信号から与えられるクロック入力がある。ここで、in と out はゲートの入力値と出力値であり、t は現在の時間単位を表す（以降、「時間単位」と「サイクル」という用語を同じ意味で使用する）。さしあたり、DFF がどのように実装されているかは気にしないでおこう。今のところは、各時間単位の終了時に、DFF が前の時間単位の入力値を出力することだけを理解しておけば十分である。

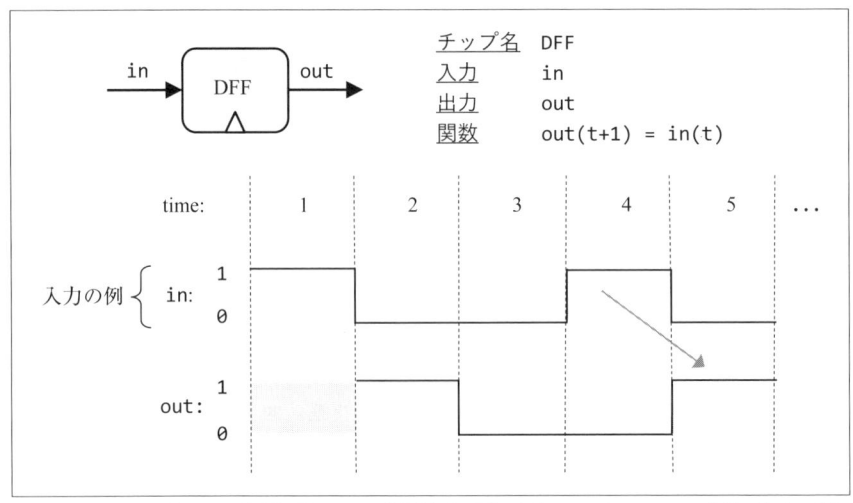

図3-3 D フリップフロップ（上図）とその動作例（下図）。最初のサイクルでは、直前の入力が未知であるため、DFF の出力は不明である。その後の時間単位では、DFF は前の時間単位の入力を出力する。ゲート図法の慣例に従い、クロック入力はゲートの下側にある小さな三角形で表す。

Nand ゲートと同様、DFF 回路はハードウェア階層の奥深くにある。**図3-1** に示

したように、コンピュータ内のすべてのメモリチップ——レジスタ、RAM、カウンタ
——は、DFF 回路を元にして作られている。これらの DFF はすべて同じマスター
クロックに接続されており、巨大な分散型の"コーラスライン"を形成している。各
クロックサイクルの終了時に、コンピュータ内の DFF の出力は前のサイクルの入力
に推移する。それ以外の時間では、DFF はデータを保持する状態（これを「ラッチ
状態」とも言う）になっており、入力の変化が出力に影響することはない。この動
作が、システムに存在する多数の DFF 回路において、1 秒間に何度も繰り返される
（その回数はコンピュータのクロック周波数によって決まる）。

　ハードウェア実装では、マスタークロックの信号をシステム内のすべての DFF 回
路に同時に供給するためにクロック専用のバスを使用する。これでコンピュータにお
ける「時間」が実現できる。ハードウェアシミュレータでは、同じ効果をソフトウェ
アでシミュレートする。「Nand to Tetris」のハードウェアシミュレータは、クロッ
クのアイコンを備えており、ユーザーが対話的にクロックを進めることができる。ま
た、テストスクリプトでは、tick コマンドと tock コマンドでクロックを進めるこ
とができる。

3.2.3　組み合わせ論理回路と順序論理回路

　1 章と 2 章で開発したチップはすべて——基本論理ゲートから ALU に至るまで
——現在のクロックサイクル中の変化に対して即座に反応するように設計されてい
る。このようなチップは、**非同期**チップ、または**組み合わせ**チップと呼ばれる。「組
み合わせ」という用語は、入力値の組み合わせにのみ反応し、時間の進行には影響を
受けないという事実を示している。

　一方、以前の時間単位での変化（場合によっては現在の時間単位も含む変化）に対
応するように設計されたチップがある。これは**同期**チップ、または**順序**チップと呼ば
れる。最も基本的な順序回路チップは DFF であり、DFF を部品として含むチップも
また順序回路チップと呼ばれる。順序論理の一般的な構成を**図 3-4** に示す。そこでメ
インとなるのは複数の DFF チップである。DFF は順序回路チップであり、図では
順序回路チップが組み合わせ回路チップと相互作用している。具体的には、**フィード
バックループ**により、順序回路チップは前の時間単位の入出力に基づいて動作する。

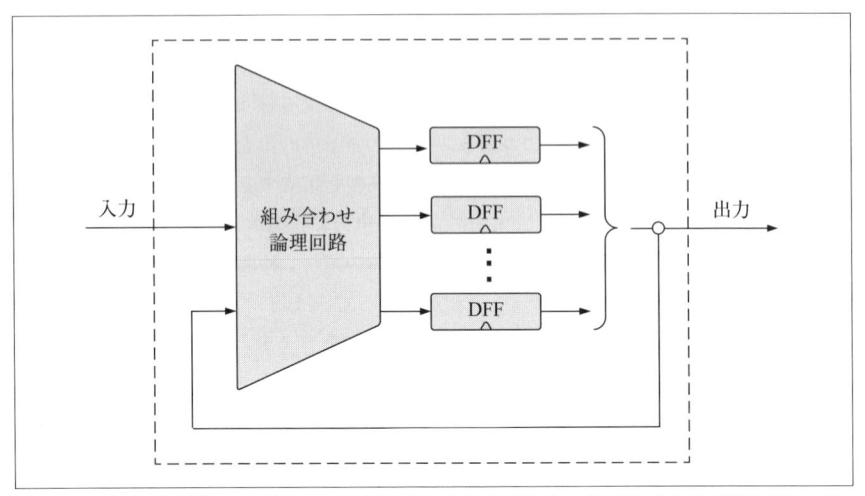

図3-4　順序論理の設計では通常、DFF 回路と組み合わせ回路チップを組み合わせて使用する。これにより順序回路チップは、現在の入出力だけでなく、過去の入出力にも反応する能力を持つ。

　では、組み合わせ回路チップだけを使ってフィードバックループを作るとどうなるだろうか？　これには問題がある。なぜなら、チップの出力は入力に依存するが、フィードバックループにより、その入力は出力から送信されるので、出力はそれ自身に依存することになるからだ。この問題は、フィードバックループで DFF 回路を経由させることにより解決できる。DFF には時間遅延があるので、時刻 t における出力はそれ自身に依存せず、1 つ前の時刻 $t-1$ における出力に依存する。

　順序回路チップの時間依存性には、コンピュータアーキテクチャ全体を同期させるという重要な副次的効果がある。たとえば、ALU に $x+y$ を計算するように指示したとする。ここで、x は近くにあるレジスタに格納された値で、y は遠く離れた場所にあるレジスタの値であると仮定する。さまざまな物理的制約（距離、抵抗、干渉、ノイズなど）により、x と y の電気信号が ALU に到着する時間は異なるだろう。しかし、ALU は**組み合わせ回路**であるから、時間という概念はない——どのような信号であれ、その入力へたどり着いた信号は、即座にその加算が求められる。そのため、ALU の出力が正しい「$x+y$」の値に落ち着くには、わずかな時間が必要である。その時間に達するまで ALU は "ゴミ" を出力していることになる。

　この難題をどう解決できるだろうか？　答えは簡単である。時間を離散的に表すことで、その問題については考える必要がなくなるのだ。私たちがやるべきことは、コンピュータのクロックを作るときに、クロックサイクルの長さを適切に設定するだけ

だ。クロックサイクルの長さを決めるには、以下の2つの時間の合計よりも少し長めに設定すればよい。

- システム内のチップ間で信号が伝播する際の最大遅延時間
- 1つのチップ内で処理に最も時間がかかる演算を完了するのにかかる時間

これで、クロックサイクルの終わりには ALU の出力は正しい値になることが保証される。これこそが、独立したハードウェアのモジュール集合を同期したシステムに変えるトリックである。この同期を可能にするシステムについては、5章でコンピュータアーキテクチャを構築するときに詳しく説明する。

3.3　仕様

ここでは、コンピュータで一般的に使用される次のメモリチップについて説明する。

- D フリップフロップ（DFF）
- レジスタ（DFF を元に作ることができる）
- RAM（レジスタを元に作ることができる）
- カウンタ（レジスタを元に作ることができる）

いつものように、これらのチップを**抽象的**に説明する。特に、チップのインターフェース（入力、出力、機能）に注目する。チップがこの機能をどのように提供するかについては、「3.4　実装」で説明する。

3.3.1　D フリップフロップ

私たちが使用する最も基本的な順序論理回路は **D フリップフロップ**である。D フリップフロップは、他のメモリチップの構成要素となる。DFF 回路には、1 ビットのデータ入力とクロック入力があり、1 ビットのデータ出力がある。そして、out(t)=in(t-1) という、時間的に単純な動作をする。

使用方法

DFF の入力に 1 ビットの値を入れると、DFF の状態はこの値に設定され、DFF の出力は次の時間単位でこの値を出力する（**図3-3** を参照）。この動作はとてもちっぽけに見えるかもしれないが、次に説明するレジスタの実装において非常に役立つ。

3.3.2 レジスタ

Bit という 1 ビットレジスタと、Register という 16 ビットレジスタを見ていこう。Bit チップは、1 ビットの情報——0 または 1——を記憶するように設計されている。チップのインターフェースは、データのビットを送る in 入力、レジスタを書き込み可能にする load 入力、そしてレジスタの現在の状態を出力する out 出力で構成される。Bit チップの API と動作例を**図3-5** に示す。

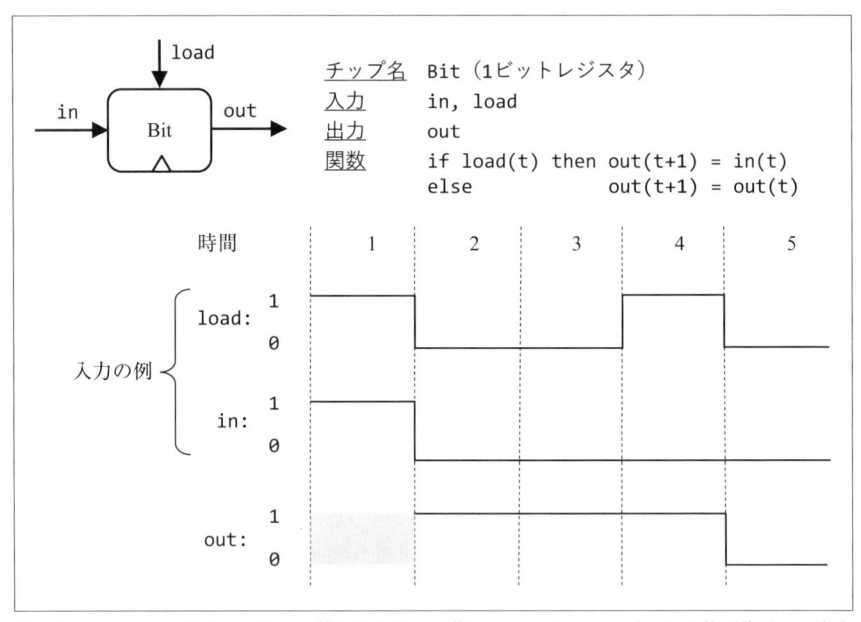

図3-5　1ビットレジスタ。新しい値の読み込みが指示されるまで、1 ビットの値を格納し、出力する。

図3-5 では、in と load を任意の値に設定したときの出力を時間軸で示す。load ビットが 1 でない限り、入力値に関係なく、レジスタは現在の状態を維持する。

16 ビットの Register チップは、16 ビット値を扱うように設計されていることを除けば、Bit チップとまったく同じ動作をする。Register チップの API を**図3-6** に示す。

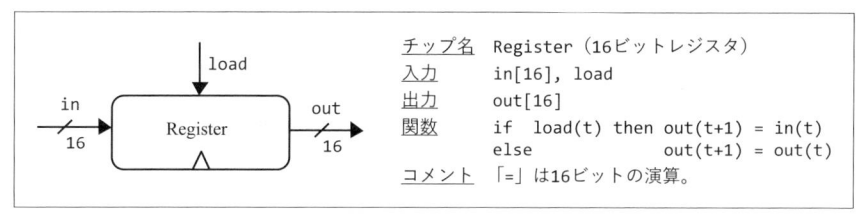

図3-6 16 ビットレジスタ。新しい値の読み込みが指示されるまで 16 ビットの値を格納し、出力する。

使用方法

1 ビットの Bit と 16 ビットの Register は同じように使われる。レジスタの状態を読むには、out の値を調べる。レジスタの状態を v に設定するには、v を in 入力に入れ、load ビットをアサート[†2]する。これによりレジスタの状態は v に設定され、次の時間単位以降、レジスタは新しい値に推移し、out ではその値を出力する。このように、Register チップはメモリデバイスの古典的な機能——別の値で上書きされるまで、最後に書き込まれた値を記憶し出力するという機能——を提供する。

3.3.3 ランダムアクセスメモリ（RAM）

直接アクセスできるメモリは、**ランダムアクセスメモリ**（Random Access Memory; RAM）とも呼ばれる。RAM の実態は、n 個の Register チップを並べたものである。特定のアドレス（0 から $n-1$ の間の整数）を指定することで、RAM 内の対応するレジスタに対して読み書きの操作が行える。重要なのは、メモリレジスタへのアクセスは一瞬であること、そしてその時間はレジスタのアドレスや RAM のサイズには影響を受けないことである。そのため、何十億というレジスタがあっても、特定のレジスタに直接アクセスできるし、どのレジスタであっても同じ一瞬の時間でアクセスできる。RAM チップの API を**図3-7**に示す。

---

†2 　訳注：チップの信号線を 1 にする（有効な状態にする）ことを**アサート**という。逆に、0 にする（無効な状態にする）ことを**ネゲート**という。

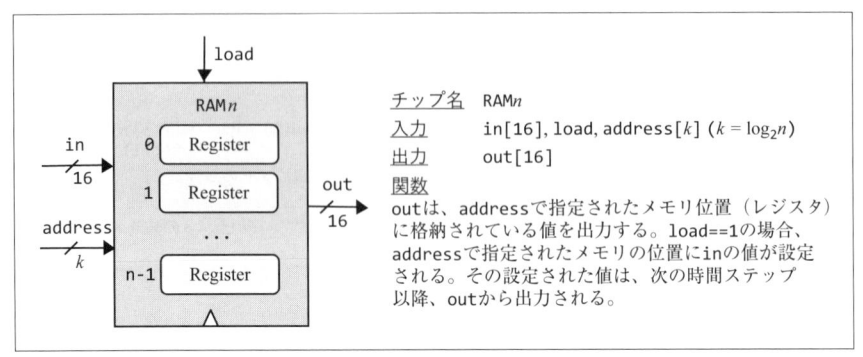

図3-7 RAM チップは n 個の 16 ビット Register チップで構成され、各レジスタを個別に選択・操作できる。レジスタのアドレス操作に関連するゲートは、RAM チップのハードウェアには含まれない。それは、論理ゲートによって実現される（「3.4.3　RAM」を参照）。

使用方法

　レジスタ番号 m の内容を読み出すには、address 入力を m に設定する。この操作により、レジスタ番号 m が選択され、RAM からその値が出力される。新しい値 v をレジスタ番号 m に書き込むには、address 入力を m に設定し、in 入力を v に設定し、load ビットをアサート（1 に設定）する。この操作により、レジスタ番号 m が選択され、書き込み可能になり、その値が v に設定される。次の時間単位以降、RAM は v を出力する。

　これで RAM デバイスは要望どおりの動作をする。RAM デバイスはアドレス指定可能なレジスタの集合であり、各レジスタには独立してアクセスし操作することができる。読み出し操作（load==0）の場合、RAM の出力は選択されたレジスタの値を直ちに出力する。書き込み操作（load==1）の場合、選択されたメモリのレジスタは入力値に設定され、次の時間単位以降 RAM はその値を出力する。

　重要なことは、RAM の任意のレジスタへのアクセス時間がほとんど一瞬になるように RAM の実装を行うことである。もしそうでなければ、命令を取り出したり、変数を操作したりするのに時間がかかりすぎてしまう。それでは、コンピュータの動作が遅くなるので実用性は失われる。瞬間的にアクセスできるという魔法のような動作の仕組みは、このすぐ後の「3.4　実装」で説明する。

3.3.4　カウンタ

　カウンタは、時間単位ごとに値を 1 ずつ増加させるチップである。5 章でコン

ピュータアーキテクチャを構築する際に、このチップを PC（プログラムカウンタ）チップと呼ぶので、ここでもこの名前を使用する。

PC チップのインターフェースは、inc と reset という名称の制御ビットがある点を除けば、レジスタと同じである。inc==1 のとき、カウンタはクロックサイクルごとに、その状態をインクリメントし PC++ の演算を行う。カウンタを 0 にリセットしたい場合は、reset ビットをアサートする。カウンタを v という値にセットしたい場合は、v を in 入力に入れ、load ビットをアサートする。PC チップの API を**図3-8**に示す。

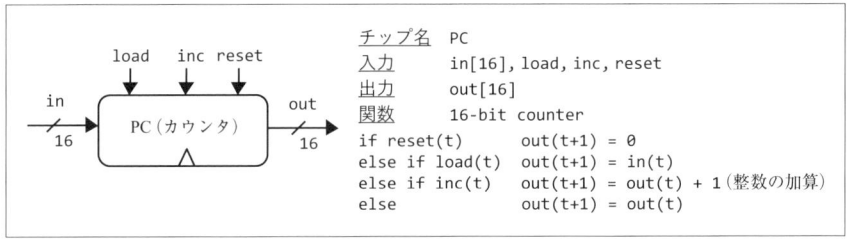

図3-8　プログラムカウンタ（PC）。正しく使用するには、load、inc、reset ビットのうち、少なくとも 1 つがアサートされている必要がある。

使用方法

PC の現在の内容を読み出すには、out ピンを調べる。PC をリセットするには、reset ビットをアサートし、他の制御ビットを 0 に設定する。PC を時間単位ごとに 1 ずつインクリメントさせるには、inc ビットをアサートし、他の制御ビットを 0 に設定する。PC を値 v に設定するには、in 入力を v に設定し、load ビットをアサートし、他の制御ビットを 0 に設定する。

3.4　実装

前節では、メモリチップの抽象化——具体的には、メモリチップのインターフェースと機能——について説明した。本節では、より単純な既存のチップを使って、メモリチップをどのように実現するかに焦点を当てる。いつものとおり、ここでの実装ガイドラインはわざと短くしている。読者自分が HDL と付属のハードウェアシミュレータを使って実装を完了できるように、ここでは必要なヒントだけを与える。

3.4.1 Dフリップフロップ

DFF回路は、0と1の2つの安定した状態の間を行き来するように設計されている。この機能を実現するには、Nand ゲートのみを使用する実装方法を含め、いくつかの異なる方法がある。Nand ベースの DFF の実装自体は洗練されてはいるが、組み合わせゲートの中でフィードバックループを必要とするため、私たちのハードウェアシミュレータでモデル化することができない。この問題に対処するため、本書では DFF はすでに与えられた構成要素として扱うことにする。「Nand to Tetris」のハードウェアシミュレータは、他のチップで利用できる DFF 実装を内蔵している。

3.4.2 レジスタ

レジスタはメモリデバイスであり、out(t+1) = out(t) という状態を時間的に記憶するという動作が求められる。これは、out(t+1) = in(t) という DFF の動作に似ている。DFF の出力を入力に戻すことができれば、1ビットのレジスタである Bit を実装するための良い出発点になるだろう。Bit の実装方法を**図3-9**（左図）に示す。

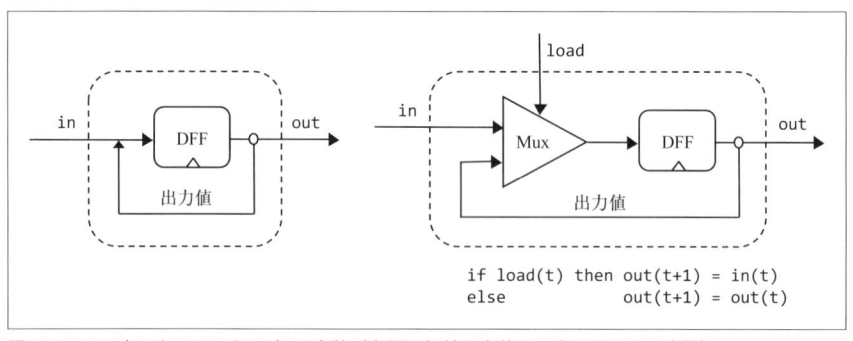

図3-9 Bit（1ビットレジスタ）の実装（左図は無効な実装で、右図が正しい実装）

図3-9の左側に示した実装は、2つの理由で無効である。第一に、この実装はレジスタのインターフェースである load ビットを公開していない。第二に、本来であれば DFF チップの入力として in と out のどちらかを指定するが、その方法がない。実際、HDL プログラミングのルールでは、1つのピンに複数のソースから入力することが禁止されている。

図3-9の左図は「無効な実装」ではあるが、それをベースに**図3-9**の右図に示す

「正しい実装」へと進むことができる。そのチップ図が示すように、入力の曖昧さを解決する自然な方法は「マルチプレクサ」を使うことである。レジスタの **load ビット**は、マルチプレクサの**選択ビット**に流すことができる。このビットを 1 に設定すると、マルチプレクサは in の値を DFF に送る。load ビットが 0 の場合、マルチプレクサは DFF の前の出力を送る。これにより、「もし load が 1 ならレジスタに新しい値を設定し、そうでなければ前に保存した値を設定する」という動作が実現できる。

図3-9 の右図のフィードバックループは、**データ競合**（Data Race）[†3]問題を伴わないことに注意したい。その理由は、そのループが DFF 回路を通過することで時間遅延が発生するためである。実際、**図3-9** に示した Bit の設計は、**図3-4** に示した一般的な順序論理回路の特殊なケースとなっている。

1 ビットのレジスタである Bit の実装が完了したら、w ビットのレジスタへと進むことができる。w ビットのレジスタは、w 個の Bit チップによって実現できる（**図3-1** を参照）。w は保持するビット数であり、たとえば、16、32、64 などが一般的には用いられる。Hack は 16 ビットのコンピュータなので、Register チップは 16 個の Bit チップで構成される。

Bit チップは、Hack アーキテクチャの中で DFF 回路を直接使用する唯一のチップである。コンピュータ内の他の上位レベルのメモリデバイスは、Bit チップで作られた Register チップを使用することにより、間接的に DFF チップを使用する。直接的にせよ間接的にせよ、DFF 回路を使用するチップは時間依存のチップになる。

3.4.3 RAM

Hack ハードウェアプラットフォームは、RAM デバイスとして、16K（16,384 個）の 16 ビットレジスタを必要とするので、それを実装しなければならない。本書では、次の手順で実装することを推奨する。

チップ名	n	k	使用するチップ：
RAM8	8	3	8個のRegisterチップ
RAM64	64	6	8個のRAM8チップ
RAM512	512	9	8個のRAM64チップ
RAM4K	4096	12	8個のRAM512チップ
RAM16K	16384	14	4個のRAM4Kチップ

[†3] 訳注：データ競合とは、実行順序やタイミングに依存して、システムの出力結果が変化してしまうことをいう。

　これらのメモリチップはすべて、**図3-7** で示した RAMn の API とまったく同じである。RAM チップは n 個のレジスタを持ち、アドレス入力のサイズは $k = \log_2 n$ ビットである。次に、これらのチップをどのように実装するかを、RAM8 から説明する。

　RAM8 チップは $n = 8$ の RAM であり、**図3-7** に示すように、8 つのレジスタを備えている。RAM8 には 3 ビットのアドレス入力があり、0〜7 の値に設定することで 8 つのレジスタのいずれか 1 つを選択する。それでは、選択されたレジスタの値を読み込む処理は、どのように実現できるだろうか？ 言い換えると、ある address（0〜7 の値）が与えられたとき、どのようにしてレジスタ番号が address のレジスタを選択し、その出力を RAM8 の出力に接続できるだろうか？

ヒント

これは「プロジェクト 1」で作った組み合わせ回路チップのひとつを使えば実現できる。そのため、選択された RAM レジスタの値の読み出しは、クロックや RAM 内のレジスタの数に影響を受けず、ほぼ一瞬で実現できる。

　同様に、レジスタに値を書き込む処理は、どのように実現できるだろうか？ より正確に言うと、address、load（=1）、16 ビットの in が与えられたとき、レジスタ番号が address の値を in に設定するには、どうすればよいだろうか？

ヒント

16 ビットの in データは、8 つの Register チップすべての in 入力に同時に与えることができる。そして、address と load 入力と一緒に、「プロジェクト 1」で作った組み合わせ回路チップを使用することで、1 つのレジスタだけが in を受け入れ、他の 7 つのレジスタはすべて無視するようにできる。

　RAM レジスタには、物理的な意味でのアドレスはない。そうではなく、上述のロジックにより、指定されたアドレスに従って個々のレジスタを選択し、それにアクセスすることができる。そして、それは「組み合わせゲート」によって実現できる。組み合わせゲートは時間に依存しないので、個々のレジスタへのアクセス時間はほぼ一瞬で行われる。

　RAM8 チップの実装後、RAM64 チップの実装へと進む。RAM64 チップは 8 つの RAM8 チップを組み合わせて構成される。RAM64 メモリ内の特定のレジスタを選択す

るには、6 ビットのアドレス（例：$xxxyyy$）を用いる。このうち xxx ビットは RAM8 チップの選択に、yyy ビットは選択された RAM8 内のレジスタの指定に利用される。この階層的なアドレス指定は論理ゲートによって実現される。同様の実装アイデアは、RAM512、RAM4K、および RAM16K チップの設計にも適用可能である。

　以上が RAM の作成手順である。まとめると、大量のレジスタを集約し、組み合わせ論理により個々のレジスタへ直接アクセスできる仕組みを実現するのだ。なんと美しい仕組みだろう！（そう感じてほしいと願っている）

3.4.4　カウンタ

　カウンタは、時間単位ごとに値を増加させることができる記憶装置である。さらに、カウンタは 0 または他の値に設定することができる。カウンタの機能（記憶とカウントする機能）は、Register チップと「プロジェクト 2」で作ったインクリメンタチップによって実装することができる。カウンタの inc、load、reset モードを選択するロジックは、「プロジェクト 1」で実装したマルチプレクサを使用して実装できる。

3.5　プロジェクト

目標

　本章で紹介したチップをすべて実装する。使用できるチップは、前章までに実装したゲートと DFF 回路のみである。

リソース

　このプロジェクトに必要なツールは、「Nand to Tetris」のハードウェアシミュレータだけである。すべてのチップは HDL 言語（HDL 言語の詳細は付録 B を参照）を用いて実装する。いつものように、雛形のファイルとして「.hdl」という拡張子のプログラムを用意してあり、これは実装が部分的に欠けている。さらに「.tst」というスクリプトファイルも用意してある。このファイルはシミュレータがどのようにテストを行うかを指示したものである。また、「.cmp」という比較用のファイルも用意してある。読者のタスクは、.hdl プログラムの欠けた実装部分を完成させることである。

要件

あなたのチップ設計（修正した.hdl ファイル）をハードウェアシミュレータに読み込み、.tst ファイルに従ってテストが行う。出力結果は.cmp ファイルと比較される。比較結果が一致しない場合は、その旨がシミュレータにより報告される。

助言

D フリップフロップ（DFF）は既成の構成要素として扱うので、それを実装する必要はない。シミュレータが HDL プログラム中で DFF 回路を見つけると、tools/builtInChips/DFF.hdl の実装が自動的に読み込まれる。

本プロジェクトのフォルダ構成

ある RAM チップをサイズの小さい RAM チップから構築する場合、サイズの小さい RAM チップは「ビルトイン版」を使用することを推奨する。もしそうしなければ、シミュレータの実行速度は遅くなり、ホストコンピュータのメモリが足りなくなるかもしれない。なぜなら、RAM は下位レベルのサイズの小さい RAM チップを再帰的に用いることになり、それらのチップはシミュレータによって（ソフトウェアのオブジェクトとして）メモリに展開されるからである。

この問題を回避するため、本プロジェクトで作る RAM チップは 2 つのフォルダに分けている。RAM8.hdl と RAM64.hdl プログラムは projects/3/a にあり、その他の上位 RAM チップは projects/3/b にある。このようにフォルダを分けた理由はただひとつである。それは、b フォルダに格納された RAM チップを評価するとき、RAM64.hdl がカレントフォルダで見つからないため、シミュレータは RAM64 チップのビルトイン版の実装を使うようにするためである。

手順

次の手順で進めることを推奨する。

1. 本プロジェクトに必要なハードウェアシミュレータは、nand2tetris/tools に用意されている。
2. 必要に応じて、「付録 B　ハードウェア記述言語」と https://www.nand2tetris. org にある資料に目を通す（ツールに関する情報は https://www.nand2tetris. org/software にある）。
3. projects/3 フォルダにあるすべてのチップを作成し、シミュレーションを

行う。

「プロジェクト 3」は、オンライン IDE のハードウェアシミュレータ（https://nand2tetris.github.io/web-ide/chip）を使って取り組むこともできる。

3.6 展望

本章で説明するメモリシステムの基礎となるのが「フリップフロップ」である。本書では、フリップフロップはすでに与えられたビルトインゲートとして扱う。フリップフロップを作るには、基礎的な組み合わせゲート（たとえば、Nand ゲート）をフィードバックループで接続するのが一般的なアプローチである。標準的な構成では、まず非同期のフリップフロップを構築する。この非同期フリップフロップは、2つの状態（0 か 1 の状態）のいずれかに設定できる。次に、そのような非同期のフリップフロップを 2 つ直列に接続することで、同期型のフリップフロップが得られる。1 つ目のフリップフロップはクロックが tick のときに入力値がセットされ、2 つ目のフリップフロップはクロックが tock のときに入力値がセットされる。この「マスター/スレーブ（Master-Slave）[†4]」の設計により、クロックによる同期機能が得られる。

そのようなフリップフロップの実装は、見事であると同時に複雑でもある。本書では、フリップフロップを既成のゲートとして扱うことで、そのような低水準の複雑さを抽象化することにした。フリップフロップの内部構造を知りたい読者は、論理設計やコンピュータアーキテクチャの教科書を参照してほしい。

フリップフロップの内部の仕組みにこだわらない理由のひとつは、現代のコンピュータで使われているメモリデバイスの最下層では、必ずしもフリップフロップが使われるわけではないからである。最新のメモリチップでは、ストレージ技術に関する物理特性に基づき慎重な最適化が行われている。今日、そのような数多くの代替技術がコンピュータ設計者に利用されている。通常、どの技術を使うかは「コストとパフォーマンス」の問題である。同様に、私たちが RAM チップを作るのに使った「再帰的にメモリサイズを増やす方法」は優れてはいるが、必ずしも効率的とは言えない。より効率的な実装も可能である。

そのような物理的な点を除けば、本章で説明するすべてのチップ（レジスタ、カウ

ンタ、RAM チップ）は標準的なものであり、それらはどのようなコンピュータシステムにも見られる。

　5章では、2章で作った ALU とともに、この章で作ったレジスタチップを使って CPU（中央処理装置）を作る。そして、その CPU に RAM デバイスを追加し、機械語で書かれたプログラムを実行できる汎用コンピュータを構築する。次章では、機械語について説明する。

4章
機械語

想像から生まれる作品は、非常に簡潔な言語で書かれるべきである。その想像性が純粋であればあるほど、言語は簡潔であるべきだ。

——サミュエル・テイラー・コールリッジ（1772–1834）
イギリスの詩人

1章〜3章では、演算とメモリのチップを作成した。それらを使うことで、汎用コンピュータのハードウェアを作り上げることができる。ここでは汎用コンピュータを完成させる前に、一歩立ち止まって次の問いについて考えてみよう。汎用コンピュータの目的は何なのだろうか？

建築家ルイス・サリバンの有名な言葉に、「形は機能に従う」というものがある。システムを理解したいのであれば、もしくはシステムを構築したいのであれば、そのシステムが果たすべき「機能」を見ることから始めよう。そこで本章では、ハードウェアプラットフォームが実行するよう設計されている基本的な命令セット、すなわち**機械語**について勉強する。結局のところ、機械語で書かれたプログラムを効率的に実行することが、あらゆる汎用コンピュータに求められる究極の「機能」なのである。

機械語は、機械命令をコード化するために設計された言語規則である。機械命令を使うことで、コンピュータのプロセッサに算術演算や論理演算の実行を指示したり、コンピュータのメモリから値を読み込んだり、ブール条件をテストしたり、次にどの命令をフェッチして実行するかを決めたりすることができる。高水準言語は表現力やプラットフォーム間の互換性を目標に設計されるが、機械語は特定のハードウェアで直接実行され、そのハードウェアを完全に制御できるように設計されている。もちろん機械語にも、汎用性、簡明さ、表現力などは依然として望まれる。しかし、それらの特性は、ハードウェアを直接制御し効率的に動作させるという基本要件を満たす範

囲内に限定される。

　機械語は、コンピュータにおける最も奥深いインターフェースであり、ハードウェアとソフトウェアが出会う境界線である。人の手によって書かれた高水準のプログラムは、最終的には機械語という表現に変換され、シリコンで物理的に実行される操作となる。したがって、機械語はプログラミングの成果物であると同時に、ハードウェアプラットフォームにとって不可欠な一部であるとも言える。機械語は「特定のハードウェアプラットフォーム」を制御するように設計されているとも言えるし、ハードウェアプラットフォームは「特定の機械語」で書かれた命令を実行するように設計されているとも言える。

　この章は、機械語による低水準なプログラミングの一般的な紹介から始まる。次に、**Hack 機械語**のバイナリ版とアセンブリ版の仕様を示す。本章の最後のプロジェクトでは、機械語のプログラムをいくつか書く。これにより、低水準プログラミングを実際に経験することができ、次章でコンピュータハードウェアを完成させる準備が整う。

　現代のプログラマーが機械語でプログラムを書くことはめったにないだろう。しかし、低水準言語の学習は、コンピュータの動作原理を深く理解する上で不可欠な過程となる。さらに、低水準言語を深く理解することで、効率的で優れた高水準言語のプログラムを書くのにも役立つ。どんなに複雑なソフトウェアシステムであっても、最終的にはハードウェアに対する単純なビット命令によって動かされているのだ。それを実際に観察することは心躍る体験となるだろう。

4.1　機械語の概要

　この章では、マシンではなく、マシンを制御するための**言語**に焦点を当てる。そのためハードウェアプラットフォームについては、機械語命令に関係する最小限の要素に限定して話を進める。

4.1.1　ハードウェアの要素

　機械語（Machine Language）は、決められた形式に従い、**プロセッサ**と**レジスタ**を用いて**メモリ**を操作するように設計されている。

メモリ

「メモリ」という用語は、コンピュータでデータや命令を保存するハードウェアデ

バイスのことを言う。機能的に言えば、メモリは連続したセルの列である。各セルは**メモリ位置**や**メモリレジスタ**とも呼ばれ、それぞれ固有の**アドレス**を持つ。個々のメモリレジスタには、そのアドレスを指定してアクセスする。

プロセッサ

プロセッサは通常、**中央演算装置**（Central Processing Unit; **CPU**）と呼ばれ、あらかじめ決められた基本的な命令セットを実行することができる。これらの命令セットには、算術演算や論理演算、メモリアクセス演算や制御演算（「ブランチ」とも呼ばれる）などが含まれる。プロセッサは、選択されたレジスタとメモリ位置からデータを取り出し、選択されたレジスタとメモリ位置に出力を書き込む。プロセッサは、ALU とレジスタ、そして、バイナリ命令の解析と実行を可能にする論理ゲートにより構成される。

レジスタ

プロセッサとメモリは 2 つの独立したチップとして実装されており、一方から他方へデータを移すには比較的時間がかかる。そのため、ほとんどのプロセッサにはレジスタがいくつか備わっている（各レジスタは 1 つの値だけを保持できる）。レジスタはプロセッサのチップの内部にあるので、プロセッサはチップの外に出ることなくデータや命令を操作できる。そのため、レジスタは高速なローカルメモリとして機能する。

CPU に存在するレジスタは 2 つのタイプに分類される。ひとつはデータを保持する**データレジスタ**であり、もうひとつはアドレスを保持する**アドレスレジスタ**である（アドレスレジスタは、使い方によっては、データとして使うこともできる）。私たちのコンピュータアーキテクチャは、特定の値、たとえば n をアドレスレジスタに入れた場合、アドレスが n にあるメモリのデータが瞬時[†1]に選択される。以降、その選択されたメモリ位置に対して操作できる。

4.1.2 アセンブリ言語

機械語のプログラムは、**バイナリ**と記号の 2 つの方法で書くことができる。その 2 つの方法で表現できる内容は同じだが、表現方法が異なる。たとえば、「R1 を R1+R2 の値にする」という抽象的な操作を考えてみよう。ある言語設計者は、加算演算を

[†1] ここで言う「瞬時」とは、同じクロックサイクル（時間単位）内という意味である。

101011 という 6 ビットのコードで表し、レジスタの R1 と R2 をそれぞれ 00001 と 00010 で表すかもしれない。その場合、それらのコードを左から右に合わせることで、1010110001000001 という 16 ビット命令が得られる。この 16 ビット命令が「R1 を R1+R2 の値に設定する」のバイナリ表現である。

　コンピュータシステムの黎明期には、コンピュータは手を使ってプログラムされていた。当時のプログラマーは、「R1 を R1+R2 の値に設定する」という命令を実行するときは、1010110001000001 のようなバイナリコードを、機械式スイッチを上下に押して命令メモリに設定していたのだ。もしプログラムが 100 個の命令であれば、その "苦行" を 100 回繰り返さなければならない。もちろん、そのようなプログラムのデバッグ作業は完全に悪夢だろう。そのためプログラマーたちは、プログラムをコンピュータに入力する前に、「紙」の上で記号を使ってデバッグ作業を行った。たとえば、「R1 を R1+R2 の値に設定する」という操作は、（バイナリ命令では 1010110001000001 であったとしても）、記号の形式として「add R2,R1」のように表すようにしたのだ。

　何人かが同じアイデアを思いつくのに時間はかからなかった。R、1、2、+ のような記号は、決められたバイナリコードを使って表現することができる。プログラムを書くのに記号命令を使い、その記号命令を実行可能なバイナリコードに変換するのに別のプログラム——**変換器**——を使うのはどうだろうか？　この革新的なアイデアにより、プログラマーはバイナリコードを書くという退屈な作業から解放された。そして、高水準プログラミング言語の時代へと突入する。なお、記号による機械語は**アセンブリ言語**と呼ばれ、それをバイナリコードに変換するプログラムは**アセンブラ**と呼ばれる（「アセンブラ」という名前の由来については「6.1　背景」で説明する）。

　高水準言語はハードウェアに依存しないが、アセンブリ言語はハードウェアに依存する。アセンブリ言語は、使用可能な ALU 演算、レジスタの数や種類、メモリサイズなど、対象とするハードウェアの低水準の仕様に依存する。コンピュータによってそれらのパラメータは大きく異なるため、アセンブリ言語はそれぞれ特有の構文を持ち、特定の CPU ファミリーを制御するために設計された機械語が存在する。まさに「バベルの塔[†2]」である。しかし、そのような多様性にもかかわらず、すべての機械語は理論的には等価であり、これから説明するように、すべての機械語が同じような一般的タスクをこなすことができる。

---

†2　訳注：バベルの塔は『旧約聖書』に登場する巨大な塔のこと。人々がバベルという都市に天に達する巨大な塔を建てようとしたが、そのことに神が怒り、神は人々の会話を通じないようにして、バベルの塔の建築を断念させた。その結果、この世には複数の言語が存在するようになった。

4.1.3　命令

以下では、コンピュータのプロセッサが R0、R1、R2、... と表記されるレジスタを備えていると仮定する。これらのレジスタの正確な数や種類は、以降の議論では重要ではない。

算術演算と論理演算

どのようなコンピュータであれ、加算や減算のような基本的な算術演算、そして And や Not のような基本的な論理演算を実行できることが求められる。ここでは次のコードについて考えてみよう。

```
// 2つの数字の加算を行う
load R1,17    // R1 ← 17
load R2,4     // R2 ← 4
add  R1,R1,R2 // R1 ← R1 + R2

// 論理演算を行う
load R1,true  // R1 ← trueのバイナリ表現
load R2,false // R2 ← falseのバイナリ表現
and  R1,R1,R2 // R1 ← R1 And R2（ビット単位のAnd）
```

このような記号命令がコンピュータ上で実行されるためには、まずバイナリコードに変換されなければならない。この変換は**アセンブラ**というプログラムによって行われる。アセンブラは 6 章で開発する。今のところは、そのようなアセンブラがすでに存在し、必要に応じて使用できると仮定する。

メモリアクセス

すべての機械語は、選択されたメモリ位置からデータを読み取ったり、書き込んだりする命令を備えている。これは通常、**アドレスレジスタ**（ここでは A と呼ぶ）を使って行われる。たとえば、メモリ位置 17 にある値を 1 に設定したいとする。この場合、load A,17 の後に load M,1 という 2 つの命令によって実現できるだろう。この命令では、M は A によって選択されたメモリレジスタを表す。それでは、メモリ位置が 200、201、202、...、249 の 50 個の値を 1 に設定するにはどうすればよいだろうか？ それは、load A,200 という命令を実行した後、load M,1 と add A,A,1 の命令を 50 回実行するループによって実現できる。

分岐命令

　コンピュータのプログラムは、標準では先頭から順番に1命令ずつ実行されるが、他の場所（次の命令以外の場所）に**ジャンプ**することもある。そのような分岐動作を容易にするために、機械語には **goto** 命令が用意されている。goto 命令には「条件付きの goto 命令」と「無条件の goto 命令」があり、また goto のジャンプ先をラベルで表す機能もある。機械語を使った簡単な分岐動作を**図4-1**に示す。

```
物理アドレスを使用                    シンボルアドレスを使用

...                                  ...
// R1を0+1+2, ... に設定              // R1を0+1+2, ... に設定
12: load R1,0                          load R1,0
13: add R1,R1,1                      (LOOP)
...                                    add R1,R1,1
27: goto 13                            ...
...                                    goto LOOP
                                       ...
```

図4-1　同じ分岐動作を表す2つの低水準コード（ここには示されていないが、このコードにはループを終了するロジックが含まれていると仮定する）

シンボル

　図4-1のコードはどちらもアセンブリ言語で書かれているので、実行前にバイナリコードに変換しなければならない。その2つのコードはまったく同じロジックではあるが、シンボル参照を使用するコードのほうが、書くこともデバッグすることも保守することもはるかに容易である。

　さらに、シンボル参照を使用するコードには利点がある。それはバイナリへと変換するときに、コンピュータの任意のメモリ位置（ただし利用可能な場所に限る）にロードするコードを生成できるということである。そのような"芸当"は、物理アドレスを使用するコードでは不可能である。したがって、物理アドレスを使わない低水準のコードは、**再配置可能**（Relocatable）なコードと言われる。パソコンや携帯電話のようなコンピュータシステムでは、複数のアプリを同時に動的に読み込み実行するため、再配置可能なコードが不可欠である。このように、シンボル参照は単なる"見栄え"のためだけではなく、ホストメモリの物理的制約からコードを解放するためにも使用される。

以上が、機械語の概要についての簡単な説明である。次の節では、「Hack コンピュータ」という特定のマシンの機械語について説明する。

4.2　Hack機械語

低水準コードを書くプログラマー（あるいは低水準コードを生成するコンパイラやインタプリタを書くプログラマー）は、機械語という**インターフェース**を通して、抽象的にコンピュータと対話する。プログラマーは、コンピュータアーキテクチャの詳細をすべて知る必要はないが、低水準プログラムで使用するハードウェア要素については熟知する必要がある。

そのため、Hack 機械語を説明するにあたって、Hack コンピュータの概念的な説明から始める。次に、Hack アセンブリ言語で書かれた完全なプログラムの例を示す。具体例を見て理解が進んだところで、Hack 言語命令の正式な仕様を示す。

4.2.1　背景

次章で説明する Hack コンピュータは、**ノイマン型アーキテクチャ**（Von Neumann Architecture）として知られるパラダイムに従って設計されている。ノイマンとは、コンピュータのパイオニアであるジョン・フォン・ノイマンであり、彼の名にちなんで「ノイマン型」と命名された。Hack は 16 ビットのコンピュータであるため、CPU とメモリは 16 ビットのデータを扱う。

メモリ

Hack プラットフォームは、**データメモリ**と**命令メモリ**という 2 つの異なるメモリユニットを使用する（**図4-2**）。データメモリは、プログラムが操作するバイナリデータを保存する。命令メモリはプログラムの命令（これもバイナリデータとして表現される）を保存する。どちらのメモリも 16 ビット幅で、それぞれ 15 ビットのアドレス空間を持つ。したがって、各メモリユニットのアドレス指定可能な最大サイズは 2^{15}、すなわち 32K 個の 16 ビットワード[†3]となる（K は**キロ**（Kilo）の略語であり「千」を意味する。一般に、K は $2^{10} = 1024$ を表す記号として使用される）。各メモリユニットは、アドレスが「0 から 32K − 1」まで指定可能なメモリレジスタの並び

[†3]　訳注：ワード（word）は、コンピュータのメモリや CPU 内部で扱うデータの単位である。Hack コンピュータでの「ワード」は、16 ビットのデータ単位を指す。

と考えると都合が良い。

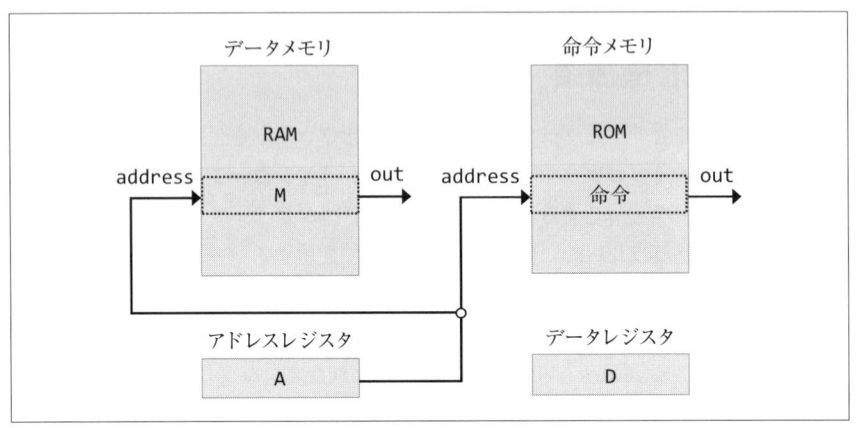

図4-2　Hack メモリシステムの概念モデル。実際のアーキテクチャは（5 章で説明するように）多少
異なる配線になっているが、このモデルは Hack プログラムの意味を理解するのに役立つ。

データメモリは読み書き可能なデバイスであり、「RAM」とも呼ばれる。Hack
命令は、選択した RAM レジスタからデータを読み出したり、データを書き込んだ
りすることができる。個々のレジスタは、アドレスを指定して選択する。メモリの
address 入力には常になんらかの値が保存されているため、選択されるレジスタは常
に 1 つであり、Hack 命令ではこの選択されたレジスタを M と呼ぶ。たとえば、M=0
という Hack 命令は、選択された RAM レジスタを 0 に設定する。

命令メモリは読み出し専用のデバイスであり、「ROM」とも呼ばれる。命令メモリ
にプログラムを読み込むには、なんらかの外部の仕組みを利用する（これについては
5 章で詳しく説明する）。RAM と同様に、命令メモリの address 入力には常になん
らかの値が保存されている。したがって、選択される命令メモリのレジスタは常に 1
つである。このレジスタの値を**現在の命令**と呼ぶ。

レジスタ

Hack 命令は、3 つの 16 ビットレジスタを操作するように設計されている。3 つの
レジスタとは、**データレジスタ**（D）、**アドレスレジスタ**（A）、選択されたデータメモ
リのレジスタ（M）である。Hack 命令には、その意味が直感的に理解できる簡潔な構
文がある。たとえば、D=M、M=D+1、D=0、D=M-1 などである。

データレジスタ D の役割は単純で、16 ビットの値（データ）を保存するだけである。一方、アドレスレジスタ A は、「アドレス」と「データ」の両方の用途で利用できる。たとえば、17 という値を A レジスタに入れたい場合、@17 という Hack 命令を使う（この構文の理由はすぐに明らかになる）。実は、これが定数を Hack コンピュータに取り込む唯一の方法である。よって、D レジスタを 17 に設定したい場合は、@17 の後に D=A という 2 つの命令を使う。A レジスタは、第二のデータレジスタとしての役割に加えて、データメモリと命令メモリのアドレス指定にも使われる。

アドレッシング

@*xxx* という Hack 命令は、A レジスタの値を *xxx* に設定する。この @*xxx* 命令には 2 つの副作用がある。まず、アドレスが *xxx* である RAM レジスタが「選択されたメモリレジスタ M」に設定される。次に、アドレスが *xxx* である ROM レジスタが「選択された命令」に設定される。したがって、A をある値に設定することによって、2 つの可能性が生じる。つまり、選択されたデータメモリレジスタを操作するか、それとも選択された命令で何かを行うか、である。どちらに進むか（どちらを無視するか）は、後続の Hack 命令によって決まる。

たとえば、RAM[100] の値を 17 に設定したいとする。これは @17, D=A, @100, M=D という 4 つの Hack 命令を使って実行できる。最初の 2 つの命令では、A はデータレジスタとして機能し、最後の 2 つの命令では A はアドレスレジスタとして機能する。もうひとつ例を示そう。RAM[100] の値を RAM[200] の値に設定するにはどうすればよいか？ それには、@200, D=M, @100, M=D の 4 つの Hack 命令を使用する。

この 2 つの例では、A レジスタは命令メモリ内のレジスタも選択しているが、それは使われない。次は、（データメモリは無視して）A が選択した命令を使うという逆の事例を紹介する。

分岐

ここまでのコード例は、Hack プログラムが頭から順番に実行された。それがプログラムを実行する標準的な流れだ。しかし、次の命令ではなく、たとえばプログラム中の命令番号 29 を実行したい場合もあるだろう。Hack 言語では、@29 と 0;JMP によって、そのような分岐が実現できる。最初の命令は ROM[29] レジスタを選択する（RAM[29] も M レジスタに設定されるが、これは使わない）。その後の 0;JMP 命令は Hack の**無条件分岐**であり、これは A レジスタでアドレス指定されている命令へとジャンプする命令である（「0;」という接頭語については後で説明する）。ROM には

現在実行中のプログラムが保存されていると仮定しているので、@29 と 0;JMP により、ROM[29] の命令が次に実行されることになる。

　Hack 言語には**条件分岐**という機能もある。たとえば、if D==0 goto 52 というロジックは、@52 という命令の後に D;JEQ という命令を使って実現できる。2 番目の命令の意味は、「D を評価し、その値が 0 であれば、A のアドレスにジャンプする」となる。Hack 言語にはこのような**条件分岐**命令がいくつかある。

　それでは、ここまでの内容をまとめよう。A レジスタは同時に 2 つの異なるアドレス指定を行う。@xxx 命令によって、データメモリのレジスタ（M）が選択されると同時に、命令メモリからも命令が選択される。この二重性は少し混乱を招くが、1 つのアドレスレジスタを使って 2 つの別々のメモリデバイスを制御することができる（**図4-2** を参照）。その結果、コンピュータアーキテクチャはシンプルになり、機械語もシンプルになる。私たちの仕事ではいつでもそうだが、シンプルさがなによりも重要である。

変数

　@xxx という Hack 命令の中の xxx は、定数でもシンボルでもよい。命令が @23 の場合、A レジスタは 23 という値に設定される。命令が @x の場合、x に紐づけられた値に設定される。たとえば、x が 513 にバインドされている場合、@x 命令は A レジスタを 513 に設定する。シンボルの使用により、Hack アセンブリは物理メモリのアドレスではなく**変数**を使用できるようになる。たとえば、let x=17 のような一般的な高水準言語で書かれた代入文について考えてみよう。これは Hack 言語では、@17, D=A, @x, M=D のように実装できる。このコードの意味は、「シンボル x にバインドされている値をアドレスとする RAM レジスタを選択し、そのレジスタに 17 を設定する」となる。これを実現するには、x のような高水準言語に見られるシンボルを、データメモリ内の有効なアドレスにバインドする方法を知っている誰かが必要である。その誰かが「アセンブラ」である。

　アセンブラのおかげで、Hack プログラムでは x のような変数を自由に命名し、必要に応じて使うことができる。たとえば、あるカウンタをインクリメントするコードを書きたいとする。このカウンタを、たとえば RAM[30] に保持するとしたら、@30, M=M+1 という命令を使ってインクリメントすることができる。より賢い方法は、@count, M=M+1 を使い、アセンブラにその変数をメモリ内のどこに置くかを決めさせることである。アセンブラがシンボルを常に適切なアドレスに解決する限り、私たちはアドレスの番号を覚える必要はない。6 章では、この便利なマッピング操作を備

えたアセンブラを開発する。

　Hack 言語には、ユーザーが定義するシンボルの他に、R0、R1、R2、...、R15 という 16 個の「ビルトイン・シンボル」がある。これらのシンボルは、アセンブラによって 0、1、2、...、15 の値にバインドされる。そのため、たとえば、@R3、M=0 という 2 つの Hack 命令は、最終的に RAM[3] を 0 に設定することになる。以降、R0、R1、R2、...、R15 を**仮想レジスタ**と呼ぶ場合がある。

　先に進む前に、**図4-3** に示すコード例を読んで、よく理解しておくことを推奨する（そのうちのいくつかは説明済みである）。

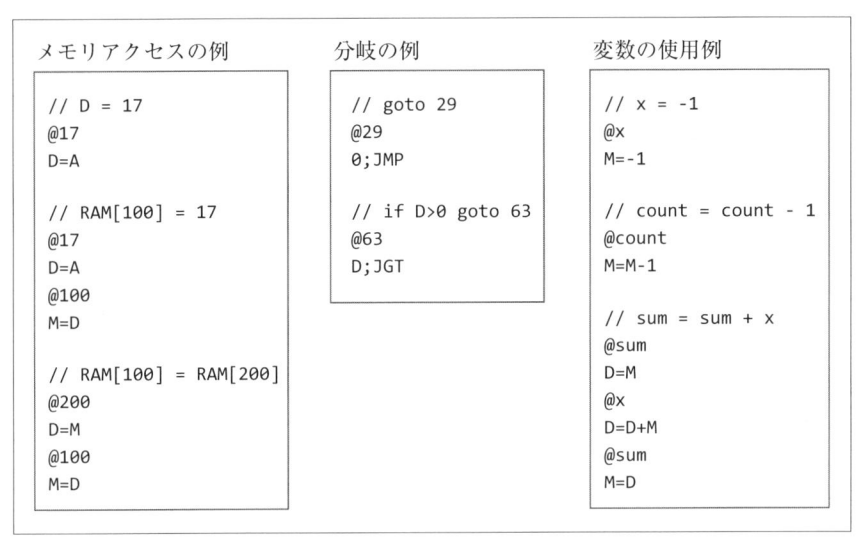

図4-3　Hack アセンブリのコード例

4.2.2　プログラム例

　それでは本題に入ろう。Hack 言語の正式な説明は次節に譲るとして、ここでは完全な Hack アセンブリのプログラムを見てみよう。その前に注意点がある。おそらくほとんどの読者は、ここで示すプログラムの分かりにくさに戸惑うだろう。それに対して私たちはこう言う。「機械語の世界へようこそ」と。機械語は、高水準言語とは異なり、プログラマーを喜ばせるために設計されているわけではない。むしろ、ハードウェアプラットフォームを明確に、そして効率良く制御するために設計されているのだ。

　たとえば、n という値が与えられたとして、$1+2+3+\cdots+n$ という和を求めたいとする。この計算を行うために、入力として n を RAM[0] に置き、出力として和を RAM[1] に置くことにする。この和を計算するプログラムを**図4-4** に示す。ここで注意したい点は、$1+2+3+\cdots+n$ の計算するにあたり、よく知られた公式 $(1+2+3+\cdots+n = \frac{n(n+1)}{2})$ を利用せずに、単純にすべての値を加算していることである。その意図は、Hack 機械語における「条件処理」と「反復処理」を説明するためである。

疑似コード

```
// プログラム：Sum1ToN
// RAM[1]に1+2+3+...+RAM[0]を計算する
// 使い方：RAM[0]に1以上の値を入れる
   i = 1
   sum = 0
LOOP:
   if (i > R0) goto STOP
   sum = sum + i
   i = i + 1
   goto LOOP
STOP:
   R1 = sum
```

Hack アセンブリのコード

```
// ファイル：Sum1ToN.asm
// RAM[1]に1+2+3+...+RAM[0]を計算する
// 使い方：RAM[0]に1以上の値を入れる
   // i = 1
   @i
   M=1
   // sum = 0
   @sum
   M=0
(LOOP)
   // if (i > R0) goto STOP
   @i
   D=M
   @R0
   D=D-M
   @STOP
   D;JGT
   // sum = sum + i
   @sum
   D=M
   @i
   D=D+M
   @sum
   M=D
   // i = i + 1
   @i
   M=M+1
   // goto LOOP
   @LOOP
   0;JMP
(STOP)
   // R1 = sum
   @sum
   D=M
   @R1
   M=D
(END)
   @END
   0;JMP
```

図4-4　Hack アセンブリのプログラム例。RAM[0] と RAM[1] は、R0 と R1 としても参照できる。

　読者がこのプログラムを完全に理解するのは、本章の後半になるだろう。今のところ、詳細は無視して、代わりに次の点を理解してほしい。それは、Hack 言語では、メモリ位置に関わるすべての操作は「2つの命令」を必要とすることだ。最初の命令は@*addr* であり、対象とするメモリアドレスを選択するために使われる。そして2つ目の命令で、選択したメモリに対して何を行うかを指示する。この2段階のロジックを実現するために、Hack 言語には2つの命令タイプがある（私たちはその例をすでにいくつか見てきた）。ひとつは**アドレス命令**（*A* 命令とも呼ばれる）である。アドレス命令は@で始まる命令である。もうひとつは、**計算命令**（*C* 命令とも呼ばれる）である。各命令には、記号表現とバイナリ表現がある。それを今から説明する。

4.2.3　Hack 言語の仕様

　Hack 機械語は、*A* 命令と *C* 命令の2つの命令で構成されている（**図4-5**）。

A命令	記号：	@*xxx*	（*xxx*は0から32767までの10進数値、またはそのような10進数値にバインドされたシンボルである）
	バイナリ：	0 *vvvvvvvvvvvvvvv*	（*vv ... v = xxx*の15ビット値）
C命令	記号：	*dest = comp ; jump*	（*comp*は必須である。もし*dest*が空の場合、=は省略される。もし*jump*が空の場合、;は省略される）
	バイナリ：	111*acccccdddjjj*	

comp		c	c	c	c	c	c
0		1	0	1	0	1	0
1		1	1	1	1	1	1
-1		1	1	1	0	1	0
D		0	0	1	1	0	0
A	M	1	1	0	0	0	0
!D		0	0	1	1	0	1
!A	!M	1	1	0	0	0	1
-D		0	0	1	1	1	1
-A	-M	1	1	0	0	1	1
D+1		0	1	1	1	1	1
A+1	M+1	1	1	0	1	1	1
D-1		0	0	1	1	1	0
A-1	M-1	1	1	0	0	1	0
D+A	D+M	0	0	0	0	1	0
D-A	D-M	0	1	0	0	1	1
A-D	M-D	0	0	0	1	1	1
D&A	D&M	0	0	0	0	0	0
D|A	D|M	0	1	0	1	0	1

a == 0　*a* == 1

dest	d	d	d	*comp*をどこに保存するか？
null	0	0	0	値は保存されない
M	0	0	1	RAM[A]
D	0	1	0	Dレジスタ（Dと略記）
DM	0	1	1	D, RAM[A]
A	1	0	0	A
AM	1	0	1	A, RAM[A]
AD	1	1	0	A, D
ADM	1	1	1	A D, RAM[A]

jump	j	j	j	効果：
null	0	0	0	ジャンプなし
JGT	0	0	1	if *comp* > 0 jump
JEQ	0	1	0	if *comp* = 0 jump
JGE	0	1	1	if *comp* ≥ 0 jump
JLT	1	0	0	if *comp* < 0 jump
JNE	1	0	1	if *comp* ≠ 0 jump
JLE	1	1	0	if *comp* ≤ 0 jump
JMP	1	1	1	無条件ジャンプ

図4-5　Hack 命令セット。記号とそれに対応するバイナリコードを示す。

A 命令

A 命令は、A レジスタに 15 ビットの値を設定する。*A* 命令のバイナリ表現は、2 つのフィールドで構成される。ひとつはオペレーションコードである。これは**オペコード**とも呼ばれ、一番左端のビットの 0 に対応する。もうひとつは、残りの 15 ビットからなる非負の 2 進数を表すコードである。たとえば、@5 という記号命令のバイナリ表現は 000000000000101 である。これにより、A レジスタに「5」の 2 進数が設定される。

A 命令は、3 つの異なる目的で使用される。第一に、プログラムによってコンピュータに「定数」を入力することができる（これがプログラムで任意の定数を入力する唯一の方法である）。第二に、A のアドレスを設定することで、その次の *C* 命令でRAM レジスタ（M で参照される RAM レジスタ）を操作できる。第三に、A をジャンプ先のアドレスに設定することで、その次の *C* 命令でジャンプを実行することができる。

C 命令

C 命令では、次の 3 つを指定する。

- どういう計算をするか（ALU 演算、*comp* で表記）
- 計算された値をどこに保存するか（*dest*）
- 次に何をするか（*jump*）

A 命令と *C* 命令により、コンピュータで可能なすべての操作が指定できる。

バイナリ表現では、一番左端のビットが *C* 命令のオペコードであり、常に 1 を表す。次の 2 ビットは使用されず、慣例により 1 に設定される。その次の 7 ビットは *comp* フィールドのバイナリ表現である。そして、その次の 3 ビットは *dest* フィールドのバイナリ表現であり、右端の 3 ビットは *jump* フィールドのバイナリ表現である。次にこれら 3 つのフィールドの構文と意味を説明する。

comp の仕様

Hack の ALU は、与えられた 2 つの 16 ビット入力に対して、固定の関数セットの中から 1 つを選んで計算する。Hack コンピュータでは、ALU の 2 つのデータ入力が次のように配線されている。1 つ目の ALU 入力は D レジスタから与えられる。2 つ目の ALU 入力は、A レジスタ（a ビットが 0 のとき）か M レジスタ（a ビットが 1

のとき）のどちらかから与えられる。*comp* フィールドは、1 つの a ビットと 6 つの
c ビットによって構成され、これにより計算される関数が指定される。この 7 ビット
のパターンは全部で 128 種類の計算をコード化できるが、言語仕様として文書化され
ているのは**図4-5** に示した 28 種類だけである。

C 命令のフォーマットが 111acccccddddjjj であることを思い出してほしい。た
とえば、D レジスタの値から 1 を引いた値を計算したいとする。これは D-1 という
記号命令で表すことができる。**図4-5** によれば、D-1 命令は 1110001110000000 の
2 進数で表される（強調のため、7 ビットの *comp* フィールドに下線を引いている）。
別の例として、D と M レジスタの値のビットごとの Or を計算するには、D|M 命令を
使用する。これは、バイナリでは 1111010101000000 で表される。最後にもうひと
つ、定数 −1 を計算する場合はどうだろう？ これは −1 という記号命令であり、バイ
ナリでは 1110111010000000 で表される。

dest の仕様

ALU の出力は、同時に 0 から 3 つの異なる場所に保存することができる。つまり、
保存しない場合もあれば、1 箇所、2 箇所、または 3 箇所に同時に保存することがで
きる。1 番目と 2 番目の d ビットは、それぞれ A レジスタと D レジスタに計算値を
保存するかどうかを表す。3 番目の d ビットは、現在選択されているメモリレジスタ
である M に計算値を保存するかどうかを表す。これら 3 つのビットは、1 つもしくは
複数がアサートされることもあるし、また 1 つもアサートされないこともあり得る。

今一度、*C* 命令のフォーマットは 111acccccddddjjj であることを思い出そう。
ここで仮に、アドレスが 7 のメモリレジスタの値をインクリメントし、新しい値を D
レジスタに保存したいとしよう。**図4-5** によれば、これは次の 2 つの命令で実現で
きる。

```
0000000000000111  // @7
1111110111011000  // DM=M+1
```

jump の仕様

C 命令の *jump* フィールドは「次に何をするか」を指定する。これは 2 つの可能
性がある。次の命令を取り出して実行するか（これがデフォルトの動作である）、他
の指定された命令を取り出して実行するかである。後者の場合、A レジスタはすでに
対象の命令アドレスに設定されている必要がある。

　プログラムの実行時にジャンプするかどうかは、命令の *jump* フィールドの 3 つの j ビットと ALU 出力によって決まる。*jump* フィールドの 1、2、3 番目の j ビットは、それぞれ ALU 出力が負、0、正の場合にジャンプするかどうかを指定する。これにより、**図4-5** の右下に示した 8 つのジャンプの条件が得られる。なお、無条件分岐の goto 命令を指定するための記号表現は 0;JMP である（*comp* フィールドは必須なので、記号表現の 0 に対応する ALU 演算が計算されるが、その結果は無視される）。

A レジスタの競合使用の防止

　Hack コンピュータは、RAM と ROM の両方のアドレス指定に 1 つのアドレスレジスタを使用する。したがって、@*n* という命令を実行すると、RAM[*n*] と ROM[*n*] の両方が選択される。その次に行う命令は、選択されたデータメモリの M レジスタを操作する *C* 命令か、またはジャンプを指定する *C* 命令のどちらかである。この 2 つの命令のどちらかを明確にするため、本書では次のルールに従うことを提案する。

- M を参照する *C* 命令はジャンプを行わない。
- （逆もまた同じで）ジャンプを行う *C* 命令は M を参照しない。

4.2.4　シンボル

　アセンブリ命令では、定数またはシンボルを使ってメモリ位置（アドレス）を指定することができる。シンボルは機能的に次の 3 つに分類される。

- **定義済みシンボル**：特別なメモリアドレスを表す。
- **ラベルシンボル**：goto 命令の行き先を表す。
- **変数シンボル**：変数を表す。

定義済みシンボル

　低水準の Hack プログラムの可読性を向上させるため、いくつかの定義済みシンボルがある。

R0、R1、...、R15

　これらのシンボルは、0 から 15 の値にバインドされている。この定義済みシンボ

ルにより、Hack プログラムは読みやすくなる。ここでは具体例として、次のコードを考えてみよう。

```
// RAM[3]を7にする
@7
D=A
@R3
M=D
```

@7 という命令は A レジスタを 7 に設定し、@R3 は A レジスタを 3 に設定する。なぜ後者では R を使い、前者では使わないのだろうか？ それは、そのほうがコードが分かりやすいからである。今回の例で言えば、@7 という命令では、A が**データレジ**
スタとして使用されることを示唆する。つまり、RAM[7] によるメモリ選択が行われ・・・・
ないことを示唆する。一方、命令 @R3 では、A が**データメモリのアドレス選択**に使用・・・
されることを示唆する。一般に、定義済みのシンボル R0、R1、...、R15 は、既成の作業変数と見なすことができ、**仮想レジスタ**と呼ばれることもある。

SP、LCL、ARG、THIS、THAT

これらのシンボルはそれぞれ、0、1、2、3、4 の値にバインドされている。たとえば、アドレス 2 は、@2、@R2、または @ARG のいずれかを使用して選択できる。シンボル SP、LCL、ARG、THIS、THAT は、本書の第 II 部で、Hack プラットフォーム上で動作するコンパイラと仮想マシンを実装する際に使用する。これらのシンボルは、今のところ無視してかまわない。

SCREEN、KBD

Hack プログラムはキーボードからデータを読み取り、画面にデータを表示することができる。画面とキーボードは、**メモリマップ**として知られる 2 つの専用のメモリブロックを介してコンピュータと対話する。SCREEN と KBD の 2 つのシンボルは、それぞれ「画面のメモリマップ」と「キーボードのメモリマップ」のベースアドレスである 16384 と 24576（16 進数で 4000 と 6000）にそれぞれバインドされている。これらのシンボルは、次の節で説明するように、画面とキーボードを操作する Hack プログラムで使用される。

ラベルシンボル

ラベルは Hack アセンブリのプログラムのどこにでも書くことができ、(xxx) という構文を使って宣言する。この命令は、シンボル *xxx* をプログラム中の次の命令のアドレスにバインドする。ラベルシンボルを使用する goto 命令は、プログラムのどこでも（ラベルが宣言される前であっても）使うことができる。慣例により、ラベルシンボルは大文字で書かれる。**図4-4** に示したプログラムでは、LOOP、STOP、END の3つのラベルシンボルを使用している。

変数シンボル

Hack アセンブリのプログラムに現れるシンボル *xxx* が、定義済みシンボルでなく、また (xxx) を使って他の場所で宣言されたシンボルでもなければ、それは「変数」として扱われる。変数は、16 から始まる固有の番号にバインドされる。慣例により、変数シンボルは小文字で書かれる。たとえば、**図4-4** のプログラムは、i と sum の2つの変数を使用している。それらのシンボルはアセンブラによって、それぞれ 16 と 17 にバインドされる。この手法の優れた点は、アセンブリプログラムにおいて物理アドレスをまったく気にしなくてよいことだ。アセンブリプログラムはシンボルだけを使用すればよく、シンボルの実際のアドレスについてはアセンブラが解決してくれる。

4.2.5　入出力操作

Hack のハードウェアプラットフォームは、画面とキーボードの2つの入出力デバイス（I/O デバイス）に接続することができる。どちらのデバイスも**メモリマップ**を通してコンピュータと対話する。

画面上のピクセルの描画は、画面に結びついた指定されたメモリ領域にバイナリ値を書き込むことによって行われる。キーボードの状態は、キーボードに結びついたメモリ領域の値を読み込むことによって取得される。物理的な入出力デバイスとメモリマップは、ハードウェアプラットフォームの外部にある更新ループにより同期される。

画面

Hack コンピュータは、横 512 ピクセル、縦 256 ピクセルの白黒の画面を備える。画面の内容は、RAM アドレスが 16384（16 進数で 4000）から始まる 16 ビットワー

ドの 8K サイズのメモリに保存されたメモリマップによって表現される。16384 とい
うは数字は、**SCREEN** という定義済みのシンボルによっても参照できる。物理的な画
面の各行は、画面の左上隅から始まり、RAM 上では 32 個の連続した 16 ビットワー
ドで表される。慣例に従って、画面の原点は左上隅であり、0 行 0 列と見なされる。
よって、行が row、列が col のピクセルは、**RAM[SCREEN** $+row \cdot 32 + col/16$ **]** に
位置するワードで、$col\%16$ [†4]ビット（最下位ビットから最上位ビットのほうへ数え
る）にマッピングされる。たとえば、画面左上の最初の 16 ピクセルを黒くする次の
コードを考えてみよう。

```
// Aレジスタに、画面最上行の左端16ピクセルを表すRAMレジスタのアドレスを設定する
@SCREEN
// このRAMレジスタを1111111111111111に設定する
M=-1
```

Hack 命令は、個々のピクセル（ビット）に直接アクセスできないことに注意して
ほしい。その代わりに、メモリマップから 16 ビットワードをフェッチし、どのビッ
トを操作したいかを決定し、算術/論理演算を使って（他のビットに触れることなく）
操作を実行し、修正した 16 ビットワードをメモリに書き込む必要がある。上記の例
では、このタスクはひとつの操作としてまとめて実装できるため、ビット固有の操作
は行わずに済んでいる。

キーボード

Hack コンピュータは、RAM アドレスが 24576（16 進数で 6000）にある 1 ワー
ド[†5]のメモリマップ（定義済みのシンボル **KBD** でも参照可能）を介して、標準的な
物理キーボードと対話することができる。詳細は以下のとおりである。物理キーボー
ドでキーが押されると、その 16 ビットの文字コードが **RAM[KBD]** に現れる。キーが
押されていないときは 0 が現れる。Hack で使用される文字セットについては付録 E
の一覧表を参照してほしい。

プログラミング経験のある読者にとっては、アセンブリ言語を使って入出力デバ
イスを操作する作業は退屈に感じられるだろう。なぜなら、write("hello") や
drawCircle(x, y, radius) のような高水準のコードに慣れているからだ。承知
のとおり、それらの抽象的で高水準なコードと、それらをシリコン上で実現するビッ

---

†4　訳注：% は剰余演算子で、除算の余りを求める。例：5%3 = 2 （5 ÷ 3 の余り）
†5　訳注：Hack コンピュータでの「ワード」は、16 ビットのデータ単位を指す。

ト単位のマシン命令との間には、大きなギャップがある。このギャップを埋める"立役者"の一人が**オペレーティングシステム**（Operating System; **OS**）である。OSは、ピクセル操作を使ってテキストや図形をレンダリングする方法を知っている（その他にも多くのことを知っている）。本書の第 II 部では、そのような OS について議論し、実装する。

4.2.6　構文規則とファイル形式

バイナリコードファイル

バイナリ版の Hack 言語で書かれたプログラムは、.hack の拡張子を持つテキストファイルに保存される。たとえば、Prog.hack のようなファイル名である。ファイルの各行には、0 か 1 の文字が 16 個並び、ひとつのバイナリ命令を表現する。そしてファイル内のすべての行をまとめたものが、機械語プログラムになる。機械語プログラムがコンピュータの命令メモリに読み込まれると、ファイルの n 行目にあるバイナリコードが命令メモリのアドレス n に保存される。プログラムの行数、命令の番号、メモリアドレスの番号はすべて「0」から始まる。

アセンブリ言語ファイル

慣例により、Hack アセンブリ言語で書かれたプログラムは、.asm 拡張子を持つテキストファイルに保存される。たとえば、Prog.asm のようなファイル名になる。アセンブリ言語ファイルは複数のテキスト行で構成され、各行は A 命令、C 命令、ラベル宣言、またはコメントのいずれかである。

ラベル宣言は、(*symbol*) という形式のテキスト行で表される。アセンブラは、*symbol* をプログラムの次の命令のアドレスにバインドすることで、ラベル宣言を処理する。アセンブラがラベル宣言を処理するときに取る動作は以上であり、バイナリコードは何も生成されない。ラベル宣言が**疑似命令**と呼ばれる理由はこのためだ。ラベル宣言はシンボルを操作するために存在し、コードは何も生成しない。

定数とシンボル

定数とシンボルは A 命令の @*xxx* の形で使われる。**定数**は 0 から $2^{15} - 1$ までの非負の整数であり、10 進数表記で書かれる。シンボルは、文字、数字、アンダースコア（_）、ドット（.）、ドル記号（$）、コロン（:）の並びで、数字で始まらないものとする。

コメント

スラッシュが 2 本連続で続く（ // ）と、スラッシュからその行の終わりまではコメントと見なされ、無視される。

空白文字

先頭の空白文字や空行は無視される。

大文字に関する規約

アセンブリの命令（**図4-5**）はすべて大文字で書かなければならない。慣例として、ラベルシンボルは大文字で、変数シンボルは小文字で書く（プログラム例は**図4-4**を参照）。

4.3　**Hack プログラミング**

次に、Hack アセンブリ言語を使った低水準プログラミングの例を 3 つ紹介する。「プロジェクト 4」では、Hack アセンブリプログラムを書くことに重点を置いているので、これらの例を注意深く読み、理解することが重要である。

例 1

図4-6 は、最初の 2 つの RAM レジスタの値を合計し、その合計に 17 を加え、結果を 3 番目の RAM レジスタに保存するプログラムである。このプログラムを実行する前に、ユーザー（またはテストスクリプト）は RAM[0] と RAM[1] になんらかの値を入れることになっている。

```
// プログラム：Add.asm
// 計算：RAM[2] = RAM[0] + RAM[1] + 17
// 使い方：RAM[0]とRAM[1]に値を入れる
    // D = RAM[0]
    @R0
    D=M
    // D = D + RAM[1]
    @R1
    D=D+M
    // D = D + 17
    @17
    D=D+A
    // RAM[2] = D
    @R2
    M=D
(END)
    @END
    0;JMP
```

図4-6　単純な算術式を計算する Hack アセンブリのプログラム

　このプログラムでは、R0、R1、R2、... といった、いわゆる仮想レジスタを作業変数として使用している。また、このプログラムでは、Hack プログラムの終了方法として推奨される「無限ループ」に入る方法も示している。この無限ループがない場合、CPU の「フェッチと実行」のロジック（次の章で説明）が、プログラムの最後の命令が終わった後も続く。つまり、コンピュータのメモリに保存されている命令を引き続き実行してしまうので、危険な結果をもたらす可能性がある。無限ループを用いることで、プログラムの実行が完了した後、CPU の動作を制御し、"暴走" を防ぐ役割を果たす。

例2

　2 番目の例は、$1 + 2 + 3 + \cdots + n$（n は最初の RAM レジスタの値）の和を計算し、その和を 2 番目の RAM レジスタに保存する（プログラム例は**図4-4**を参照）。

　このプログラムは、シンボル変数（この例では i と sum）の使い方を示している。また、低水準のプログラム開発で推奨される作法も示している。具体的には以下の作法である。

- アセンブリコードを直接書く代わりに、goto を使った「疑似コード」から始

める。

- 疑似コードを紙の上でテストし、変数の値の変化を追う。
- プログラムのロジックが正しいと確信できたら、疑似命令をアセンブリ命令で表す。

（物理的な命令ではなく）記号による命令を書き、デバッグすることの利点は、才能ある数学者であり作家でもあったエイダ・ラブレス（ラヴレス伯爵夫人）によって、1843 年に見出された。この重要な洞察により、彼女は歴史上最初のプログラマーとして永遠の名声を得ることになる。エイダ・ラブレス以前は、初期の機械式コンピュータを扱うプログラマーは機械を直接いじるしかなかった。コーディングは難しく、エラーが起こりがちだった。記号プログラミングと物理プログラミングについて1843 年に正しかったことは、今日、疑似プログラミングとアセンブリプログラミングについても同様に成り立つ。つまり、疑似コードを書いてテストし、それをアセンブリ命令に変換するほうが、アセンブリコードを直接書くよりも簡単で安全であるということだ。

例 3

ここでは次のような配列処理について考えてみよう。

```
for i = 0...n {
    arr[i]を処理する
}
```

この配列処理をアセンブリで表現したい場合、まず問題となるのが、機械語に「配列」が存在しないことだ。しかし、RAM 上の配列のベースアドレスが分かれば、配列要素へアクセスすることができる。このポインタベースの方法により、配列はアセンブリで簡単に実装することができる。

続いて、ポインタの概念を説明しよう。ここでは変数 x に 523 という値が保存されていると仮定する。そして、x=17 と *x=17 の 2 つの疑似命令を考えてみる（どちらか一方のみを実行する）。最初の命令は x の値を 17 に設定する。2 番目の命令は、x を**ポインタ**、つまり x の値がメモリアドレスとして解釈される。したがって、この命令は RAM[523] を 17 に設定し、x の値は変わらず 523 のままで終了する。

Hack 機械語によるポインタベースの配列処理を**図 4-7** に示す。このプログラムは、RAM のアドレスが R0 から R0+R1 までの RAM レジスタを −1 に設定する。

図4-7のプログラムで注目すべきは、A=D+Mとそれに続くM=-1の命令である。Hack言語では、基本的なポインタ処理はA=...という形の命令で実装され、その後にC命令が続き、Mを操作する（MはRAM[A]を表し、Aによって選択されたメモリ位置である）。本書の後半でコンパイラを書くときに分かることだが、この地味に見えるポインタベースのアクセス方法は、高水準言語で表現された配列やオブジェクトベースのget/set操作をHackアセンブリで実装するのに非常に便利である。

疑似コード

```
// プログラム: PointerDemo
// R0をベースアドレスとして、
// 最初のR1個のワードを-1に設定する
  n = 0
LOOP:
  if (n == R1) goto END
  *(R0 + n) = -1
  n = n + 1
  goto LOOP
END:
```

Hackアセンブリのコード

```
// プログラム: PointerDemo.asm
// R0をベースアドレスとして、
// 最初のR1個のワードを-1に設定する
  // n = 0
  @n
  M=0
(LOOP)
  // if (n == R1) goto END
  @n
  D=M
  @R1
  D=D-M
  @END
  D;JEQ
  // *(R0 + n) = -1
  @R0
  D=M
  @n
  A=D+M
  M=-1
  // n = n + 1
  @n
  M=M+1
  // goto LOOP
  @LOOP
  0;JMP
(END)
  @END
  0;JMP
```

図4-7　配列処理の例。配列要素へポインタベースのアクセスを行う。

4.4　プロジェクト

目標

低水準プログラミングを体験し、Hackコンピュータに慣れることを目指す。その

ために、Hack アセンブリ言語で書かれた 2 つの低水準プログラムを作成し、それら
を Hack の CPU エミュレータ上で実行する。

リソース

プロジェクトを完成させるのに必要なリソースは、nand2tetris/tools にある
Hack の **CPU エミュレータ**と、projects/4 フォルダにある後述のテストスクリプ
トだけである。

要件

以下の 2 つのプログラムを作成し、付属の CPU エミュレータ上で実行して動作を
確認せよ。

乗算 (Mult.asm)

このプログラムの入力は、R0 と R1 に保存された値（RAM[0] と RAM[1]）である。
このプログラムは積 R0 × R1 を計算し、その結果を R2 に保存する。このとき、R0
≥ 0、R1 ≥ 0、R0 × R1 < 32768 であると仮定する（この仮定をプログラムによっ
てチェックする必要はない）。付属の Mult.tst と Mult.cmp スクリプトは、いくつ
かの値でプログラムをテストするように実装されている。

入出力操作 (Fill.asm)

このプログラムは無限ループを実行し、そのループの中でキーボードの入力を監
視する。キーが押されると（どのキーでもよい）、プログラムはすべてのピクセルに
「黒」を書き込んで画面を黒くする。キーが押されないと、プログラムはすべてのピ
クセルに「白」を書き込んで画面を消去する。画面を黒または白で塗りつぶす処理
は、要件を満たせば、どのような方法で行ってもよい。要件とは、キーが押されてい
る間中はずっと画面全体が黒であり、キーが何も押されていない間は画面は白であ
る、ということだ。このプログラムのためにテストスクリプト（Fill.tst）はある
が、比較用ファイルは用意されていない――シミュレートされる画面を自分の目で見
て確認してほしい。

CPU エミュレータ

このプログラムは nand2tetris/tools にあり、Hack コンピュータをシミュレー

トするために用いられる（**図4-8**）。このプログラムの GUI には、コンピュータの命令メモリ（ROM）、データメモリ（RAM）、2つのレジスタ A と D、プログラムカウンタ（PC）、および ALU の現在の状態を表示する。また、画面の現在の状態を表示し、キーボードからの入力にも対応する。

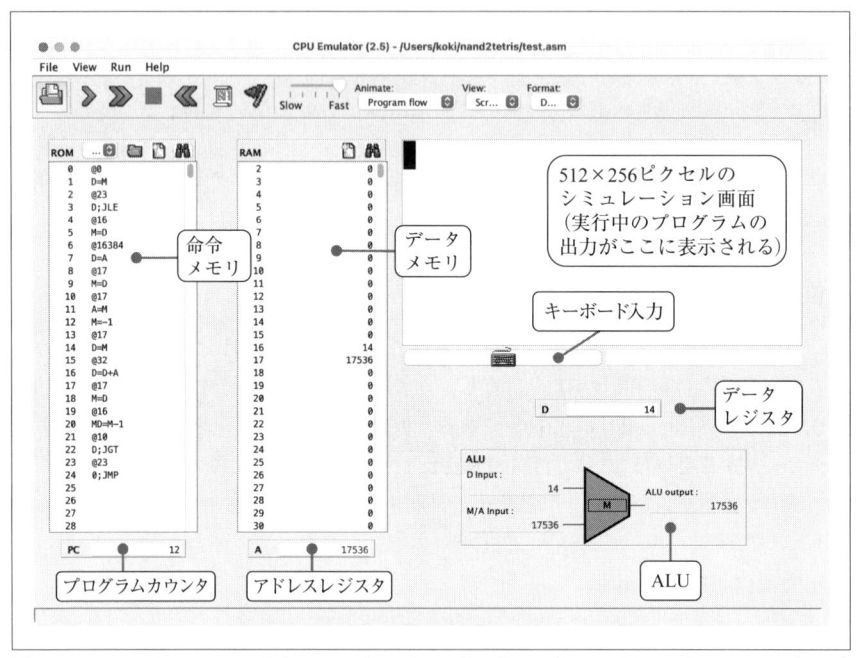

図4-8　CPU エミュレータ。命令メモリ（ROM）にプログラムがロードされ、データメモリ（RAM）にデータがロードされている。図はプログラム実行中のキャプチャ画像。

　CPU エミュレータの一般的な使い方は、機械語プログラムを ROM にロードし、コードを実行し、シミュレートされたハードウェア要素への影響を観察することである。CPU エミュレータは、バイナリファイル（拡張子は .hack）だけでなく、Hack のアセンブリ言語で書かれたファイル（拡張子は .asm）もロードできる。後者の場合、エミュレータはアセンブリプログラムをその場でバイナリコードに変換する。便利な機能として、CPU エミュレータではロードされたコードを「バイナリ」と「記号」の両方で見ることができる。

　付属の CPU エミュレータにはアセンブラが内蔵されているので、このプロジェクトで Hack アセンブラを使う必要はない。

手順

次の手順で進めることを推奨する。

0. 付属の CPU エミュレータは `nand2tetris/tools` フォルダにある。ヘルプが必要な場合は、「付録 B ハードウェア記述言語」と https://www.nand2tetris. org にある資料に目を通す（ツールに関する情報は https://www.nand2tetris. org/software にある）。
1. テキストエディタを使用して、`Mult.asm` プログラムを書く。`projects/4/ mult/Mult.asm` に雛形となるファイルを用意してあるので、そのファイルから始めるとよい。
2. `Mult.asm` を CPU エミュレータにロードする。これは CPU エミュレータを操作して対話的に行うこともできるし、テスト用のファイル `Mult.tst` スクリプトを読み込むことでも行える。
3. 読み込んだ `Mult.asm` ファイルを実行する。変換エラーやランタイムエラーが発生した場合は、ステップ 1 に進む。

次に `projects/4/fill` フォルダへ進み、2 番目のプログラムを書く。ここでも上のステップ 1~3 に従う。

デバッグ時のヒント
Hack 言語は大文字と小文字を区別する。そのため、よく起こる間違いとしては、`@foo` と `@Foo` のようなシンボルを同じものと考えて使用するケースが挙げられる。実際、アセンブラはこれら 2 つのシンボルを完全に別のシンボルとして扱う。

「プロジェクト 4」は以下のオンライン IDE を使って取り組むこともできる[†6]。

- CPU エミュレータ：https://nand2tetris.github.io/web-ide/cpu
- Hack アセンブラ：https://nand2tetris.github.io/web-ide/asm

---

†6 訳注：Hack アセンブラで「プロジェクト 4」のプログラムを書いて変換し、その変換結果を CPU エミュレータに読み込んで実行することができる。詳細は付録 G を参照。

4.5　展望

　Hack 機械語は簡素である。一般的な機械語は、より多くの演算、データ型、レジスタ、命令フォーマットを備えている。構文に関して言えば、Hack は一般的なアセンブリ言語よりも親しみやすいだろう。特に、C 命令については、多くのアセンブリ言語で使われる add M,D のような接頭辞的な構文の代わりに、D=D+M のような分かりやすい構文を採用している。しかし、これは単なる構文の違いにすぎないことに注意してほしい。たとえば、演算コード D+M の中の + 文字は、代数的な役割は持っていない。そうではなく、3 文字の文字列 D+M が、全体として、単一の ALU 演算にコード化されるのだ。

　機械語特有の特徴として、1 つの命令に保存できるメモリアドレスの数が挙げられる。この点で、Hack 言語は、「1/2（2 分の 1）アドレス」の機械語と言えるかもしれない。Hack では、15 ビットのアドレスと命令コードの両方を 16 ビットの命令に詰め込むことができない。そのため、メモリアクセスを含む操作には 2 つの命令が必要になる。ひとつは操作したいアドレスを指定するためのものであり、もうひとつは操作自体を指定するためのものである。これに対し、多くの機械語では、すべての機械命令で少なくとも 1 つのアドレスを指定できる。

　通常、Hack アセンブリのコードの大半は、A 命令と C 命令が交互に並ぶ。たとえば、@sum の後に M=0 が続き、@LOOP の後に 0;JMP が続く。このコーディングスタイルが退屈だと感じる場合は、sum=0 や goto LOOP のような、より親しみやすい**マクロ命令**を簡単に導入することができる。これは比較的簡単な作業——マクロ命令を 2 つの Hack 命令に変換するようにアセンブラを拡張するだけ——で実現できる。

　この章で何度も触れている**アセンブラ**は、記号で書かれたアセンブリプログラムを、バイナリコードで書かれた実行可能なプログラムに変換するプログラムである。さらにアセンブラは、アセンブリプログラムで使用される定義済みシンボルとユーザーが定義したシンボルをすべて管理する。そして、生成されるバイナリコードで、シンボルを物理メモリのアドレスに変換する。この変換作業については、アセンブラがテーマの 6 章で触れることにする。

5章
コンピュータアーキテクチャ

何事もできる限りシンプルにすべきだ。だが、シンプルにしすぎてはいけない。
――アルベルト・アインシュタイン（1879–1955）

　本章は"ハードウェアの旅路"における 頂 である。ついに、1 章から 3 章までに
作成したチップを使って、汎用コンピュータを作る時が来た。この汎用コンピュータ
は、4 章で説明した機械語で書かれたプログラムを実行することができる。私たちが
作ろうとしているコンピュータ――このコンピュータは「Hack」と呼ばれる――は、
2 つの重要な性質を持つ。第一に、Hack はシンプルなマシンである。実際、これま
でに作成したチップと付属のハードウェアシミュレータを用いれば、ものの数時間で
Hack は完成する。第二に、Hack は十分にパワフルなマシンでもある。Hack は、汎
用コンピュータの主要な動作原理とハードウェア要素を説明する事例として、十分に
パワフルなマシンである。そのため、Hack を作ることによって、現代のコンピュー
タがどのように機能し、どのように作られているかを理解することができる。

　「5.1　コンピュータアーキテクチャの基礎」では、**ノイマン型アーキテクチャ**（Von
Neumann Architecture）の概要を説明する。このアーキテクチャは、現代のコン
ピュータのほとんどが採用している基本的な構造である。Hack プラットフォームも
ノイマン型コンピュータだ。ハードウェアの正確な仕様を「5.2　Hack ハードウェア
のプラットフォーム仕様」で示す。「5.3　実装」では、これまでに作成したチップ――
特に、2 章で作成した ALU と 3 章で作成したレジスタとメモリ――から Hack プ
ラットフォームを実装する方法について説明する。「5.4　プロジェクト」では、Hack
コンピュータを構築する。「5.5　展望」では、Hack コンピュータと他のコンピュー
タを比較する。また、コンピュータのパフォーマンスの重要性についても触れる。

　Hack コンピュータはできる限りシンプルに設計しているが、シンプルになりすぎ

てはいない。Hack コンピュータは必要最小限の簡素なハードウェアから構成されて
いるが、十分にパワフルなマシンである。実際、第 II 部で紹介する Java のような
プログラミング言語で書かれたプログラムを実行できる。この言語を使えば、グラ
フィックやアニメーションを含むアプリケーション、またインタラクティブなコン
ピュータゲームの開発が可能になる。それら高水準のアプリケーションを低水準の
ハードウェアプラットフォーム上で動かすには、コンパイラ、仮想マシン、オペレー
ティングシステムを作る必要がある。それらの作業は第 II 部で行う。とりあえずは、
第 I 部を終わらせよう。これまで作ってきたチップを統合させて、完全な汎用ハード
ウェアプラットフォームを完成させるのだ。

5.1　コンピュータアーキテクチャの基礎

5.1.1　プログラム内蔵方式

　私たちの周りにある機械と比べて、デジタルコンピュータが持つ最も際立つ特徴
は、その驚くべき「多機能性」にある。コンピュータは有限で制約のあるハードウェ
アから構成されているが、そのハードウェアはゲームから本の組版、車の運転に至る
まで、無限のタスクをこなす。この驚くべき多機能性を私たちは当たり前に思ってい
るが、これは**プログラム内蔵**（Stored Program）方式と呼ばれる素晴らしいアイデ
アによってもたらされた恩恵なのである。このアイデアは、1930 年代に何人かの数
学者やエンジニアによって独自に考案されたもので、いまだに現代のコンピュータサ
イエンスにおいて最も重要な発明のひとつと考えられている。

　科学における多くのブレークスルーと同じように、基本となるアイデアはシンプル
である。コンピュータは、ハードウェアのプラットフォーム上で一連の命令を実行す
ることができる。これらの命令は、積み木のように組み合わせて用いることができ、
どのようなプログラムでも自由に作ることができる。さらに、このプログラムのロ
ジックはハードウェアに埋め込まれたものではない（ハードウェアとしてのプログラ
ムは 1930 年以前の機械式コンピュータで一般的だった）。その代わりに、プログラ
ムのコードは、データのように、コンピュータのメモリに一時的に保存され操作され
る。これが**ソフトウェア**として知られているものの正体である。コンピュータの動作
は、現在実行しているソフトウェアを通してユーザーの目に触れるため、同じハード
ウェアであっても別のプログラムを読み込めば、そのたびにまったく異なる動作を
する。

5.1.2 ノイマン型アーキテクチャ

プログラム内蔵方式という概念は、抽象的なコンピュータモデルと実用的なコンピュータモデルの両方で重要である。有名なコンピュータモデルには、**チューリングマシン**（Turing Machine、1936）と**ノイマン型コンピュータ**（Von Neumann Machine、1945）がある。チューリングマシンは、一見単純に見える抽象的なコンピュータモデルであり、主にコンピュータシステムの理論的な側面を分析するために用いられる。対照的に、ノイマン型コンピュータは実用的なモデルである。今日のほとんどすべてのコンピュータアーキテクチャは、このノイマン型コンピュータに基づいている。

ノイマン型アーキテクチャは、**中央演算装置**（Central Processing Unit; **CPU**）がメモリデバイスと相互作用する（**図5-1**）。そして、入力デバイスからデータを受け取り、出力デバイスへデータを送信する。このアーキテクチャの心臓部は、「プログラム内蔵」という方式にある。つまり、コンピュータのメモリに保存されるデータは、コンピュータが計算したデータだけではなく、コンピュータに何を行うべきかを指示する「命令」も含まれるのだ。それでは、このアーキテクチャについて詳しく見ていこう。

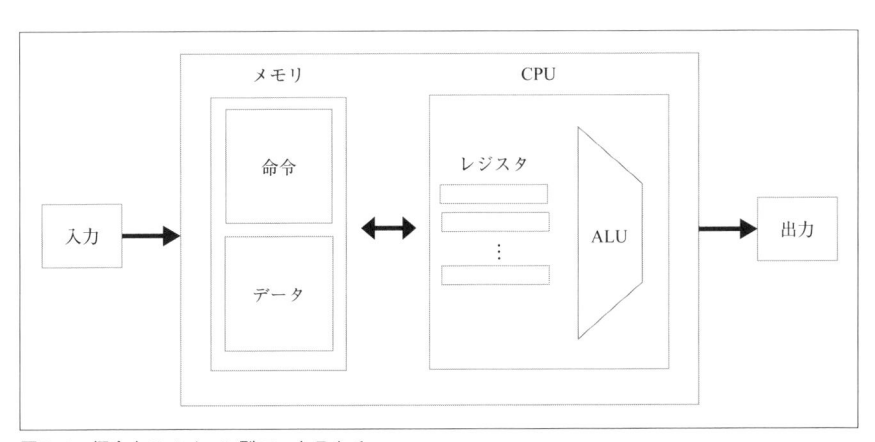

図5-1　概念上のノイマン型アーキテクチャ

5.1.3 メモリ

コンピュータの**メモリ**は、物理的な視点と概念的な視点の両方で論じることができる。物理的には、メモリはアドレス指定可能な固定サイズの**レジスタ**の並びであり、

それぞれが固有のアドレスと値を持つ。概念的には、アドレス空間はデータと命令の保存という2つの役割を果たす。データ用ワードと命令用ワードは、ビットの並びとして、まったく同じように実装される。

メモリレジスタは、その役割に関係なく、同じように扱われる。命令用ワードであろうと、データ用ワードであろうと、特定のメモリレジスタにアクセスするには、そのレジスタのアドレスを指定する。この動作は**アドレス指定**とも呼ばれる。**ランダムアクセスメモリ**（Random Access Memory; RAM）という用語は、メモリサイズやレジスタの位置に関係なく、ランダムに選択されたメモリレジスタに瞬時に、つまり同じサイクル（時間ステップ）内に到達できるという重要な要件に由来する。この要件は、何十億ものレジスタを持つメモリユニットにおいて、明らかに重要である。「プロジェクト3」でRAMデバイスを作った読者は、私たちがすでにこの要件を満たしていることを知っているだろう。

以下では、データ専用のメモリ領域を**データメモリ**と呼び、命令専用のメモリ領域を**命令メモリ**と呼ぶことにする。ノイマン型コンピュータの中には、データメモリと命令メモリを同じ物理アドレス空間内で、必要に応じて動的に割り当てて管理するものがある。別の方式として、データメモリと命令メモリを物理的に別々の2つのメモリユニットに保持し、それぞれが別のアドレス空間を持つタイプもある。後述するように、どちらの方式にも長所と短所がある。

データメモリ（Data Memory）

高水準言語で書かれたプログラムでは、変数、配列、オブジェクトといった、高水準なデータ形式を操作することができる。しかし、ハードウェアレベルでは、これらのデータ抽象化はメモリレジスタのバイナリ値により実現される。特に、高水準言語での配列処理やオブジェクトに対する get/set 操作は、機械語では特定のメモリレジスタの読み書き命令として表される。レジスタを読むには、アドレスを与え、選択されたレジスタの値を調べる。レジスタに書き込むには、アドレスを与え、選択されたレジスタに新しい値を格納し、その前の値を上書きする。

命令メモリ（Instruction Memory）

高水準言語で書かれたプログラムをコンピュータで実行するには、プログラムを、そのコンピュータの機械語に変換する必要がある。高水準の文（Statement）は1つ以上の低水準の命令に変換され、バイナリ値としてファイルに書き込まれる。そのファイルは**バイナリプログラム**あるいは**実行可能なプログラム**と呼ばれる。プログラ

ムを実行するには、まず記憶装置からバイナリプログラムをロードし、その命令をコンピュータの**命令メモリ**にシリアライズしなければならない。

純粋なコンピュータアーキテクチャの観点からは、プログラムがコンピュータのメモリにロードされる方法は外部の問題と見なされる。重要なのは、CPU がプログラムを実行するために呼び出されたとき、プログラムのコードはすでにコンピュータのメモリに存在しているということである。

5.1.4 CPU

コンピュータアーキテクチャの中心的な存在は CPU である。CPU は、現在読み込まれているプログラムの命令を実行する。各命令は CPU に対して、どの計算を実行し、どのレジスタにアクセスし、次にどの命令をフェッチして実行するかを指示する。CPU はこれらのタスクを 3 つのハードウェアを使って実行する。その 3 つとは、ALU、レジスタ、制御ユニットである。

ALU

ALU チップは、コンピュータが備える低水準の算術演算と論理演算をすべて実行できるように作られている。一般的な ALU は、与えられた 2 つの値を足し合わせたり、ビット単位の和を計算したり、等しいかどうかを比較したりすることができる。ALU にどの程度の機能を持たせるかは設計次第である。ALU がサポートしていない機能は、ハードウェア上で動作するソフトウェアとして実現される。ハードウェア実装は効率は良いが、コストがかかる。ソフトウェア実装は低コストだが、効率が悪い。このようにトレードオフは単純である。

レジスタ

CPU は計算を実行する過程で、しばしば中間値を一時的に保存する必要がある。理論的には、これらの値をメモリレジスタに格納することも可能だ。しかしその場合、CPU と RAM は別々のチップであるため、長距離の移動が必要になる。この遅延は、CPU 内部の ALU を苛立たせる。なぜなら、ALU は超高速な組み合わせ計算機だからだ。このように、高速なプロセッサが低速なメモリアクセスのために待たされる状態が発生する。この状態は**スタベーション**（Starvation）と呼ばれる。

スタベーションを回避し、性能を向上させるために、CPU は高速（で比較的高価）な**レジスタ**をいくつか備えるのが一般的である。これらのレジスタは、プロセッサの即時メモリとして機能し、さまざまな役割を果たす。**データレジスタ**は中間値を格納

し、**アドレスレジスタ**は RAM のアドレス指定に使用される値を格納する。**プログラムカウンタ**は次にフェッチされ実行される命令のアドレスを格納し、**命令レジスタ**は現在の命令を格納する。一般的な CPU はこのようなレジスタを数十個使用するが、シンプルな Hack コンピュータでは 3 個で済む。

制御ユニット

コンピュータの命令は「マイクロコード」から構成される。マイクロコードは 1 つ以上のビットからなり、特定のデバイスを制御する。そのため、命令を実行するには、まずは命令をマイクロコードへと解読（デコード）する必要がある。次に、各マイクロコードは CPU 内の特定のハードウェアデバイス（ALU、レジスタ、メモリ）に送られ、そこで各デバイスに何をするかを伝える。命令のデコードは**制御ユニット**（Control Unit）によって行われる。

フェッチと実行

プログラム実行の各ステップ（サイクル）において、CPU は命令メモリからバイナリのマシン命令をフェッチし、それをデコードして実行する。命令を実行することにより、副次的な効果として、CPU は次にどの命令をフェッチし実行するかが決まる。この繰り返しプロセスは、**フェッチ・実行サイクル**とも呼ばれる。

5.1.5　入出力（I/O）

コンピュータは外にある環境とインタラクティブにやりとりするために、I/O デバイス（入出力装置）を用いる。これには、画面、キーボード、ストレージデバイス、プリンタ、マイク、スピーカー、ネットワークカードなどが含まれる。もちろん、この他にもたくさん存在する。たとえば、自動車に備え付けれたセンサやアクチュエータ、カメラ、補聴器、アラームシステムなど、挙げればきりがない。ここでは、そのようなさまざまなデバイスに対して説明は行わない。それには 2 つの理由がある。第一に、どのようなデバイスであれ、それぞれに独自の機構を持ち、独自の技術知識が必要になるからである。第二に、I/O デバイスの複雑さを抽象化するための技術——すべての I/O デバイスがコンピュータにとってまったく同じに見えるようにするための技術——がすでに考案されているからだ。その技術が**メモリマップド I/O** である。

メモリマップド I/O の基本的なアイデアは、I/O デバイスのための領域をメモリ上に割り当てることだ。そうすることで、I/O デバイスを CPU にとっては通常のメモリ領域のように見せかけることができる。そのためには各 I/O デバイスにとって

排他的なメモリ領域を確保し、専用のメモリマップを構成する必要がある。キーボードのような入力装置の場合、デバイスの物理的な状況を常に反映するようにメモリマップは作られる。ユーザーがキーボードのキーを押すと、そのキーを表すバイナリコードがキーボードのメモリマップに現れる。また、画面のような出力装置の場合、デバイスの物理的な状況を常に反映するようにメモリマップが作られる。画面のメモリマップにビットを書き込むと、画面上の対応するピクセルがオンまたはオフになる。

I/O デバイスとメモリマップは 1 秒間に何度も同期される。そのため、ユーザーから見れば応答時間は一瞬に感じられる。プログラムの視点で重要な点は、指定されたメモリマップを操作することで、どの I/O デバイスにもアクセスできる点にある。

メモリマップを実現するには**規格**が必要になる。第一に、I/O デバイスを動かすデータは、コンピュータのメモリにどのようにマップされるのかを決めなければならない。たとえば、画面はピクセルの 2 次元グリッドであるが、それを固定サイズの 1 次元のメモリレジスタにマップする必要がある。第二に、プログラムから I/O デバイスへアクセスできるように、インタラクションのためのプロトコル[†1]を決める必要がある。たとえば、キーボードのどのキーをどのバイナリコードで表すかを決める必要がある。世の中には数多くのコンピュータプラットフォームや I/O デバイス、またハードウェアおよびソフトウェアベンダーが存在するため、低水準のインタラクションを実現するには、業界全体で合意された**規格**が必要になる。

メモリマップド I/O は実用面で非常に重要である。なぜなら、コンピュータシステムは I/O デバイスとは完全に独立しているからである。これにより、コンピュータに接続される（あるいは、接続される可能性のある）I/O デバイスについて考えることなく、CPU やプラットフォームの設計ができる。また、新しい I/O デバイスをコンピュータに接続したいときは、そのデバイスに新しいメモリマップを割り当てて、そのメモリマップのベースアドレスをメモしておくだけでよい（この作業は一度だけ行えばよく、通常は**インストーラ**というプログラムによって行われる）。もうひとつの必要なプログラムは、コンピュータの OS に追加される**デバイスドライバ**である。このプログラムは、I/O デバイスのメモリマップのデータと、そのデータが物理的な I/O デバイス上で実際に生成される方法（画面であればレンダリングされる方法）との間のギャップを埋めるものである。

---

†1　訳注：プロトコルとは、コンピュータでデータをやりとりするために定められた手順や規約のことを言う。

5.2　Hackハードウェアのプラットフォーム仕様

　ここまで説明してきたアーキテクチャの枠組みは、あらゆる汎用コンピュータシステムが備える特徴である。次に、このアーキテクチャの具体的な実装例のひとつとして Hack コンピュータについて説明する。「Nand to Tetris」の常として、私たちは抽象化から始める。つまりは、コンピュータが**何を**するように設計されているか（What）に焦点を当てる。コンピュータの実装——**どのように**それを行うか（How）——については後で説明する。

5.2.1　概観

　Hack プラットフォームは、16 ビットのノイマン型コンピュータである。Hack 機械語で書かれたプログラムを実行するために設計されており、CPU、メモリ、I/O デバイスから構成される。メモリは**命令メモリ**と**データメモリ**の 2 つの独立したメモリモジュール、I/O デバイスは**画面**と**キーボード**の 2 つのメモリマップド I/O デバイスからなる。

　Hack コンピュータは、命令メモリに格納されたプログラムを実行する。Hack プラットフォームの物理的な実装では、命令メモリは、必要なプログラムがあらかじめロードされた ROM（Read-Only Memory）チップとして実装することができる。Hack コンピュータのエミュレータでは、テキストファイルから命令メモリにロードすることで、この機能を実現する。つまり、テキストファイルには Hack 機械語で書かれたプログラムが含まれており、それを命令メモリにロードすることで、Hack コンピュータのエミュレータがプログラムを実行することができる。

　Hack CPU は、「プロジェクト 2」で作った ALU と、3 つのレジスタ——**データレジスタ**（D）、**アドレスレジスタ**（A）、**プログラムカウンタ**（PC）——で構成される。D レジスタと A レジスタは「プロジェクト 3」で作った Register チップを使って実装される。プログラムカウンタは「プロジェクト 3」で作った PC チップを使って実装される。D レジスタはデータを格納するためだけに使用されるが、A レジスタは、状況に応じて、次の 3 つの異なる目的で使用される。

- データの格納（D レジスタと同じ）
- 命令メモリのアドレス選択
- データメモリのアドレス選択

　Hack CPU は、Hack 機械語で書かれた命令を実行するように設計されている。*A* 命令の場合、16 ビットの命令はバイナリ値として扱われ、そのまま A レジスタにロードされる。*C* 命令の場合、その命令はマイクロコードに分解され、CPU 内のさまざまなチップ部品を制御する。

　続いて、CPU がマイクロコードによって動作する方法について説明する。

5.2.2　CPU

　Hack CPU のインターフェースを**図 5-2** に示す。CPU は、4 章で示した Hack 機械語の仕様に従って、16 ビット命令を実行するように設計されている。CPU を構成する部品は、ALU、A レジスタと D レジスタ、PC というプログラムカウンタである（これらは CPU の内部で使用されるチップであり、CPU の外からは見えない）。CPU は命令メモリから命令をフェッチして実行し、データメモリへのデータの読み書きが行える。inM と outM という入出力の値は、*C* 命令の構文で使われる M と呼ばれる値に対応する。出力の addressM は、outM が書き込まれるべきアドレスを保持する。

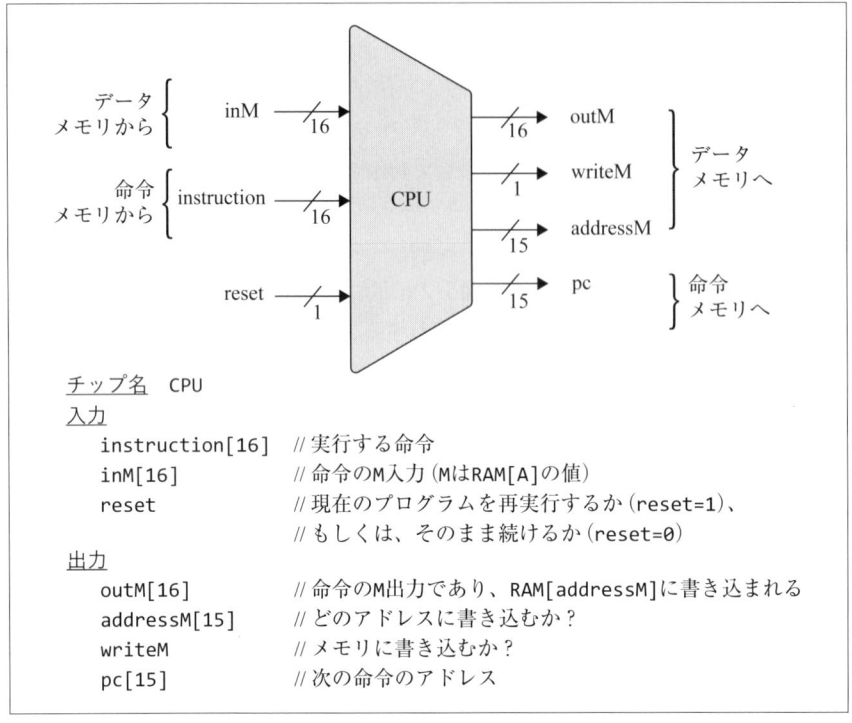

チップ名　CPU
入力
    instruction[16]　　// 実行する命令
    inM[16]　　// 命令のM入力（MはRAM[A]の値）
    reset　　// 現在のプログラムを再実行するか（reset=1）、
    　　// もしくは、そのまま続けるか（reset=0）
出力
    outM[16]　　// 命令のM出力であり、RAM[addressM]に書き込まれる
    addressM[15]　　// どのアドレスに書き込むか？
    writeM　　// メモリに書き込むか？
    pc[15]　　// 次の命令のアドレス

図5-2　Hack CPU のインターフェース

　もし入力の instruction が A 命令であれば、CPU は 16 ビットの命令を A レジスタにロードする。もし instruction が C 命令であれば、CPU は命令で指定された計算を ALU に実行させ、その計算結果を命令で指定されたレジスタ（A、D、M の部分集合[†2]）に格納させる。このとき格納先のレジスタに M が含まれれば、CPU の outM には ALU の出力が設定され、CPU の writeM 出力は 1 に設定される。それ以外の場合、writeM は 0 に設定され、outM には任意の値が出力される（どのような値でも現れる可能性がある）。

　reset 入力が 0 の場合、CPU は ALU 出力と現在の命令のジャンプビットを使用して、次にどの命令をフェッチするかを決める。reset 入力が 1 の場合、CPU は pc を 0 にする。この章の後半では、CPU の出力である pc を命令メモリチップの入力

---

†2　訳注：部分集合とは、集合の一部分を指す。この例では、null, M, D, DM, A, AM, AD, ADM が部分集合として考えられる。

である address に接続させることで、命令メモリチップの次の命令をフェッチする。この構成により、フェッチ・実行サイクルのフェッチ部分が実現される。

　CPU の出力である outM と writeM は**組み合わせゲート**で実装されるため、命令の実行によって瞬時に変化する。一方、別の CPU 出力である addressM と pc は、**クロック**によって制御されるため、次の時間ステップでのみ新しい値に更新される。

5.2.3　命令メモリ

ROM32K と呼ばれる Hack の**命令メモリを図5-3** に示す。

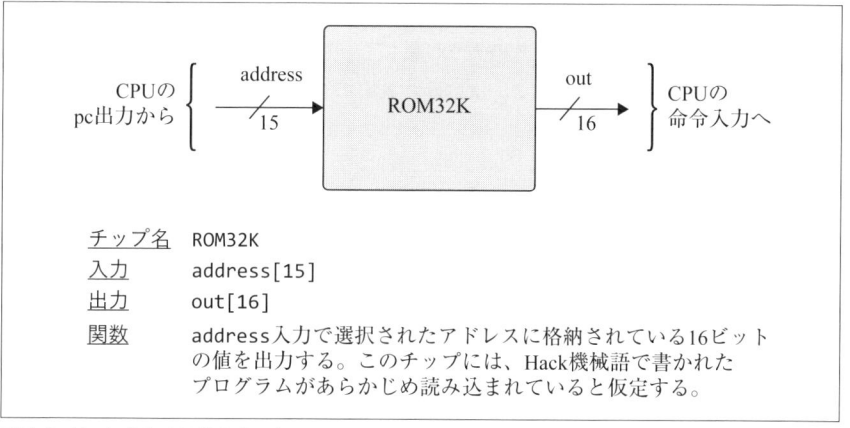

チップ名	ROM32K
入力	address[15]
出力	out[16]
関数	address入力で選択されたアドレスに格納されている16ビットの値を出力する。このチップには、Hack機械語で書かれたプログラムがあらかじめ読み込まれていると仮定する。

図5-3　Hack 命令メモリのインターフェース

5.2.4　入出力

　Hack コンピュータの入出力デバイスへのアクセスは、コンピュータの**データメモリ**を介して行われる。Hack のデータメモリは、32K 個のアドレス指定可能な 16 ビットレジスタからなる読み書き可能な RAM デバイスである。データメモリはコンピュータのデータを格納するという汎用的な役割を果たすだけでなく、次に示すように、CPU とコンピュータのの入出力デバイス間のインターフェースでもある。

　Hack プラットフォームは**画面**と**キーボード**に接続することができる。どちらのデバイスも**メモリマップ**と呼ばれる指定されたメモリ領域を通してコンピュータプラットフォームと相互作用する。具体的には、**画面のメモリマップ**と呼ばれる指定されたメモリ領域に 16 ビットの値を書き込むことで、画面上にピクセルを描画することができる。同様に、キーボードのどのキーが現在押されているかは、**キーボードのメモ**

リマップと呼ばれる指定された 16 ビットのメモリレジスタを調べることで分かる。

　画面のメモリマップとキーボードのメモリマップは、コンピュータの外部にある周辺機器の更新ロジックによって、1 秒間に何度も連続的に更新される。したがって、画面のメモリマップで 1 つ以上のビットが変更されると、その変更は即座に物理的画面に反映される。同様に、物理的なキーボードでキーが押されると、押されたキーの文字コードが即座にキーボードのメモリマップに現れる。まとめると、低水準のプログラムがキーボードから何かを読み出したい場合、あるいは画面に何かを書き込みたい場合、プログラムは I/O デバイスのメモリマップを操作する。

　Hack コンピュータでは、画面のメモリマップとキーボードのメモリマップは、Screen と Keyboard という 2 つのビルトインチップによって実現される。これらのチップは標準的なメモリデバイスのように動作し、I/O デバイスとそれぞれのメモリマップの間で継続的に同期される。次に、これらのチップの詳細について説明する。

画面

　Hack コンピュータは、横 512 ×縦 256 ピクセル（全部で 131,072 ピクセル）の白黒の画面と接続することができる。コンピュータは、8K 個の 16 ビットレジスタからなるメモリチップによって実装されたメモリマップを介して、物理的な画面と通信する。このチップは Screen と名付けられ、通常のメモリチップのように動作する。つまり、通常の RAM インターフェースを使って読み書きできる。さらに、そのチップに書き込まれたビットは物理的な画面上にピクセルとして反映される（1 ＝ 黒、0 ＝ 白）。

　物理的な画面は 2 次元のアドレス空間であり、各ピクセルは行と列によって識別される。高水準プログラミング言語は通常、座標を与えることで各ピクセルにアクセスできるグラフィックス用のライブラリを備えている。しかし、この 2 次元の画面を低水準で表現するメモリマップは、16 ビットワードの 1 次元の配列であり、各ワードはアドレスを与えることで識別される。したがって、個々のピクセルに直接アクセスすることはできない。その代わりに、目的のビットがどのワードにあるかを特定し、そのピクセルが属する 16 ビットワード全体にアクセスし、その中から特定のビットだけを操作しなければならない。これら 2 つのアドレス空間間の正確なマッピングを**図5-4**に示す。このマッピングは、本書の第 II 部で開発する OS の画面用ドライバによって実現される。

```
チップ名   Screen        // 画面のメモリマップ
入力       in[16]        // 何を書き込むか
          address[13]   // どこに読み書きするか
          load          // 書き込み有効ビット
出力       out[16]       // 指定されたアドレスにおけるスクリーンの値
関数       16ビットの8KのRAMとまったく同じ機能を持つ。
          さらに、画面を更新する。
```

addressで指定されたメモリ位置に格納されている値を出力する。
もしload==1であれば、addressで指定されたメモリ位置にinの値を設定する。

ロードされた値は、次の時間単位でoutから出力される。さらに、このチップは、256行×512列の白黒ピクセルからなる画面を連続的に更新する。

上からr行目、左からc列目のピクセル（$0 \leq r \leq 255$、$0 \leq c \leq 511$）は、Screen[$r * 32 + c / 16$]に格納されている16ビットワードの$c\%16$番目のビット（最下位ビットから数えて）に対応する。

（Hackコンピュータのシミュレータは、画面、マッピング、更新ルールをシミュレートすることが期待される）

図5-4　Hack の Screen チップのインターフェース

キーボード

　Hack コンピュータは、物理的なキーボードと対話することができる。コンピュータと物理キーボードのインターフェースは、Keyboard チップによって実装されたメモリマップを介して行われる。そのインターフェースを**図5-5** に示す。Keyboard チップのインターフェースは、読み取り専用の 16 ビットレジスタと同じである。さらに、Keyboard チップは、物理キーボードの状態を反映する。物理キーボードでキーが押されると、その文字の 16 ビットコードが Keyboard チップの output から出力される。キーが押されていない場合、チップは 0 を出力する。Hack コンピュータがサポートしている文字セットについては付録 E の一覧表を参照してほしい。

チップ名　Keyboard　　//キーボードのメモリマップ

出力　　　out[16]

関数　　　物理キーボードで現在押されているキーの16ビット文字コード
　　　　　を出力する。何も押されていない場合は0を出力する。

（Hackコンピュータのシミュレータは、この更新ルールをシミュレート
することが期待される）

図5-5　Hack の Keyboard チップのインターフェース

5.2.5　データメモリ

　Hack のデータメモリのアドレス空間全体は、Memory という名前のチップによっ
て実現される。この Memory チップは、次の 3 つのチップを合わせたパッケージで
ある。

- RAM16K：16K 個のレジスタからなる RAM チップ。汎用的なデータ記憶領域
  として機能する。
- Screen：8K 個のレジスタからなるビルトイン版の RAM チップ。画面のメ
  モリマップとして機能する。
- Keyboard：ビルトイン版のレジスタチップ。キーボードのメモリマップとし
  て機能する。

Memory チップの仕様を**図5-6** に示す。

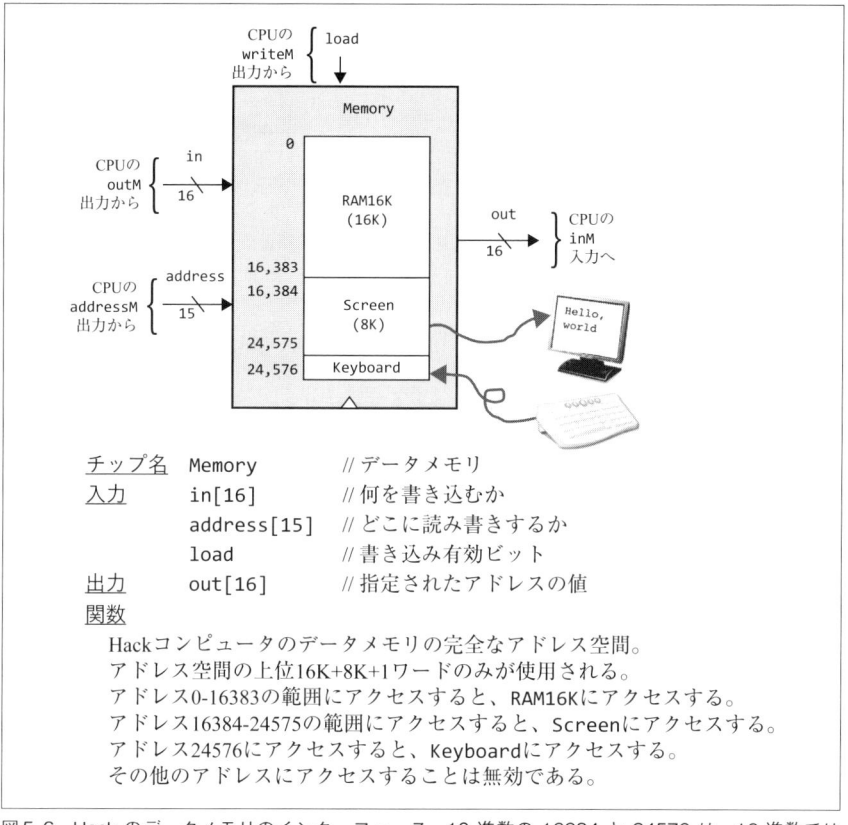

チップ名　Memory　　　　// データメモリ
入力　　　in[16]　　　　// 何を書き込むか
　　　　　address[15]　// どこに読み書きするか
　　　　　load　　　　　// 書き込み有効ビット
出力　　　out[16]　　　// 指定されたアドレスの値
関数
　Hackコンピュータのデータメモリの完全なアドレス空間。
　アドレス空間の上位16K+8K+1ワードのみが使用される。
　アドレス0-16383の範囲にアクセスすると、RAM16Kにアクセスする。
　アドレス16384-24575の範囲にアクセスすると、Screenにアクセスする。
　アドレス24576にアクセスすると、Keyboardにアクセスする。
　その他のアドレスにアクセスすることは無効である。

図5-6　Hack のデータメモリのインターフェース。10 進数の 16384 と 24576 は、16 進数では 4000 と 6000 であることに注意。

5.2.6　コンピュータ

　Hack のハードウェア階層の最上位に位置するのは、Computer というチップである（**図5-7**）。この Computer チップは画面とキーボードに接続することができる。ユーザーには画面とキーボード、そして reset という 1 ビットの入力が見える。ユーザーがこのビットを 1 にセットし、次に 0 にセットすると、コンピュータは現在ロードされているプログラムの実行を開始する。これ以降、ユーザーはソフトウェアの世界に入る。

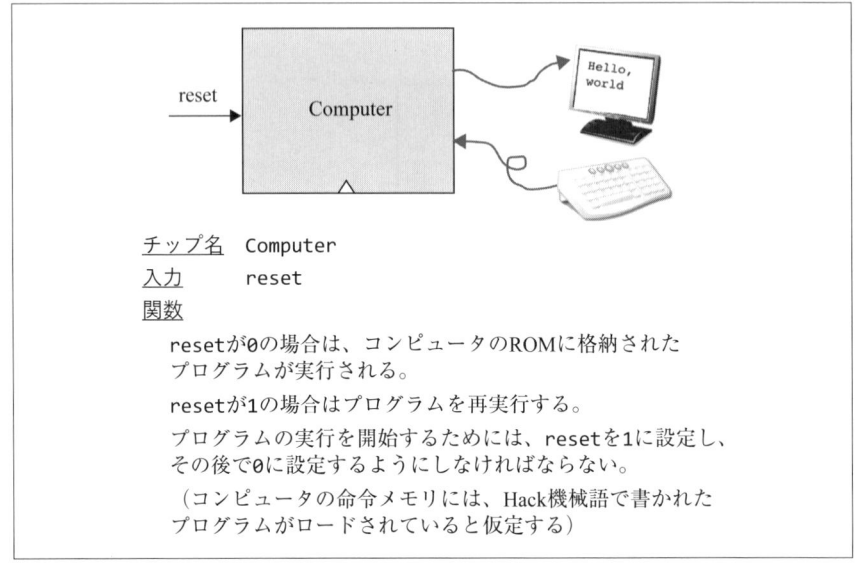

チップ名　Computer
入力　　　reset
関数

　resetが0の場合は、コンピュータのROMに格納された
　プログラムが実行される。

　resetが1の場合はプログラムを再実行する。

　プログラムの実行を開始するためには、resetを1に設定し、
　その後で0に設定するようにしなければならない。

　（コンピュータの命令メモリには、Hack機械語で書かれた
　プログラムがロードされていると仮定する）

図5-7　Hack ハードウェアプラットフォームの最上位チップである Computer のインターフェース

　この起動ロジックは、「コンピュータを**ブート**する」と呼ばれることがある。たとえば、パソコンや携帯電話を起動すると、デバイスは ROM に常駐するプログラムを実行するようにセットアップされる。このプログラムは、OS のカーネル（これもプログラム）を RAM にロードし、実行を開始する。カーネルは次に、コンピュータの入力デバイス（キーボード、マウス、タッチ画面、マイクなど）を“聞き取る”プロセスを実行する（さらに別のプログラムも実行する）。ある時点でユーザーが何かをすると、OS は別のプロセスを実行したり、なんらかのプログラムを呼び出したりして反応する。

　Hack コンピュータでは、ソフトウェアは 16 ビット命令のバイナリコードで構成される。バイナリコードは Hack 機械語で記述され、コンピュータの命令メモリに格納される。通常、このバイナリコードは、元は何らかの高水準言語で書かれたプログラムである。その高水準言語で書かれたプログラムは、**コンパイラ**によって Hack 機械語に変換される。コンパイルが行う処理については、本書の第 II 部で説明し、実装する。

5.3 実装

本節では、前節で指定した Hack コンピュータを実現するハードウェアの実装について説明する。いつものように、正確な作り方は示さない。これは読者自らの手で実装方法を発見し、完成させることを期待しているからである。以下に説明するチップはすべて HDL で実装でき、付属のハードウェアシミュレータを使って各自のパソコン上でシミュレートできる。

5.3.1 CPU

Hack CPU には、2つの主要な機能がある。第一に、与えられた Hack 命令を実行することである。第二に、次に実行すべき命令を決定し、それをメモリからフェッチすることである。この機能を実現するには次のチップ部品が必要になる。

- 現在の命令をデコードするためのゲート
- 命令で指定された関数を実行するための算術論理演算ユニット（ALU）
- 命令で指定された結果の値を格納するためのレジスタ
- どの命令が次にフェッチされ実行されるべきかを追跡するためのプログラムカウンタ（PC）

必要なチップ部品（ALU、レジスタ、PC、基本論理ゲートなど）はすでに実装済みである。残る課題は、これらのチップ部品をどのように接続するかということである。実装案を**図 5-8** に示す。以降、この実装について説明する。

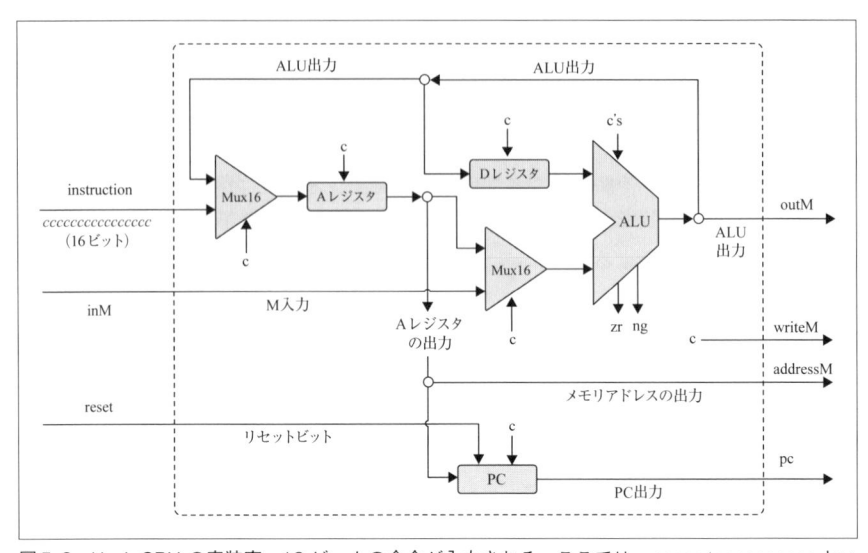

図5-8　Hack CPU の実装案。16 ビットの命令が入力される。ここでは、*cccccccccccccccc* とい
う命令表記を用いる。この表記を用いる理由は、C 命令の各ビットが CPU チップの異なる
部品を制御することを強調するためである。この図では、各チップ部品に入る *c* は、命令か
ら抽出された制御ビットを表す（ALU の場合、*c* の入力は、ALU に何を計算するかを指示す
る 6 つの制御ビットを表す）。これらの制御ビットによって各チップ部品が制御され、それが
組み合わさって命令が実行される。読者自身に考えてもらいたいので、どのビットがどこに
行くかは明記しない。

命令のデコード

　まず CPU の instruction 入力に注目してみよう。この 16 ビットの値は、A 命
令（左端ビットが 0 の場合）または C 命令（左端ビットが 1 の場合）を表す。A 命令
の場合、命令ビットは A レジスタにロードされるバイナリ値として解釈される。C 命
令の場合、命令は 1xxacccccccdddjjj の領域からなる制御ビットとして扱われる。
a ビットと cccccc ビットは命令の「計算」をコード化し、ddd ビットは命令の「保
存先」をコード化し、jjj ビットは命令の「ジャンプ先」をコード化する。xx ビッ
トは無視される。

命令の実行

　A 命令の場合、命令の 16 ビットがそのまま A レジスタにロードされる（実際に
は、最上位ビットがオペコードの 0 であるため、アドレスは 15 ビットの値である）。
C 命令の場合、a ビットは ALU の入力が A レジスタからの値か、それとも M からの

値かを決定する。cccccc ビットは、ALU がどの関数を計算するかを決定する。ddd ビットは ALU の出力をどのレジスタに格納するかを決定する。jjj ビットは、次にどの命令をフェッチするかを決定する。

CPU アーキテクチャは、instruction 入力から上記の制御ビットを抽出し、各チップに送る必要がある。制御ビットにより、各チップは何をすべきかを知る。これらのチップはすでに実装されているため、ここで行う CPU の実装作業は、ほとんどが既存チップをどのように接続するかの問題となる。

命令のフェッチ

現在の命令を実行すると、CPU は次にフェッチされるべき命令のアドレスを出力する。このタスクで重要なのが、**プログラムカウンタ**である。プログラムカウンタは、次に実行する命令のアドレスを保持する CPU のレジスタである。

Hack コンピュータの仕様によれば、現在のプログラムは、アドレス 0 から始まる命令メモリに格納される。したがって、プログラムの実行を開始（または再開）したい場合は、プログラムカウンタを 0 に設定する必要がある。そのため、**図 5-8** では、CPU の reset 入力が、PC チップの reset 入力に直接入力されている。このビットをアサートすれば、PC=0 となり、コンピュータはプログラムの最初の命令をフェッチして実行する。

プログラムカウンタは次に何をすべきだろう？ 通常は、プログラムの次の命令を実行したいはずだ。したがって、reset 入力が 0 だと仮定すると、プログラムカウンタのデフォルトの動作は PC++ である。では、現在の命令にジャンプ命令が含まれていたらどうだろう？ 言語仕様によれば、ジャンプする場合は常に A の値をアドレスとする命令に分岐することになっている。したがって、CPU 実装は次のようなプログラムカウンタの動作を実現しなければならない。

```
if jump then PC=A else PC++
```

私たちの課題は、論理ゲートを使ってこの動作を実現することだ。ヒントは**図 5-8** にある。そこでは、A レジスタの出力が PC レジスタに入力されている。したがって、PC の読み込みビットをアサートすれば、デフォルトの PC++ ではなく、PC=A を有効にすることができる。もちろん、これはジャンプが必要な場合にのみ行う。次に考えるべき問題は、「ジャンプの有無をどう判断するか？」ということだ。その答えは、現在の命令の 3 つのビット jjj と ALU の 2 つの出力ビット zr と ng によって判断で

きる。これらのビットから、ジャンプの条件が満たされるかどうかが判断できる。

　CPU の実装は間もなく完了する。読者自身の楽しみを奪わないように、ここで説明を終えることにする。Hack CPU の巧妙な仕組みをあなた自身の手で発見し、その喜びを味わってほしい。

5.3.2　メモリ

　Hack コンピュータの Memory チップは、3 つのチップ部品—— RAM16K、Screen、Keyboard——からなる。メモリは内部的に 3 つのチップから構成されるが、そのことは外部には明示されない。Hack の機械語プログラムは、アドレスが 0 から 24576（16 進数で 6000）までの単一のアドレス空間によって参照される。

　Memory チップのインターフェースは**図5-6** に示した。このインターフェースの実装では、前述の連続したアドレス空間を実現するために、3 つのチップ部品を適切に接続する必要がある。たとえば、Memory チップの address 入力がたまたま 16384 であった場合、Screen チップのアドレス 0 にアクセスしなければならない。これ以上の説明はしない。残りの実装は自分で考えてほしい。

5.3.3　コンピュータ

　ついに私たちはハードウェアの旅を終える。今まさに、Hack コンピュータの最上位に位置する Computer チップを作る場所まで来たのだ。このチップは、CPU、Memory、ROM32K の 3 つのチップ部品を使って実現できる（**図5-9**）。

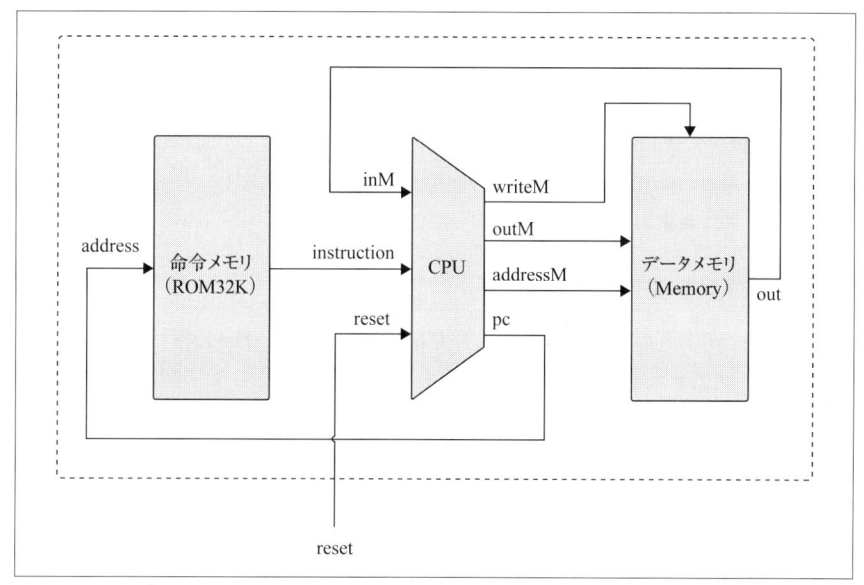

図5-9 Hack プラットフォームの最上位チップである Computer の実装案

Computer の実装は、次のような「フェッチ・実行サイクル」を実現するように設計されている。まずユーザーが reset 入力をアサートすると、CPU の pc 出力が 0 を出力し、命令メモリ（ROM32K）がプログラムの最初の命令を出力する。この命令は CPU によって実行され、この実行によってデータメモリへの読み書きが行われる場合がある。命令を実行する過程で、CPU は次にどの命令をフェッチするかを決定し、そのアドレスを pc から出力する。CPU の pc 出力は命令メモリの address 入力に供給され、次に実行すべき命令が出力される。この出力が CPU の instruction 入力に供給され、フェッチ・実行サイクルが繰り返される。

5.4　プロジェクト

目標

最上位の Computer チップからなる Hack コンピュータを構築する。

リソース

本章で説明するチップはすべて HDL で記述し、付属のハードウェアシミュレータ

上で、以下に説明するテストプログラムを使用してテストする必要がある。

要件

Hack 機械語で書かれたプログラムを実行できるハードウェアを構築せよ。あなたが実装した Computer チップに、本書が用意した3つのテストプログラムを実行させ、動作を実証せよ。

テストプログラム

Computer チップの実装全体をテストする自然な方法は、Hack 機械語で書かれたサンプルプログラムを実行させることである。このようなテストを実行するには、Computer チップをハードウェアシミュレータにロードし、外部テキストファイルから ROM32K チップ（命令メモリ）にプログラムをロードし、プログラムを実行するのに十分なサイクルだけクロックを回すテストスクリプトを書けばよい。本書では、そのようなテストプログラムを3つ、テストスクリプトと比較ファイルとともに提供する。3つのテストプログラムは次のとおりである。

Add.hack

定数の2と3を加算し、その結果を RAM[0] に書き込む。

Max.hack

RAM[0] と RAM[1] の最大値を求め、結果を RAM[2] に書き込む。

Rect.hack

幅が16ピクセル、縦が RAM[0] の値の長方形を画面の左上隅から描画する。

これらのプログラムを Computer チップでテストする前に、そのプログラムに関連するテストスクリプトを確認し、シミュレータに与えられた指示を理解してほしい。必要であれば、「付録 C テスト記述言語」を参照すること。

手順

コンピュータの構築について、次の手順で進めることを推奨する。

Memory

このチップは、**図5-6** に示した仕様に従って、3つのチップ部品—— RAM16K、

Screen、Keyboard——を使って作ることができる。Screen と Keyboard はビルトインチップとして提供されているので、新たに作る必要はない。RAM16K チップは「プロジェクト 3」で実装したが、ここではその代わりとしてビルトインチップを使うことを推奨する。

CPU

CPU は、**図 5-8** に示した実装案に従って作ることができる。原則として、CPU は次のチップ部品を使って実装することができる。

- 「プロジェクト 2」で作った ALU
- 「プロジェクト 3」で作った Register と PC チップ
- 「プロジェクト 1」で作った論理ゲート

ただし、これらのチップは「ビルトイン版」を使うことを推奨する(特に、ARegister、DRegister[3]、PC はビルトイン版を使うべきである)。ビルトインチップは、これまでのプロジェクトで作ったメモリチップとまったく同じ機能を持つ。さらに、ビルトインチップには GUI の便利な機能があるので、テストやシミュレーションの作業が楽になる。

CPU を実装する過程で、独自の内部チップ（ヘルパーチップ）を作りたくなるかもしれない。しかし、それは不要だ。Hack CPU は、**図 5-8** のチップ部品と、「プロジェクト 1」で作った基本的な論理ゲート（ビルトイン版を使うのがベスト）だけで実装できる。

命令メモリ

ビルトイン版の ROM32K チップを使うこと。

Computer

コンピュータは、**図 5-9** に示した実装案に従って作ることができる。

ハードウェアシミュレータ

このプロジェクトのすべてのチップ（最上位の Computer チップを含む）は、付

---

[3]　訳注：ARegister と DRegister は Register チップと同一の機能を持つ。クラス名を変えることで、HDL のコードが見やすくなる。

属のハードウェアシミュレータを使って実装し、テストすることができる。**図5-10**は Computer チップを使って Rect.hack プログラムをテストしているスクリーンショットである。

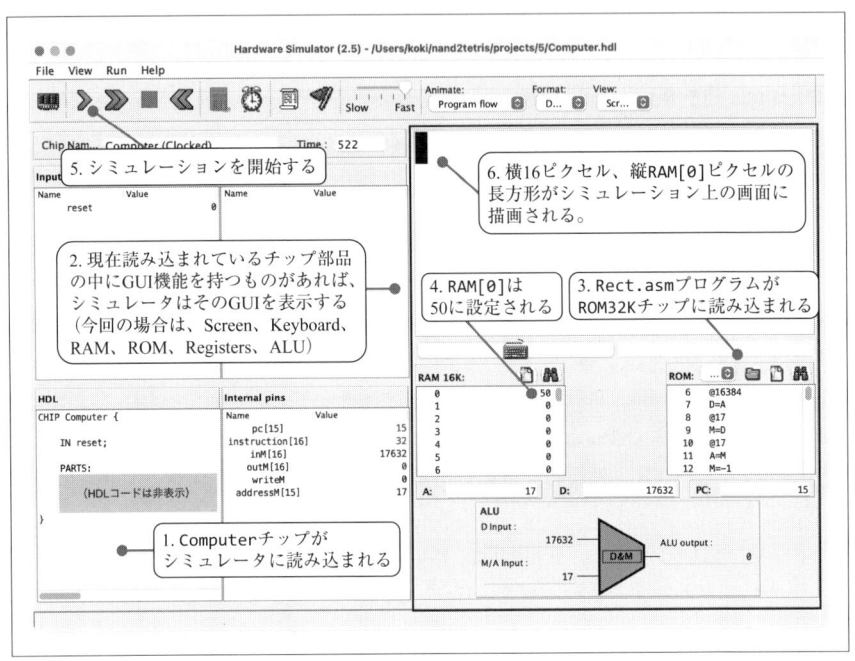

図5-10　付属のハードウェアシミュレータで Computer チップをテストする。Rect プログラムがROM にロードされている。このプログラムは、画面左上に縦 RAM[0] ピクセル、横 16 ピクセルの長方形を黒で描画する。

　「プロジェクト 5」は、オンライン IDE のハードウェアシミュレータ（https://nand2tetris.github.io/web-ide/chip）を使って取り組むこともできる。

5.5　展望

　「Nand to Tetris」の精神に従い、Hack コンピュータのアーキテクチャは必要最小限に抑えられている。一般的なコンピュータは、より多くのレジスタを備え、高性能な ALU を搭載している。さらに、命令セットも豊富である。しかし、その違いは主に「量」にある。「質」の点から見れば、Hack はほとんどすべてのコンピュータと

同じである。同じというのは、同じ概念上の枠組みであるノイマン型アーキテクチャに従う、ということだ。

　機能的な点から見れば、コンピュータシステムは**汎用コンピュータ**と**専用コンピュータ**の 2 つのカテゴリに分類できる。パソコンや携帯電話のような汎用コンピュータは、ユーザーと対話しながら、多くのプログラムを実行し、プログラムを簡単に切り替えられる。一方、専用コンピュータは、自動車、カメラ、医療機器、産業用コントローラなど、他のシステムに組み込まれており、特定のアプリケーションのために、単一のプログラムが専用の ROM に書き込まれている。たとえば、一部のゲーム機では、ゲームソフトは外付けのカートリッジに収められており、これは交換可能な ROM モジュールであり、豪華なパッケージに収められている。ただし汎用コンピュータは通常、専用コンピュータよりも複雑で多機能だが、基本的なアーキテクチャは同じである。

　ほとんどの汎用コンピュータは、プログラムとデータの両方を格納するために単一のアドレス空間を使用する。一方、Hack のように、2 つの独立したアドレス空間を使用するコンピュータもある。後者の構成は歴史的な理由から **Harvard アーキテクチャ**と呼ばれ、メモリ使用の点で柔軟性に欠けるが、明確な利点もある。第一に、構築が簡単で安価である。第二に、単一アドレス空間の構成よりも高速であることが多い。最後に、コンピュータが実行しなければならないプログラムのサイズが事前に分かっていれば、それに応じて命令メモリのサイズを最適化し、固定することができる。これらの理由から、Harvard アーキテクチャは、専用の組み込みコンピュータで広く使用されている。

　命令とデータの格納に同じアドレス空間を使用するコンピュータは、次の課題に直面する。それは「命令のアドレスと、命令が操作するデータレジスタのアドレスをどう扱うか？」という問題だ。もちろん、共有メモリの同じアドレス入力に、その 2 つを同時に入れることはできない。一般的な解決策は、コンピュータの動作を 2 サイクル単位で行うようにすることである。**フェッチサイクル**の間、命令アドレスはメモリのアドレス入力に供給され、メモリは即座に現在の命令を発行し、その命令は**命令レジスタ**に格納される。続く**実行サイクル**では、命令がデコードされ、その命令が操作するデータアドレスが同じアドレス入力に送信される。これに対して、Hack のように命令メモリとデータメモリを別々に使用するコンピュータでは、1 サイクルでフェッチと実行が行える。こちらのほうが高速で扱いやすい。その代償として、データメモリと命令メモリを別々に使用しなければならない。

　Hack コンピュータは画面とキーボードを使って操作する。一般的な汎用コン

ピュータは、プリンタやストレージデバイス、ネットワーク接続など、複数の I/O デバイスに接続される。また、一般的なディスプレイは、Hack のそれよりもはるかに豪華である。解像度は高く、色数は豊富で、レンダリング速度も速い。それでも、メモリに格納されるバイナリ値によってピクセルが描画されるという基本原則は同じである。ピクセルの黒または白を制御する 1 ビットの代わりに、通常は RGB（Red/Green/Blue）のような色成分をそれぞれ 8 ビットで制御する。その結果、人間の目が識別できる以上の色（何百万もの色）が表現可能になる。

コンピュータのメインメモリにある Hack 画面のマッピングは単純なものである。多くのコンピュータでは、メモリ上のビットによりピクセルを直接描画する代わりに、CPU が「線を描け」「円を描け」といった高水準のグラフィック命令を専用のグラフィックチップに送る。もしくは、スタンドアローンのグラフィック処理ユニット（GPU とも呼ばれる）に送る。グラフィック専用プロセッサのハードウェア（とそれに関連する低水準のソフトウェア）は、グラフィック、アニメーション、ビデオのレンダリングに最適化されている。これにより、CPU はそれらの膨大なタスクを直接処理する必要がなくなる。

本章では、コンピュータの「パフォーマンス」について何も触れなかった。実は、コンピュータハードウェアの設計において、多くの努力と創意工夫が注がれているのが「パフォーマンス」についてである。多くのハードウェア設計者は、メモリアクセスの高速化に取り組んでいる。彼らは、巧妙なキャッシュアルゴリズムやデータ構造を用いたり、I/O デバイスへのアクセスを最適化したり、さらにはパイプライン処理、並列処理、命令のプリフェッチなどさまざまなテクニックを使って、コンピュータのパフォーマンスを向上させようとしている。これらは、本章では完全に省略した内容である。

歴史的に見ると、プロセッサのパフォーマンスを向上させるため、**CISC** と **RISC** という 2 つのハードウェア設計のアプローチがとられてきた。CISC は「Complex Instruction Set Computer（複合命令セットコンピュータ）」の略で、複雑な命令セットを提供することで、パフォーマンスの向上を目指す。一方、RISC は「Reduced Instruction Set Computer（縮小命令セットコンピュータ）」の略で、より単純な命令セットを用いることで、より高速な処理を目指す。Hack コンピュータは、強力な命令セットも特別なハードウェアアクセラレーション技術も備えていないため、この議論には加わらない。

6章
アセンブラ

名前になんの意味があるのだろう？ 私たちがバラと呼ぶものは、他のどんな名
前で呼んでも、同じように甘く香るわ。

——シェイクスピア

『ロミオとジュリエット』

前章までで、Hack 機械語で書かれたプログラムを実行できるハードウェアプラッ
トフォームの開発が完了した。Hack 機械語には、記号形式とバイナリ形式の２つの
バージョンがあり、記号形式のプログラムは**アセンブラ**と呼ばれるプログラムを使用
してバイナリコードに変換できる。本章では、アセンブラの仕組みとその作り方につ
いて説明する。これにより、Hack の記号形式のプログラムを、Hack ハードウェア
上で実行可能なバイナリコードに変換する **Hack アセンブラ**が完成する。

記号命令とそれに対応するバイナリコードの関係は単純なので、高水準プログラミ
ング言語を使ってアセンブラを実装するのはそれほど難しい作業ではない。ただし、
アセンブリプログラムでメモリアドレスのシンボル参照を許すと、少し複雑になる。
アセンブラは、シンボルを管理し、物理メモリアドレスに変換することが求められ
る。この作業は通常、**シンボルテーブル**と呼ばれるデータ構造を使用して行われる。

本書の第Ⅱ部ではソフトウェアを開発する。アセンブラもソフトウェア開発の一部
であるが、ハードウェアとソフトウェアの境界線に位置するため、本章で（本書の第
Ⅰ部として）開発する。アセンブラを開発することで、本書のソフトウェア開発プロ
ジェクトの全体を通して役立つ基本的なスキルが身につく。具体的には、コマンドラ
イン引数の処理、入出力テキストファイルの処理、命令の解析、空白の処理、シンボ
ルの処理、コード生成など、多くのソフトウェア開発プロジェクトで使われるさまざ
まなテクニックを習得できる。

　プログラミング経験がない場合は、紙ベースのアセンブラを開発することができる。このオプションについては、https://www.nand2tetris.org で公開されている Web 版の「プロジェクト6」を参照してほしい[†1]。

6.1　背景

　機械語は通常、**バイナリ**と**記号**の 2 つの形式で指定される。例を挙げよう。11000010000000011000000000000111 のようなバイナリ命令は、対象とするハードウェアプラットフォームで解読(デコード)され実行される。バイナリ命令は、事前に取り決められたマイクロコードの集まりである。取り決めとは、命令の左端の 8 ビット 11000010 は操作（たとえば、「読み込み(ロード)」）を表し、次の 8 ビット 00000011 はレジスタ（「R3」）を表し、残りの 16 ビット 0000000000000111 は値（「7」）を表すなどである。ハードウェアアーキテクチャと機械語を作るとき、この特定の 32 ビットの命令によって、ハードウェアが「定数 7 をレジスタ R3 にロードする」という操作であると、仕様を決めることができる。現代のコンピュータは、このような操作を数百種類サポートしている。そのため、機械語は複雑になる。多くの演算コードや命令フォーマットがあり、メモリアドレスの指定にもさまざまな方法がある。

　明らかに、これらの操作をバイナリコードで指定するのは面倒である。より自然な方法は、たとえば「load R3,7」のような記号を使った構文を使用することである。load のような演算コードは、**ニーモニック**と呼ばれることがある。ニーモニックとはラテン語で「何かを覚えるのに役立つ文字のパターン」を意味する。「ニーモニックとシンボル」から「バイナリコード」へと変換する作業は単純である。そのため、低水準のプログラムを記号で書き、コンピュータプログラムによってバイナリコードへと変換させるのが賢いやり方である。記号を使った言語は**アセンブリ**、変換プログラムは**アセンブラ**と呼ばれる。アセンブラはアセンブリ命令をフィールドに分解する。たとえば load、R3、7 の 3 つのフィールドに分解する。そして、各フィールドを対応するバイナリコードに変換し、最後にそのバイナリコードをハードウェアで実行可能なバイナリ命令に組み立てる[†2]。これが「アセンブラ」という名前の由来である。

---

†1　訳注：https://www.nand2tetris.org/course の「Project 6: Assembler」にあるガイドラインを示すアイコンをクリックすると PDF が入手できる。この PDF の「Manual Assembler Option」セクションに詳細が記載されている。

†2　訳注：assemble には「組み立てる」という意味がある。

シンボル

goto 312 という記号命令を考えてみよう。この命令により（正確には、機械語に変換された後の命令により）、コンピュータは 312 というアドレスに格納された命令をフェッチして実行する。312 というアドレスは、もしかしたら、ループの始まりかもしれない。ループの始まりであるなら、アセンブリプログラムでは LOOP のような説明的なラベルを付けて、goto 312 の代わりに goto LOOP を使うとよいだろう。そのためには LOOP が 312 を表すことをどこかに記録するだけでよい。そうすれば、プログラムをバイナリコードに変換する際に、LOOP の出現箇所をすべて 312 に置き換えることができる。これは、プログラムの可読性と移植性の向上のために払うべき小さな代償と言える。

アセンブリ言語では、シンボルを次の 3 つの目的で使用するのが一般的である。

ラベル

LOOP や END など、コード内のさまざまな位置を示す。

変数

i や sum などのシンボル変数を宣言して使用できる。

定義済みシンボル

SCREEN や KBD など、既定のシンボルを使ってコンピュータのメモリ内の特別なアドレスを参照できる。

もちろん、すべてがうまい話などこの世にはない。それらのシンボルは誰かが管理しなければならない。SCREEN は 16384 を、LOOP は 312 を、sum は 17 を表すことを誰かが覚えておかなければならない。その誰かがアセンブラである。このシンボル処理は、アセンブラの最も重要な機能のひとつである。

例

図6-1 は、同じプログラムの 2 つのバージョンを示している。左が Hack アセンブリ言語で書かれたアセンブリコードで、右が Hack 機械語に変換された実行可能なバイナリコードである。アセンブリコードには、人間が好む要素が含まれる。コメント、空白、インデント、記号による命令、シンボル参照などだ。これらの要素は、コンピュータには関係ない。コンピュータが理解するのはビットだけである。このギャップ——人間に便利な記号形式のコードとコンピュータが理解するバイナリ形式のコー

ドのギャップ──を埋めるのがアセンブラである。

```
            アセンブリプログラム:                                        バイナリコード:
              Sum1ToN.asm                                              Sum1ToN.hack
       // R1=1+...+R0を計算                                      0   0000000000010000
          // i = 1                        アセンブラ             1   1110111111001000
    0     @i                                                     2   0000000000010001
    1     M=1                                                    3   1110101010001000
          // sum = 0                                             4   0000000000010000
    2     @sum                                                   5   1111110000010000
    3     M=0                     シンボルテーブル              6   0000000000000000
      (LOOP)                                                     7   1111010011010000
          // if i>R0 goto STOP        R0      0                  8   0000000000010010
    4     @i                          R1      1                  9   1110001100000001
    5     D=M                         R2      2                 10   0000000000010000
    6     @R0                         ...     ...               11   1111110000010000
    7     D=D-M                       R15     15                12   0000000000010001
    8     @STOP                       SP      0                 13   1111000010001000
    9     D;JGT                       LCL     1                 14   0000000000010000
          // sum += i                 ARG     2                 15   1111110111001000
   10     @i                          THIS    3                 16   0000000000000100
   11     D=M                         THAT    4                 17   1110101010000111
   12     @sum                        SCREEN  16384             18   0000000000010001
   13     M=D+M                       KBD     24576             19   1111110000010000
          // i++                      LOOP    4                 ...  ...
   14     @i                          STOP    18
   15     M=M+1                       i       16
   16     @LOOP                       sum     17
   17     0;JMP
      (STOP)
   18     @sum
   19     D=M
   ...     ...
```

図6-1　アセンブリコード（左）、シンボルテーブル（中）、バイナリコード（右）。行番号は、図を分かりやすくするために付けたものであり、コードの一部ではない。

　今のところ**図6-1**の詳細（特にシンボルテーブル）は無視して、重要な点をいくつか説明する。まず、行番号はコードの一部ではないが、変換プロセスで重要な（それでいて暗黙的な）役割を果たす。バイナリコードがアドレス0から命令メモリにロードされる場合、各命令の行番号はそのメモリアドレスと一致する。明らかに、この事実はアセンブラにとって重要である。次に、コメントとラベル宣言はコードを生成しない。ラベル宣言は**疑似命令**と呼ばれることもある。最後に、当然のことだが、ある機械語用のアセンブラを書くためには、アセンブラの開発者は、その言語の記号構文とバイナリ構文の完全な仕様を入手する必要がある。

以上を念頭に置いて、Hack 機械語の仕様について説明する。

6.2 Hack 機械語の仕様

Hack アセンブリ言語とそのバイナリ表現は 4 章で説明した。参照しやすいように、ここでは**図6-2**に再掲する。この仕様を満たすように、Hack アセンブラを実装しなければならない。

6.2.1 プログラム

バイナリ版 Hack プログラム

バイナリ版 Hack プログラムは、0 と 1 の 16 文字からなるテキスト行の並びである。行の最初の文字が 0 で始まる場合は、バイナリの A 命令を表す。それ以外の場合は、バイナリの C 命令を表す。

アセンブリ版 Hack プログラム

アセンブリ版 Hack プログラムは、**アセンブリ命令**、**ラベル宣言**、または**コメント**のいずれかであるテキスト行の並びである。

アセンブリ命令

記号形式の A 命令または C 命令（**図6-2**）

ラベル宣言

(*xxx*) の形式の行（ここで *xxx* はシンボルを表す）

コメント

2 つのスラッシュ（*//*）で始まる行（コメントと見なされ、無視される）

A 命令	記号：	@*xxx*	（*xxx* は0から32767までの10進数値、またはそのような10進数値にバインドされたシンボルである）
	バイナリ：	**0***vvvvvvvvvvvvvvv*	（*vv ... v* = *xxx* の15ビット値）
C 命令	記号：	*dest* = *comp* ; *jump*	（*comp* は必須である。もし *dest* が空の場合、=は省略される。もし *jump* が空の場合、;は省略される）
	バイナリ：	**111***acccccccdddjjj*	

comp		*c*	*c*	*c*	*c*	*c*	*c*	*dest*	*d*	*d*	*d*	*comp* をどこに保存するか？
0		1	0	1	0	1	0	null	0	0	0	値は保存されない
1		1	1	1	1	1	1	M	0	0	1	RAM[A]
-1		1	1	1	0	1	0	D	0	1	0	Dレジスタ (Dと略記)
D		0	0	1	1	0	0	DM	0	1	1	D, RAM[A]
A	M	1	1	0	0	0	0	A	1	0	0	A
!D		0	0	1	1	0	1	AM	1	0	1	A, RAM[A]
!A	!M	1	1	0	0	0	1	AD	1	1	0	A, D
-D		0	0	1	1	1	1	ADM	1	1	1	A D, RAM[A]
-A	-M	1	1	0	0	1	1					
D+1		0	1	1	1	1	1	*jump*	*j*	*j*	*j*	効果：
A+1	M+1	1	1	0	1	1	1	null	0	0	0	ジャンプなし
D-1		0	0	1	1	1	0	JGT	0	0	1	if *comp* > 0 jump
A-1	M-1	1	1	0	0	1	0	JEQ	0	1	0	if *comp* = 0 jump
D+A	D+M	0	0	0	0	1	0	JGE	0	1	1	if *comp* ≥ 0 jump
D-A	D-M	0	1	0	0	1	1	JLT	1	0	0	if *comp* < 0 jump
A-D	M-D	0	0	0	1	1	1	JNE	1	0	1	if *comp* ≠ 0 jump
D&A	D&M	0	0	0	0	0	0	JLE	1	1	0	if *comp* ≤ 0 jump
D|A	D|M	0	1	0	1	0	1	JMP	1	1	1	無条件ジャンプ

a == 0　*a* == 1

図6-2　Hack 命令セット。記号とそれに対応するバイナリコードの両方を示す。

6.2.2　シンボル

　Hack アセンブリプログラムのシンボルは、定義済みシンボル、ラベルシンボル、変数シンボルの3つのカテゴリに分類される。

定義済みシンボル

　Hack アセンブリプログラムでは、以下のように定義済みシンボルを使用できる。R0、R1、…、R15 は、それぞれ 0、1、…、15 を表す。SP、LCL、ARG、THIS、THAT は、それぞれ 0、1、2、3、4 を表す。SCREEN と KBD は、それぞれ 16384 と 24576 を表す。これらのシンボルの値は、Hack の RAM のアドレスとして解釈される。

ラベルシンボル

疑似命令の (*xxx*) は、その命令の次の命令がある ROM の位置を参照するように、シンボル *xxx* を定義する。ラベルシンボルは一度だけ定義でき、アセンブリプログラムのどこでも使用できる（定義された行の前であっても使用できる）。

変数シンボル

アセンブリプログラムに *xxx* というシンボルがあったとする。そのシンボルが定義済みのシンボルでなく、さらにラベル宣言の (*xxx*) を使って他の場所で定義されていない場合、それは「変数」として扱われる。変数は、最初に登場した順に、RAM アドレスの 16 から始まる位置にマッピングされる。したがって、プログラムで最初に登場した変数は RAM[16] に、2 番目の変数は RAM[17] に、というようにマッピングされる。

6.2.3　構文規則

シンボル

シンボルは、文字、数字、アンダースコア（_）、ドット（.）、ドル記号（$）、コロン（:）からなる文字列である。ただし、数字で始まってはいけない。

定数

@*xxx* の形式の *A* 命令にのみ現れる可能性がある。*xxx* が定数の場合、その値は 0～32767 の範囲で、10 進表記で書かれる。

空白

先頭の空白文字は無視される。空行も無視される。

大文字と小文字の規則

A+1、JEQ などのすべてのアセンブリニーモニックは、大文字で書かなければならない。残りのシンボル（ラベルと変数）は大文字と小文字を区別する。推奨される規則は、ラベルには大文字を使用し、変数には小文字を使用することである。

以上で Hack 機械語の仕様についての説明は終わりである。

6.3 アセンブリからバイナリへの変換

この節では、Hack アセンブリのプログラムをバイナリコードに変換する方法について説明する。Hack 言語用のアセンブラの開発に焦点を当てているが、ここで示す手法は、どのアセンブラにも適用できる。

アセンブラは、一連のアセンブリ命令を入力として受け取り、一連のバイナリ命令を出力する。出力されたコードは、そのままコンピュータのメモリにロードして実行できる。この変換プロセスを実行するには、アセンブラは「命令」と「シンボル」を処理しなければならない。

6.3.1 命令の処理

各アセンブリ命令に対して、アセンブラは以下の処理を行う。

- 命令をフィールドに分解する。
- 各フィールドについて、**図6-2** で規定されているように、対応するバイナリコードを生成する。
- 命令がシンボル参照を含む場合、シンボルをその数値に変換する。
- 結果のバイナリコードを 0 と 1 の 16 文字の文字列に組み立てる。
- 組み立てられた文字列を出力ファイルに書き込む。

6.3.2 シンボル処理

アセンブリプログラムでは、シンボルが定義される前にシンボルラベル（goto 命令の行く先）を使用できる。この規則は、アセンブリコードを書くプログラマーの作業を楽にする代わりに、アセンブラ開発者の作業を難しくする。一般的な解決策は、コードを最初から最後まで通して読む作業（これを「パス」と呼ぶ）を 2 回行う、いわゆる **2 パス・アセンブラ**である。1 回目のパスでは、**シンボルテーブル**を作成し、すべてのラベルシンボルをテーブルに追加する。この段階ではコードを生成しない。2 回目のパスで、変数シンボルを処理し、シンボルテーブルを使用してバイナリコードを生成する。以下に詳細を示す。

初期化

アセンブラはシンボルテーブルを作成し、初期化する。この初期化では、定義済み

のすべてのシンボルとその対応する値をテーブルに登録する。**図6-1**では、初期化段階の結果として、KBD までのすべての記号を含むシンボルテーブルが示されている。

第1パス

アセンブラは、アセンブリプログラム全体を1行ずつ処理し、行番号を記録する。この番号は0から始まり、A命令またはC命令が出現するたびに1ずつ増える。ただし、コメントやラベル宣言の場合は変化しない。アセンブラがラベル宣言の (*xxx*) に出会うと、シンボルの *xxx* をシンボルテーブルに追加する。このとき、*xxx* を現在の行番号に1を加えた値（これがプログラムの次の命令の ROM アドレスになる）に関連付ける。

このパスにより、プログラムで登場するすべてのラベルがシンボルテーブルに追加される。**図6-1**では、第1パスの結果、LOOP と STOP の2つのシンボルがシンボルテーブルに追加される。第1パスではコードは生成されない。

第2パス

アセンブラは、プログラム全体を再度処理し、各行を次のように解析する。シンボル参照を持つ A 命令、つまり @*xxx*（*xxx* はシンボルで数値ではない）に出会うたびに、アセンブラはシンボルテーブルで *xxx* を検索する。シンボルが見つかった場合、アセンブラはそれを数値に置き換え、命令の変換を完了する。シンボルが見つからない場合、それは「新しい変数」と見なされる。このときアセンブラは次の2つの作業を行う。

- シンボルテーブルに <*xxx*, *value*> を追加する（*value* は変数用の RAM 空間で次に使用可能なアドレスとする）。
- そのアドレスの値（*value*）を使用して命令の変換を行う。

Hack プラットフォームでは、変数用の RAM 空間は16から始まり、アセンブリコードで新しい変数が見つかるたびに1ずつ増える。**図6-1**では、第2パスの結果、シンボルの i と sum がシンボルテーブルに追加される。

6.4　実装

使用方法

Hack アセンブラは、次のように1つのコマンドライン引数を受け取る。

```
prompt> HackAssembler Prog.asm
```

入力ファイル *Prog*.asm にはアセンブリ命令が含まれている（.asm 拡張子は必須）。ファイル名には、そのファイルが保存されているフォルダの場所も含めることができる。フォルダの場所が指定されていない場合、アセンブラはカレントフォルダ内でファイルを探す。アセンブラは *Prog*.hack という名前の出力ファイルを作成し、変換されたバイナリ命令をそこに書き込む。出力ファイルは入力ファイルと同じフォルダに作成される。フォルダにこの名前のファイルがある場合は、上書きされる。

本書では、アセンブラの実装を2つの段階に分けて行うことを提案する。第1段階では、シンボル参照を含まない Hack プログラム用のアセンブラを開発する。これを「基本版アセンブラ」と呼ぶことにする。第2段階では、基本版アセンブラを拡張してシンボル参照を処理できるようにする。これを「完全版アセンブラ」と呼ぶことにする。

6.4.1　基本版アセンブラの開発

基本版アセンブラは、ソースコードにシンボル参照が含まれていないことを前提とする。したがって、コメントと空白の処理を除いて、アセンブラは *C* 命令または @*xxx* 形式の *A* 命令（*xxx* は10進数であり、シンボルではない）のいずれかを変換すればよい。この変換作業は単純である。*C* 命令の場合、**図6-2** に従って、各フィールドを対応するビットコードに変換するだけである。*A* 命令の場合は、*xxx* は10進数であり、等価のバイナリコードに変換するだけである。

本書では、次のモジュールを使用してアセンブラを開発することを提案する。

Parser モジュール

入力を解析して一連の命令の行にして、さらに各行をフィールドに分解する。

Code モジュール

（シンボルやニーモニックで記述された）フィールドをバイナリコードに変換

する。

Hack アセンブラ

先の2つのモジュールを使って全体の変換プロセスを行う。

これらの仕様を示す前に、仕様を記述するスタイルについて注意しておきたい。

API ドキュメント

Hack アセンブラは、読者の好きな高水準プログラミング言語を使用して開発できる（本書の第Ⅱ部で行うソフトウェア開発プロジェクトも同様である）。したがって本書の API ドキュメントは、実装言語に依存しないように記述されている。

各プロジェクトでは、いくつかの**モジュール**からなる API を提案する。各モジュールは、1つ以上の**ルーチン**を文書で記す。一般的なオブジェクト指向言語では、モジュールは**クラス**に対応し、ルーチンは**メソッド**に対応するだろう。他の言語では、モジュールは**ファイル**に、ルーチンは**関数**に対応するかもしれない。使用する言語がなんであれ、提案する API の**モジュール**と**ルーチン**を実装言語に合わせてプログラミングする必要がある。

Parser モジュール

Parser は、入力されたアセンブリコードへの便利なアクセス機能を提供する。具体的には、入力のコメントと空白を無視し、入力に1行ずつアクセスできるようにし、記号命令をその基礎となる構成要素に分解する。基本版アセンブラはシンボル参照を処理する必要はないが、Parser には（将来的に）その機能が追加される。つまり、この Parser は、基本版アセンブラと完全版アセンブラの両方に役立つ。

Parser の API を**表6-1**に示す。ここでは Parser をどのように使用するか、いくつか例を示しておこう。現在の命令が@17 または @sum の場合、symbol() の呼び出しは文字列の「17」または「sum」を返す。現在の命令が (LOOP) の場合、symbol() の呼び出しは文字列の「LOOP」を返す。現在の命令がD=D+1;JLE の場合、dest()、comp()、jump() の呼び出しは、それぞれ文字列の「D」、「D+1」、「JLE」を返す。

「プロジェクト6」では、なんらかの高水準プログラミング言語を使用してこの API を実装する必要がある。そのため、使用する言語でテキストファイルや文字列を処理する方法についての知識が必要である。

表6-1　Parser モジュールの API

ルーチン	引数	戻り値	機能
コンストラクタ/初期化	入力ファイル/データストリーム	—	入力ファイル/データストリームを開き、解析の準備をする。
hasMoreLines	—	ブール値	入力にまだ行があるか？
advance	—	—	必要であれば、空白とコメントをスキップする。入力から次の命令を読み込み、それを現在の命令にする。このルーチンは、hasMoreLines が true の場合にのみ呼び出すべきである。最初は、現在の命令はない。
instructionType	—	A_INSTRUCTION、C_INSTRUCTION、L_INSTRUCTION（定数）	現在の命令のタイプを返す。@xxx の場合は A_INSTRUCTION。xxx は 10 進数または 10 進値にバインドされたシンボルのいずれか。$dest = comp;jump$ の場合は C_INSTRUCTION。(xxx) の場合は L_INSTRUCTION。xxx はシンボル。
symbol	—	文字列	現在の命令が (xxx) の場合、シンボル xxx を返す。現在の命令が @xxx の場合、シンボルまたは 10 進数 xxx を（文字列として）返す。instructionType が A_INSTRUCTION または L_INSTRUCTION の場合にのみ呼び出すべきである。
dest	—	文字列	現在の C 命令の $dest$ 部分を返す（戻り値の候補は 8 種類）。instructionType が C_INSTRUCTION の場合にのみ呼び出すべきである。
comp	—	文字列	現在の C 命令の $comp$ 部分を返す（戻り値の候補は 28 種類）。instructionType が C_INSTRUCTION の場合にのみ呼び出すべきである。
jump	—	文字列	現在の C 命令の $jump$ 部分を返す（戻り値の候補は 8 種類）。instructionType が C_INSTRUCTION の場合にのみ呼び出すべきである。

Code モジュール

このモジュールは、Hack のシンボルとニーモニックをバイナリコードに変換するためのサービスを提供する。具体的には、言語仕様（**図6-2** を参照）に従って、Hack のシンボルとニーモニックをバイナリコードに変換する。API を**表6-2** に示す。

表6-2　Code モジュールの API

ルーチン	引数	戻り値	機能
dest	整数	3 ビット（文字列）	*dest* ニーモニックのバイナリコードを返す。
comp	整数	7 ビット（文字列）	*comp* ニーモニックのバイナリコードを返す。
jump	整数	3 ビット（文字列）	*jump* ニーモニックのバイナリコードを返す。

すべての n ビットコードは、0 と 1 からなる文字列として返される。たとえば、dest("DM") の呼び出しは文字列の「011」を返し、comp("A+1") の呼び出しは「0110111」を返し、comp("M+1") の呼び出しは「1110111」を返し、jump("JNE") の呼び出しは「101」を返す。これらのニーモニックとバイナリのマッピングはすべて、**図6-2** に記されている。

Hack アセンブラ

Hack アセンブラは、Parser モジュールと Code モジュールのサービスを使用して、アセンブリプロセス全体を実行するメインプログラムである。基本版アセンブラは、アセンブリコードにシンボル参照が含まれていないことを前提とする。つまり、@*xxx* タイプのすべての命令で、*xxx* は 10 進数であり、シンボルではない。そして、入力ファイルには、(*xxx*) 形式のラベル命令は含まれない。

基本版アセンブラは次のように動作する。プログラムは、コマンドライン引数から入力ファイルの名前（たとえば *Prog*.asm）を取得する。そして入力ファイルの *Prog*.asm を解析するために Parser を使う。次に、変換されたバイナリ命令を書き込む出力ファイルの *Prog*.hack を作成する。そして、プログラムは入力ファイル内の各行（アセンブリ命令）を反復処理する。反復処理は、以下の手順で行われる。

C 命令については、Parser と Code のサービスを使用して、命令をフィールドに解析し、各フィールドを対応するバイナリコードに変換する。次に、プログラムは変換されたバイナリコードを 0 と 1 の 16 文字からなる文字列に連結し、この文字列を出力ファイル（.hack ファイル）の次の行に書き込む。

@*xxx* タイプの各 A 命令については、*xxx* をバイナリ表現に変換し、0 と 1 の 16

文字からなる文字列を作成し、それを出力ファイル（.hack ファイル）の次の行に書き込む。

このプログラムの API は提供しないので、適切な方法で実装してほしい。

6.4.2 完全版アセンブラの開発

シンボルテーブル

Hack 命令にはシンボル参照を含めることができるため、アセンブラはシンボルを実際のアドレスに変換する必要がある。アセンブラは、**シンボルテーブル**を使用してこのタスクを処理する。シンボルテーブルは、シンボルとアドレス（Hack の場合は RAM と ROM のアドレス）の対応関係を作成し、管理するように設計されている。

この「シンボル」と「アドレス」のマッピングは、<キー, 値>のペアデータ構造を使用して表現できる。多くの高水準言語には、**ハッシュテーブル**、**マップ**、**辞書**などと呼ばれるデータ構造が用意されている。それら既存のデータ構造を利用するか、もしくはシンボルテーブルをゼロから実装することができるだろう。SymbolTable の API を**表6-3**に示す。

表6-3 SymbolTable モジュールの API

ルーチン	引数	戻り値	機能
コンストラクタ/ 初期化	—	—	新しい空のシンボルテーブルを作成する。
addEntry	*symbol*（文字列）、 *address*（整数）	—	<*symbol, address*>をテーブルに追加する。
contains	*symbol*（文字列）	ブール値	指定された *symbol* がシンボルテーブルに含まれているか？
getAddress	*symbol*（文字列）	整数	*symbol* に関連付けられたアドレスを返す。

6.5 プロジェクト

目的

Hack アセンブリ言語で書かれたプログラムを Hack バイナリコードに変換するアセンブラを開発する。ここでは、入力されるアセンブリコードにエラーがないことを前提としている。エラーのチェックや報告、エラー処理は後のバージョンのアセンブラに追加できるが、「プロジェクト6」では実装しない。

リソース

このプロジェクトを完成させるために必要な主なツールは、アセンブラを実装するプログラミング言語である。nand2tetris/tools で提供されている Hack アセンブラと CPU エミュレータも役立つ可能性がある。これらのツールを使用すると、自分でアセンブラを実装する前に、動作するアセンブラを試すことができる。本書のHack アセンブラを使用すれば、その出力を自分のアセンブラが生成した出力と比較できる。Hack アセンブラについては、https://www.nand2tetris.org/software にある情報が参考になる。

要件

コマンドライン引数としてアセンブラに渡されるファイル（たとえば、*Prog*.asm）には、正しい Hack アセンブリ言語プログラムが含まれている必要がある。そして、このファイルは Hack バイナリコードに変換されて、ソースファイルと同じフォルダにある *Prog*.hack という名前のファイルに保存される（同じ名前のファイルが存在する場合は上書きされる）。アセンブラの出力は、本書が提供する Hack アセンブラの出力と一致しなければならない。

開発計画

アセンブラを2つの段階に分けて実装しテストすることを提案する。まず、シンボル参照を含まないプログラムを変換する「基本版アセンブラ」を作成する。次に、シンボル処理の機能を備えるようにアセンブラを拡張し、「完全版アセンブラ」を作成する。

テストプログラム

最初のテストプログラムにはシンボル参照がない。残りのテストプログラムは、*Prog*.asm と *ProgL*.asm の2つのバージョンで提供される。それぞれ、シンボル参照ありとなしのバージョンである。以下に、テストプログラムを示す。

Add.asm

定数2と3を加算し、結果を R0 に格納する。

Max.asm

max(R0, R1) を計算し、結果を R2 に格納する。

Rect.asm

画面の左上隅に長方形を描画する。長方形は幅 16 ピクセル、高さ R0 ピクセルである。このプログラムを実行する前に、R0 に負でない値を入れる。

Pong.asm

昔のアーケードゲームである『Pong』の実装。ボールは画面の端で繰り返し跳ね返る。プレイヤーは、左右の矢印キーを押してパドルを動かし、ボールをパドルで打ち返す。ボールがパドルに当たるたびに、プレイヤーは 1 ポイントを獲得し、（ゲームを難しくするために）パドルが少し縮む。プレイヤーが空振りすると、ゲームオーバーになる。ゲームを終了するには、Esc キーを押す。

本書の Pong プログラムは、第 II 部で紹介するツールを使用して開発された。具体的には、高水準言語である Jack プログラミング言語で作成され、**Jack コンパイラ**によって Pong.asm ファイルに変換された。高水準言語で書かれた Pong.jack プログラムはわずか 300 行程度のコードだが、実行可能な Pong アプリケーションは約 2 万行のバイナリコードで、そのほとんどは Jack オペレーティングシステムに関するものである。このゲームを付属の CPU エミュレータで実行すると、非常に遅く感じるだろう（高性能な Pong ゲームを期待しないでほしい）。この "遅さ" には利点もある。というのは、プログラムのグラフィカルな動作を追跡できるからだ。第 II 部でソフトウェア階層を発展させると、このゲームはもっと高速に動作するようになるだろう。

テスト

ここでは *Prog.asm* を使ってテストすることを考える。あなたのアセンブラが *Prog.asm* を正しく変換するかどうかをテストするには、基本的に 2 つの方法がある。1 つ目は、あなたのアセンブラが生成した *Prog.hack* ファイルを付属の CPU エミュレータにロードし、それを実行して、期待どおりの動作をしているかどうかを確認することである。

2 つ目のテスト方法は、あなたのアセンブラが生成したコードを、本書の Hack アセンブラが生成したコードと比較することである。まず、あなたのアセンブラが生成

したファイルの名前を *Prog1*.hack に変更する。次に、*Prog*.asm を本書のアセンブラで変換する。あなたのアセンブラが正しく動作していれば、*Prog1*.hack は、本書の Hack アセンブラが生成した *Prog*.hack ファイルと一致するはずである。この比較は、*Prog1*.asm を比較ファイルとして読み込むことで行える（**図6-3**）。

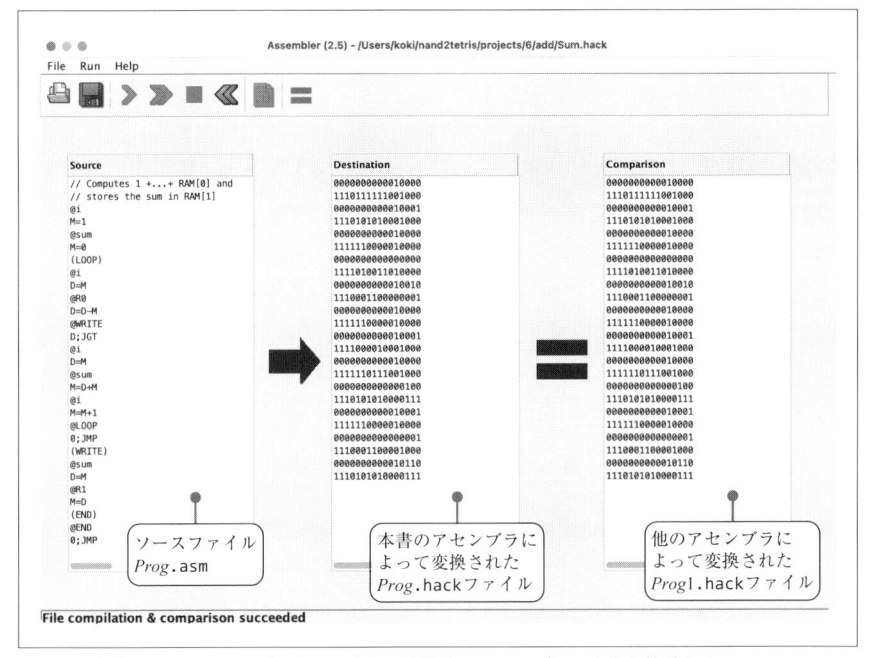

図6-3　本書の Hack アセンブラと、あなたが実装中のアセンブラの出力を比較する。

「プロジェクト 6」は、オンライン IDE のアセンブラ（https://nand2tetris.github.io/web-ide/asm）を使って取り組むこともできる。

6.6　展望

Hack アセンブラは、比較的単純な変換プログラムである。これは多くのアセンブラでも同様である。当然ながら、機械語が複雑になればなるほど、アセンブラの実装も複雑になる。また、一部のアセンブラでは、シンボル処理が Hack よりも洗練されている。たとえば、シンボル上の**定数演算**をサポートしており、base+5 を使用して、

base で参照されるアドレスの 5 番目のメモリ位置を参照することができる。

多くのアセンブラは、**マクロ命令**を処理できるように拡張されている。マクロ命令は、一連の機械命令に名前を付けたものである。私たちのアセンブラにもマクロ命令を追加することができる。たとえば、D=M[*addr*] というマクロ命令を、@*addr* とD=M という 2 つの Hack 命令に変換するように拡張できる。同様に、goto *addr* というマクロ命令は、@*addr* と 0;JMP に変換できる。このようなマクロ命令は、アセンブリプログラムの記述を大幅に簡素化できる。

機械語プログラムが人間によって書かれることはめったにない。それは通常、コンパイラによって書かれる。コンパイラは自動化されたツールであるため、記号命令を通り越して、バイナリの機械コードを直接生成することもできる。とはいえ、アセンブラは、特に効率性と最適化を重視する C/C++ プログラムのような開発者にとっては、有用なプログラムである。コンパイラが生成する記号形式のコードを検査することで、プログラマーは高水準のコードを改善し、ホストとなるハードウェア上でより高いパフォーマンスを達成できる。生成されたアセンブリコードが効率的であると判断されたら、それをアセンブラでさらに変換し、最終的なバイナリの実行可能コードにすることができる。

* * * * * * *

おめでとう！ これで「Nand to Tetris」の旅の第 I 部は終わりだ。「プロジェクト1〜6」を完了したということは、あなたは汎用コンピュータシステムをゼロから構築したことになる。これは素晴らしい成果であり、努力の賜物に違いない。誇りに思うべきだし、自信を持つべきだ。

残念なことに、まだこのコンピュータは機械語で書かれたプログラムしか実行できない。本書の第 II 部では、このハードウェアプラットフォームを出発点として、その上に現代のソフトウェア階層を構築する。具体的には、仮想マシン、高水準プログラミング言語用のコンパイラ、基本的なオペレーティングシステムを開発する。

さあ、さらなる冒険の準備ができたら、先に進もう。壮大な旅の続き（第 II 部）が待っている。

第 II 部
ソフトウェア

十分に発達した科学技術は、魔法と見分けがつかない。

——アーサー・C・クラーク（1917–2008）

　アーサー・C・クラークのこの言葉に、私たちは次の言葉を付け加えよう。「十分に高度な魔法は、目に見えない努力と見分けがつかない」と。本書の第 I 部では、Hack という名のコンピュータシステムのハードウェアプラットフォームを構築した。Hack は、Hack 機械語で書かれたプログラムを実行できる。第 II 部では、Hack を、魔法と区別のつかない高度な技術に変える。Hack を、あなたのお気に入りのアプリケーションに変身できる「魔法のボックス」に仕立て上げるのだ。たとえば、チェスプレイヤー、検索エンジン、フライトシミュレータ、メディア配信などを実現するプログラムを実行できるようにする。そのためには、高水準プログラミング言語で書かれたプログラムを実行する能力をコンピュータに与える必要がある。その舞台裏には精巧なソフトウェア階層がある。特に 9 章では、Java に似たシンプルなオブジェクトベースのプログラミング言語である Jack に焦点を当てる。長年にわたり、「Nand to Tetris」の読者は、Jack を使ってテトリスやポン（Pong）、スネークやスペースインベーダーなどさまざまなゲームを開発してきた。Hack は汎用コンピュータなので、誰かの頭に浮かぶプログラムならなんでも実行できる。

　高水準プログラミング言語の豊かな表現力と、低水準である機械語命令のぎこちなさの間には大きなギャップがある。これに納得できない場合は、@17 や M=M+1 のような命令を使用してテトリスを開発してみるとよい。このギャップを埋めることこそが、本書の第 II 部で行うすべてである。**コンパイラ**、**仮想マシン**、基本的な**オペレーティングシステム**という、応用コンピュータサイエンスにおいて最もパワフルで野心

的なプログラムを開発することで、このギャップを埋めていく。

　Jack コンパイラは、Jack プログラムを受け取り、一連の機械語命令を生成する。生成された機械語命令は Hack プラットフォーム上で実行される。たとえば、Jack プログラムを用いてテトリスを記述すれば、Hack プラットフォーム上でテトリスが動く。もちろん、テトリスはほんの一例にすぎない。あなたがこれから実装するコンパイラは、あらゆる Jack プログラムを Hack コンピュータで実行可能な機械語に変換できる。コンパイラは主に**構文解析**と**コード生成**から構成される。コンパイラは 10 章と 11 章で実装する。

　Java や C#などのプログラミング言語の標準的なコンパイラと同様に、Jack コンパイラは **2 層式**である。コンパイラは、抽象的な**仮想マシン**上で動くように設計された **VM コード**を生成する。次に、別の独立したプロセスにより、VM コードを対象のハードウェアプラットフォームの機械語に変換する。**仮想化**は応用コンピュータサイエンスにおいて最も重要なアイデアのひとつである。仮想化は多くの分野——たとえば、プログラムのコンパイル、クラウドコンピューティング、分散ストレージ、分散処理、オペレーティングシステムなど——で重要な役割を果たす。7 章と 8 章では、この仮想マシンの設計と実装に焦点を当てる。

　他の多くの高水準言語と同様に、Jack 言語は驚くほどシンプルである。現代の言語を強力なプログラミングシステムにしているのは**標準ライブラリ**の存在である。標準ライブラリは、数学関数、文字列処理、メモリ管理、グラフィックス描画、ユーザー操作への応答などの機能を提供する。これらの標準ライブラリをまとめると、基本的な**オペレーティングシステム**（OS）ができあがる。Jack フレームワークでは、OS は Jack の**標準クラスライブラリ**としてパッケージ化されている。この OS は、「高水準の Jack 言語」と「低水準の Hack プラットフォーム」の間の多くのギャップを埋めるために設計されている。そして、この OS は Jack 言語で実装される。このことを不思議に思うかもしれない。「どうしてプログラミング言語を実現するはずのソフトウェアを、その言語自体で実装できるのか？」と。この問題には、Unix OS が C 言語を使用して開発されたのと同様に、**ブートストラッピング**という技法を使って対処する。

　私たちは OS を実装する過程で、ハードウェアリソースや周辺機器を管理するためのアルゴリズムやデータ構造を学ぶ。次に、これらのアルゴリズムを Jack で実装し、言語の機能を少しずつ拡張する。第 II 部の各章を進めていくと、異なる視点から OS を扱うことに気づくだろう。9 章は、アプリケーションプログラマーとして Jack アプリを開発し、高水準の視点から OS のサービスを抽象的に使用する。10 章と 11 章

では Jack コンパイラを実装する。そこでは、低水準の視点から——たとえばコンパイラに必要なメモリ管理のサービスのために—— OS のサービスを使用する。12 章では、OS 開発者の視点から、OS が提供するシステムサービスをすべて実装する。

II.1　Jack プログラミング

これからのエキサイティングなプロジェクトに没頭する前に、Jack 言語について簡単に説明しよう。ここでは、2 つの例を示す。1 つ目の例は「Hello World」だ。この例を通して、シンプルに見える高水準プログラムでさえ、その裏には見た目以上の複雑さがあることを示す。2 つ目の例は、Jack 言語のオブジェクトベースの機能を示す単純なプログラムである。高水準言語の Jack についてプログラマー視点の体験をしたら、Jack 言語を実現する旅へと進もう。

Hello World、再び

本書は「Hello World」から始まった。それは、初学者がプログラミングの授業で最初に目にするプログラムだ。もう一度、Jack プログラミング言語で書かれた「Hello World」を示す。

```
// プログラムの最初の例
class Main {
  function void main() {
    do Output.printString("Hello World");
    return;
  }
}
```

このようなプログラムを見たとき、私たちは多くのことを暗黙のうちに仮定している。たとえば、`printString("Hello World")` が、一連の文字を画面に表示させることができると仮定している。コンピュータは、何をすべきかをどのように理解するのだろうか。そして、それをどのように行うのだろうか。本書の第 I 部で見たように、画面はピクセルのグリッドにすぎない。画面に「H」という文字を表示したい場合、その文字の画像を画面上にレンダリングしなければならない。慎重にピクセルを選択し、各ピクセルのオン/オフを適切に設定しなければならない。もちろん、これはほんの始まりにすぎない。サイズと解像度の異なる画面に、この「H」を読みやすく表示するにはどうすればよいだろうか。他にも、**while ループ**、**for ループ**、**配列**、**オブジェクト**、**メソッド**、**クラス**、などのプログラマーが当たり前に思っている

機能をどう実現すればよいだろうか。

　高水準プログラミング言語が素晴らしいのは、その仕組みを知らずに使える点にある。実際、アプリケーションプログラマーは、言語がどのように実装されているかに注意を払うことなく、言語を抽象化されたブラックボックスと見なすよう奨励されている。必要なのは優れたチュートリアルといくつかのコード例だけである。それらがあれば、すぐに使い始めることができる。

　しかし明らかに、どこかの時点で、誰かがこの抽象化された言語を実装しなければならない。プログラマーが何気なく sqrt(1764) と書いたとき、誰かが平方根を効率的に計算する処理を提供しなければならない。プログラマーが気楽に x = readInt() と書いたとき、誰かがユーザーから数字を聞き出す手順を提供しなければならない。プログラマーが淡々と new を使ってオブジェクトを作成したとき、誰かが利用可能なメモリブロックを見つけなければならない。では、その誰かとは、いったい誰なのだろうか。それは、**コンパイラ、仮想マシン、オペレーティングシステム**である。彼らが、高水準のプログラミングを魔法と区別のつかない高度な技術に変える。言ってみれば、彼らは "魔術師" なのだ。そして、その魔術師を作るのが、これからのあなたの任務である。

　なぜそのような複雑な舞台裏について気にしなければならないのかと疑問に思うかもしれない。高水準言語は、その仕組みを心配することなく使用できると言ったばかりではないか。その理由は少なくとも2つある。

　第一に、低水準のシステム内部に深入りすればするほど、より洗練された高水準プログラマーになれる。特に、ハードウェアやOSを巧みに効率的に活用する高水準なコードの書き方、そしてメモリリークのような不可解なバグの回避方法を学ぶことができる。

　第二に、自分で手を動かしてシステム内部を開発することで、応用コンピュータサイエンスにおける最も美しく強力なアルゴリズムやデータ構造を目の当たりにすることができる。重要なのは、第Ⅱ部で展開されるアイデアとテクニックは、コンパイラやOSに限定されないということだ。むしろ、それらはあなたのキャリアを通して、多くのソフトウェアシステムやアプリケーションの開発で役立つものとなる。

PointDemo プログラム

　ここでは平面上の「点」を表し操作したいとする。**図Ⅱ-1** には、2つの点 p_1 と p_2 と、$p_3 = p_1 + p_2 = (1,2) + (3,4) = (4,6)$ というベクトル加算により得られる3番目の点 p_3 がある。また、p_1 と p_3 の間の**ユークリッド距離**も描かれている。その距

離はピタゴラスの定理を使用して計算できる。Main クラスのコードは、オブジェクトベースの Jack 言語を使用して、このような代数的操作を行う方法を示している。

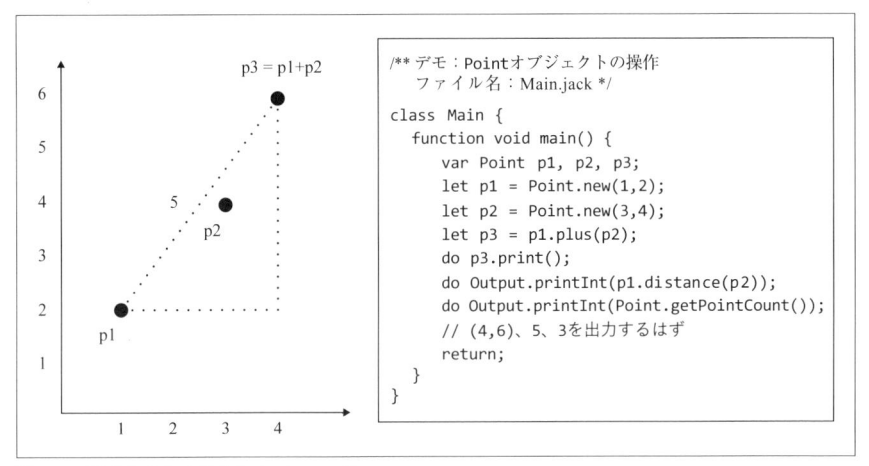

図 II-1 平面上の点の操作と Jack コード

Jack が var、let、do のようなキーワードを使用することに対して不思議に思うかもしれない。今のところ、構文の詳細にこだわらなくてよい。代わりに、Jack 言語が Point というデータ型をどのように実装できるかを、大きな視点で見ることにしよう（**例 II-1**）。

例 II-1　Jack 言語による Point 抽象化の実装

```
/** 2次元の点を表す。
    ファイル名：Point.jack */
class Point {
  // この点の座標
  field int x, y;

  // これまでに作成されたPointオブジェクトの数
  static int pointCount;

  /** 2次元の点を作成し、
      与えられた座標で初期化する */
  constructor Point new(int ax, int ay) {
    let x = ax;
    let y = ay;
    let pointCount = pointCount + 1;
```

```
    return this;
  }

  /** この点のx座標を返す */
  method int getx() {return x;}

  /** この点のy座標を返す */
  method int gety() {return y;}

  /** これまでに作成されたPointの数を返す */
  function int getPointCount() {
    return pointCount;
  }

  /** この点に他の点を加えた点を返す */
  method Point plus(Point other) {
    return Point.new(x + other.getx(),
                     y + other.gety());
  }

  /** この点と他の点の間の
      ユークリッド距離を返す */
  method int distance(Point other) {
    var int dx, dy;
    let dx = x - other.getx();
    let dy = y - other.gety();
    return Math.sqrt((dx*dx) + (dy*dy));
  }

  /** この点を"(x,y)"の形式で出力する */
  method void print() {
    do Output.printString("(");
    do Output.printInt(x);
    do Output.printString(",");
    do Output.printInt(y);
    do Output.printString(")");
    return;
  }
} // Pointクラス宣言の終わり
```

　例Ⅱ-1 は、Jack のクラス（Main と Point はその 2 つの例）が、1 つ以上の**サブ
ルーチン**の集まりとして記述されていることが分かる。各サブルーチンは、次のよう
に、**コンストラクタ、メソッド、関数**のいずれかである（オブジェクト指向に詳しい
プログラマーは、同じクラスにメソッドと関数を混在させることを嫌うかもしれない
が、ここでは説明のためにそうしている）。

- **コンストラクタ**：新しいオブジェクトを作成するサブルーチン
- **メソッド**：現在のオブジェクトに対して操作を行うサブルーチン
- **関数**：特定のオブジェクトに対して操作を行わないサブルーチン

この節の残りの部分では、Main クラスと Point クラスについて簡単に説明する。その目的は Jack プログラミングの雰囲気を伝えることであり、完全な言語の説明は 9 章に譲る。ここでは（贅沢にも）Jack の本質のみに焦点を当てよう。

まず Main.main 関数は、Point クラスのインスタンスを参照するための 3 つの**オブジェクト変数**——**参照**または**ポインタ**とも呼ばれる——を宣言する（**図 II-1** を参照）。そして、2 つの Point オブジェクトを生成し、変数 p1 と p2 をそれらに割り当てる。次に、plus メソッドを呼び出し、そのメソッドが返す Point オブジェクトを変数 p3 に割り当てる。Main.main 関数の残りの部分では、計算結果を出力する。

Point クラスは、2 つの**フィールド変数**——**プロパティ**または**インスタンス変数**とも呼ばれる——を宣言する（**例 II-1** を参照）。これにより、すべての Point オブジェクトは 2 つのフィールド変数を持つ。次に、クラスレベルの変数（特定のオブジェクトに関連付けられていない変数）である**スタティック変数**を宣言する。クラスのコンストラクタは、新しく生成されたオブジェクトのフィールド値を設定し、これまでにこのクラスから生成されたインスタンスの数を増やす。Jack のコンストラクタは、新しく生成されたオブジェクトのメモリアドレスを返さなければならない。それは、言語規則に従って、this で示される。

distance メソッドによって計算された平方根の結果が、なぜ int 型になるのか不思議に思うかもしれない。明らかに、float のような実数値のデータ型のほうが適している。この理由は単純である。Jack 言語には、int、boolean、char の 3 つのデータ型しかないからだ。他のデータ型は、9 章と 12 章で行うように、クラスを使用して自由に実装できる。

オペレーティングシステム

Main クラスと Point クラスは、3 つの OS 関数—— Output.printInt、Output.printString、Math.sqrt——を使用している。現代のプログラミング言語と同様に、Jack 言語は**標準クラス**によって拡張されており、標準クラスはよく使われる OS のサービスを提供する（Jack OS の API は付録 F を参照）。OS のサービスについては、9 章で Jack プログラミングを行うとき、および 12 章で OS を実装するときに、さらに詳しく説明する。

　Jack プログラムから直接 OS のサービスを呼び出して利用することに加えて、OS はより間接的な形でも重要な役割を果たす。たとえば、オブジェクト指向言語でオブジェクトを生成するために使用される new 演算を考えてみよう。コンパイラは、新しく生成されたオブジェクトをホスト RAM のどこに配置すべきだろうか。残念ながら、コンパイラには分からない。この課題を解決するために、OS のサービスが呼び出される。12 章では、ランタイムメモリの管理システムを実装する。そこでは、OS がハードウェアやコンパイラとどのように連携し、RAM を効率的に割り当て再利用するかを具体的な実例を通して学ぶ。このメモリ管理は、OS が高水準アプリケーションとホストのハードウェアプラットフォームの間のギャップを埋める多くの方法のひとつにすぎない。

II.2　プログラムのコンパイル

　高水準のプログラムは、その下で動くハードウェアにとって、なんの意味もない記号の羅列である。私たちはプログラムを実行する前に、高水準のコードを機械語に変換しなければならない。この変換プロセスを**コンパイル**と呼び、それを実行するプログラムを**コンパイラ**と呼ぶ。高水準のプログラムを低水準の機械命令に変換するコンパイラを書くことは、チャレンジしがいのある難題である。Java や C#などの言語は、優雅な **2 層**コンパイルモデルを採用することでこの課題に取り組んでいる。まず、ソースプログラムを中間の VM コード（Java と Python では**バイトコード**、C#/.NET では**中間言語**と呼ばれる）に変換する。次に、完全に別の独立したプロセスを使用して、対象のハードウェアプラットフォーム向けの機械語に変換する。

　Java は周知のとおり人気のあるプログラミング言語だ。その理由のひとつは、このモジュール性[†3]によるものである。歴史的に見ると、Java が登場したのは、少数のプロセッサと OS から、多様なデバイス（パソコン、携帯電話、モバイルデバイス、IoT デバイス）へと時代が移るタイミングであった。Java は強力なオブジェクト指向言語であり、その 2 層コンパイルモデルは当時において適切なものであった。

　多様なプラットフォームのどれでも実行できる高水準のプログラムを書くことは、もちろん困難な問題である。この問題を解決するひとつの方法が「仮想マシン（VM）」である。多くの異なるハードウェアプラットフォーム上で、それぞれ独自の

[†3]　訳注：ここでの「モジュール性」とは、Java のコンパイル過程が 2 つの独立した段階に分かれていることを指す。この 2 段階方式により、「Write Once, Run Anywhere（一度書けば、どこでも実行できる）」という特性が実現され、異なる環境での実行が可能となる。

VM実装を提供することで、共通のランタイム環境が整う。それにより、開発者は、ほぼそのまま実行できる高水準プログラムを書くことができる。第II部が進むにつれて、このモジュール性の魅力についてさらに多くのことを学ぶだろう。

今後の道のり

本書の残りの部分では、これまでに説明したソフトウェア技術の開発に取り組む。最終的な目標は、高水準プログラムを実行可能なコードに変換するための基盤を作ることである。ロードマップを**図II-2**に示す。

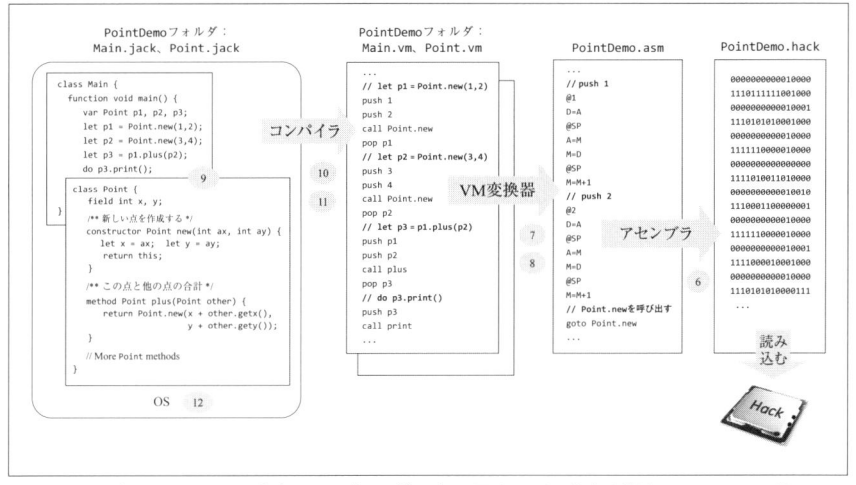

図II-2　第II部のロードマップ（アセンブラは第I部に属するが、完全を期すためにここに示している）。ロードマップは、高水準のオブジェクトベースの複数クラスのプログラムから VM コード、アセンブリコード、実行可能なバイナリコードへの変換の過程を示している。丸の中の数字はプロジェクト（章）を表す。「プロジェクト9」は、言語に慣れるために Jack アプリケーションを書くことに焦点を当てる。

「Nand to Tetris」の精神に従い、第II部の作業はボトムアップで進める。作業を開始するために、アセンブリ言語を備えたハードウェアプラットフォームがあると仮定する。7章と8章では、仮想マシンのアーキテクチャと VM 言語について説明し、VM プログラムを Hack アセンブリプログラムに変換する**VM変換器**を開発する。9章では、Jack 高水準言語について説明し、それを使用して単純なコンピュータゲームを開発する。ゲームの開発を通して、Jack 言語と OS の基本をマスターできる。10章と11章では Jack コンパイラを開発し、12章では OS を実装する。

それでは、腕まくりをして作業に取りかかろう！

7章
仮想マシンI：処理

プログラマーは世界の創造主である。プログラムによって、世界はいかようにも
複雑に作ることができる。

―――ジョセフ・ワイゼンバウム

『Computer Power and Human Reason[1]』（1974 年）

　本章は、高水準言語のコンパイラを実装する最初のステップである。この課題に
は、主に 2 つのステージがあり、各ステージでそれぞれ 2 つの章を費やす。10 章と
11 章では、高水準コードを**中間コード**に変換する**コンパイラ**の実装について説明す
る。7 章と 8 章では、中間コードを対象のハードウェアプラットフォームの機械語に
さらに変換する**変換器**の実装について説明する。章番号からも分かるように、この大
規模な開発はボトムアップ方式で進めていく（最初に変換器、そしてコンパイラの実
装に取り組む）。

　中間コードは、私たちの 2 段階のコンパイルモデルにおいて中心的な存在であ
る。中間コードは**仮想マシン**（Virtual Machine; VM）と呼ばれる抽象化されたコン
ピュータ上で実行されるように設計されている。高水準プログラムを機械語に直接変
換する従来のコンパイラと比較して、この 2 段階コンパイルモデルには利点がある。
利点のひとつは、クロスプラットフォームの互換性である。仮想マシンは多くのハー
ドウェアプラットフォーム上で比較的容易に実現できる。そのため、同じ VM コー
ドをそのような VM 実装[2]を備えたあらゆるデバイス上でそのまま実行できる。こ
のおかげで、Java は多様なプロセッサと OS を持つモバイルデバイス向けのアプリ

---

†1　訳注：邦題『コンピュータ・パワー：人工知能と人間の理性』秋葉忠利 訳、サイマル出版会、1979 年
†2　訳注：VM 実装とは、仮想マシンを実際に動作させためのソフトウェアや専用ハードウェアのことを指す。
　　　たとえば、Java の場合、JVM（Java Virtual Machine）が VM 実装である。

開発において主流の言語となった。

　VM 実装には、次の 3 つの手法がある。

- ソフトウェアのインタプリタを使用する。
- 専用のハードウェアを使用する。
- VM プログラムをデバイスの機械語に変換する。

　3 つ目のアプローチは、Java、Scala、C#、Python で採用されている。本書の Jack 言語でもこのアプローチを採用する。

　本章では、一般的な「VM アーキテクチャ」と「VM 言語」について説明する（それらは、Java で言うところの「Java 仮想マシン（JVM）」と「バイトコード」に対応する）。いつものように、今回も仮想マシンを 2 つの視点から説明する。まず抽象化された VM について、その目的や仕様を説明する。次に、Hack プラットフォーム上での VM の実装について説明する。私たちの実装では、VM コードを Hack アセンブリコードに変換する **VM 変換器**と呼ばれるプログラムを実装する。

　本書の VM 言語は以下のコマンドで構成される。

- 算術論理コマンド
- **push** と **pop** と呼ばれるメモリアクセスコマンド
- 分岐コマンド
- 関数の呼び出しと復帰のコマンド

　この VM 言語の説明と実装は、2 つの章（とプロジェクト）に分割して行う。本章では、VM の算術論理コマンドと push/pop コマンドを備える基本版の VM 変換器を実装する。次の章では、基本版の変換器を拡張して、分岐コマンドと関数コマンドを扱えるように拡張する。これで VM 実装が完成する。この VM 実装は、10 章と 11 章で実装するコンパイラのバックエンドとして機能する。

　仮想マシンには、重要なアイデアやテクニックがいくつも含まれる。仮想マシンの基本的なアイデアは、あるコンピュータシステムが別のシステムをまねること（エミュレート）であり、これは 1930 年代のアラン・チューリングの時代にまでさかのぼる。現在、Java や Python、.NET などの主要なプログラミング環境では、仮想マシンが中心的な役割を果たしている。これらの言語で仮想マシンがどのように機能するかを詳しく知るには、ここで行うように、簡単な VM を実装するのが最良の方法である。

本章のもうひとつの重要なテーマは**スタック処理**である。**スタック**は、多くのコンピュータシステムで使用される、基本的で洗練されたデータ構造である。本章で示すVMもスタックに基づいている。本章では、スタック処理が実にさまざまな用途で使えることを実例とともに示す。

7.1　仮想マシンのパラダイム

高水準のプログラムをコンピュータ上で実行するには、プログラムをそのコンピュータの機械語に変換しなければならない。その昔、高水準の言語と低水準の機械語の組み合わせごとに、個別にコンパイラが開発されてきた。長年にわたり、多くの高水準言語が登場し、その一方で、多くのプロセッサと命令セットが開発された。これにより、多くの異なるコンパイラが増殖することになった。コンパイラは、ソース言語とターゲット言語の両方の仕様に依存する。この依存関係を解消するひとつの方法は、全体のコンパイル処理を、ほぼ独立した2つの処理に分割することである。第1段階では、高水準コードが解析され、高水準でも低水準でもない「中間水準」の抽象化されたコードに変換される。第2段階では、中間水準のコードが対象とするハードウェアの機械語に変換される。

この2段階の変換は、ソフトウェア工学の観点から見て非常に魅力的である。なぜなら最初の変換段階はソースとなる高水準言語の詳細にのみ依存し、次の段階はターゲットとなる低水準機械語の詳細にのみ依存するからだ。もちろん、2つの変換段階の間のインターフェースは慎重に設計しなければならない。すぐにコンパイラ開発者たちは、中間のインターフェースこそが重要であるという結論に至った。そこで、その中間のインターフェースを「言語」として新たに定義したのだ。それは、仮想マシン上で動作するように設計された「言語」である。

このように、以前は単一のプログラムだったコンパイラが、今では2つの独立した、はるかに単純なプログラムに分割されている。第一のプログラムは、依然として**コンパイラ**と呼ばれ、高水準コードを中間のVMコードに変換する。第二のプログラムは**VM変換器**と呼ばれ、VMコードを対象のハードウェアプラットフォームの機械語命令に変換する。Javaでも、この2段階コンパイルのフレームワークを使って、プログラムの高い移植性を実現している。プラットフォームの違いをJava仮想マシン（JVM）が吸収するので、同じJavaプログラムがさまざまなプラットフォームで実行可能になる（**図7-1**）。

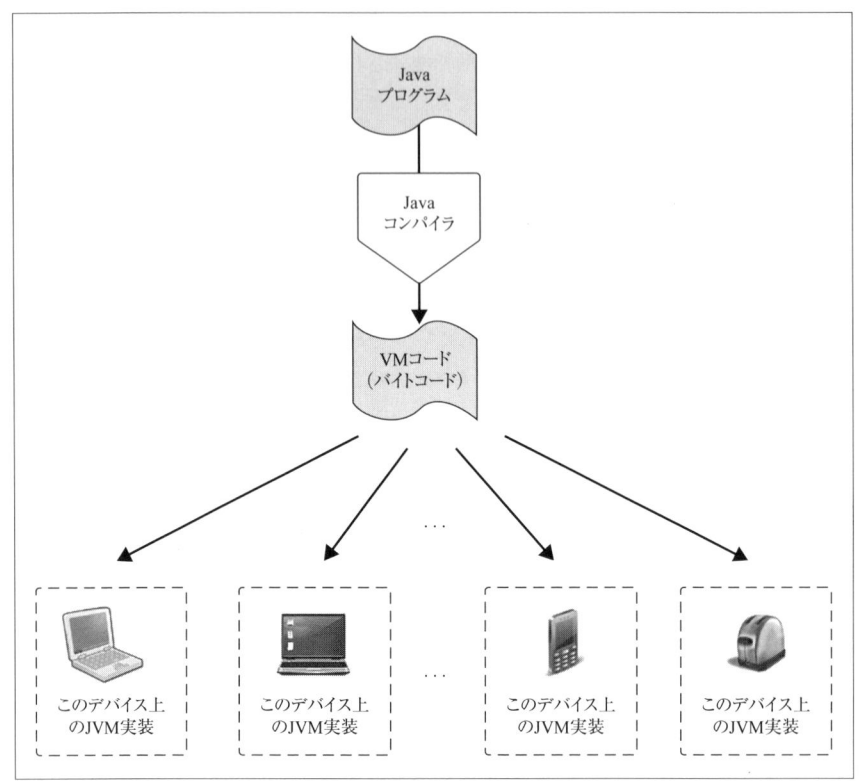

図7-1 仮想マシンのフレームワーク（ここでは Java を例とする）。高水準のプログラムは中間の
VM コードにコンパイルされる。そして同じ VM コードが、適切な VM 実装（Java では JVM
実装）を備えたハードウェアプラットフォームに読み込まれ、実行される。通常、これらの
VM 実装は、VM コードを対象デバイスの機械語に変換するクライアントのプログラムとして
実現される。

　仮想マシンのフレームワークには実用上の利点が多くある。たとえば、あるベン
ダーが新しいデジタルデバイス（たとえば携帯電話）を市場に投入するとしよう。こ
のとき、JRE（Java Runtime Environment）と呼ばれる JVM 実装は比較的容易に
開発できる。この JRE により、これまで Java で開発された膨大な量のソフトウェ
アが利用可能になる。また、.NET のように複数の高水準言語が同じ VM 言語にコ
ンパイルされる場合、言語を超えた連携が可能になる。そこでは、異なる言語用のコ
ンパイラが同じ VM バックエンドを共有し、共通のソフトウェアライブラリを使用
できる。

VM フレームワークは以上の利点を得る代償として「効率性」を犠牲にする。当然ながら、2 段階の変換プロセスで生成するコードは、直接コンパイルで生成されるコードよりも冗長なことが多く、効率性が落ちる。しかし、プロセッサの速度が向上し、VM 実装が最適化されるにつれて、ほとんどのアプリケーションでは効率性が問題にならなくなった。もちろん、効率的なコードを生成する C や C++ のような 1 段階のコンパイラを必要とする高性能アプリケーションや組み込みシステムは依然として存在する。ちなみに、C++ の最新のバージョンには、従来の 1 段階コンパイラと VM ベースの 2 段階コンパイラの両方が備わっている。

7.2 スタックマシン

VM 言語の設計は「バランス」が重要である。高水準プログラミング言語と多種多様な低水準の機械語の間で、どのように「バランス」を取るかが重要である。望ましい VM 言語は、「高水準側からの要件」と「低水準側からの要件」を同時に満たす。「高水準側からの要件」は、言語には適度な表現力が求められる、ということである。つまり VM コードは、コンパイラが生成する VM コードが適度な表現力と構造性を持つようにするため、十分に高水準でなければならないのだ。私たちは、算術論理コマンド、push/pop コマンド、分岐コマンド、関数コマンドを備えた VM 言語を設計することで、この要求を満たす。「低水準側からの要件」は、VM コードから生成される機械コードがコンパクトで効率的になるように、VM コードは十分に低水準でなければならない、ということだ。以上をまとめると、「高水準から VM 水準」および「VM 水準から機械水準」の両方の変換について、変換前後の差が大きくならないようにする必要がある。この多少矛盾するような要件は**スタックマシン**がうまく解決してくれる。スタックマシンと呼ばれる抽象的なアーキテクチャを設計すれば、このスタックマシンに基づく中間の VM 言語ができる。この中間言語により、高水準言語の表現力と低水準機械語の効率性という相反する要求を両立できる。

先に進む前に、読者には忍耐強さを求めたい。これから説明するスタックマシンと、後の章で紹介するコンパイラの関係は、やや込み入っている。読者には、スタックマシンという抽象化の本質的な美しさを味わってほしい。そのためには、私たちの最終的な目的をいちいち気にしないようにすることを推奨する。スタックマシンの実用性は、次の章の終わりになってようやく明らかになる。今のところ、あらゆる高水準プログラミング言語で書かれたあらゆるプログラムは、スタック上の一連の操作に変換できるとだけ覚えておいてほしい。

7.2.1　pushとpop

　スタックマシンモデルの中心は、**スタック**と呼ばれるデータ構造にある。スタックは、必要に応じて増減するデータ格納領域である。スタックはさまざまな操作をサポートしているが、ひとまず push と pop という 2 つの重要な操作を覚えよう。push は、皿の上に皿を置くように、スタックの先頭に値を追加する操作である[†3]。pop は、スタックの先頭の値を取り除く操作である。pop 操作により、元は 2 番目だった値がスタックの先頭になる。例を**図7-2**に示す。push/pop は、**後入れ先出し**（Last-In-First-Out; LIFO）と呼ばれる性質を持つ。pop される値は、スタックに最後に push された値である。驚くかもしれないが、このスタックの性質が、プログラムの変換と実行に最も適しているのだ。この事実を示すのに、7 章の 8 章の 2 つの章が必要になる。

[†3]　訳注：皿を積み重ねるメタファーを用いてスタックを説明しているが、**図7-2** の表現はこれと逆になっているので注意が必要である。皿のメタファーでは新しい要素が上に追加されるが、図ではスタックの「下」に新しい要素が追加されている。この図の表現は、コンピュータのメモリ構造を反映したものである。

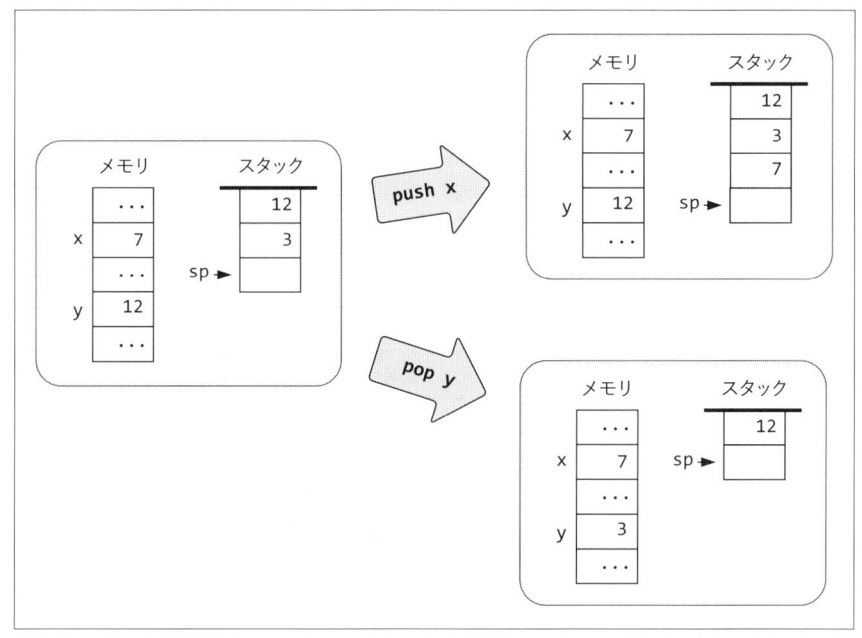

図7-2 スタック処理の例。push と pop の 2 つの基本操作を示す。この例では、RAM のようなメモリセグメントとスタックの 2 つのデータ構造で構成される。慣例に従い、スタックは下方向に成長するように描かれている。スタックの最上位の値の次の位置は、「sp」または「スタックポインタ」と呼ばれるポインタで参照される。x と y のシンボルは、2 つの任意のメモリ位置を参照する。

図7-2 のように、私たちの抽象化された VM には、**スタック**と、RAM のようなメモリセグメントが含まれる。スタックへのアクセスは従来のメモリへのアクセスとは異なることに注意してほしい。第一に、スタックは「最後に追加された要素（先頭要素）」からしかアクセスできないが、通常のメモリでは、メモリ内のどの値へも直接アクセスできる。第二に、スタックから値を読み取ることは、情報が失われることを意味する。スタックでは先頭の値しか読み取れず、それにアクセスする唯一の方法は、スタックからその値を取り除くことである（一部のスタックモデルでは、値を取り除かずに読み取ることができる**ピーク**という操作も提供されている）。対照的に、通常のメモリから値を読み取る操作は、メモリの状態に影響を与えない。最後に、スタックに書き込む操作は、スタックの他の値を変更しない（スタックの先頭に値を追加するだけである）。対照的に、メモリに値を書き込む操作は、以前の値が上書きされるので、情報が失われる。

7.2.2　スタック演算

　ここでは x _op_ y という操作を考えてみよう。これは演算子の _op_ がオペランド[†4]のの x と y に適用されることを意味する。具体的には、$7+5$ や $3-8$ などが該当する。スタックマシンでは、x _op_ y の操作は次のように実行される。まず、オペランドの x と y がスタックの先頭から pop される。次に、x _op_ y の値が計算される。最後に、計算された値がスタックの先頭に push される。同様に、単項演算の _op_ x は、x をスタックの先頭から pop し、_op_ x の値を計算し、最後にこの値をスタックの先頭に push することで実現される。加算と反転の例を以下に示す。

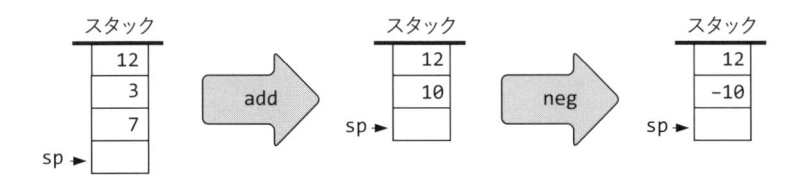

　これと同じアイデアを拡張することで、一般的な算術式をスタックマシンで評価できる。たとえば、高水準のプログラムによって書かれた d = (2 - x) + (y + 9) という式を考える。この式のスタックベースの評価を**図7-3**に示す。同様に、論理式のスタックベースの評価を**図7-4**に示す。

---

†4　訳注：オペランドは演算の対象となる値や変数のことである。x _op_ y の式では、_op_ が演算子、x と y がオペランドである。演算子は計算を行う記号や関数のことである。たとえば、$+, -, *, /$ などが該当する。

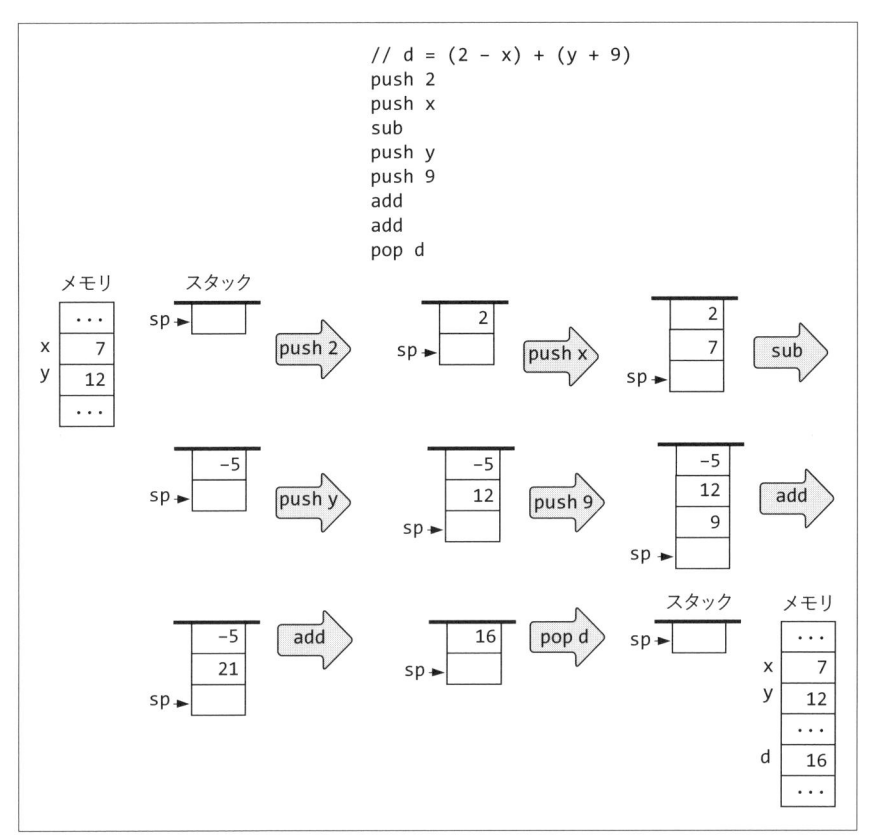

図7-3　算術式のスタックベースの評価

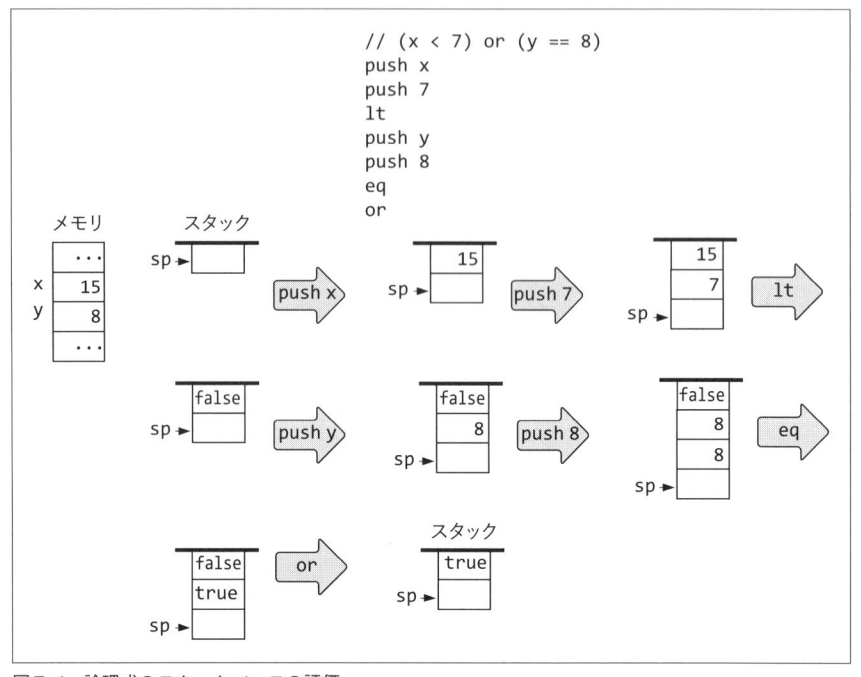

図7-4　論理式のスタックベースの評価

　スタックの観点から見ると、算術演算や論理演算は、演算の対象となるオペランドを演算結果で置き換えるだけで、スタックの残りの部分に影響を与えない。これは、人間が短期記憶を使って暗算を行う方法に似ている。たとえば、$3 \times (11 + 7) - 6$ を計算する場合について考えよう。まず、11 と 7 を式から "頭の中" に pop して、$11 + 7$ を計算する。そして、その結果を式に戻すと、$3 \times 18 - 6$ になる。これにより、$(11 + 7)$ が 18 に置き換えられ、式の残りの部分は以前と同じままになる。後は、そのような「pop →計算→ push」の手続きを、式が 1 つの値になるまで繰り返すだけである。

　以上の例は、スタックマシンの重要な利点を示している。それは、どんなに複雑な算術式や論理式でも、スタック上の一連の単純な操作に変換し、手順に従って評価できるということだ。したがって、高水準の算術式と論理式をスタックコマンドの並びに変換する**コンパイラ**を書くことができる。実際、10 章と 11 章では、そのようなコンパイラを実装する。高水準の式がスタックコマンドに変換されたら、スタックマシンの実装を使ってそれらを評価できる。

7.2.3　仮想メモリセグメント

　ここまでのスタック処理の例では、push/pop コマンドは、x と y が任意のメモリ位置を参照する構文 push x と pop y を使用して概念的に示された。ここでは、push/pop コマンドの正式な説明を行う。

　高水準言語には、x、y、sum、count などのシンボル変数がある。言語がオブジェクトベースの場合、そのような変数は次のいずれかの可能性がある。

- クラスの**スタティック**変数
- インスタンスの**フィールド**変数
- メソッドの**ローカル**変数または**引数**

　Java の JVM や私たちの VM モデルのような仮想マシンでは、シンボル変数は存在しない。その代わりに、変数は static、this、local、argument のような名前を持つ**仮想メモリセグメント**の要素として表現される。たとえば、コンパイラは高水準プログラムで見つかった最初のスタティック変数を static 0 に、次のスタティック変数を static 1 に、その次のスタティック変数を static 2 に、... というようにマッピングする。他のタイプの変数も同様に、this、local、argument セグメントにマッピングする。たとえば、ローカル変数の x とフィールド変数の y がそれぞれ local 1 と this 3 にマッピングされているとしよう。この場合、let x = y のような高水準の文は、コンパイラによって push this 3 と pop local 1 に変換される。私たちの VM モデルは 8 つのメモリセグメントを備えている。その名前と役割を**図7-5** に示す。

セグメント	役割
argument	関数の引数
local	関数のローカル変数
static	関数が参照するスタティック変数
constant	0から32767までの定数値
this	この章で後述
that	この章で後述
pointer	この章で後述
temp	この章で後述

図7-5　仮想メモリセグメント

　VM 実装の開発者は、コンパイラがシンボル変数を仮想メモリセグメントにどのようにマッピングするかを気にしなくてよい。これらの問題については、10章と11章でコンパイラを開発する際に詳しく扱う。今のところ、VM コードはすべての仮想メモリセグメントにすべて同じ方法でアクセスできる、とだけ覚えてほしい。それには、**セグメント名**の後に非負の**インデックス**を使用する。

7.3　VM仕様①

　私たちの VM はスタックベースである。すべての VM 操作はオペランドをスタックから取得し、結果をスタックに格納する。データ型は「16 ビット符号付き整数」のみである。VM のプログラムは一連の VM コードによって構成され、これらのコマンドは次の 4 つのカテゴリに分類される。

push/pop コマンド
　スタックとメモリセグメント間でデータを転送する。

算術論理コマンド
　算術演算と論理演算を実行する。

分岐コマンド
　条件付きと無条件の分岐操作を可能にする。

関数コマンド

　　関数の呼び出しと復帰の操作を可能にする。

　これらのコマンドの仕様と実装は 2 つの章にまたがる。本章では、**push/pop** コマンドと**算術論理**コマンドに焦点を当てる。次の章では、残りのコマンドの仕様の説明と実装を行う。

コメントと空白

　//で始まる行はコメントと見なされ、無視される。また、空白行を使うことができる。空白行は無視される。

push/pop コマンド

push *segment index*

　　segment[*index*] の値をスタックに push する。ここで、*segment* は argument、local、static、constant、this、that、pointer、temp のいずれかである。*index* は非負の整数である。

pop *segment index*

　　スタックの先頭の値を pop し、それを *segment*[*index*] に格納する。ここで、*segment* は argument、local、static、this、that、pointer、temp のいずれかである。*index* は非負の整数である。

算術論理コマンド

算術コマンド

　　add、sub、neg

比較コマンド

　　eq、gt、lt

論理コマンド

　　and、or、not

add、sub、eq、gt、lt、and、or のコマンドは、オペランド[5]を 2 つ取る。それらのコマンドを実行するために、VM 実装はスタックの上位から 2 つの値を pop し、その 2 つの値に対して指定された関数を計算し、結果の値をスタックに push する。残りの neg と not コマンドはオペランドを 1 つ取り動作する（**図7-6**）。

コマンド	計算式	コメント	
add	$x + y$	整数の加算（2の補数）	
sub	$x - y$	整数の減算（2の補数）	
neg	$-y$	符号反転（2の補数）	
eq	$x == y$	等しい（equality）	
gt	$x > y$	〜より大きい（greater than）	スタック
lt	$x < y$	〜より小さい（less than）	...
and	x And y	ビット単位 And	x
or	x Or y	ビット単位 Or	y
not	Not y	ビット単位 Not	sp →

図7-6　VM 言語の算術論理コマンド

7.4　実装

　ここまでに説明した仮想マシン（VM）は抽象化されたものである。この VM を実際に使用したい場合は、なんらかのホスト[6]プラットフォーム上に実装する必要がある。実装にはいくつかの選択肢があるが、ここではそのうちの 1 つである **VM 変換器**について説明する。VM 変換器は、VM コードを機械語命令に変換するプログラムである。そのようなプログラムを書くには、主に次の 2 つの作業が必要になる。

● 対象のプラットフォーム上でスタックと仮想メモリセグメントをどのように表すかを決める。

---

[5]　このオペランドは、**暗黙オペランド**とも呼ばれる。暗黙とは、コマンドの構文にオペランドが含まれないことを意味する。ここでのコマンドはスタックの上位 2 つの値に対して動作するように設計されているため、2 つのオペランドを指定する必要がない。

[6]　訳注：VM を動かす実行環境を「ホスト」と呼び、VM 上で動作するプログラムを「ゲスト」と呼ぶ。

- VM コードを、対象のプラットフォーム上で実行できる低水準命令に変換する。

たとえば、対象のプラットフォームが一般的なノイマン型マシンだとする。この場合、ホスト RAM の指定されたメモリブロックを使用して、VM のスタックを表すことができる。この RAM ブロックの下端は固定のベースアドレスになり、上端はスタックの増減に応じて変化する。したがって、固定のアドレスを stackBase として覚えておけば、後は 1 つの変数でスタックを管理できる。その変数は**スタックポインタ**（SP）として、スタックの最上位の次の RAM エントリのアドレスを保持する。スタックを初期化するには、SP を stackBase に設定する。push x コマンドは、疑似コードで表すと、RAM[SP]$= x$ の後に SP++ で実装できる。pop x コマンドは SP- -の後に $x =$RAM[SP] で実装できる。

ホストプラットフォームが Hack コンピュータで、stackBase（スタックのベースアドレス）を Hack RAM の 256 のアドレスに設定したとする。その場合、VM 変換器は、SP=256 を実現するアセンブリコード、つまり @256、D=A、@SP、M=D を生成することから始める。これ以降、VM 変換器は、push x コマンドと pop x コマンドに対して、それぞれ RAM[SP++]$= x$ と $x =$RAM[- -SP] を実現するアセンブリコードを生成できる。

先の説明を踏まえて、VM の算術論理コマンド add、sub、neg などの実装について考えてみよう。都合の良いことに、これらのコマンドはすべてまったく同じアクセスロジックである。つまり、コマンドのオペランドをスタックの上から pop し、単純な計算を行い、結果をスタックに push するロジックがまったく同じである。そのため、VM の push コマンドと pop コマンドをどのように実装するかが分かれば、VM の算術論理コマンドの実装は簡単に行える。

7.4.1 Hack プラットフォーム上の標準 VM マッピング①

本章ではここまで、仮想マシンを実装するプラットフォームについて一切仮定をしてこなかった。つまり、抽象化されたプラットフォームを対象に説明してきた。仮想マシンに関して言えば、プラットフォームに依存しないことは重要である。特定のハードウェアプラットフォームが仮想マシンの実装に影響を与えることは望ましくない。仮想マシンはあらゆるプラットフォーム（まだ実装も発明もされていないプラットフォームも含む）で実行できるように設計されるべきである。

もちろん、ある時点で抽象化された VM を特定のハードウェアプラットフォーム

上に（たとえば、**図7-1**で示したプラットフォームのひとつに）実装しなければならない。どのように進めればよいだろうか。原則として、抽象化された VM を正しく効率的に実現できる限り、どう実装してもよい。それでも、VM の設計者は通常、**標準 VM マッピング**と呼ばれる基本的な実装ガイドラインを公開する。本節の残りのページでは、Hack コンピュータ上の標準 VM マッピングを示す。以下では、VM 実装と VM 変換器という用語を同じ意味で使用する。

VM プログラム

VM プログラムの完全な定義は次の章で示す。VM プログラムは、*FileName*.vm という名前のテキストファイルに格納された一連の VM コードである（ファイル名の最初の文字は大文字でなければならず、拡張子は .vm でなければならない）。VM 変換器はファイル内の各行を読み取り、それを VM コードとして扱い、Hack アセンブリ言語で書かれた命令に変換する。結果の出力（一連の Hack アセンブリ命令）は、*FileName*.asm という名前のテキストファイルに格納する必要がある（ファイル名はソースファイルと同じで、拡張子は .asm とする）。このファイルを Hack アセンブラでバイナリコードに変換するか、HackCPU エミュレータ上でそのまま実行する。そうすれば、VM プログラムで指定された処理が実行される。

データ型

私たちの VM には、符号付き整数というひとつのデータ型しかない。この型は、Hack プラットフォーム上で 2 の補数の 16 ビット値として表現される。VM のブール値 **true** と **false** は、それぞれ -1 と 0 で表される。

RAM の使用法

Hack の RAM は 32K の 16 ビットワードで構成される。VM 実装では、このアドレス空間の一部を**表7-1**のように使用する必要がある。

表7-1　使用するアドレス空間

RAM アドレス	使用法
0–15	16 個の仮想レジスタ（使い方はすぐ後に示す）
16–255	スタティック変数
256–2047	スタック

「6.2 Hack 機械語の仕様」によると、RAM アドレスの 0~4 は、シンボル SP、LCL、ARG、THIS、THAT を使用して参照できる。この規則は、VM 実装の開発者が読みやすいコードを書く手助けとなるために、（先見の明をもって）アセンブリ言語に導入された。VM 実装では、これらのアドレスを**表7-2**のように使用する。

表7-2　VM 実装でのアドレスの使用法

名前	場所	使用法
SP	RAM[0]	スタックポインタ：スタック最上位の次のメモリアドレス
LCL	RAM[1]	local セグメントのベースアドレス
ARG	RAM[2]	argument セグメントのベースアドレス
THIS	RAM[3]	this セグメントのベースアドレス
THAT	RAM[4]	that セグメントのベースアドレス
TEMP	RAM[5-12]	temp セグメントを保持
R13 R14 R15	RAM[13-15]	VM 変換器が生成するアセンブリコードに変数が必要な場合、これらの レジスタを使用可能

　本章で「セグメントのベースアドレス」と言うとき、それはホスト RAM の物理アドレスを指す。たとえば、local セグメントをアドレス 1017 から始まる RAM セグメント上にマッピングしたい場合、LCL を 1017 に設定する Hack アセンブリコードを書くことができる。注意しておくが、仮想メモリのセグメントをホスト RAM のどこに配置するかは慎重を要する問題である。たとえば、関数の実行が開始されるたびに、local と argument のメモリセグメントを保持するために、RAM 空間を割り当てる必要がある。そして、その関数が別の関数を呼び出すと、先ほどのセグメントを一旦保留して、呼び出された関数のセグメントのために追加の RAM 空間を割り当てる必要がある。これが延々と続く。これらの制約のないメモリセグメントが互いに干渉せず、かつ他の予約済みの RAM 領域を侵さないよう管理する必要がある。このようなメモリ管理の課題については、次章で VM 言語の関数呼び出しと復帰のコマンドを実装する際に考える。

　今のところは、これらの「メモリ割り当て」の問題に悩まされる必要はない。代わりに、SP、ARG、LCL、THIS、THAT が、ホスト RAM の適切なアドレスにすでに初期化されていると想定しよう。また、VM 実装はこれらのアドレスの実際の値を知る必要がないことに注意してほしい。代わりに、ポインタ名をシンボルとして操作する。たとえば、D レジスタの値をスタックに push したいとする。この操作は、RAM[SP++]=D というロジックにより実装できる。これは、Hack アセンブリで

は @SP、A=M、M=D、@SP、M=M+1 と表される。このように、スタックがホスト RAM のどこに位置しているか、つまりスタックポインタの実際の値を知らなくても、スタックに push することができる。

上のアセンブリコードをしっかりと理解しよう（そのために数分の時間をかけることをお勧めする）。理解できない場合は、Hack アセンブリ言語でのポインタ操作の知識を復習する必要がある（「4.3　Hack プログラミング」の例 3 を参照）。VM 命令の変換では Hack アセンブリ言語でコードを生成するため、アセンブリコードの知識は VM 変換器を開発するために必要不可欠である。

メモリセグメントのマッピング

local、argument、this、that セグメント

次章では、VM 実装がこれらのセグメントをホスト RAM に動的にマッピングする方法について説明する。今のところ、これらのセグメントのベースアドレスが、それぞれ LCL、ARG、THIS、THAT レジスタに格納されていることを知っておけばよい。したがって、仮想セグメントの i 番目のエントリへのアクセス（VM コードの「push/pop $segmentName\ i$」）は、RAM のアドレス $(base + i)$ へのアクセスに変換する。ここで、$base$ は LCL、ARG、THIS、THAT のいずれかのポインタである。

pointer セグメント

pointer セグメントは、上で説明した仮想セグメントとは異なり、2 つの値だけを持つ。その 2 つの値は、RAM のアドレス 3 と 4 に直接マッピングされる。これらの RAM のアドレスは、それぞれ THIS と THAT とも呼ばれることを思い出そう。そのため、pointer セグメントは次のようにマッピングされる。pointer 0 へのアクセスは、THIS ポインタへのアクセスにつながり、pointer 1 へのアクセスは、THAT ポインタへのアクセスにつながる。たとえば、pop pointer 0 は THIS を pop された値に設定し、push pointer 1 は THAT の現在の値をスタックに push する。なぜこのような奇妙な使い方をするかについては、10 章と 11 章でコンパイラを作成するときに完全に納得がいくようになる。乞うご期待。

temp セグメント

この 8 ワードのセグメントも固定されており、RAM の位置 5〜12 に直接マッピングされる。そのため、temp i へのアクセス（i は 0〜7 の範囲）は、RAM の位置

$5+i$ へのアクセスに変換する。

constant セグメント

この仮想メモリセグメントは、物理 RAM のスペースを占有しない。その意味で、constant セグメントはまさに仮想的である。VM 実装上では、constant i へのアクセスが発生するたびに単に定数 i を返すようにするだけでよい。たとえば、push constant 17 というコマンドは、17 をスタックに push するアセンブリコードに変換する。

static セグメント

スタティック変数は、ホスト RAM のアドレス 16〜255 にマッピングされる。このマッピングがどのように行われるかを説明するために、VM プログラムが Foo.vm というファイルに格納されていると仮定しよう。そして、Foo.vm で static i への参照があったとする。このとき、Foo.i というアセンブリのシンボルを生成し、それをアドレス 16 にマッピングする。仕様（「6.2 Hack 機械語の仕様」）により、Hack アセンブラはこれらのシンボル変数をアドレス 16 から始まるホスト RAM にマッピングする。以上の手順により、VM プログラムに現れるスタティック変数は、**VM コードに現れる順序で**、アドレス 16 以降にマッピングされる。たとえば、VM プログラムが push constant 100、push constant 200、pop static 5、pop static 2 というコードで始まるとする。上で説明した変換方式では、static 5 と static 2 は、それぞれ RAM アドレスの 16 と 17 にマッピングされる。

このスタティック変数の実装は多少ずるいが、うまく機能する。生成された *FileName.i* シンボルには、一意の接頭辞を持つファイル名があるため、異なる VM ファイルのスタティック変数が混在せずに共存できる。注意しておくが、スタックはアドレス 256 から始まるため、Jack プログラムのスタティック変数の数は $255 - 16 + 1 = 240$ 個に制限される。

アセンブリ言語のシンボル

上述した特殊シンボルについてまとめよう。ここでは、VM プログラムがファイル Foo.vm に格納されているとする。Hack プラットフォームの標準 VM マッピングに準拠する VM 変換器は、次のシンボルを使用するアセンブリコードを生成する。SP、LCL、ARG、THIS、THAT、および Foo.i（i は非負の整数）。一時記憶のために変数

を使用する場合、VM 変換器は R13、R14、R15 のシンボルを使用できる。

7.4.2　VM エミュレータ

　仮想マシンを実装する比較的簡単な方法のひとつは、高水準プログラムを使って実装することである。高水準プログラムを使えば、スタックとメモリセグメントを表現し、すべての VM コードを実装できる。たとえば、スタックを十分に大きな stack という名前の配列を使用して表現できるだろう。この場合、push および pop 操作は、stack[SP++]=x や x=stack[--SP] のような高水準の文を使用して直接実装できる。仮想メモリのセグメントも配列を使用して実装できる。

　VM エミュレーションを行うプログラムをより洗練されたものにしたい場合、グラフィカルなインターフェースを追加することも考えられる。それにより、ユーザーが VM コードを試しながら、スタックとメモリセグメントに与える影響を視覚的にチェックできる。「Nand to Tetris」のソフトウェアスイートには、Java で書かれたそのようなエミュレータが含まれている（**図7-7**）。この便利なプログラムでは、VM コードをそのままロードして実行し、VM コードがスタックとメモリセグメントにどのような影響を与えるかを視覚的に観察できる。さらにエミュレータは、スタックとメモリセグメントがホスト RAM にどのようにマッピングされるか、そして VM コードが実行されるときに RAM の状態がどのように変化するかを示す。この VM エミュレータは素晴らしいプログラムである――ぜひ試してみてほしい！

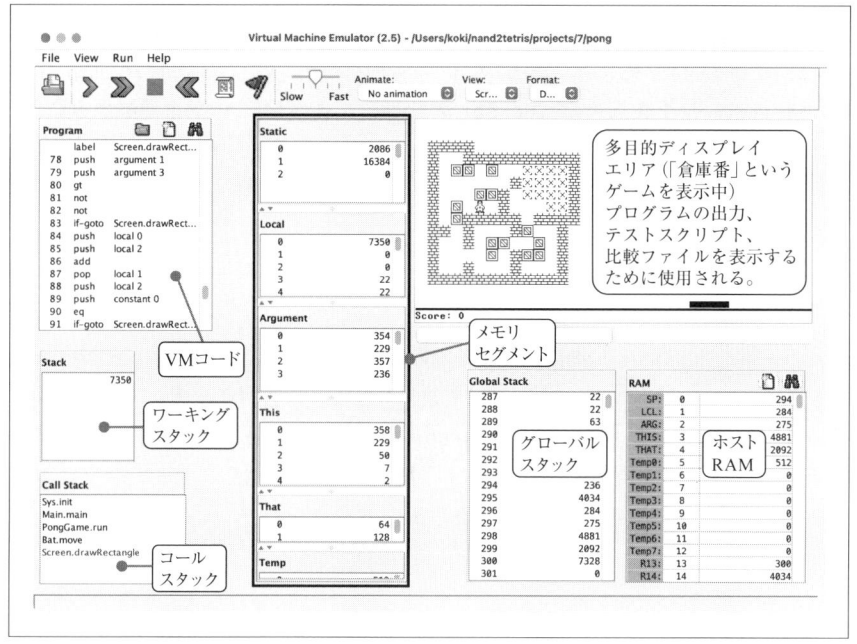

図7-7 「Nand to Tetris」に付属する VM エミュレータ

7.4.3　VM 実装の設計に関する提案

使用法

VM 変換器は、次のようにコマンドライン引数を 1 つ受け取る。

```
prompt> VMTranslator source
```

ここで、*source* は *ProgName*.vm の形式のファイル名である。ファイル名には ファイルパスを含めることができる。パスが指定されていない場合、VM 変換器 はカレントフォルダで動作する。ファイル名の最初の文字は大文字でなければなら ず、.vm の拡張子は必須である。ファイルには、1 つ以上の VM コードが含まれて いる。そして、VM 変換器は *ProgName*.asm という名前の出力ファイルを作成し、 VM コードをアセンブリ命令に変換した内容をその中に保存する。出力ファイルの *ProgName*.asm は、入力ファイルと同じフォルダに保存される。*ProgName*.asm と いうファイルがすでに存在する場合は、上書きされる。

プログラム構造

　VM 変換器の実装には、3 つのモジュール―― VMTranslator、Parser、CodeWriter――を使用する。Parser の仕事は、各 VM コードを理解すること。つまり、コマンドが何をするのかを理解することである。CodeWriter の仕事は、（Parser によって）理解された VM コードを、Hack のアセンブリ命令に変換することである。VMTranslator は変換プロセス全体を統括する。

Parser モジュール

　このモジュールは、1 つの .vm ファイルの解析を行う。Parser は、VM コードを読み取り、コマンドをいくつかの構成要素に分解し、その構成要素にアクセスするためのサービスを提供する。また、Parser はすべての空白とコメントを無視する。Parser は、8 章で実装する**分岐**コマンドと**関数**コマンドを含む、すべての VM コードを処理するように設計されている（**表7-3**）。

表7-3　Parser モジュールの API

ルーチン	引数	戻り値	機能
コンストラクタ /イニシャライザ	入力ファイル /ストリーム	—	入力ファイル/ストリームを開き、パースを行う準備をする。
hasMoreLines	—	ブール値	入力にさらに行があるか？
advance	—	—	入力から次のコマンドを読み、それを現在のコマンドとする。hasMoreLines が true の場合にのみ、本ルーチンを呼ぶようにする。最初は、現在のコマンドは空である。
commandType	—	C_ARITHMETIC、C_PUSH、C_POP、C_LABEL、C_GOTO、C_IF、C_FUNCTION、C_RETURN、C_CALL（定数）	現在のコマンドの種類を表す定数を返す。算術/論理コマンドは C_ARITHMETIC が返される。
arg1	—	文字列	現在のコマンドの最初の引数が返される。C_ARITHMETIC の場合、コマンド自体（add、sub など）が返される。現在のコマンドが C_RETURN の場合、本ルーチンは呼ばないようにする。

表7-3 Parser モジュールの API（続き）

ルーチン	引数	戻り値	機能
arg2	—	整数	現在のコマンドの 2 番目の引数が返される。現在のコマンドが C_PUSH、C_POP、C_FUNCTION、C_CALL の場合にのみ本ルーチンを呼ぶようにする。

たとえば、現在のコマンドが push local 2 の場合、arg1() と arg2() を呼び出すと、それぞれ "local" と 2 が返される。現在のコマンドが add の場合、arg1() を呼び出すと "add" が返される（この場合、arg2() は呼ばれない）。

CodeWriter モジュール

このモジュールは、Parser によって解析された VM コードを Hack アセンブリコードへと変換する（**表7-4**）。

表7-4 CodeWriter モジュールの API

ルーチン	引数	戻り値	機能
コンストラクタ/イニシャライザ	出力ファイル/ストリーム	—	出力ファイル/ストリームを開き、書き込む準備を行う。
writeArithmetic	*command*（文字列）	—	算術論理コマンドの *command* に対応するアセンブリコードを出力ファイルに書き込む。
writePushPop	*command*（C_PUSH または C_POP）、*segment*（文字列）、*index*（整数）	—	push または pop の *command* に対応するアセンブリコードを出力ファイルに書き込む。
close	—	—	出力ファイル/ストリームを閉じる。

 8 章では、このモジュールにさらにルーチンを追加する。

たとえば、writePushPop(C_PUSH,"local",2) を呼び出すと、VM コードの push local 2 に対応するアセンブリ命令が生成される。もうひとつの例として、writeArithmetic("add") を呼び出すと、スタックの上位 2 つの要素を pop し、それらを加算し、結果をスタックに push するアセンブリ命令が生成される。

VMTranslatorモジュール

VMTranslator は、Parser と CodeWriter のサービスを使用して、変換プロセス全体を統括するメインプログラムである。このプログラムは、コマンドライン引数から入力ソースファイルの名前（たとえば *Prog*.vm）を取得する。まずは、入力ファイル（*Prog*.vm）を解析するための Parser オブジェクトを作成し、アセンブリ命令を書き込む出力ファイル（*Prog*.asm）を作成する。次に、入力ファイルの VM コードを反復処理するループに入る。ループ内では、Parser と CodeWriter のサービスを使用して、コマンドをフィールドへと分解し、そこから一連のアセンブリ命令を生成する。アセンブリ命令は出力ファイル（*Prog*.asm）に書き込まれる。

このモジュールの API は提供しないので、適切な方法で実装してほしい。

実装のヒント

1. VM コード（たとえば push local 2 など）の変換を開始するときは、アセンブリコードを出力する前に、まずは「// push local 2」のようなコメントを生成するとよいだろう。これらのコメントは、生成されたアセンブリコードを読んだり、必要に応じて変換器をデバッグしたりするのに役立つ。
2. ほとんどの VM コードは、データをスタックに push したり pop したりする必要がある。そのため、VM コードの write*Xxx* ルーチンは、同様のアセンブリ命令が使用される。同じコードを繰り返し書くことを避けるために、そのような処理はプライベートルーチン（**ヘルパーメソッド**と呼ばれることもある）に分割するとよいだろう。
3. 6章で説明したように、機械語プログラムを無限ループで終了させることを推奨する。そのため、アセンブリでの無限ループコードを書くプライベートルーチンを実装するとよいだろう。すべての VM コードの変換が完了したら、このルーチンを一度呼び出すことで、プログラムを終了させることができる。

7.5　プロジェクト

基本的には、VM コードをひとつずつ読み取りながら、各コマンドを Hack 命令に変換するプログラムを書く必要がある。たとえば、push local 2 という VM コードをどのように処理すればよいだろうか？

ヒント

SP と LCL ポインタを操作する Hack アセンブリ命令を書く必要がある。VM の算術論理コマンドと push/pop コマンドを実現する一連の Hack 命令を考えることが、このプロジェクトでの主要な課題である。コード生成とは、まさにそういうものなのである。

　まず、アセンブリコードを紙に書いてテストすることを推奨する。RAM セグメントを描き、SP と LCL の値を記録するテーブルを描き、これらの変数を任意のメモリアドレスに初期化する。次に、push local 2 を実現するアセンブリコードを、紙の上で追跡する。そのコードは、スタックと local セグメントを正しく操作するだろうか？　スタックポインタの更新を忘れていないだろうか？　アセンブリコードが正しく動作すると確信が持てたら、CodeWriter にそのロジックを実装しよう。

　VM 変換器はアセンブリコードを出力する必要があるので、低水準の Hack プログラミングのスキルが必要になる。そのための最良の方法は、4 章のアセンブリプログラムの例と「プロジェクト 4」で書いたプログラムを復習することである。Hack アセンブリ言語のドキュメントを参照する必要がある場合は、「4.2　Hack 機械語」を参照すること。

目的

　算術論理や **push/pop** などのコマンドが含まれる VM プログラムを Hack アセンブリ言語に変換する VM 変換器を実装する。このバージョンの VM 変換器は、ソースとなる VM コードにエラーがないことを前提としている。エラーのチェックや報告などの機能は、VM 変換器の後のバージョンに追加できるが、「プロジェクト 7」では実装しない。

リソース

　2 つのツールが必要になる。VM 変換器を実装するプログラミング言語と、nand2tetris/tools フォルダにある付属の **CPU エミュレータ**だ。CPU エミュレータを使用すると、変換器が生成したアセンブリコードを実行してテストすることができる。生成されたコードが CPU エミュレータで正しく実行されれば、VM 変換器が期待どおりに動作しているといえる。これは変換器の部分的なテストにすぎないが、私たちの目的には十分である。

　このプロジェクトで役立つもうひとつのツールは、nand2tetris/tools フォル

ダにある **VM エミュレータ**だ。このプログラムを使用して、本書付属のテストプログラムを実行し、VM コードがスタックと仮想メモリセグメントの（シミュレートされた）状態にどのように影響するかを確認してほしい。たとえば、テストプログラムがいくつかの定数をスタックに push し、それらを local セグメントに pop したとする。VM エミュレータでテストプログラムを実行し、スタックがどのように増減するか、local セグメントがどのような値で埋められるかを確認できる。これは、VM 変換器の実装に取りかかる前に、VM 変換器がどのようなコマンドを生成するかを理解するのに役立つ。

要件

　Hack プラットフォームの標準 VM マッピングに準拠する VM 変換器を作成せよ。VM の仕様は「7.3　VM 仕様①」で示した。また、標準 VM マッピングの仕様は「7.4.1　Hack プラットフォーム上の標準 VM マッピング①」で示した。この変換器を使用して、本書が提供するテスト用の VM プログラムを変換し、Hack アセンブリ言語で書かれたプログラムを生成せよ。この変換器が生成したアセンブリプログラムを CPU エミュレータ上で実行すると、付属のテストスクリプトと比較ファイルで指定された結果が得られるはずである。

テストと実装の段階

　本章ではテスト用の VM プログラムを 5 つ提供する。テストプログラムの内容を以下に示す。変換器の開発とテストは、この順序で行うことを推奨する。そうすることで、変換器のコード生成を段階的に実装できる。

SimpleAdd プログラム

　2 つの定数をスタックに push し、それらを加算するプログラム。push constant *i* と add の実装をテストする。

StackTest プログラム

　定数をいくつかスタックに push し、すべての算術論理コマンドの実装をテストする。

BasicTest プログラム

constant、local、argument、this、that、temp の 6 つのメモリセグメント
を使用して、push、pop、算術コマンドを実行するプログラム。これら 6 つのメモリ
セグメントの実装をテストする（この段階で constant は実装済み）。

PointerTest プログラム

pointer、this、that のメモリセグメントを使用して、push、pop、算術コマン
ドを実行するプログラム。pointer セグメントの実装をテストする。

StaticTest プログラム

定数と static メモリセグメントを使用して、push、pop、算術コマンドを実行す
るプログラム。static セグメントの実装をテストする。

初期化

VM プログラムを変換するとアセンブリコードが生成される。このアセンブリコー
ドをホストプラットフォーム上で実行するには、スタックと仮想メモリセグメントの
「初期化」が必要になる。初期化では、スタックと仮想メモリセグメントのベースア
ドレスを、指定された RAM 位置に設定する必要がある。この初期化については、次
の章で詳細を説明し、実装することになる。現時点では、この初期化について心配す
る必要はない。本章のプロジェクトに必要なすべての初期化は、本書付属のテストス
クリプトによって（手動で）行われる。

テストとデバッグ

本プロジェクトでは、5 組のテスト（テストプログラム、テストスクリプト、比
較ファイル）を提供する。テストプログラムは *Xxx*.vm ファイル、比較ファイルは
Xxx.cmp ファイルである。テストスクリプトは *Xxx*.tst ファイルと *Xxx*VME.tst
の 2 つがある（*Xxx*.tst は CPU エミュレータで、*Xxx*VME.tst は VM エミュレー
タで使用する）。プロジェクトの進め方として、次の手順を推奨する。

0. テストスクリプトの *Xxx*VME.tst を使用して、付属の **VM エミュレータ**上でテ
   ストプログラムの *Xxx*.vm を実行する。これにより、テストプログラムの本来の
   動作に親しむことができる。シミュレートされたスタックと仮想セグメントを検

査し、テストプログラムが何をしているのかを理解する。

1. あなたの変換器（あなたが段階的に実装している変換器）を使用して、*Xxx*.vm ファイル（テストプログラム）を変換する。その結果、*Xxx*.asm という Hack ア センブリコードのテキストファイルが生成されるはずである。

2. 変換器が生成した *Xxx*.asm ファイルのコードを目視でチェックする。明らかな エラーがある場合は、変換器をデバッグして修正する。

3. 付属の *Xxx*.tst ファイルと *Xxx*.cmp ファイルを使用して、変換された *Xxx*.asm プログラムを **CPU エミュレータ**上で実行してテストする。エラーがある場合は、 変換器をデバッグして修正する。

このプロジェクトが終了したら、必ず VM 変換器のコピーを保存するようにしよ う。次の章では、このプログラムを拡張して、さらに VM コードを処理するよう求 められる。「プロジェクト 8」の修正によって「プロジェクト 7」で開発したコードが 壊れてしまった場合、バックアップしたコードを使用できる。

「プロジェクト 7」は、オンライン IDE の以下のツールを使って取り組むこともで きる[7]。

- VM エミュレータ：https://nand2tetris.github.io/web-ide/vm
- CPU エミュレータ：https://nand2tetris.github.io/web-ide/cpu

7.6 展望

この章では、高水準言語のコンパイラを作るプロセスを始めた。現代のソフトウェ ア工学の慣習に従い、私たちは 2 段階コンパイルの方式を採用した。10 章と 11 章で 扱う**フロントエンド**層では、高水準コードを仮想マシン上で実行するように設計され た中間コードに変換する。本章と次章で扱う**バックエンド**層では、中間コードを対象 のハードウェアプラットフォームの機械語にさらに変換する（**図7-1** を参照）。

この 2 段階コンパイルは、長年にわたり、多くのコンパイラ開発プロジェクトで （暗黙的にも明示的にも）使用されてきた。1970 年代後半、IBM と Apple は、IBM

---

[7] 訳注：オンライン IDE を使って「プロジェクト 7」に取り組む場合でも、「Nand to Tetris」のソフ トウェアスイートを https://www.nand2tetris.org からダウンロードする必要がある。ダウンロード データの、プロジェクト 7 のファイル（nand2tetris/projects/7）を使用する。

PC と Apple II として知られる 2 つの画期的なパーソナルコンピュータを発表した。これら初期のパソコンにおいて、人気の高水準言語のひとつが Pascal であった。しかし、IBM と Apple のマシンはプロセッサも機械語も OS もすべてが異なったため、異なる Pascal コンパイラを開発する必要があった。また、IBM と Apple はライバル企業でもあったので、お互いに他社のマシンへのソフトウェアの移植には興味がなかった。その結果、Pascal アプリをその 2 つのコンピュータで実行するには、マシン固有のバイナリコードを生成する異なるコンパイラを使用しなければならなかった。そのため、プログラムを一度書けばどこでも実行できるように、クロスプラットフォームのコンパイルを実現する方法が求められた。

この課題に対するひとつの解決策は、**p コード**と呼ばれる初期の仮想マシンフレームワークである。基本的なアイデアは、Pascal プログラムを中間の p コード（私たちの VM 言語に似ている）にコンパイルし、その p コードを各マシン固有の機械語に変換するというものだった。たとえば、IBM PC の場合は p コードを Intel の x86 命令セットに変換し、Apple コンピュータの場合は同じ p コードを Motorola の 68000 命令セットに変換する。この方法はうまくいった。さらには、他の企業が、効率的な p コードを生成する高度に最適化された Pascal コンパイラを開発した。これにより、同じ Pascal プログラムを、パソコン市場のほぼすべてのマシン上でそのまま実行できるようになった。つまり、ユーザーがどのコンピュータを使用していても、同じ p コードファイルを用意すれば事足りるのだ。もちろん、ユーザーのコンピュータには p コード実装（私たちの VM 変換器に相当）が必要になる。これを実現するために、p コード実装はインターネット上で無料で配布され、ユーザーはそれらをコンピュータにダウンロードするよう求められた。歴史的に見ると、これはおそらく、クロスプラットフォームの高水準言語が本来の力を初めて発揮した時期であった。

1990 年代半ばのインターネットとモバイルデバイスの爆発的な成長により、クロスプラットフォームの互換性はさらに厄介な問題になった。この問題に対処するために、Sun Microsystems（後に Oracle に買収された）は、コンパイルされたコードがインターネットに接続されたあらゆるコンピュータやデジタルデバイス上でそのまま実行できる新しいプログラミング言語の開発を目指した。この取り組みから生まれた言語が **Java** である。Java は、**Java 仮想マシン**（Java Virtual Machine; JVM）と呼ばれる中間コード実行モデルに基づいている。

JVM は、**バイトコード**と呼ばれる中間言語（Java コンパイラの VM 言語）を記述する仕様である。バイトコードで書かれたファイルは、インターネット上での Java プログラムのコード配布に広く使用されている。これらの移植可能なプログラムを実

行するためには、クライアントのデバイスに、JRE（Java Runtime Environment）として知られる適切な JVM 実装をインストールする必要がある。JVM 実装のプログラムは、多くのプロセッサと OS の組み合わせごとに提供されている。今日、パソコンや携帯電話の所有者は、JRE のようなインフラとしてのプログラムを日常的に使用しているが、デバイス上にそれらが存在することに気づくことはほとんどないだろう。

1980 年代後半に考案された Python 言語も、2 段階の変換モデルに基づいている。Python では PVM（Python Virtual Machine）を使用し、PVM は独自のバイトコードを使用している。

2000 年代初頭、Microsoft は.NET フレームワークを立ち上げた。.NET の中心は、**共通言語ランタイム**（Common Language Runtime; CLR）と呼ばれる仮想マシンフレームワークである。Microsoft のビジョンによれば、C#や C++ のような多くのプログラミング言語を、CLR 上で実行される中間コードにコンパイルでき、これにより、異なる言語で書かれたコードが相互作用し、共通のランタイム環境のソフトウェアライブラリを共有できるようになる。もちろん、C や C++ のような 1 段階コンパイラは、特に最適化されたコードを必要とする高性能アプリケーションで、依然として広く使用されている。

本章では**効率性**について何も言及しなかった。本書のプロジェクトでは、生成されるアセンブリコードの効率性は何も考慮していない。しかし、実際のコンパイラでは、生成されるコードの効率性は非常に重要である。VM 変換器は、パソコン、タブレット、携帯電話の中核をなす重要な技術である。サイズの小さい効率的な低水準コードを生成できれば、アプリはマシン上で素早く実行され、ハードウェアリソースの消費を抑えられる。そのため、VM 変換器を最適化することは最優先事項である。

VM 変換器を最適化する機会は多くある。たとえば、let x = y のような代入文は、高水準コードで広く使用されている。この文は、コンパイラによって、たとえば `push local 3` と `pop static 1` のような VM コードに変換されるだろう。このような 2 つの VM コードは、もっとうまく実装することで、スタックを使わないアセンブリコードで表現できる。その結果、パフォーマンスが劇的に向上する。もちろん、これは多くの VM 最適化のひとつにすぎない。長年にわたって、Java、Python、C#の VM 実装は洗練された最適化技術を開発してきた。

仮想マシンの可能性を最大限に引き出すには、仮想マシンに共通のソフトウェアライブラリを加えなければならない。実際、Java 仮想マシンには**標準 Java クラスライブラリ**が付属しており、Microsoft の.NET フレームワークには**フレームワーククラ**

スライブラリが付属している。これらの膨大なソフトウェアライブラリは、メモリ管理、GUI ツールキット、文字列関数、数学関数などの数多くのサービスを提供する。これらの拡張機能は「移植可能な OS」と見なすことができる。本書では、これらの拡張機能を 12 章で説明し、実装する。

8章
仮想マシンII：制御

すべてがコントロールできているように見えるときは、スピードが十分に出ていないということだ。

——マリオ・アンドレッティ（1940年生まれ）
レーシングドライバー

　7章では、仮想マシン（VM）の概念を紹介し、Hackプラットフォーム上で仮想マシンを実現する方法を示した。そのひとつの方法が、VMコードをHackアセンブリコードに変換するプログラムである。前章では、VMの「算術論理コマンド」と「push/popコマンド」をアセンブリに変換する変換器を実装した。本章では、この変換器を、VMの「分岐コマンド」と「関数コマンド」にも対応させる。本章の作業を進めるにつれて、前章の「プロジェクト7」で開発した基本版の変換器が拡張されていき、最終的にはHackプラットフォーム上で動作する完全版のVM変換器が完成する。この変換器は、10章と11章で構築するコンパイラのバックエンドのモジュールとして機能する。

　応用コンピュータサイエンスの分野において「アルゴリズム優秀賞」のようなものがあったとしたら、**スタック処理**は、ファイナリストに名を連ねるだろう。前章では、スタック上の基本的な操作によって、算術式やブール式を表現し評価できることを示した。本章でも、この驚くほどシンプルなデータ構造が、驚くほど複雑なタスクをサポートできることを示す。複雑なタスクとは、たとえば、ネストした関数の呼び出しと引数の受け渡し、再帰、実行時に必要となるメモリ割り当てやメモリの再利用などである。ほとんどのプログラマーは、これらの機能をコンパイラやOSがなんらかの方法で実現しているとは知りつつ、その仕組みまでは知らないだろう。私たちは今、このブラックボックスを開いて、その内部が実際にどのように実現されているか

を見る段階に来ている。

ランタイムシステム

あらゆるコンピュータシステムは特定のランタイムモデル[†1]を指定しなければならない。このモデルは、プログラムを実行する上で不可欠な問題に答えるものである。たとえば、次のような問題を扱う。

- プログラムの実行をどのように開始するか
- プログラムが終了したときにコンピュータが何をすべきか
- ある関数から別の関数に引数をどのように渡すか
- 実行中の関数にメモリリソースをどのように割り当てるか
- 不要になったメモリリソースをどのように解放するか

「Nand to Tetris」では、これらの問題は、VM 言語の仕様と Hack プラットフォームの VM 標準マッピングの仕様によって対処される。VM 変換器がこれらのガイドラインに従って開発されれば、実行可能なランタイムシステムが実現される。

VM 変換器は、VM コード（push、pop、add など）をアセンブリ命令に変換するだけでなく、プログラムが実行される環境を設定するためのアセンブリコードも生成する。上記の問題——プログラムの開始方法、関数の呼び出しと復帰の動作管理など——はすべて、適切なアセンブリコードを生成することで解決する。それでは具体例を見てみよう。

8.1　高水準のマジック

高水準言語を使うとプログラムを高水準の言語で書くことができる。たとえば、$x = -b + \sqrt{b^2 - 4 \cdot a \cdot c}$ という式は、x = -b + sqrt(power(b,2) - 4 * a * c) と書くことができる。これは元の式と同じくらいに理解しやすい。ここでは + や -のような基本的な演算子と、sqrt や power のような関数の違いに注目してほしい。前者は高水準言語の基本的な構文に組み込まれているのに対し、後者は基本言語の拡張である。

言語を自由自在に拡張できる能力は、高水準プログラミング言語の最も重

[†1]　訳注：ランタイムとはプログラムの実行時を指す。ランタイムモデルとは、このランタイムの仕組みや動作方法を決めるモデルのことである。

要な特徴のひとつだ。もちろん、誰かがある時点で sqrt や power のような
関数を実装しなければならない。しかし、それらの抽象化を「実装する」こ
とと、それらを「使う」こととは完全に別の話だ。そのため、アプリケーショ
ンプログラマーは、それらの関数がなんらかの方法で実行され、実行が終われ
ば、制御がなんらかの方法でコードの次の操作に戻ってくると想定することが
できる。さらに分岐コマンドは言語にさらなる表現力を与える。たとえば、
if !(a==0){x=(-b+sqrt(power(b,2)-4*a*c))/(2*a)} else {x=-c/b}のよ
うな条件付きコードを書くことができる。このような高水準のコードによって、高水
準のロジックをそのまま表現できる。

　確かに、現代のプログラミング言語はプログラマーにやさしく、便利で強力な抽象
化をいくつも提供している。しかし、いくら高水準言語の抽象度合いを高くしても、
最終的には機械語の命令に変換しなければならない（ハードウェアは機械語しか理解
できない）。したがって、コンパイラや VM は、分岐や関数呼び出しなどを低水準の
言葉で表現する方法を知っていなければならない。

　関数はモジュラープログラミングの肝である。関数は、それぞれが独立したプログ
ラミングのユニットであり、互いに呼び出し合うことができる。たとえば、solve は
sqrt を呼び出すことができ、sqrt は power を呼び出すことができる。この一連の
呼び出しは、再帰的にも任意の深さにもなり得る。一般的には、呼び出す関数（**呼び
出し側**）は、呼び出される関数（**呼び出される側**）に引数を渡し、呼び出される側が実
行を完了するまで自身の実行を一時停止する。呼び出される側は渡された引数を使っ
て何かを計算し、呼び出し側に値を返す（何も返さない場合もあり、これを void と
言う）。そして呼び出し側は動作を再開する。

　一般的には、ある関数（**呼び出し側**）が別の関数（**呼び出される側**）を呼び出すた
びに、誰かが以下の面倒を見なければならない。

- 呼び出される側が実行を完了した後、呼び出し側のコード内のどの命令に実行
  を戻すべきかを示す **return アドレス**を保存する。
- 呼び出し側のメモリリソースを保存する。
- 呼び出される側に必要なメモリリソースを割り当てる。
- 呼び出し側から渡された引数を呼び出される側のコードで利用できるように
  する。
- 呼び出される側のコードの実行を開始する。

そして、呼び出される側が終了して値を返すときも、誰かが以下の面倒を見なければならない。

- 呼び出される側の**戻り値**を呼び出し側のコードで利用できるようにする。
- 呼び出される側が使用したメモリリソースを再利用する。
- 以前に保存した呼び出し側のメモリリソースを復元する。
- 以前に保存した **return アドレス**を取り出す。
- return アドレス以降の呼び出し側のコードの実行を再開する。

　幸いなことに、高水準言語のプログラマーはこれらの細かい雑務について考える必要はまったくない。コンパイラが生成するアセンブリコードが、それらを密かに効率的に処理してくれるのだ。そして2段階コンパイルモデルでは、この内部管理の責任はコンパイラのバックエンド、つまり私たちが今開発している VM 変換器にある。おそらく、プログラミング技術の中で最も重要な抽象化は**関数の呼び出しと復帰**である。このように本章では、関数の呼び出しと復帰を可能にするランタイムの実装に取り組む。ただし、最初はより簡単な分岐コマンドから始めよう。

8.2　分岐

　コンピュータプログラムが実行される順番は、デフォルトでは逐次的である。つまり、プログラムは頭から順にひとつずつ実行される。この逐次的な流れは、分岐コマンドによって変更される。分岐コマンドが使われる理由はさまざまだ。たとえば、ループの次の繰り返しに入るときに使われる。低水準のプログラミングでは、分岐は goto *destination* のコマンドによって行われる。*destination* の指定にはさまざまな形式があるが、最も単純なのは次に実行すべき命令の「物理メモリのアドレス」を指定する方法だ。これよりも少し抽象度が高い指定方法は、物理メモリアドレスにバインドされた「シンボルラベル」を指定する方法である。この方式を実現するには、コードの選択された場所にシンボルラベルを割り当てるためのラベリング命令を言語が備えている必要がある。私たちの VM 言語では、label *symbol* というコマンドを使ってラベリングを行う。

　私たちの VM 言語では2つの形式の分岐をサポートしている。**無条件分岐**は goto *symbol* というコマンドを使って行われる。このコマンドは、「コード内の label *symbol* というコマンドの次にあるコマンドを実行するためにジャンプせよ」という

意味だ。**条件分岐**は if-goto *symbol* というコマンドを使って行われる。その意味は「スタックの最上位の値を pop し、その値が false でなければ、コード内の label *symbol* のコマンドの次にあるコマンドを実行するためにジャンプせよ。そうでなければ、コード内の次のコマンドを実行せよ」となる。これを実現するには、条件付きの goto コマンドを指定する前に、VM コードの書き手（コンパイラなど）が最初に条件を指定しなければならない。私たちの VM 言語では、スタックにブール式を push することでこれを行う。たとえば、10 章と 11 章で開発するコンパイラは、if(n<100) goto LOOP を push n、push 100、lt、if-goto LOOP に変換する。

例

x と y の 2 つの引数を受け取り、掛け算の $x \cdot y$ を返す関数を考えてみよう。これは、ローカル変数の sum に x を y 回繰り返し加算し、sum の値を返すことで実現できる（ただし、y は非負整数とする）。この単純な乗算アルゴリズムを実装した関数を**図8-1** に示す。この例は、VM の分岐コマンドである goto、if-goto、label を使って、典型的なループのロジックがどのように表現できるかを示している。

```
高水準コード                      VMコード

// x * yを返す                    // x * yを返す
int mult(int x, int y) {          function mult(x,y)
    int sum = 0;                      push 0
    int i = 0;                        pop sum
    while (i < y) {                   push 0
        sum += x;                     pop i
        i++;                      label WHILE_LOOP
    }                                 push i
    return sum;                       push y
}                                     lt
                                      neg
                                      if-goto WHILE_END
                                      push sum
                                      push x
                                      add
                                      pop sum
                                      push i
                                      push 1
                                      add
                                      pop i
                                      goto WHILE_LOOP
                                  label WHILE_END
                                      push sum
                                      return
```

図8-1　分岐コマンドのアクション（右側の VM コードでは、可読性を高めるために仮想メモリセグ
　　　　メントの代わりにシンボル変数を使用している）

　ブール条件の !(i < y) を実現するために、push i、push y、lt、neg と実行し、その後に if-goto WHILE_END コマンドが呼ばれることに注目してほしい。7 章では、VM コードを使ってさまざまなブール式を表現し評価できることを見た。**図 8-1** に示すように、if や while のような高水準の制御構造は、goto と if-goto コマンドだけを使って簡単に実現できる。実は、高水準プログラミング言語で見られるあらゆる制御構造は、私たち VM の論理コマンドと分岐コマンドを使って実現可能である。

実装

　Hack を含むほとんどの低水準のマシン言語は、シンボルラベルを宣言したり、条件付きと無条件の「goto label」を実行したりする手段を備えている。したがって、VM の分岐コマンドの実装は比較的簡単である。

OS

　この節を 2 つの補足コメントで締めくくろう。まず、VM プログラムは人間によって書かれるのではない。それらはコンパイラによって書かれる。**図8-1** は左側にソースコードを、右側に VM コードを示している。10 章と 11 章では、左側のソースコードを右側の VM コードに変換する**コンパイラ**を開発する。次に、**図8-1** に示した mult の実装は非効率的であることに注意したい。後に論じるように、ビットレベルで動作する最適化された乗算と除算のアルゴリズムを紹介する。これらのアルゴリズムは、12 章で実装する OS の一部である Math.multiply と Math.divide 関数で使用される。

　私たちの OS は Jack 言語で書かれ、Jack コンパイラによって VM 言語に変換される。その結果、Math.vm、Memory.vm、String.vm、Array.vm、Output.vm、Screen.vm、Keyboard.vm、Sys.vm という名前の 8 つのファイルからなるライブラリが得られる（Jack OS の API は付録 F を参照）。各 OS ファイルには便利な関数が集められており、どのような VM 関数でも自由に呼び出すことができる。たとえば、VM 関数が乗算や除算を必要とする場合は、Math.multiply や Math.divide 関数を呼び出すことができる。

8.3　関数

　プログラミング言語には、あらかじめ用意された「ビルトイン操作」と呼ばれる基本的な機能がある。また、高水準言語や一部の低水準言語では、プログラマー自身が新しい操作を自由に定義することができる。この拡張機能は、通常、**サブルーチン**、**プロシージャ、メソッド、関数**などと呼ばれる。私たちの VM 言語では**関数**と呼ぶことにする。

　うまく設計された言語では、「ビルトインコマンド」と「プログラマーが定義した関数」は、同じように使うことができる。たとえば、スタックマシンで $x + y$ を計算するには、push x、push y、add という 3 つのコマンドを使う。add の実装では、スタックの上位 2 つの値を pop し、それらを加算して、結果をスタックに push することが期待される。ここで私たち自身もしくは他の誰かが、x^y を計算するために power という関数を書いたとしよう。この関数を使う場合も、まったく同じ手順を踏む。つまり、push x、push y、call power という 3 つのコマンドを使う。この一貫した呼び出しプロトコルにより、ビルトインコマンドと関数呼び出しをシームレス

に組み合わせることができる。たとえば、$(x+y)^3$ のような式は、push x、push y、add、push 3、call power を使って評価できる。

　ビルトインコマンドと関数の唯一の違いは、関数を呼び出すときに call というキーワードが必要になることだけだ。それ以外はまったく同じである。両方の操作では以下のことが期待される。

- 呼び出し側は引数をスタックに push する。
- 呼び出される側は与えられた引数を使用する。
- 呼び出される側は戻り値をスタックに push する。

　この呼び出しプロトコルには一貫性がある。実に優れた一貫性である。その点が読者に伝わることを願っている。

例

　図8-2 は、**hypot**[†2]として知られる関数（数式では $\sqrt{x^2 + y^2}$）を計算する VM プログラムである。このプログラムは 3 つの関数で構成され、次のような動作をする。まず main は hypot を呼び出し、hypot は mult を 2 回呼び出す。そして、sqrt 関数の呼び出しを行うが、これは混乱を避けるために追跡しないことにする。

---

†2　訳注：hypot は hypotenuse の略。hypotenuse は（直角三角形の）斜辺を意味する。

```
0 function main()
// hypot(3,4)を計算する
1     push 3
2     push 4
3     call hypot
4     return

5 function hypot(x,y)
// sqrt(x*x + y*y)を計算する
6     push x
7     push x
8     call mult
9     push y
10    push y
11    call mult
12    add
13    call sqrt
14    return

15 function mult(x,y)
// x * yを計算する（図8-1と同じ）
16    push 0
17    pop sum
18    push 0
19    pop i
      ...
36    push sum
37    return
```

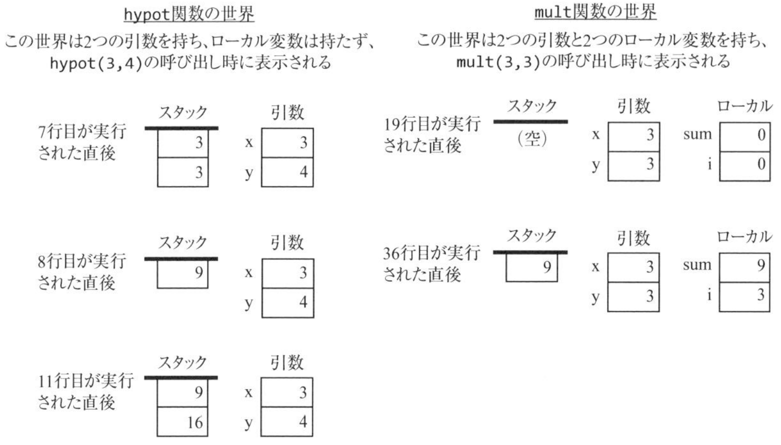

hypot関数の世界

この世界は2つの引数を持ち、ローカル変数は持たず、hypot(3,4)の呼び出し時に表示される

mult関数の世界

この世界は2つの引数と2つのローカル変数を持ち、mult(3,3)の呼び出し時に表示される

図8-2　3つの関数からなるプログラムの実行中のスタックとセグメントの状態。行番号は、図を分かりやすくするために付けたものであり、コードの一部ではない。

図8-2 の下部は、実行時に各関数が独自のスタックとメモリセグメントからなる世界を見ていることを示している。これらの独立した世界は、2つの "ワームホール[†3]" を介して接続されている。たとえば、call mult が呼ばれると、関数が実行される前にスタックに push された引数がなんらかの方法で呼び出される側の argument セグメントに渡される。そして、関数内で return が行われると、関数から return する直前にスタックに push した最後の値がなんらかの方法で呼び出し側のスタックにコピーされ、以前に push された引数に取って代わる。これらの息の合った動作は、VM 実装によって実現される。

実装

コンピュータプログラムは通常、いくつかの関数（場合によっては多数の関数）で構成される。しかし、実行時のある時点では、これらの関数のうち実際に何かをしているのはほんの一部だけである。私たちは**呼び出しチェーン**という用語を使って、プログラムの実行に関わるすべての関数を概念的に表すことにする。VM プログラムの実行が開始されると、呼び出しチェーンは、たとえば main という 1 つの関数だけで構成される。ある時点で、main は別の関数、たとえば foo を呼び出し、その関数はさらに別の関数、たとえば bar を呼び出すかもしれない。この時点での呼び出しチェーンは、main → foo → bar となる。呼び出しチェーンの各関数は、自分が呼び出した関数が return するのを待っている。したがって、呼び出しチェーンの中で実際に活動しているのは最後の関数だけである、これを**現在の関数**と呼ぶ。

関数は通常、仕事を遂行するために**ローカル**変数と**引数**変数を使用する。これらの変数は一時的なもので、それらを表すメモリセグメントは関数の実行開始時に割り当てられ、関数の return 時に解放される（これで再利用できるようになる）。このメモリ管理は複雑に見える。なぜなら、関数呼び出しはネストや再帰[†4]にも対応する必要があるからだ（それらは任意の深さになる）。プログラムの実行時には、関数呼び出しは他のすべての呼び出しとは独立して実行され、独自のスタック、ローカル変数、引数変数を保持しなければならない。どうすれば、この無制限のネストや再帰に対応できるのだろうか？

実は、その実装は意外にも簡単である。これは呼び出しと復帰のロジックがシンプ

[†3]　訳注：ワームホールとは、宇宙の異なる地点を結ぶトンネルのようなもの。ここでは、関数間のデータのやり取りを指している。

[†4]　訳注：ここでの「ネスト」とは、関数内で別の関数を呼び出すことを指す。「再帰」とは、関数が自分自身を呼び出すことを指す。

ルであるためだ。関数の呼び出しチェーンは任意に深くなったり再帰的になったりする可能性はある。しかし、ある時点では呼び出しチェーンの末尾の1つの関数だけが実行され、呼び出しチェーンの上位にある他のすべての関数はその関数が return するのを待っている。この**後入れ先出し**（Last-In-First-Out; LIFO）の処理モデルは、まさしくスタックのデータ構造と一致している。それでは詳しく見てみよう。

現在の関数が foo だと仮定する。foo はすでにいくつかの値をスタックに push し、メモリセグメント内のいくつかの値を変更したとする。ある時点で foo が別の関数である bar を呼び出したとする。この時点で、bar がその実行を終了するまで foo の実行を保留しなければならない。ここで、foo の作業スタックを保留にすることは簡単に実現できる。スタックは一方向にしか成長しないので、bar の作業スタックが以前に push された値を上書きすることはない。したがって、呼び出し側の作業スタックの保存は、スタックの一方向に成長する構造のおかげで簡単に実現できる。

では、foo のメモリセグメントはどうやって保存すればいいのだろうか? 7章では、ポインタの LCL、ARG、THIS、THAT を使って、現在の関数の local、argument、this、that セグメントのベース RAM アドレスを参照する方法を見た。これらのセグメントを一次的に保存したい場合は、それらのポインタをスタックに push し、後で foo を復元せたいときに pop すればよい。以下では、関数の状態を復元するために必要なポインタの集合を総称して**フレーム**と呼ぶことにする。

多数の関数が使われる状況では、地味に見えたスタックが、実は重要な役割を担っていることに気づかされる。スタックというデータ構造によって、呼び出しチェーンにあるすべての関数の作業スタックとフレームの両方を保持することができる。今後は、この働き者のデータ構造を、敬意を込めて**グローバルスタック**と呼ぶことにしよう（**図8-3**）。

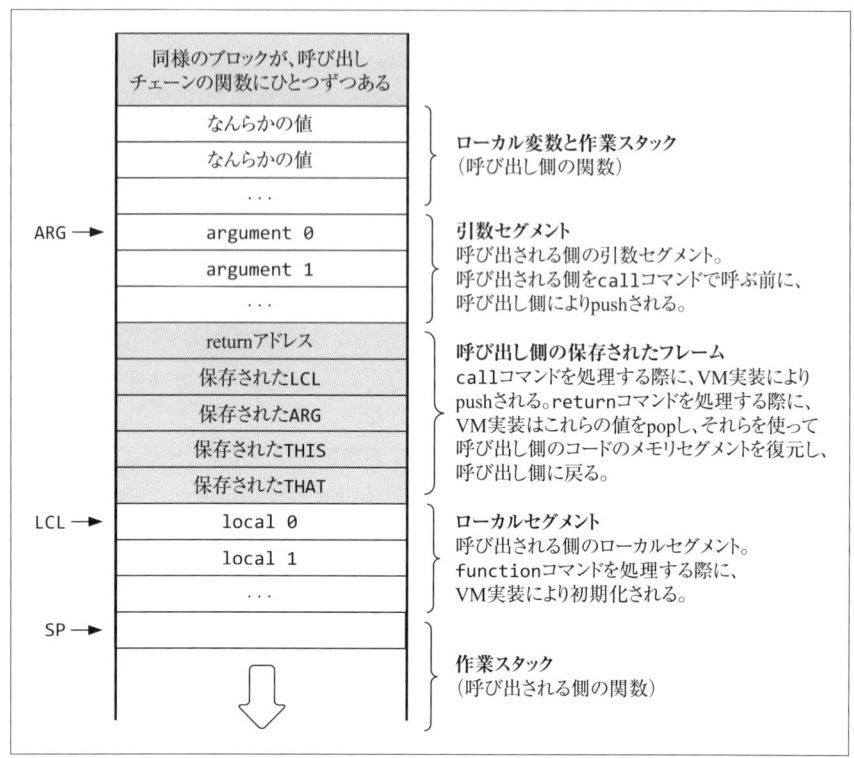

図8-3　呼び出される側が実行中のときのグローバルスタック。呼び出される側が終了する前に、戻り値をスタックに push する（図では示していない）。VM 実装が return コマンドを処理するとき、戻り値を argument 0 にコピーし、SP をその直後のアドレスを指すように設定する。これにより、SP の新しい値より下のグローバルスタック領域が実質的に解放されることになる。呼び出し側が実行を再開すると、作業スタックの先頭に戻り値がある。

call *functionName* コマンドを処理する際、VM 実装は呼び出し側のフレームをスタックに push する。これで、呼び出される側のコードを実行するためのジャンプの準備ができる。このジャンプの実装は難しくない。後で見るように、function *functionName* コマンドで関数を定義するとき、関数の名前を使って関数の開始位置をマークする固有のシンボルラベルを作成する。したがって、VM の call *functionName* コマンドは、goto *functionName* を行うアセンブリコードを生成することができる。このアセンブリコードが実行されると、呼び出される側に制御が移る。

VM の return コマンドは return アドレスを指定しない。そのため、呼び出され

る側の終了時に呼び出し側に戻る処理は、より巧妙なものとなる。アドレスを指定しないという「匿名性」は、関数呼び出しに元来備わる性質である。mult や sqrt のような関数は、あらゆる呼び出し側にサービスを提供するので、return アドレスを事前に指定することはできない。その代わりに、return コマンドは、現在の関数を呼び出した call コマンドの次のメモリ位置にプログラムの実行を移す。これを VM 実装が実現するためには、次の 2 つの処理を行う必要がある。

1. 呼び出される側の実行に制御が移る直前に return アドレスを保存する。
2. 呼び出された関数が return するときは、保存した return アドレスを取得してそこにジャンプする。

では、return アドレスはどこに保存すればよいか？ もちろん、働き者のスタックにである。念のため言うと、VM 変換器は VM コードをひとつずつ読み進めながらアセンブリコードを生成していく。VM コードで call foo コマンドを見つけたら、foo が終了したときにどのコマンドを実行すべきかが分かる。それは、call foo コマンドを表すアセンブリコードの次のアセンブリコードだ。したがって、VM 変換器は、call foo コマンドを表すアセンブリコードの次の場所にラベルを紐づけ、そのラベルをスタックに push することができる。後ほど VM コードで return コマンドに遭遇したら、前に保存した return アドレス（これを *returnAddress* と呼ぼう）をスタックから pop し、アセンブリで goto *returnAddress* の操作を行う。これが魔法の仕掛けだ。この仕掛けにより、関数の呼び出し側は、呼び出される側が終了したときに、呼び出し側のコードの正しい位置に制御を戻すことができる。

VM 実装の動作

それでは、VM 実装が関数の呼び出しと復帰（return）をどのように実現しているのかを段階的に説明しよう。ここでは factorial 関数を実行する場面を考える。この関数は、n!（n の階乗）を再帰的に計算するように設計されている。**図8-4** に、このプログラムのコードと、factorial(3) の実行中のグローバルスタックの状態を示す。この計算の完全な実行時シミュレーションには、mult 関数の呼び出しと復帰も含まれる。この例では、mult は 2 回呼び出される。1 回は factorial(2) が return する前、もう 1 回は factorial(3) が return する前だ。

高水準コード

VMコード

```
// factorial関数をテストする
int main() {
    return factorial(3);
}

// n!を計算する
int factorial(int n) {
    if (n==1)
        return 1;
    else
        return n * factorial(n-1);
}
```

```
// factorial関数をテストする
function main
    push 3
    call factorial
    return
// n!を計算する
function factorial(n)
    push n
    push 1
    eq
    if-goto BASE_CASE
    push n
    push n
    push 1
    sub
    call factorial
    call mult
    return
label BASE_CASE
    push 1
    return
```

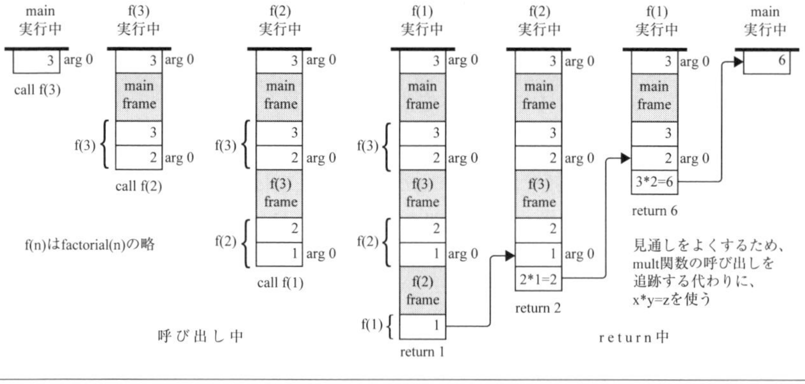

図8-4　main 関数の実行中におけるグローバルスタックの状態推移。main は factorial を呼び出して 3! を計算する。実行中の関数はグローバルスタックの先端にある影のない領域だけを見ている。グローバルスタックの他の影のない領域は、現在実行中の関数が return するのを待っている呼び出しチェーンの関数の作業スタックである。影の部分は正しく描かれていないことに注意。各フレームは、実際は図8-3 に示すように、5 つの語（return アドレス、LCL、ARG、THIS、THAT）で構成される。

図8-4 のスタックの左端と右端に注目すると、main の視点から何が起こったかが分かる。main は次のように言うだろう――「定数 3 をスタックに push して準備を整え、factorial を呼び出す（最も左のスタックを参照）。そして眠りにつき、少し

して目を覚ますと、スタックに 6 があった（最後の右端のスタックを参照）。どうやってこの魔法が起こったのかは分からないし、実際のところどうでもいい。私（main）が知っているのは、3! を計算しようとしたら、まさに求めていたものが得られたということだけだ」。呼び出し側は、call コマンドによって引き起こされた "小さなドラマ" について何も知らないのだ。

図8-4 で見たように、このドラマが演じられる舞台はグローバルスタックである。そして、この芝居を仕切る演出家は VM 実装である。call 操作は、呼び出し側のフレームをスタックに保存し、呼び出される側を実行するためにジャンプすることで実装される。そして return では、次の 3 つの操作が行われる。

1. 一番新しく保存されたフレームを使用して呼び出し側の return アドレスを取得し、呼び出し側のメモリセグメントを復元する。
2. スタックの最上位には「戻り値」がある。この戻り値を argument 0 の値があるスタック位置にコピーする。
3. return アドレス以降の呼び出し側のコードを実行するためにジャンプする。

これらの操作を、生成されたアセンブリコードで実現する必要がある。

一部の読者は、なぜこのような詳細にこだわる必要があるのかと不思議に思うかもしれない。それには少なくとも 3 つの理由がある。第一に、VM 変換器を実装するためには、その詳細を知る必要があるからである。第二に、関数の呼び出しと復帰の実装は、低水準ソフトウェアにおける優れた設計の美しい例であるからである。この仕組みを実際に動作させることで、その巧妙さを体感し、楽しむことができるだろう。第三に、仮想マシンの内部を深く理解することで、知識豊富でより優れた高水準プログラマーになることができるからである。たとえば、再帰に関する利点や落とし穴について深く理解することができる。再帰呼び出しのたびに、VM 実装がスタックに必要なメモリブロックを追加することを知る。あの悪名高い**スタックオーバーフロー**という状況に陥る可能性があることも知る。この落とし穴を知れば、再帰的なコードを逐次的なコードに可能な限り書き換えようとするだろう。しかし、それは 11 章で取り上げる別の話だ。

8.4　VM 仕様②

これまでの章では、正確な構文やプログラミング規約にこだわることなく、一般的

な VM コードについて説明してきた。ここでは、VM の**分岐**コマンド、**関数**コマンドを正式に定義する。これで、7 章の「7.3　VM 仕様①」で説明を始めた VM 言語の仕様が完結する。

　繰り返しになるが、通常、VM プログラムは人間によって書かれるのではない。それらはコンパイラによって生成される。したがって、ここで説明する規約は、コンパイラの開発者を対象としている。つまり、ある高水準言語から VM コードにプログラムを変換するコンパイラを書く場合、生成されるコードはここで説明する規約に準拠することが期待される。

分岐コマンド

label *label*
>　関数のコード内の現在の位置にラベルを付ける。ラベルが付けられた位置だけがジャンプ先になれる。ラベルのスコープは、それが定義された関数内である。*label* は、文字、数字、アンダースコア (_)、ドット (.)、コロン (:) で構成される文字列で、数字で始まってはいけない。label コマンドは、それを参照する goto コマンドの前後のどこにでも配置できる。

goto *label*
>　無条件の goto 操作を行う。ラベルでマークされた位置から実行を継続する。goto コマンドとラベルで指定されたジャンプ先は、同じ関数内になければならない。

if-goto *label*
>　条件付き goto 操作を行う。スタックの最上位の値が pop され、その値が false でなければ、ラベルでマークされた位置から実行を継続する。そうでなければ、プログラム内の次のコマンドから実行を継続する。if-goto コマンドとラベルで指定されたジャンプ先は、同じ関数内になければならない。

関数コマンド

function *functionName nVars*
>　*functionName* という名前の関数の始まりを示す。このコマンドは、関数が *nVars* 個のローカル変数を持つことを知らせる。

`call` *functionName nArgs*

> 名前付きの関数を呼び出す。このコマンドは、呼び出しの前に *nArgs* 個の引数がスタックに push されたことを知らせる。

`return`

> 現在の関数を呼び出したコード内の call コマンドの直後のコマンドに実行を移す。

VM プログラム

VM プログラムは、Jack のような高水準言語で書かれたプログラムから生成される。次の章で見るように、高水準の Jack プログラムは、同じフォルダに保存された 1 つ以上の .jack クラスファイルの集まりとして定義される。そのフォルダに Jack コンパイラを適用すると、各クラスファイル（*FileName*.jack）が、対応する VM コードを含むファイル（*FileName*.vm）に変換される。

コンパイルの次の段階では、Jack ファイル（*FileName*.jack）内の**コンストラクタ、関数（スタティックメソッド）、メソッド**が VM 関数に変換される。たとえば、`bar` という名前の関数は、*FileName*.bar という VM 関数に変換される。VM 関数名はグローバルなスコープを持っており、プログラムフォルダ内のすべての .vm ファイルに含まれる VM 関数は、互いを参照することができる。また、これらの VM 関数は、*fileName*.*functionName* の形式で、相互に呼び出すことができる。

プログラムの開始位置

Jack プログラムでは、1 つのファイルが Main.jack という名前でなければならず、このファイルに含まれる関数の 1 つが main という名前でなければならない。したがって、コンパイル後、VM プログラムの 1 つのファイルは Main.vm という名前であることが期待され、このファイルに含まれる VM 関数の 1 つは Main.main という名前であることが期待される。これがアプリケーションの**開始位置**（Entry Point）だ。この実行時の規約は以下のように実装される。VM プログラムの実行を開始すると、最初に必ず実行される関数は、OS の一部である Sys.init という VM 関数である。この関数は引数を取らない。この OS 関数は、ユーザーのプログラムの開始位置にある関数を呼び出すようにプログラムされている。Jack プログラムの場合、Sys.init は Main.main を呼び出すようにプログラムされている。

プログラムの実行

　VM プログラムを実行する方法はいくつかあるが、そのひとつは 7 章で紹介した**VM エミュレータ**を使う方法だ。1 つ以上の.vm ファイルを含むプログラムフォルダを VM エミュレータにロードすると、エミュレータはこれらのファイル内のすべての VM 関数を順番にロードする（VM 関数のロードする順番は重要ではない）。最終的に得られるコードベースは、プログラムフォルダ内に存在するすべての.vm ファイルに含まれる、すべての VM 関数の集合体となる。これで VM にとって「ファイル」の概念はなくなる。しかし、VM 関数の名前（*fileName.functionName*）には、その関数が元々存在していたファイルの名前が暗黙的に含まれている。

　「Nand to Tetris」の VM エミュレータは Java プログラムであり、Java で書かれた Jack OS の実装が組み込まれている。エミュレータが `call Math.sqrt` などの OS 関数の呼び出しを検出すると、次のような処理が行われる。まずロードされた VM コードに `function Math.sqrt` コマンドが見つかった場合、エミュレータはその関数の VM コードを実行する。そうでない場合、エミュレータはビルトインの `Math.sqrt` メソッドの実装を使用する。よって、付属の VM エミュレータを使って VM プログラムを実行する限り、コードに OS ファイルを含める必要はない。VM エミュレータは、ビルトインの OS 実装を使用して、コードで見つかったすべての OS 関数を処理する。

8.5　実装

　前節で、VM 言語とフレームワークの「仕様」が完結した。本節では、「実装」に焦点を当てる。「8.5.1　関数の呼び出しと復帰」では、関数の呼び出しと復帰のプロトコルの実装方法を提案する。「8.5.2　Hack プラットフォーム上の標準 VM マッピング②」では、Hack プラットフォームの VM 標準マッピングを完成させる。「8.5.3 VM 実装の設計案」では、「プロジェクト 7」で実装を始めた VM 変換器を完成させるための設計案と API を示す。

8.5.1　関数の呼び出しと復帰

　関数の呼び出しと復帰の処理は、**呼び出し側**と**呼び出される側**の関数の 2 つの視点から捉えることができる（**表8-1**）。呼び出し側と呼び出される側の両方に、`call`、`function`、`return` コマンドの処理に関する一定の要求と責任がある。一方の要求

を満たすことは、他方の責任だ。さらに、この呼び出し側と呼び出される側の間の「取り決め」を実現する上で、VM 実装は重要な役割を果たす。**表8-1** では、VM 実装の責任に「**❂**」のマークを付けてある。

表8-1 関数の処理（左が呼び出す側、右は呼び出される側）

呼び出し側の視点	呼び出される側の視点
● 関数を呼び出す前に、呼び出される側が期待する *nArgs* 個の引数をスタックに push しなければならない。 ● 次に、call *fileName.functionName nArgs* コマンドを使って関数を呼び出す。 ● 呼び出される側の関数から返ってきた後、呼び出しの前に push した引数の値はスタックから消えており、スタックの先頭には**戻り値**が現れる。この変化を除けば、私の作業スタックは呼び出し前と何も変わらない。❂ ● 呼び出される側の関数から返ってきた後、static セグメントの内容が変更されている可能性があること、そして temp セグメントは未定義であることを除けば、私のメモリセグメントはすべて呼び出し前とまったく同じである。❂	● 実行を開始する前に、私の argument セグメントには呼び出し側から渡された引数の値が設定され、私の local 変数セグメントが割り当てられ、ゼロに初期化されている。私の static セグメントは、私が属する VM ファイルの static セグメントに設定され、私の作業スタックは空である。メモリセグメントの this、that、pointer、temp は、開始時には未定義である。❂ ● return する前に、戻り値をスタックに push しなければならない。

VM 実装は、**図8-3** で説明したグローバルスタック構造を維持し操作することで、この取り決めの実現をサポートする。具体的には、VM コード内のすべての function、call、return コマンドは、以下のように、グローバルスタックを操作するアセンブリコードを生成する。

call
　　呼び出し側のフレームをスタックに保存し、呼び出される側の関数を実行するためにジャンプするコードを生成する。

function
　　呼び出される側のローカル変数を初期化するコードを生成する。

return
　　戻り値を呼び出し側の作業スタックの先頭にコピーし、呼び出し側のセグメントポインタを復元し、return アドレス以降の呼び出し側を実行するための

ジャンプコードを生成する。

VM 変換器によって生成されたアセンブリ（疑似）コードを**図8-5**に示す。

VMコード	VM変換器によって生成されたアセンブリ（疑似）コード	

call *f nArgs*
 	
（関数 *f* を呼び出し、呼び出し前に *nArgs* 個の引数がスタックにpushされたことを知らせる）
	push *returnAddress*
	push LCL
	push ARG
	push THIS
	push THAT
	ARG = SP-5-*nArgs*
	LCL = SP
	goto *f*
	(*returnAddress*)
		// ラベルを生成し、スタックにpushする
		// 関数の呼び出し側のLCLを保存する
		// 関数の呼び出し側のARGを保存する
		// 関数の呼び出し側のTHISを保存する
		// 関数の呼び出し側のTHATを保存する
		// ARGを変更する
		// LCLを変更する
		// 呼び出される側へ制御を移す
		// returnアドレスラベルをコードに挿入する

function *f nVars*
 	
（関数 *f* を宣言し、関数が *nVars* 個のローカル変数を持つことを知らせる）
	(*f*)
	repeat *nVars* times:
	push 0
		// 関数の開始ラベルをコードに挿入する
		// *nVars* = ローカル変数の数
		// ローカル変数を0で初期化する

return
 	
（現在の関数を終了し、呼び出し側に制御を返す）
	frame = LCL
	retAddr = *(*frame*-5)
	*ARG = pop()
	SP = ARG+1
	THAT = *(*frame*-1)
	THIS = *(*frame*-2)
	ARG = *(*frame*-3)
	LCL = *(*frame*-4)
	goto *retAddr*
		// *frame* は一時変数
		// returnアドレスを一時変数に入れる
		// 呼び出し側の戻り値を別の場所に移す
		// 呼び出し側のSPを別の場所に移す
		// 呼び出し側のTHATを復元する
		// 呼び出し側のTHISを復元する
		// 呼び出し側のARGを復元する
		// 呼び出し側のLCLを復元する
		// returnアドレスへ移動する

図8-5　VM 言語の関数コマンドの実装。右側のアクションはすべて Hack アセンブリ命令によって実現される。

8.5.2　Hack プラットフォーム上の標準 VM マッピング②

Hack コンピュータ上の VM 実装の開発者は、ここで説明する規約に従うことを推奨する。これらの規約は、「7.4.1 Hack プラットフォーム上の標準 VM マッピング①」で示したガイドラインを完成させるものだ。

スタック

Hack プラットフォームでは、RAM の 0 番から 15 番までがポインタと仮想レジスタのために予約され、16 番から 255 番までがスタティック変数用に予約されている。スタックは 256 番以降にマッピングされる。このマッピングを実現するために、VM 変換器は最初に SP を 256 に設定するアセンブリコードを生成する必要がある。これ以降、VM 変換器は VM コード内で pop、push、add などのコマンドを見つけると、必要に応じて SP を修正し、SP が指すアドレスを操作する。これらの動作は 7 章で説明し、「プロジェクト 7」で実装した。

特殊シンボル

VM コードを Hack アセンブリに変換する際、VM 変換器は 2 種類のシンボルを扱う。まず、SP、LCL、ARG などの定義済みのシンボルを管理する。次に、return アドレスと関数の開始位置をマークするためのシンボルラベルを生成して管理する。例として、第 II 部の冒頭で紹介した PointDemo プログラムを再度取り上げよう。このプログラムは、PointDemo というフォルダに格納された 2 つの Jack クラスファイル Main.jack (**図 II-1**) と Point.jack (**例 II-1**) で構成されている。PointDemo フォルダに Jack コンパイラを適用すると、Main.vm と Point.vm という名前の 2 つの VM ファイルが生成される。最初のファイルには Main.main という VM 関数が 1 つだけ含まれる。そして、2 番目のファイルには Point.new、Point.getx、…、Point.print といった VM 関数が含まれる。

このフォルダに VM 変換器を適用すると、PointDemo.asm という名前のアセンブリコードのファイルが 1 つ生成される。アセンブリでは、「関数」という抽象化はもはや存在しない。その代わりに、VM 変換器は、function コマンドに対してアセンブリ内に「開始ラベル」を与える。そして、call コマンドに対して、VM 変換器は次の処理を行う。

1. アセンブリの goto 命令を生成する。
2. return アドレスのラベル名を生成し、それをスタックに push する。
3. アセンブリコードの適切な場所に、return アドレスのラベルを挿入する。

また、return コマンドに対して、VM 変換器は return アドレスをスタックから pop し、goto 命令を生成する。たとえば、次のようになる。

VM コード	生成されたアセンブリコード

```
function Main.main          (Main.main)
  ...                          ...
  call Point.new               goto Point.new
  // 次のVMコード             (Main.main$ret0)
  ...                          // 次のVMコード（アセンブリ内）
                               ...
function Point.new           (Point.new)
  ...                          ...
  return                       goto Main.main$ret0
```

VM 変換器が扱うすべてのシンボルを**図8-6** に示す。

シンボル	使用法
SP	この定義済みシンボルは、スタックの最上位の値を格納しているアドレスの直後のホストRAM内のメモリアドレスを指す。
LCL, ARG, THIS, THAT	これらの定義済みシンボルは、現在実行中のVM関数の仮想セグメントであるlocal、argument、this、thatのベースRAMアドレスをそれぞれ指す。
Xxx.i シンボル（スタティック変数を表す）	Xxx.vmのファイル内に現れるstatic iへの参照は、アセンブリシンボルのXxx.iに変換される。次のアセンブリの処理では、Hackアセンブラはこれらのシンボル変数をアドレス16から始まるRAMに順に割り当てる。
functionName$label（gotoコマンドの行く先）	fooをXxx.vm内の関数とする。foo内にラベルのbarコマンドがあると、シンボルXxx.foo$barが生成され、アセンブリコードに挿入される。foo内のgoto barとif-goto barコマンドをアセンブリの処理によって、このシンボルに変換するとき、barの代わりにXxx.foo$barを使わなければよい。
functionName（関数の開始位置のシンボル）	Xxx.vm内のfunction fooコマンドの処理は、関数のコードの開始位置をラベル付けするシンボルXxx.fooを生成し、アセンブリコードに挿入する。この後のアセンブリの処理によって、このシンボルは関数コードの開始地点の物理アドレスに変換される。
functionName$ret.i（returnアドレスのシンボル）	fooをXxx.vm内の関数とする。foo内のcallコマンドの処理は、シンボルXxx.foo$ret.iを生成し、アセンブリコードに挿入する。ここで、iは「順次増加する整数」である（foo内のcallコマンドが呼ばれるたびにユニークなシンボルを生成する必要があるため、iは順次増加してユニークなシンボル名を生成する）。このシンボルは、呼び出し側のコード内のreturnアドレスをマークするために使われる。この後のアセンブリの処理によって、このシンボルはcallコマンドの直後の命令メモリの物理アドレスに変換される。
R13 - R15	これらの定義済みシンボルは自由に使うことができる。

図8-6 上記の命名規則により、複数の.vmファイルと関数を、1つの.asmファイルに変換することができる。.asmファイル内ではシンボル名が一意になることが保証される。

ブートストラップコード

HackプラットフォームのVM標準マッピングでは、スタックはホストRAMの256番地以降にマッピングされ、最初に実行を開始すべきはVM関数のOS関数のSys.initであると規定されている。Hackプラットフォームでこれらの規約をどのように実現できるだろうか？5章でHackコンピュータを構築したとき、リセット時に命令メモリの0番地にある命令をフェッチして実行するように配線したことを思い出そう。そのため、起動時に所定のコードセグメントを実行させたい場合、そのコードをHackコンピュータの命令メモリの0番地から始まる場所に置けばよい。疑似

コードで表すと次のようになる。

```
// ブートストラップの疑似コード（実際は機械語で表現される）
SP=256
call Sys.init
```

OS の一部である `Sys.init` 関数は、アプリケーションのメイン関数を呼び出し、無限ループに入ることが期待される。この動作により、変換された VM プログラムが実行を開始する。**アプリケーション**と**メイン関数**の概念は、高水準言語によって異なることに注意してほしい。Jack 言語では、`Sys.init` は VM 関数の `Main.main` を呼び出すという規約である。これは Java と似ている。JVM に特定の Java クラス、たとえば `Foo` を実行するよう指示すると、JVM は `Foo.main` メソッドを探してそれを実行する。一般に、異なるバージョンの `Sys.init` 関数を使用することで、言語固有の起動ルーチンを実現できる。

使用法

変換器は次のようにコマンドライン引数を 1 つ受け取る。

```
prompt> VMTranslator source
```

source は *Xxx*.vm という形式のファイル名（拡張子は必須）か、1 つ以上の.vm ファイルを含むフォルダの名前（この場合は拡張子なし）である。ファイル/フォルダ名にはファイルパスを含めることができる。パスを指定しない場合、変換器はカレントフォルダで動作する。VM 変換器の出力は、*source*.asm という名前の 1 つのアセンブリファイルである。*source* がフォルダ名の場合、1 つの.asm ファイルにはフォルダ内のすべての.vm ファイルのすべての関数のアセンブリコードが順に含まれる。出力ファイルは入力ファイルと同じフォルダに作成される。フォルダ内にこの名前のファイルがある場合は上書きされる。

8.5.3　VM 実装の設計案

プログラム構造

「プロジェクト 7」では、`VMTranslator`、`Parser`、`CodeWriter` の 3 つのモジュールを使って基本版となる VM 変換器を実装することを提案した。ここでは、この基本版の実装を完全版の VM 変換器に拡張する方法を説明する。この拡張は、「プロジェクト 7」ですでに実装した 3 つのモジュールに、以下で説明する機能を追加する

ことで実現できる。新たにモジュールを追加する必要はない。

VMTranslator モジュール

　変換器の入力がひとつのファイル、たとえば Prog.vm の場合、VMTranslator は Prog.vm を解析するための Parser と、Prog.asm という名前の出力ファイルを作成するための CodeWriter を使用する。次に、VMTranslator は Parser のサービスを使用して入力ファイルを反復処理し、空白を除く各行を VM コードとして解析するループに入る。解析された各コマンドに対して、VMTranslator は CodeWriter を使用して Hack アセンブリコードを生成し、生成されたコードを出力ファイルに書き出す。これらはすべて「プロジェクト 7」ですでに行われた。

　変換器の入力が、たとえば Prog というフォルダの場合、VMTranslator はフォルダ内の各.vm ファイルごとに対応する Parser を使用する。そして、Prog.asm という 1 つの出力ファイルに Hack アセンブリコードを生成するための CodeWriter を 1 つ使用する。VMTranslator は、フォルダ内の新しい.vm ファイルの変換を開始するたびに、新しいファイルが処理されていることを CodeWriter に通知しなければならない。これは、setFileName という名前の CodeWriter ルーチン（**表8-2**を参照）を呼び出すことで行われる。

Parser モジュール

　このモジュールは、「プロジェクト 7」で実装した Parser と同じである。

CodeWriter モジュール

　「プロジェクト 7」で開発した CodeWriter は、VM の**算術論理**コマンドと **push**/**pop** コマンドを処理するように設計されていた。VM のすべてのコマンドを処理する CodeWriter の完全な API は、**表8-2**のとおりである。

表8-2　CodeWriter モジュールの API

ルーチン	引数	戻り値	機能
コンストラクタ/イニ シャライザ	出力ファイル/スト リーム	—	出力ファイル/ストリームを開き、書き込む準備を行う。プログラムの実行を開始するブートストラップコードを実現するアセンブリ命令を書く。このコードは、生成された出力ファイル/ストリームの先頭に配置されなければならない（「8.6　プロジェクト」の最後にある「実装のヒント」を参照）。
setFileName	*fileName*（文字列）	—	新しい VM ファイルの変換が開始されたことを知らせる（VMTranslator によって呼び出される）。
writeArithmetic （「プロジェクト 7」で 開発）	*command*（文字列）	—	与えられた算術論理コマンドの *command* を実装するアセンブリコードを出力ファイルに書き出す。
writePushPop（「プ ロジェクト 7」で開発）	*command*（C_PUSH あるいは C_POP）、 *segment*（文字列）、 *index*（整数）	—	*command*（push または pop）を実装するアセンブリコードを出力ファイルに書き出す。
writeLabel	*label*（文字列）	—	label コマンドを実装するアセンブリコードを書き出す。
writeGoto	*label*（文字列）	—	goto コマンドを実装するアセンブリコードを書き出す。
writeIf	*label*（文字列）	—	if-goto コマンドを実装するアセンブリコードを書き出す。
writeFunction	*functionName*（文字 列）、*nVars*（整数）	—	function コマンドを実装するアセンブリコードを書き出す。
writeCall	*functionName*（文字 列）、*nArgs*（整数）	—	call コマンドを実装するアセンブリコードを書き出す。
writeReturn	—	—	return コマンドを実装するアセンブリコードを書き出す。
close（「プロジェク ト 7」で開発）	—	—	出力ファイル/ストリームを閉じる。

8.6　プロジェクト

　7章で開発した基本版の変換器を拡張し、VM の**分岐**と**関数**コマンドを Hack アセンブリコードに変換する機能を追加する。さらに、複数の .vm ファイルを扱えるように拡張する。

　VM 変換器は、各 VM コマンドに対して、ホストの Hack プラットフォーム上でそのコマンドを実現するアセンブリコードを生成しなければならない。3 つの**分岐**コ

マンドをアセンブリに変換する作業は難しくない。3つの**関数**コマンドの変換はより困難で、**図8-6**のシンボルを使って、**図8-5**の疑似コードを実装することになる。

前章で示した提案を繰り返す。まず、必要なアセンブリコードを紙に書くことから始めよう。RAMとグローバルスタックのイメージ図を描き、スタックポインタと関連するメモリセグメントのポインタを追跡する。紙に書いたアセンブリコードがcall、function、returnコマンドに関連する低水準の処理を正しく実装しているかを確認しよう。

目標

「プロジェクト7」で実装した基本版のVM変換器を完全版のVM変換器に拡張する。VM言語で書かれた複数ファイルからなるプログラムを扱えるように実装する。

このバージョンのVM変換器では、ソースのVMコードにエラーがないことを前提としている。エラーのチェックや報告などの処理は、VM変換器の後のバージョンで追加できるが、「プロジェクト8」では実装しない。

要件

VMからHackへの変換器の実装を完成させ、VM仕様（「8.4　VM仕様②」）および Hackプラットフォーム上の標準VMマッピング（「8.5.2　Hackプラットフォーム上の標準VMマッピング②」）に準拠させる。変換器を使用して、提供されたVMテストプログラムを変換し、Hackアセンブリ言語で書かれたプログラムを生成せよ。本書のCPUエミュレータとテストスクリプトで実行すると、変換器が生成したアセンブリプログラムは、比較ファイルで規定された結果を出力するはずである。

リソース

2つのツールが必要になる。VM変換器を実装するプログラミング言語と、「Nand to Tetris」のソフトウェアスイートに付属の**CPUエミュレータ**だ。CPUエミュレータを使用して、変換器が生成したアセンブリコードを実行してテストする。生成されたアセンブリコードがテストを通過すれば、VM変換器が期待どおりに動作していると考えられる。これは完全なテストではないが、私たちの目的は十分に達成される。

このプロジェクトで役立つもうひとつのツールは、付属の**VMエミュレータ**だ。このプログラムを使用して、提供されたVMテストプログラムを実行し、VMコードがスタックと仮想メモリセグメントの状態にどのように影響するかを観察する。これは、VM変換器が最終的にアセンブリで実現しなければならない動作を理解するのに

役立つ。

　完全版の VM 変換器は「プロジェクト 7」で構築した VM 変換器を拡張することで実装されるため、「プロジェクト 7」のソースコードも必要になる。

実装の手順

　VM 変換器の実装を 2 つの段階に分けて完成させることを推奨する。最初に**分岐**コマンドを実装し、次に**関数**コマンドを実装する流れである。これに従えば、提供されたテストプログラムを使用して、段階的に開発しテストすることができる。

VM コードのテスト：label、if、if-goto

BasicLoop プログラム

　　$1 + 2 + \cdots +$ argument[0] を計算し、結果をスタックに push する。VM 変換器が label コマンドと if-goto コマンドを正しく処理するかをテストする。

FibonacciSeries プログラム

　　フィボナッチ数列の最初の n 項を計算してメモリに格納する。label、goto、if-goto コマンドの処理をより厳密にテストする。

VM コードのテスト：call、function、return

　「プロジェクト 7」とは異なり、今回の VM 変換器は複数のファイルを扱う。VM プログラムで最初に実行を開始する関数は、規約により Sys.init である。通常、Sys.init は Main.main 関数を呼び出すようにプログラムされている。ただし、このプロジェクトでは、Sys.init 関数の中身を適宜変更して、さまざまなテストのための設定を行うことにする。

SimpleFunction プログラム

　　簡単な計算を行い、結果を返す。このテストでは、VM 変換器が function コマンドと return コマンドを正しく変換するかを確認する。このテストでは VM ファイルは 1 つで、その中の関数も 1 つしかない。テストスクリプトを使ってその関数を呼び出すようにしているため、VM 変換器が生成するアセンブリコードでは、ブートストラップの Sys.init 関数を呼び出してはいけない。

FibonacciElement プログラム

このテストプログラムは 2 つのファイルで構成される。Main.vm には、フィボナッチ数列の n 番目の要素を再帰的に返す Fibonacci 関数が 1 つ含まれる。Sys.vm には Sys.init 関数が 1 つ含まれる（VM 変換器は Sys.init を呼び出すブートストラップコードを生成する必要がある）。その関数の中では、$n = 4$ で Main.fibonacci を呼び出し、無限ループに入る。これによりさまざまな要件がテストされる。たとえば、VM 関数の呼び出しと復帰処理、ブートストラップコード、その他の VM コードの処理、複数の.vm ファイルの処理などがテストされる。テストプログラムは 2 つの.vm ファイルで構成されているので、フォルダ全体を変換し、1 つの FibonacciElement.asm ファイルを生成する必要がある。

StaticsTest プログラム

このテストプログラムは 3 つのファイルで構成される。Class1.vm と Class2.vm には、スタティック変数の値を設定・取得する関数が含まれている。Sys.vm には、これらの関数を呼び出すための Sys.init 関数が 1 つ含まれている。プログラムは 3 つの.vm ファイルで構成されるため、フォルダ全体を変換して、StaticsTest.asm ファイルを生成しなければならない。

実装のヒント

「プロジェクト 8」は、「プロジェクト 7」で開発した基本版の VM 変換器を拡張する。そのため、「プロジェクト 7」のソースコードのバックアップを取ることを推奨する。

まずは、VM コードの label、goto、if-goto のロジックを考えよう。そのロジックを実現するために必要なアセンブリコードは何かを考えよう。次に、CodeWriter の writeLabel、writeGoto、writeIf メソッドの実装に進もう。提供された BasicLoop.vm と FibonacciSeries.vm プログラムを変換させることで、実装中の VM 変換器をテストしよう。

ブートストラップコード

変換された VM プログラムが実行を開始するには、VM 実装がホストプラットフォーム上でプログラムの実行を開始させる「ブートストラップコード（起動コード）」を含んでいなければならない。さらに、任意の VM コードが適切に動作するた

めには、VM 実装がスタックと仮想セグメントのベースアドレスをホスト RAM の正しい位置に格納しなければならない。このプロジェクトの最初の 3 つのテストプログラム（`BasicLoop`、`FibonacciSeries`、`SimpleFunction`）は、ブートストラップコードがまだ実装されていないことを前提としており、必要な初期化はテストスクリプトによって**手動**で行われる。つまり、この開発段階ではブートストラップコードについて心配する必要はない。最後の 2 つのテストプログラム（`FibonacciElement` と `StaticsTest`）は、ブートストラップコードが VM 実装に組み込まれていることを前提としている。

　以上の点を考慮すると、`CodeWriter` のコンストラクタは 2 段階で開発する必要がある。コンストラクタの最初のバージョンでは、ブートストラップコードを生成してはならない。このバージョンの変換器を使って、プログラムの `BasicLoop`、`FibonacciSeries`、`SimpleFunction` のユニットテストを行う。`CodeWriter` コンストラクタの 2 番目のバージョン（これが最後のバージョンである）は、コンストラクタの API で指定されているように、ブートストラップコードを書き出す必要がある。この 2 番目のバージョンは、`FibonacciElement` と `StaticsTest` のユニットテストに使用する。

　本書が提供するテストプログラムは、VM 実装の各段階の特定の機能をテストするように慎重に計画されたものだ。提案された順序で変換器を実装し、テストすることを推奨する。テストプログラムの順番を前後して進めると、テストプログラムが失敗する可能性がある。

　「プロジェクト 8」は、オンライン IDE の以下のツールを使って取り組むこともできる。

- VM エミュレータ：https://nand2tetris.github.io/web-ide/vm
- CPU エミュレータ：https://nand2tetris.github.io/web-ide/cpu

8.7　展望

　分岐と**関数呼び出し**の概念は、すべての高水準言語の基本である。つまり、高水準言語からバイナリコードへの変換パスのどこかで、誰かがそれらの実装に関連する複雑な内部管理の面倒を見なければならない。Java、C#、Python、Jack では、この作業は仮想マシンのレベルで行われる。そして、VM のアーキテクチャが**スタック**

ベースであれば、この章を通して見てきたように、VM コードの変換は比較的簡単に行うことができる。

スタックベースの VM モデルの表現力を理解するために、この章で紹介したプログラムをもう一度見てみよう。たとえば、**図8-1** と**図8-4** は、高水準プログラムとその VM 変換を示している。行数を数えてみると、高水準コードの 1 行が平均して約 4 行の VM コードを生成していることが分かる。実際、Jack プログラムを VM コードにコンパイルすると、この 1:4 の比率はかなり一貫している。後の章でコンパイラを実装するときに理解できると思うが、コンパイラが生成する VM コードは簡潔で可読性が高い。たとえば、let y = Math.sqrt(x) のような高水準コードは push x、call Math.sqrt、pop y に変換される。2 段階のコンパイラは、VM 実装が変換の残りの部分を処理することに頼っているため、ほとんど作業をせずに済むのだ。中間の VM 層の恩恵を受けずに、let y = Math.sqrt(x) のような高水準コードを直接 Hack コードに変換しなければならないとしたら、生成されるコードは洗練さを欠き、より難解なものになるだろう。

とはいえ、効率性の点においては、2 段階より 1 段階のコンパイルのほうが優れている。VM コードは最終的に機械語で表現されなければならない（「プロジェクト 7〜8」の目的が、まさにそれだ）。通常、2 段階の変換プロセスから生成される最終的な機械語コードは、1 段階の変換プロセスで生成されるコードよりも長く、効率が悪い。では、最終的に 1,000 個の機械命令を生成する 2 段階の Java プログラムと、700 個の命令を生成する 1 段階の C++ プログラムのどちらが望ましいだろうか？答えは一概には言えない。プログラミング言語にはそれぞれ長所と短所があり、アプリケーションの要件はそれぞれ異なるためだ。

2 段階モデルの大きな利点のひとつは、中間の VM コード（たとえば、Java のバイトコード）を管理できる点にある。たとえば、悪意のあるコードが含まれていないかテストするプログラムや、ビジネスプロセスのモデリングのためにコードを監視するプログラムなどが考えられる。ほとんどのアプリケーションでは、コードを管理できるという利点が、VM によるパフォーマンスの低下という欠点を上回るだろう。しかし、OS や組み込み用のアプリケーションでは、コンパクトで効率的なコードを生成する必要性があるため、通常、機械語に直接コンパイルされる C/C++ が使われる。

コンパイラの作者にとって、中間の VM 言語を使用することの明らかな利点は、コンパイラの開発タスクを簡素化できることにある。たとえば、本章で開発した VM 実装は、関数の呼び出しと復帰を担当するため、コンパイラがその重要な任務を担当する必要がない。一般に、中間の VM 層は、高水準言語から低水準言語へのコンパ

イラを実装するという困難な課題を、「高水準言語から VM 言語へのコンパイラの開発」と「VM 言語から低水準言語への変換器の開発」という 2 つのはるかに簡単な課題に分割する。VM 言語から低水準言語への変換器は、コンパイラの**バックエンド**とも呼ばれ、「プロジェクト 7〜8」で開発する。これが完了すれば、コンパイラ開発のおよそ半分の作業が終わったことになる。もう半分の作業——コンパイラの**フロントエンド**の開発——は、10 章と 11 章で行う。

　本章の締めくくりとして、抽象化と実装を分離することの利点について一般的な観点から述べることにする。これは「Nand to Tetris」の一貫したテーマであり、システム構築において重要な原則だ。VM 関数は、push argument 2、pop local 1 などのコマンドを使ってメモリセグメントにアクセスできるが、実行時にこれらの値がどのように表現され、保存され、元に戻されるかについては何も知らない。VM 実装が、その面倒な作業をすべて行ってくれる。このように抽象化と実装を分離することで、コンパイラの開発者の仕事は楽になる。彼らは、コンパイラが生成する VM コードが最終的にどのように実行されるのかをまったく心配する必要がない。本書を読み進めると分かるが、コンパイラの開発者には、また別の独自の心配事（仕事）が待っている。

　私たちの 2 段階コンパイラは半分が完成した。このコンパイラは、Jack 言語（高水準でオブジェクトベースの Java ライクなプログラミング言語）のためのコンパイラだ。次の 9 章では、Jack という言語の説明に専念する。これは、10 章と 11 章でコンパイラの開発を完成させるための準備となる。「Nand to Tetris」の旅はまだ続く。元気を出して進もう！ テトリスが動くのを目にする日も、もうそう遠くない。

9章
高水準言語

高度な思想には、高度な言語が必要である。

——アリストパネス（紀元前 427 年〜386 年）

本書で紹介してきたアセンブリ言語と VM 言語はいずれも低水準言語であった。それら 2 つの言語の用途は、アプリケーションの開発ではなく、機械を制御することにある。本章では、Jack という高水準言語を紹介する。Jack は、プログラマーが高水準プログラムを簡単に記述できるように設計された、シンプルなオブジェクト指向言語である。Jack は、Java や C++ といった人気言語と同様の基本的な機能を持ちながら、より単純な構文で、継承をサポートしていない。Jack はシンプルな言語であるが、さまざまなアプリケーションを作成することができる汎用的な言語でもある。特に、古典的なインタラクティブゲーム（たとえば、テトリス、スネーク、ポン、スペースインベーダーなど）の開発に適している。

Jack の登場は、私たちの旅の "終わりの始まり" を意味する。10 章と 11 章では、Jack プログラムを仮想マシンコードに変換するコンパイラを作成し、12 章では Jack/Hack プラットフォーム用のシンプルなオペレーティングシステムを開発する。これでコンピュータの構築がすべて完了する。本章では Jack について学ぶ。ここで注意したいのは、本章の目的はあなたを Jack プログラマーにすることではないということだ。Jack が「Nand to Tetris」以外の場面で重要な言語になることは、まずないだろう。むしろ、Jack は 10 章から 12 章だけで必要になるツールと考えるべきだ。そこでは、Jack を実現するためのコンパイラとオペレーティングシステムを実装する。

あなたが現代のオブジェクト指向プログラミング言語の経験があるなら、すぐに Jack に慣れるだろう。そのため、本章では Jack プログラムの代表的な例をいくつ

か見るところから始める。これらのプログラムはすべて、nand2tetris/tools にある Jack コンパイラでコンパイルできる。コンパイラによって生成された VM コードは、VM エミュレータ上でそのまま実行できる。あるいは、7 章と 8 章で実装した VM 変換器を使用して、コンパイルされた VM コードをさらにアセンブリコードに変換することもできる。生成されたアセンブリコードは、CPU エミュレータ上で実行したり、さらにバイナリコードに変換して 1 章から 5 章で構築したハードウェアプラットフォーム上で実行したりすることができる。

　Jack は単純な言語であるが、その単純さには目的がある。第一に、Jack は 1 時間程度で学ぶ（そして忘れる）ことができる。第二に、Jack はコンパイル技術に適合するように慎重に設計されている。実際、10 章と 11 章で行うように、Jack コンパイラは比較的簡単に書くことができる。つまり、Jack は意図的にシンプルな構造になっており、Java や C#などの現代の言語のソフトウェア基盤を明らかにするのに役立つように設計されている。現代の言語のコンパイラやランタイム環境を分解するよりも、コンパイラとランタイム環境を自分で構築するほうが学びが多いというのが、この本の基本的な考え方だ。それでは、Jack の世界に飛び込もう。

9.1　例

　Jack は理解しやすい言語だ。そこで、言語の仕様は次の節に譲ることにして、ここでは具体的なコードを見てみよう。最初の例は、いつもの「Hello World」だ。2 番目の例は、手続き型プログラミングと配列処理。3 番目の例は、Jack でどのように抽象データ型の実装。4 番目の例は、言語のオブジェクト操作機能を使用した連結リストの実装を示す。

　これらの例を通して、オブジェクト指向に関するコードや一般的に使用されるデータ構造について簡単に説明する。ここでは、読者がこれらの話題について基本的な知識を持っていることを前提としている。そうでなくても心配はいらない——読み進めていけば理解できるだろう。

例 1：Hello World

　Jack の基本的な機能を説明するためのプログラム例を**例9-1**に示す。仕様により、コンパイルされた Jack プログラムを実行すると、常に Main.main 関数から実行が開始される。したがって、Jack プログラムには少なくとも 1 つのクラスがあり、そのクラスの名前は Main でなければならない。そして、Main クラスには少なくとも

1つの関数があり、その関数の名前は main でなければならない。**例9-1** のコードは、この規則に従っている。

例9-1　Jack で書かれた「Hello World」

```
/** "Hello World"を表示する。ファイル名：Main.jack */
class Main {
  function void main() {
    do Output.printString("Hello World");
    do Output.println();    // 改行
    return;                 // return文は必須
  }
}
```

Jack には**標準クラスライブラリ**が付属している（Jack OS の API は付録 F を参照）。このライブラリは「Jack OS」とも呼ばれ、数学関数、文字列処理、メモリ管理、グラフィックス、入出力関数などのさまざまなサービスを提供する。「Hello World」プログラムでは、そのようなサービス（OS の関数）が 2 つ呼び出されている。また、このプログラムでは、Jack がサポートしているコメントの形式も示している。

例2：手続き型プログラミングと配列操作

Jack には、代入と反復を処理するための文がある。これらの機能を使って配列処理を行うプログラム例を**例9-2** に示す。

例9-2　手続き型プログラミングと配列操作。OS クラスの Array、Keyboard、Output のサービスを使用している

```
/** 整数の列を入力し、その平均値を計算する */
class Main {
  function void main() {
    var Array a;  // Jackの配列は型付けされない
    var int length;
    var int i, sum;
    let i = 0;
    let sum = 0;
    let length = Keyboard.readInt("How many numbers? ");
    let a = Array.new(length);   // 配列を生成する
    while (i < length) {
      let a[i] = Keyboard.readInt("Enter a number: ");
      let sum = sum + a[i];
      let i = i + 1;
    }
    do Output.printString("The average is: ");
```

```
      do Output.printInt(sum / length);
      do Output.println();
      return;
   }
}
```

　ほとんどの高水準プログラミング言語では、配列は言語の構文に含まれている。一方 Jack では、配列は OS が提供する `Array` クラスのインスタンスとして扱われる。これは、Jack コンパイラの実装を簡素化するための設計上の選択である。

例3：抽象データ型

　どのようなプログラミング言語でも、プリミティブなデータ型をいくつか持っている。Jack では、`int`、`char`、`boolean` の 3 つである。オブジェクト指向言語では、プログラマーは必要に応じてクラスを作成することで、新しいデータ型を導入できる。たとえば、Jack に 2/3 や 314159/100000 のような「有理数」を精度を失わずに扱う機能を持たせたいとしよう。これは、x/y 形式の分数オブジェクトを扱う Jack クラスを実装することで実現できる。ここで、x と y は整数である。このクラスにより、Jack プログラムに「分数」という抽象化が加わる。ここでは、`Fraction` クラスがどのように使用されるかを説明する。この例は、Jack での複数クラスを使ったオブジェクト指向プログラミングの基本を示している。

クラスの使用

　`Fraction` クラスのコード（メソッドのみ抜粋）とその使用例を**例9-3** に示す。前半のコードには、`Fraction` クラスのメソッド名が列挙されている。多くの場合、このようなコードは **API**（Application Programming Interface）と呼ばれる。後半のコードは、この API を使用して分数オブジェクトを生成し操作する例だ。

例9-3　前半のコードは、Fraction クラスの API 部分。後半のコードは、その API を使用して
　　　　Fraction オブジェクトを作成および操作するサンプルの Jack クラス

```
/** Fractionクラスとサブルーチン（API形式で示す）*/
class Fraction {
  /** xとyから（約分された）分数を生成する */
  constructor Fraction new(int x, int y) {
  ...中略...
  /** この分数の分子を返す */
  method int getNumerator() { ... }
```

```
    /** この分数の分母を返す */
    method int getDenominator() { ... }
    /** この分数とotherの和を返す */
    method Fraction plus(Fraction other) { ... }

    // 分数に関するその他のメソッド（minus、times、div、invertなど）をここに追加できる

    /** この分数を破棄する */
    method void dispose() { ... }
    /** この分数を x/y の形式で出力する */
    method void print() { ... }
    ...中略...
    }
}

// 2/3と1/5の和を計算して出力する
class Main {
  function void main() {
    // 3つの分数変数（Fractionオブジェクトへのポインタ）を作成する
    var Fraction a, b, c;
    let a = Fraction.new(4,6);  // a = 2/3
    let b = Fraction.new(1,5);  // b = 1/5
    // 2つの分数を加算し、結果を出力する
    let c = a.plus(b);  // c = a + b
    do c.print();       // 「13/15」と表示される
    return;
  }
}
```

例9-3 は、ソフトウェア工学の重要な原則を示している。それは、（Fraction の
ような）抽象化の利用者は、その実装について何も知る必要がないということであ
る。知る必要があるのはクラスの**インターフェース**、つまり API だけだ。API は、
クラスがどのような機能を提供し、その機能をどのように使用するかを示している。
これがクライアント（クラスの利用者）が知っておくべき情報のすべてである。

クラスの実装

ここまで、Fraction クラスをクライアント側の視点から見てきた。そこでは、
Fraction はブラックボックスであり、その内部構造については何も知らなくてよ
かった。続いて、Fraction クラスの実装を見てみよう。抽象化の実装例を**例9-4** に
示す。

例9-4　Fraction 抽象化の Jack 実装

```
/** Fractionクラスとサブルーチンの実装 */
class Fraction {
  // Fractionオブジェクトは分子と分母を持つ
  field int numerator, denominator;

  /** xとyから（約分された）分数を生成する */
  constructor Fraction new(int x, int y) {
    let numerator = x;
    let denominator = y;
    do reduce(); // この分数を約分する
    return this; // 新しいオブジェクトへの参照を返す
  }

  // この分数を約分する
  method void reduce() {
    var int g;
    let g = Fraction.gcd(numerator, denominator);
    if (g > 1) {
      let numerator = numerator / g;
      let denominator = denominator / g;
    }
    return;
  }

  // 2つの整数の最大公約数を計算する
  function int gcd(int a, int b) {
    // ユークリッドの互除法を適用する
    var int r;
    while (~(b = 0)) {
      let r = a - (b * (a / b)); // r = 余り
      let a = b;
      let b = r;
    }
    return a;
  }

  /** getメソッド */
  method int getNumerator() {
    return numerator;
  }
  method int getDenominator() {
    return denominator;
  }

  /** この分数とotherの和を返す */
  method Fraction plus(Fraction other) {
```

```
        var int sum;
        let sum = (numerator * other.getDenominator()) +
                  (other.getNumerator() * denominator);
        return Fraction.new(sum, denominator *
                            other.getDenominator());
    }

    // 分数に関するその他のメソッド（minus、times、div、invertなど）をここに追加できる

    /** この分数を破棄する */
    method void dispose() {
        // このオブジェクトが保持しているメモリを解放する
        do Memory.deAlloc(this);
        return;
    }

    /** この分数を x/y の形式で出力する */
    method void print() {
        do Output.printInt(numerator);
        do Output.printString("/");
        do Output.printInt(denominator);
        return;
    }
} // Fractionクラスの宣言の終わり
```

Fraction クラスは、Jack でのオブジェクト指向プログラミングの重要な特徴を示している。以下にそれを列挙する。

- field は、オブジェクトのプロパティ（**メンバ変数**とも呼ばれる）を指定する。
- constructor は、新しいオブジェクトを作成するサブルーチンである。
- method は、現在のオブジェクト（キーワード this で参照される）に対して操作を行うサブルーチンである。
- function は、クラスレベルのサブルーチン（**スタティックメソッド**とも呼ばれる）で、特定のオブジェクトに関連付けられていない。
- Fraction クラスの実装では、Jack 言語で利用可能なすべての種類の文（statement）——let、do、if、while、return——を使っている。

もちろん、Jack で実装できるクラスは無限にある。Fraction クラスはその一例にすぎない。

例4：連結リストの実装

　リストというデータ構造は、「値とそれに続くリスト」という形で再帰的に定義される。null という値もリストと見なされる。**例9-5** は、整数リストの実装例である。この例は、コンピュータサイエンスで広く使われる主要なデータ構造が、Jack でどのように実現できるかを示している。

例9-5　Jack での連結リストの実装とクライアントコードの例

```
// Jack での連結リストの実装：
/** 整数のリストを表す */
class List {
  field int data;    // リストの整数値
  field List next;   // 後続のリスト

  /* 先頭をcar、末尾をcdrと呼ぶリストを作成する */
  // これらの名称はLispプログラミング言語で使われている
  constructor List new(int car, List cdr) {
    let data = car;
    let next = cdr;
    return this;
  }

  /* getメソッド */
  method int getData() { return data; }
  method List getNext() { return next; }

  /* このリストの要素を出力する */
  method void print() {
    // このリストの最初の要素を指すポインタを初期化する
    var List current;
    let current = this;
    // リストを反復処理する
    while (~(current = null)) {
      do Output.printInt(current.getData());
      do Output.printChar(32);   // 空白文字を出力する
      let current = current.getNext();
    }
    return;
  }

  /* このリストを破棄する */
  method void dispose() {
    // このリストの末尾を再帰的に破棄する
    if (~(next = null)) {
      do next.dispose();
```

```
    }
    // OSルーチンを使用して、このオブジェクトが保持しているメモリを解放する
    do Memory.deAlloc(this);
    return;
  }

    // リストに関するその他のメソッドをここに追加できる

} // Listクラスの宣言の終わり


// クライアントコードの例：
// リスト(2,3,5)を作成、出力、破棄する。
// これはリスト(2,(3,(5,null)))の略記法である。
// (このコードは任意のJackクラスに記述できる)
...
    var List v;
    let v = List.new(5,null);
    let v = List.new(2,List.new(3,v));
    do v.print();    // 「2 3 5 」と表示される
    do v.dispose();  // リストを破棄する
...
```

オペレーティングシステム（OS）

　Jack プログラムでは、Jack OS を広範囲で使用する。Jack OS については 12 章で議論し、開発する。現時点では、Jack プログラムは OS のサービスを抽象的に使用し、その内部の実装には注意を払わない。Jack プログラムは、OS サービスのインクルードやインポートは不要で、直接利用できる。

　OS は以下の 8 つのクラスで構成されている。詳細は付録 F を参照。

- Math：一般的な数学演算── max(int,int)、sqrt(int) など
- String：文字列に関連する操作── length()、charAt(int) など
- Array：配列に関連する操作── new(int)、dispose() など
- Output：画面へのテキスト出力── printString(String)、printInt(int)、println() など
- Screen：画面へのグラフィック出力── setColor(boolean)、drawPixel(int,int)、drawLine(int,int,int,int) など
- Keyboard：キーボードからの入力── readLine(String)、readInt(String) など

- Memory：ホスト RAM へのアクセス―― peek(int)、poke(int,int)、alloc(int)、deAlloc(Array) など
- Sys：実行関連のサービス―― halt()、wait(int) など

9.2　Jack 言語の仕様

この節は、一度読んだ後、必要に応じて参照するための技術リファレンスとして使用できる。

9.2.1　構文要素

Jack プログラムは「トークン」の並びで表される。各トークンは空白文字やコメントで区切られる。トークンは、以下に示すように、シンボル、予約語、定数、識別子のいずれかである。

空白文字とコメント

- 空白文字、改行文字、コメントは無視される。コメントは以下の形式がサポートされている。

```
// 行末までのコメント
/* 閉じるまでのコメント */
/** APIドキュメントを抽出するソフトウェアツールを対象としたコメント */
```

シンボル

- ()：算術式のグループ化、引数リスト（サブルーチン呼び出しの場合）、パラメータリスト（サブルーチン宣言の場合）の囲い文字
- []：配列のインデックス指定
- {}：プログラムユニットと文のグループ化
- ,：変数リストの区切り文字
- ;：文の終端記号
- =：代入演算子と比較演算子
- .：クラスのメンバアクセス演算子
- + - * / & | ~ < >：演算子

予約語

- class、constructor、method、function：プログラム構造
- int、boolean、char、void：プリミティブ型
- var、static、field：変数宣言
- let、do、if、else、while、return：文
- true、false、null：定数
- this：オブジェクト参照

定数

- **整数定数**は 0 から 32767 の範囲の値である。負の整数は定数ではなく、整数定数にマイナス演算子を適用した「式」である。結果として、有効な値の範囲は -32768 から 32767 となる（-32768 は、$-32767 - 1$ の式により得られる）。
- **文字列定数**は二重引用符（""）で囲まれ、改行文字と二重引用符以外の任意の文字を含むことができる。改行文字を含める場合は OS 関数の String.newLine()、二重引用符を含める場合は String.doubleQuote() を使用する。
- **ブール定数**は true と false である。
- null 定数は、null[1]を参照すること表す。

識別子

識別子は文字（A-Z、a-z）、数字（0-9）、_の任意の長さの並びで構成される。最初の文字は、数字以外（A-Z、a-z、_のいずれか）でなければならない。Jack 言語では大文字と小文字が区別される。つまり、x と X は異なる識別子として扱われる。

9.2.2　プログラムの構造

Jack プログラムは、同じフォルダに格納された 1 つ以上のクラスの集まりから構成される。どれか 1 つのクラスは Main という名前で、このクラスには main という名前の関数が含まれていなければならない。コンパイルされた Jack プログラムは、常に Main.main 関数から始まる。

Jack プログラミングの基本となる単位は**クラス**である。クラス *Xxx* は *Xxx*.jack という名前の個別のファイルに保存され、個別にコンパイルされる。慣例により、ク

---

[1]　訳注：null とは、何も参照していないことを示す特別な値である。

ラス名は大文字で始まる。ファイル名はクラス名と同一でなければならない（大文字・小文字も一致していなければならない）。クラス宣言は以下の構造を持つ。

```
class Name {
  field variable declarations   // サブルーチン宣言の前に置かなければならない
  static variable declarations // サブルーチン宣言の前に置かなければならない
  subroutine declarations       // コンストラクタ、メソッド、関数の宣言（順序は任意）
}
```

　クラス宣言では、まずクラスの名前を指定する。次に、0個以上のフィールド変数宣言と0個以上のスタティック変数宣言が続く。そして、1個以上のサブルーチン宣言（メソッド、関数、コンストラクタを定義する）が続く。

　メソッドは現在のオブジェクトに対して操作するように設計されている。**関数**は、特定のオブジェクトに関連付けられていないクラスレベルのスタティックメソッドである。**コンストラクタ**はクラス型の新しいオブジェクトを作成して返す。サブルーチン宣言は以下の構造を持つ。

```
subroutine type name (parameter-list) {
  local variable declarations
  statements
}
```

　ここで、*subroutine* は constructor、method、function のいずれかである。各サブルーチンには、アクセスするための *name* と、サブルーチンが返す値のデータ型を指定する *type* がある。サブルーチンが値を返さない場合は void と指定する。*parameter-list* は、*<type identifier>*のペアをカンマで区切ったリストとなる。たとえば、int x, boolean sign, Fraction g のようになる。

　サブルーチンがメソッドまたは関数の場合、その戻り値の型は以下のいずれかにできる。

- 言語がサポートするプリミティブなデータ型（int、char、boolean）
- 標準クラスライブラリが提供するクラス型（String または Array）
- プログラム内の他のクラスによって提供されるクラス型（Fraction や List など）

　サブルーチンがコンストラクタの場合、任意の名前を付けることができるが、その型は属しているクラスの名前でなければならない。クラスは0個、1個、または複数

のコンストラクタを持つことができる。慣例により、コンストラクタの 1 つは new という名前が付けられる。

サブルーチン宣言には、0 個以上のローカル変数宣言（var 文）と、1 個以上の文（*statements*）が含まれる。サブルーチンは、return *expression* 文で終了しなければならない。return するものがないときは（void サブルーチンの場合）、return 文で終わらせる。ちなみに、この return は、return void の省略形と見なすことができる（void は「何もない」ことを表す定数と見なせる）。コンストラクタは return this 文で終了しなければならない。この動作は、新しく生成されたオブジェクトのメモリアドレスを this で示して返す（Java のコンストラクタでも同じことが暗黙的に行われている）。

9.2.3　データ型

変数のデータ型は、**プリミティブ型**（int、char、boolean）か、*className* 型のいずれかである。ここで、*className* は String、Array、またはプログラムフォルダ内に存在するクラスの名前である。

プリミティブ型

Jack には以下に示す 3 つのプリミティブ型がある。

- int：2 の補数表現の 16 ビット整数
- char：非負の 16 ビット整数[†2]
- boolean：true または false

3 つのプリミティブ型（int、char、boolean）はそれぞれ 16 ビットの値として表現される。Jack は弱い型付き言語である。キャストなしに、任意の型の値を任意の型の変数に代入できる。

配列

配列は OS クラスの Array を使用して宣言される。配列要素へのアクセスは arr[*i*] という一般的な表記を使用する。最初の要素のインデックスは 0 である。多次元配列は、「配列の配列」を作成することで得られる。配列要素は型付けされてお

---

†2　訳注：後で見るように、16 ビットの非負整数で表す「文字コード」である。

らず、同じ配列内で異なる型の要素を持つことができる。配列の宣言によって配列への参照は生成されるが、配列自体はコンストラクタの `Array.new(`*arrayLength*`)` を呼び出すことで生成される（配列操作の例は、**例9-2** を参照）。

オブジェクト型

　Jack のクラスは、オブジェクト型を定義する。オブジェクト指向プログラミングでは、オブジェクトの生成は 2 段階で行われるのが一般的だ。以下に例を示す。

```
// このクライアントコードの例では、CarクラスとEmployeeクラスを使用する（そのコードは
// ここでは示さない）
// Carクラスにはmodel（String型）とlicensePlate（String型）の2つのフィールドがある
// Employeeクラスにはname（String型）とcar（Car型）の2つのフィールドがある
...
// Carオブジェクトを1つ、Employeeオブジェクトを2つ宣言する（3つのポインタ変数）
var Car c;
var Employee emp1, emp2;
...
// 新しい車を生成する
let c = Car.new("Aston Martin","007"); // cに新しい車のデータを含むメモリ
                                        // ブロックのベースアドレスを設定する
// 新しい従業員を生成し、車を割り当てる
let emp1 = Employee.new("Bond",c);
...
// 別名（エイリアス）を作成する
let emp2 = emp1; // 参照（アドレス）だけがコピーされ、新しいオブジェクトは生成されない
// 同じオブジェクトを参照する2つのEmployeeポインタができた
```

文字列

　文字列は、OS クラスである `String` のインスタンスである。`String` は文字列を `char` 値の配列として実装している。Jack コンパイラは `"foo"` という表現を見つけると、それを `String` クラス型のオブジェクト（`String` オブジェクトとも呼ぶ）として扱う。`String` オブジェクトの文字列には、`charAt(`*index*`)` やその他のメソッド（付録 F の `String` クラスを参照）を使用してアクセスできる。以下に例を示す。

```
var String s;  // オブジェクト変数
var char c;    // プリミティブ変数
...
let s = "Hello World"; // sをStringオブジェクトの"Hello World"に設定する
let c = s.charAt(6);   // cを'W'の文字コード（整数）である87に設定する
```

　`let s = "Hello World"` は、次の処理と同じである。まずは `let s = String.`

new(11) を行う。そして、do s.appendChar(72)、...、do s.appendChar(100) という 11 個のメソッド呼び出しを行う。ここで、appendChar の引数は文字コードを表す。文字コードは「非負の 16 ビット整数」で表される。残念ながら、Jack 言語には 'H' のような単一文字の表現はサポートされていない。文字を表現する方法は、文字コードを使用するか、もしくは charAt メソッド呼び出しを使用するかである。Hack の文字セットについては付録 E の一覧表を参照すること。

型変換

Jack は弱く型付けされた言語である。言語仕様では、ある型の値を異なる型の変数に代入したときに何が起こるかを定義していない。そのようなキャスト操作を許可するかどうか、そしてそれらをどのように処理するかは、コンパイラの開発者に委ねられている。この不確定な仕様は意図的なものであり、型の問題を無視することで最小限のコンパイラが実現できる。とはいえ、すべての Jack コンパイラは以下の代入をサポートし、自動的に実行することが期待される。

- Jack 文字セットの仕様（付録 E）に従って、文字の値を整数変数に代入できる。その逆もできる。以下に例を示す。

    ```
    var char c;
    let c = 33;  // 'A'

    // 文字列の場合も同様
    var String s;
    let s = "A";
    let c = s.charAt(0);
    ```

- 整数は（任意のオブジェクト型の）参照変数に代入でき、その場合はメモリアドレスとして解釈される。以下に例を示す。

    ```
    var Array arr;       // ポインタ変数を作成する
    let arr = 5000;      // arrを5000に設定する
    let arr[100] = 17;   // メモリアドレス5100の内容を17に設定する
    ```

- オブジェクト変数を Array 変数に代入でき、その逆もできる。これにより、オブジェクトのフィールドを配列要素としてアクセスできる。以下に例を示す。

```
// 配列[2,5]を作成する
var Array arr;
let arr = Array.new(2);
let arr[0] = 2;
let arr[1] = 5;

// 分数2/5を作成する
var Fraction x;
let x = arr;   // xを配列[2,5]を表すメモリブロックの
               // ベースアドレスに設定する

do Output.printInt(x.getNumerator())   // "2"を出力する
do x.print()                           // "2/5"を出力する
```

9.2.4　変数

　Jack は 4 種類の変数を備えている**スタティック変数**はクラスレベルで定義され、クラスのすべてのサブルーチンからアクセスできる。**フィールド変数**もクラスレベルで定義され、個々のオブジェクトのプロパティを表すために使用され、クラスのすべてのコンストラクタとメソッドからアクセスできる。**ローカル変数**はサブルーチン内での計算にのみ使用され、**パラメータ変数**は呼び出し側から渡された引数を表す。ローカル変数とパラメータ変数の値は、サブルーチンの実行直前に作成され、サブルーチンが return するときに破棄される（**図9-1**）。変数の**スコープ**は、プログラム内でその変数が参照可能な範囲を指す。

変数の種類	説明	宣言される場所	スコープ
スタティック変数	スタティック変数のコピーはひとつだけ存在し、このコピーはクラスのすべてのサブルーチンで共有される（Javaのプライベートなスタティック変数のように）。	クラス宣言	スタティック変数が宣言されたクラス
フィールド変数	すべてのオブジェクト（クラスのインスタンス）は、フィールド変数のプライベートなコピーを持つ（Javaのメンバ変数のように）。	クラス宣言	フィールド変数が宣言されたクラス
ローカル変数	サブルーチンの開始時に作成され、サブルーチンのreturn時に破棄される。	サブルーチン宣言	ローカル変数が宣言されたサブルーチン
パラメータ変数	サブルーチンに渡された引数を表す。呼び出し側によって初期化され、ローカル変数のように扱われる。	サブルーチン宣言	パラメータ変数が宣言されたサブルーチン

図 9-1　Jack 言語の変数の種類。表全体を通して、サブルーチンは「関数」「メソッド」「コンストラクタ」のいずれかを指す。

変数の初期化

- スタティック変数は初期化されない。初期化はプログラマーの責任である。
- フィールド変数は初期化されない。クラスのコンストラクタによる初期化が期待される。
- ローカル変数は初期化されない。初期化はプログラマーの責任である。
- パラメータ変数は、呼び出し側から渡された引数の値によって初期化される。

変数のアクセス可能性

スタティック変数とフィールド変数は、定義されているクラスの外部から直接はアクセスできない。クラスの設計者が提供する get メソッドと set メソッドを通じてのみアクセスできる。

9.2.5　文

Jack 言語には、5 つの文（Statement）がある（**図9-2**）。

文	構文	説明
let	let *varName* = *expression*; or: let *varName*[*expression*1] = 　　　*expression*2;	代入演算。変数の種類はスタ ティック、ローカル、フィールド、 パラメータのいずれかである。

if	if (*expression*) {
	　　*statements*1;
	} else {
	　　*statements*2;
	}
		一般的に用いられる*if*文。*else*節は
		オプション。文がひとつだけでも、
		波括弧は必須。

while	while (*expression*) {
	　　statements;
	}
		一般的に用いられる*while*文。文が
		ひとつだけでも、波括弧は必須。

do	do *function-or-method-call*;	戻り値は無視して、関数や メソッドを呼び出して効果を 得るために使用される。
return	return *expression*; or return;	サブルーチンから値を返すために 使う。2つ目の形式はvoidを返す 関数とメソッドの場合に用いる。 コンストラクタの場合はthisを 返さなければならない。

図9-2　Jack 言語の文

9.2.6　式

Jack の式（Expression）は以下のいずれかである。

- **定数**
- スコープ内の**変数名**（変数は**スタティック**、**フィールド**、**ローカル**、**パラメータ**のいずれか）
- 現在のオブジェクトを示すキーワード this（関数内では使用できない）
- *arr*[*expression*] を使った**配列要素**（*arr* はスコープ内の Array 型の変数名）
- void 以外の型を返す**サブルーチン呼び出し**
- 単項演算子 - または~のいずれかが前置された式
  - ○　- *expression*：算術否定
  - ○　~*expression*：ブール否定（整数ではビット単位）
- *expression op expression* の形式の式。ここで、*op* は以下のいずれかの二項

演算子

- ○ + - * / : 整数算術演算子
- ○ & | : ブール And とブール Or (整数ではビット単位) 演算子
- ○ < > = : 比較演算子

- (*expression*) : 括弧内の式

演算子の優先順位と評価の順序

演算子の優先順位は、括弧内の式が最初に評価されることを除いて、言語によって定義されていない。したがって、式 2+3*4 の値は予測できないが、2+(3*4) は 14 に評価されることが保証されている。「Nand to Tetris」で提供されている Jack コンパイラ (および 10 章と 11 章で開発するコンパイラ) は、式を左から右に評価するため、式 2+3*4 は 20 に評価される。繰り返しになるが、代数的に正しい結果を得たい場合は、2+(3*4) を使用する。

演算子の優先順位を強制するために括弧を使用する必要があるため、Jack の式は少し扱いにくい。この演算子の優先順位がないのは意図的なものであり、これにより Jack コンパイラの実装を簡素化している。もし必要であれば、演算子の優先順位に対応した別の Jack コンパイラを開発することができる。その際は、言語ドキュメントに演算子の優先順位を記載することが望まれる。

9.2.7 サブルーチン呼び出し

サブルーチン呼び出しは、関数、コンストラクタ、メソッドを呼び出してその効果を得る。その構文は、$subroutineName(exp_1, exp_2, \ldots, exp_n)$ の形式を取る。ここで、各引数の exp は式である。引数の数は、サブルーチンの宣言で指定された数と一致しなければならない (引数の型についても同様)。引数リストが空の場合でも、括弧は必ず記述しなければならない。

サブルーチンは、定義されているクラス内から、または以下の構文規則に従って他のクラスから呼び出すことができる。

関数呼び出し/コンストラクタ呼び出し

- $className.functionName(exp_1, exp_2, \ldots, exp_n)$
- $className.constructorName(exp_1, exp_2, \ldots, exp_n)$

className は、関数/コンストラクタが呼び出し側と同じクラスにある場合でも、常に指定しなければならない。

メソッド呼び出し

- *varName.methodName(exp_1, exp_2, ... , exp_n)*
  varName で参照されるオブジェクトにメソッドを適用する。
- *methodName(exp_1, exp_2, ... , exp_n)*
  現在のオブジェクトにメソッドを適用する（これは、this.*methodName*(exp_1, exp_2, ... , exp_n) と同じ）。

サブルーチン呼び出しの例を以下に示す。

```
class Foo {
  ...
  method void f() {
    var Bar b;  // Barというクラス型のローカル変数を宣言する
    var int i;  // プリミティブ型であるintのローカル変数を宣言する
    ...
    do Foo.g()  // このクラスの関数gを呼び出す
    do Bar.h()  // クラスBarの関数hを呼び出す
    do m()      // thisオブジェクトに対して、このクラスのメソッドmを呼び出す
    do b.q()    // オブジェクトbに対して、クラスBarのメソッドqを呼び出す
    let i = w(b.s(), Foo.t())  // thisオブジェクトに対してメソッドwを呼び出す
                // オブジェクトbに対してクラスBarのメソッドsを呼び出す
                // クラスFooの関数またはコンストラクタtを呼び出す
  }
}
```

9.2.8　オブジェクトの生成と破棄

オブジェクトの生成は2段階で行われる。最初に、参照変数（オブジェクトへのポインタ）が宣言される。次に、オブジェクトのクラスからコンストラクタが呼び出される（これは必須ではないが、オブジェクトの生成を完了するために必要である）。したがって、型を実装するクラス（例：Fraction）には、少なくとも1つのコンストラクタが必要である。Jack のコンストラクタは任意の名前を持つことができる。慣例として、そのうちの1つは new という名前が付けられる。

オブジェクトは、let *varName=className.constructorName(exp_1, exp_2, ... , exp_n)* という構文を使用して生成され、変数に代入される。たとえば、let c = Circle.new(x,y,50) のようになる。コンストラクタには通常、呼び

出し側から渡された引数の値で新しいオブジェクトのフィールドを初期化するコード
が含まれる。

　オブジェクトが不要になったら、そのオブジェクトが占有しているメモリを解放す
るために破棄できる。たとえば、c が指すオブジェクト上が不要になったとする。オブ
ジェクトは、OS 関数の Memory.deAlloc(c) を呼び出すことでメモリから割り当
てを解除できる。Jack にはガベージコレクションがないので、メモリリークを避け
るために、Jack プログラマーは不要になったオブジェクトを破棄することが推奨さ
れる。ベストプラクティスとして、すべてのクラスには、リソースを適切に解放する
dispose() メソッドを用意すべきである（dispose() の例は、**例9-3** や**例9-5** を
参照）。

9.3　Jack アプリケーションの作成

　Jack は、さまざまなハードウェアプラットフォーム上で実装できる汎用言語であ
る。「Nand to Tetris」では、Hack プラットフォーム上に Jack コンパイラを開発す
るため、Jack アプリケーションについて Hack の文脈で考察するのは自然なことで
ある。

例

　Jack アプリの画面を 4 つ**図9-3** に示す。一般的に、Jack/Hack プラットフォーム
は、古典的なインタラクティブゲーム（ポン、スネーク、テトリス、スペースイン
ベーダーなど）に適している。projects/9/Square フォルダには、キーボードの 4
つの矢印キーを使ってユーザーが画面上の四角形の画像を移動できるシンプルなアプ
リケーションの Jack コードが含まれている。

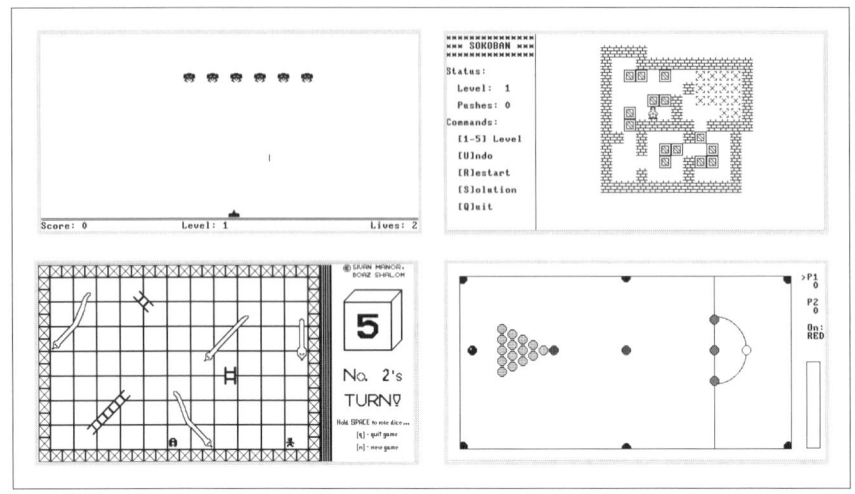

図9-3　Hack コンピュータ上で動く Jack アプリケーション

　Jack コードを動かしながらそのコードを読み解くことは、インタラクティブなグラフィカルアプリケーションの作り方を学ぶのに最も適した方法である。このすぐ後で、「Nand to Tetris」のツールを使って Jack プログラムをコンパイルして実行する方法について説明する。

アプリケーションの設計と実装

　ソフトウェア開発は、特に Hack コンピュータのような厳しい制約のあるハードウェアプラットフォーム上で行う場合は、常に慎重に計画すべきである。まず、プログラムの設計者はハードウェアの物理的な制約を考慮する必要がある。コンピュータの画面サイズによって、プログラムで扱える画像サイズが制限される。同様に、言語の入出力コマンドの種類やプラットフォームの実行速度によって、「できること」と「できないこと」が決まる。

　通常、プログラムの設計は、それがどのように動作するかを概念的に記述することから始まる。グラフィカルでインタラクティブなプログラムの場合、手書きのスケッチから始めることも多いだろう。その次に、プログラムのオブジェクトベースのアーキテクチャを設計するだろう。これには、クラス、フィールド、サブルーチンなどが含まれる。たとえば、プログラムがユーザーにキーボードの矢印キーを使って画面上の四角形のオブジェクトを移動できるようにする場合、Square クラスを設計するこ

とが考えられる。Square クラスは、四角形を作成するコンストラクタ、四角形を破棄するデストラクタ、moveRight、moveLeft、moveUp、moveDown などのメソッドを備えるだろう。さらに、ユーザーとのインタラクションを行う SquareGame クラスと、プログラムを開始する Main クラスを設計することが考えられる。これらのクラスの API を慎重に設計し、それに従って実装する。そして、コンパイルして、テストを行う。

Jack プログラムのコンパイルと実行

プログラムを構成するすべての.jack ファイルは、同じフォルダに置かなければならない。そのプログラムフォルダに Jack コンパイラを適用すると、コンパイラはフォルダ内で見つかったすべての.jack クラスを.vm ファイルに変換し、同じプログラムフォルダに保存する。

コンパイルされた Jack プログラムを実行またはデバッグする最も簡単な方法は、プログラムフォルダを VM エミュレータにロードすることである。エミュレータは、フォルダ内のすべての.vm ファイルのすべての VM 関数を、次々にロードする。その結果、VM エミュレータのプログラム表示領域には、*fileName.functionName* という名前の形式で、(おそらく長い) VM 関数が表示される。エミュレータにプログラムの実行を指示すると、エミュレータは OS 関数の Sys.init の実行から始め、それが Jack プログラムの Main.main 関数を呼び出す。

別の方法として、「プロジェクト 7~8」で構築した VM 変換器を使用して、コンパイルされた VM コードと、本書で提供する 8 つの OS ファイル (tools/OS/*.vm) を、Hack 機械語で書かれた 1 つの.asm ファイルに変換することもできる。このアセンブリコードは、CPU エミュレータ上で実行できる。または、「プロジェクト 6」で構築したアセンブラを使用して、.asm ファイルをさらにバイナリコードの.hack ファイルに変換することもできる。次に、Hack コンピュータチップ (「プロジェクト 1~5」で構築したもの) をハードウェアシミュレータにロードするか、ビルトイン版の Computer チップを使用し、バイナリコードを ROM チップにロードして実行できる。

オペレーティングシステム

Jack プログラムは、言語の**標準クラスライブラリ**を多用する。このライブラリは、ここでは**オペレーティングシステム**とも呼んでいる。「プロジェクト 12」では、Jack OS のクラスライブラリを開発し、Jack コンパイラを使用してコンパイルする (Unix

がCで書かれているように、Jack OSもJackで書かれる）。このコンパイルにより、OSの実装を構成する8つの.vmファイルが生成される。これら8つの.vmファイルをプログラムフォルダに置くと、同じコードベースに属するため、すべてのOS関数がコンパイルされたVMコードからアクセスできるようになる。

ただし、現時点ではOSの実装について気にする必要はない。VMエミュレータ（Javaプログラム）には、Jack OSのJava実装が組み込まれている。VMエミュレータにロードされたVMコードがOS関数、たとえばMath.sqrtを呼び出すと、次の2つのうちのどちらかが起こる。

- ロードされたコードベースの中にOS関数が見つかった場合、VMエミュレータはそれを他のVM関数と同様に実行する。
- ロードされたコードベースの中にOS関数が見つからない場合、エミュレータはビルトインの実装を実行する。

9.4　プロジェクト

本書の他のプロジェクトとは異なり、このプロジェクトではハードウェアやソフトウェアのモジュールを実装する必要はない。ここでは、何かしらのアプリケーションを考えて（または、いくつかの候補から選んで）、それをJackで実装する。

目的

このプロジェクトによって私たちはJack言語に親しむことになるが、それには2つの隠された目的がある。ひとつは、「プロジェクト10〜11」でJackコンパイラを書くため。もうひとつは、「プロジェクト12」でJack OSを書くためである。

要件

シンプルなゲームやインタラクティブなプログラムなど、アプリケーションを考案せよ。そして、そのアプリケーションを設計し、実装せよ。

リソース

プログラムを.vmファイルに変換するために提供されたtools/JackCompilerと、コンパイルされたコードを実行してテストするために提供されたtools/VMEmulatorが必要になる。

Jack プログラムのコンパイルと実行

0. プログラムのフォルダを作成する。これをプログラムフォルダと呼ぶ。

1. Jack プログラムを書く。1 つ以上の Jack クラスを、それぞれ個別の *className*.jack テキストファイルに保存する。これらすべての.jack ファイルをプログラムフォルダに置く。

2. 本書が提供する Jack コンパイラを使用してプログラムフォルダをコンパイルする。これにより、コンパイラはフォルダ内で見つかったすべての.jack クラスを対応する.vm ファイルに変換する。コンパイルエラーが出た場合は、プログラムをデバッグする。エラーメッセージが出力されなくなるまで、コンパイルを繰り返す。

3. この時点で、プログラムフォルダにはソースコードの.jack ファイルと、コンパイルされた.vm ファイルが含まれているはずである。コンパイルされたプログラムをテストするには、プログラムフォルダを VM エミュレータにロードし、ロードされたコードを実行する。実行時にエラーやプログラムに意図しない挙動があった場合は、関連するファイルを修正してステップ 2 に戻る。

プログラム例

nand2tetris/projects/9/Square フォルダには、3 クラスで構成されるインタラクティブな Jack プログラム（Square アプリ）のソースコードが含まれている。また、nand2tetris/projects/9 フォルダには、本章で説明した Jack プログラムのソースコードも含まれている。

ビットマップエディタ

高速なグラフィックスを必要とするプログラムを開発する場合は、プログラムの主要なグラフィカル要素をレンダリングするために**スプライト**を設計するのが最善である。たとえば、**図9-3**（右上）の「SOKOBAN（倉庫番）」は、いくつかのスプライトが繰り返し表示されている。このようなスプライトをデザインするにはオンライン IDE の「ビットマップエディタ（https://nand2tetris.github.io/web-ide/bitmap）」が便利だろう。

「プロジェクト 9」は、オンライン IDE の以下のツールを使って取り組むこともできる。

- コンパイラ：https://nand2tetris.github.io/web-ide/compiler
- VM エミュレータ：https://nand2tetris.github.io/web-ide/vm
- ビットマップエディタ：https://nand2tetris.github.io/web-ide/bitmap

9.5　展望

Jack はオブジェクトベースの言語であり、オブジェクトやクラスをサポートする。ただし、継承はサポートしない。この点において、Pascal や C のような手続き型言語と、Java や C++ のようなオブジェクト指向言語の中間に位置づけられるだろう。確かに Jack は、これらのメジャーなプログラミング言語よりもシンプルである。しかし、その基本的な構文や機能は現代の言語と共通するものが多い。

Jack 言語の機能の中には、あまり望ましくないものもある。たとえば、プリミティブ型は、かなりプリミティブである。さらに、Jack は弱く型付けされた言語であり、代入や演算での型の適合性は強制されない。また、Jack の構文に不満を感じるかもしれない。なぜ do や let のような扱いにくいキーワードが含まれているのか、なぜすべてのサブルーチンが return 文で終わらなければならないのか、なぜ言語が演算子の優先順位を強制しないのか、といったように——他にも不満があるだろう。

これらの多少面倒に見える制約は、Jack コンパイラの実装ををシンプルで最小限のもので済むようにするために Jack に導入された。たとえば、文の種類がその文の最初のトークンだけで明らかになれば、（どの言語でも）文の構文解析が格段に容易になる。それが Jack が代入文の前に do や let などのキーワードを使う理由である。したがって、Jack の単純さは、Jack アプリケーションを書くときには煩わしいかもしれないが、Jack コンパイラを書くときには、その単純さに感謝することになるだろう。そのことを次の 2 つの章で実感するだろう。

最近のプログラミング言語は、標準ライブラリとともに配られるのがほとんどだ。Jack もそうである。標準ライブラリは、移植可能な言語指向の OS と見なすことができる。ただし、多くの機能を提供するメジャーな言語の標準ライブラリとは異なり、Jack OS は最小限のサービスしか提供しない。しかし、それでも単純でインタラクティブなアプリケーションを開発するのには十分である。

Jack OS を拡張してマルチスレッドをサポートしたり、永続ストレージ用のファイルシステムを作ったり、通信用のソケットを提供したりするのは明らかに良いことだろう。これらのサービスを OS に追加できないことはないが、あなたはおそらくプログラミングスキルを他の言語を使って磨きたいと思うだろう。結局のところ、「Nand

to Tetris」以外の場所で Jack を使う機会はまずないからだ。しかし、Jack の経験は
あなたを成長させる機会を与えてくれる。あなたは、Jack/Hack プラットフォーム
という制限された環境の中で、最善をつくすための方法を考えなければならない。そ
れはまさに、組み込みデバイスや専用プロセッサのような制約のある環境で、プログ
ラマーがソフトウェアを書くときに直面する課題と同じなのだ。プロフェッショナル
は、プラットフォームによって課される制約を問題と見なすのではなく、自分の創意
工夫を発揮する機会と捉える。それが「プロジェクト 9」であなたに期待することで
ある。

10章
コンパイラⅠ：構文解析

思考の表現なくして、言語に彩りを添えることはできない。

言語の光なくして、思考に焦点を当てることはできない。

——キケロ（紀元前 106 年〜43 年）

　前章では Jack について説明した。Jack は単純なオブジェクトベースの言語であり、その構文は Java と似ている。本章では、Jack 言語のコンパイラを作る。コンパイラは、一言で言えば、変換を行うプログラムである。ソース言語で書かれたプログラムを目的の言語（ターゲット言語）で書かれたプログラムへ変換する。この変換のプロセスをコンパイルと呼ぶ。この変換プロセスは概念的に 2 つの作業に基づいている。1 つ目の作業は、ソースプログラムの構文を理解し、そこからプログラムの「意味（セマンティクス）」を明らかにすることである。たとえば、コードを解析することで、プログラムが配列を宣言したり、オブジェクトを操作したりしていることが分かる。プログラムの意味が分かれば、それをターゲット言語の構文を使って表現し直すことができる。最初の作業は一般的に**構文解析**（Syntax Analysis）と呼ばれる。これが本章のテーマである。2 つ目の作業は**コード生成**（Code Generation）で、これは次の 11 章で扱う。

　コンパイラが言語の構文を「理解している」ことを、私たちはどのように判断できるだろうか？ ひとつの方法は、（楽観的な方法ではあるが）コンパイラが生成するコードが意図する動作を行えば、コンパイラは正しく構文を理解していると判断できるだろう。しかし本章では、その方法を取らない。というのも、本章ではコンパイラの構文解析を行うモジュールだけを作り、コード生成は行わないからだ。ちなみに、構文解析を行うモジュールは**構文解析器**（Syntax Analyzer）と呼ばれる。本章では構文解析器のみを実装し、テストする。その場合、構文解析器の正確性を確認す

る方法が必要になる。そこで、構文解析器に XML ファイルを生成させることにした。XML ファイルは入力プログラムの構文構造を表現することができる。生成された XML を検証することで、解析器が正しい処理を行っているかどうかを確認することができる。

コンパイラをゼロから書くには、コンピュータサイエンスにおける重要なトピックをいくつか理解する必要がある。具体的には、次のようなトピックが挙げられる。

- 構文解析や言語変換のテクニック
- 木やハッシュテーブルのような古典的なデータ構造
- コンパイルのための再帰的なアルゴリズム

このように、コンパイラを作る作業は挑戦的な仕事である。しかし、コンパイラの実装作業を 2 つの独立したプロジェクトに分離することで、そして各パートのモジュール開発とユニットテストを分離して行うことで（実際には 7 章と 8 章の作業も含めると 4 つのプロジェクトになる）、コンパイラの開発は可能な限りシンプルになる。

ところで、なぜ私たちは大変な思いをしてまでコンパイラを作ろうとしているのか？ もちろん、達成感を得られるという理由もある。しかし、それだけではない。コンパイラの内部動作を理解することで、より良いプログラマーになることができる。さらに、プログラミング言語を定義するために使われるルールや文法は、他の分野でも応用できる。たとえば、コンピュータグラフィックス、通信ネットワーク、バイオインフォマティクス、機械学習、データサイエンス、ブロックチェーン技術、チャットボット、ロボットのパーソナルアシスタント、言語翻訳などだ。特に、**自然言語処理**（Natural Language Processing）の分野では、テキストを解析し、意味を理解する能力が求められる。ほとんどのプログラマーは仕事でコンパイラの開発は行わないが、複雑な構文を持つテキストやデータセットを解析する機会はあるだろう。そのような作業は、本章で説明する技術を使えば、より効率的に行うことができる。

本章は「10.1　背景」から始まる。そこでは、構文解析器を作るために必要な最小限の概念——字句解析（Lexical Analysis）、文脈自由文法（Context-Free Grammar）、構文木（Parse Tree）、再帰下降アルゴリズム——について説明する。続いて「10.2　仕様」で、Jack 言語の文法と Jack 解析器が生成する出力データのフォーマットを示す。「10.3　実装」では、Jack 解析器を構築するためのソフトウェアアーキテクチャを、推奨する API とともに示す。いつものように、最後の「10.4　プロジェクト」で

は、実際に解析器を作るための説明とテストプログラムを順に与える。次章では、本章で作ったコンパイラを完全版のコンパイラへと拡張する。

10.1 背景

コンパイラは、主に**構文解析**と**コード生成**の2つのステージから構成される。構文解析で行う作業は、通常さらに2つのステージに分けられる。それは**トークナイズ**と**パース**である。トークナイズは、ソースコードを**トークン**に変換する処理である。トークンとは、プログラムにおいて意味を持つコードの最小単位である。パースは、トークンの並びを言語の構文ルールに照らし合わせ、その構造を明らかにする処理である。

コンパイラは「ソース言語」を「ターゲット言語」に変換する。構文解析の作業は、ターゲット言語とは完全に独立している。本章ではコード生成については扱わない。本章の目標は、入力プログラムの構文を解析し、その構造を XML ファイルとして出力することである。この方針には2つの利点がある。第一に、出力ファイルを簡単に検査することができる。第二に、ファイルを明示的に出力するという要求があるため、構文解析器を後に完全版のコンパイラに拡張することが容易になる。次章では、本章で開発した構文解析器を拡張して、XML コードではなく実行可能な VM コードを生成する（**図10-1**）。

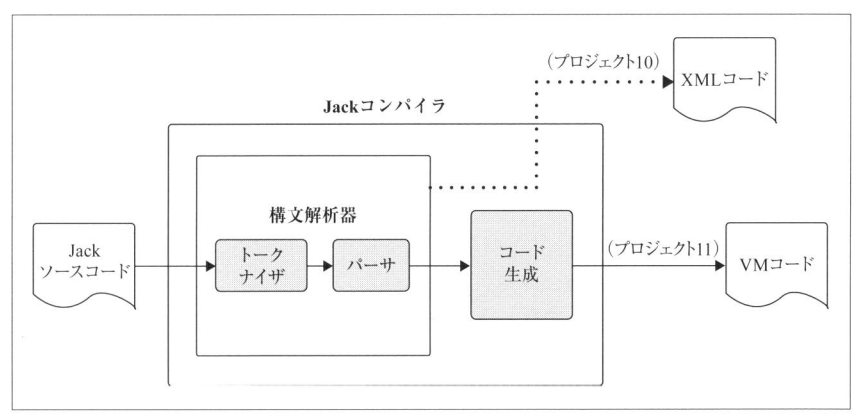

図10-1　Jack コンパイラの開発計画

　本章ではコンパイラの構文解析器だけに焦点を当てる。構文解析器の仕事は、プログラムの構造を理解することである。この言い回しには少し説明が必要だろう。人間はコンピュータのプログラムを読むと、直ちにその構造を認識することができる。これは言語の文法イメージを心の中に持っているからである。そのため、どのプログラムが有効で、どのプログラムが無効かを感じ取ることができる。この文法に関する洞察力により、クラスやメソッドがどこで始まりどこで終わるのか、宣言は何か、文は何か、式はどのように構成されているのか、などを特定できる。これら言語の構成要素は「入れ子」になっている可能性はあるが、人間は言語の文法に従い再帰的にマッピングすることができる。

　構文解析器は、与えられた**文法**——プログラミング言語の構文を定義するルールセット——に従って構築することができる。プログラムを理解するとは、つまるところ、プログラムのテキストと文法規則との正確な対応関係を決定することを意味する。そのためには、まずプログラムを「トークン」の並びに変換しなければならない。

10.1.1　字句解析

　プログラミング言語の仕様では、**トークン**がいくつかのタイプに分類できることが決められている。Jack言語では、トークンは次の5つのタイプに分類される。

- **キーワード**（*keyword*）——例：class、while
- **シンボル**（*symbol*）——例：+、<
- **整数定数**（*integerConstant*）——例：17、314
- **文字列定数**（*stringConstant*）—— 例："FAQ"や"Frequently Asked Questions"
- **識別子**（*identifier*）——変数、クラス、サブルーチンの名前付けに使用されるテキストラベル

　これらのカテゴリで定義されたトークンを総称して、言語の**字句**（Lexicon）と呼ぶ。

　プログラムは単に「文字」が並べられたものである。プログラムの構文を解析する最初のステップは、空白とコメントを無視しながら、言語の字句に従い文字を「トークン」に分割することである。この作業は**字句解析**（Lexical Analysis）、**スキャニング**（Scanning）、**トークン化**（Tokenizing）などと呼ばれる（どれも同じ意味である）。

　プログラムがトークン化されると、文字ではなくトークンが最小単位となる。この

ようにして、トークンのストリームがコンパイラの入力となる。Jack 言語の字句と
コードのトークン化の例を**図10-2** に示す。このバージョンのトークナイザは、トー
クンだけでなく、それらの字句分類も出力する。

```
Prog.jack（文字のストリーム）                    出力（トークンのストリーム）

...                                          ...
if (x < 0) {                                 <keyword>     if        </keyword>
    // signを処理する                         <symbol>      (         </symbol>
    let sign = "negative";                   <identifier>  x         </identifier>
}                                            <symbol>      <         </symbol>
...                          トークナイザ ⇒   <intConst>    0         </intConst>
                                             <symbol>      )         </symbol>
                                             <symbol>      {         </symbol>
                                             <keyword>     let       </keyword>
                                             <identifier>  sign      </identifier>
キーワード：'class'|'constructor'|'function'|   <symbol>      =         </symbol>
           'method'|'field'|'static'|'var'|   <stringConst> negative  </stringConst>
           'int'|'char'|'boolean'|'void'|     <symbol>      ;         </symbol>
           'true'|false'|'null'|'this'|'let'| <symbol>      }         </symbol>
           'do'|'if'|'else'|'while'|'return'  ...

シンボル：  '{'|'}'|'('|')'|'['|']'|'.'|','|';'|
          '+'|'-'|'*'|'/'|'&'|'|'|'<'|'>'|'='|'~'
整数定数：0〜32767の範囲の10進数
文字列定数：ダブルクォートや改行を含まない文字の並び
識別子：アルファベット、数字、アンダースコア（'_'）の並びで、数字で始まらないもの
```

図10-2　Jack 言語の字句の定義とプログラムの字句解析の例

　トークン化は単純な作業であり、重要な作業でもある。言語の字句が与えられれ
ば、文字のストリームをトークンのストリームに変換するプログラムを書くのは難し
くない。この機能は、構文解析器を開発するための最初の足がかりとなる。

10.1.2　文法

　テキストをトークンに分割できたら、そのトークンの並びが有効かどうかを判断す
ることができる。私たち人間はそれと同じようなことを無意識にやっている。たとえ
ば、「ボブは職を得た」は正しく聞こえるが、「職は得たをボブ」や「を得たはボブ職」
は奇妙に聞こえる。私たちの脳は、単語の並びが言語の文法に適合するかどうかを無
意識に判断するよう訓練されている。プログラミング言語では、このような判断をコ
ンピュータに行わせる必要がある。そのためには、プログラムの構文を定義する**文法**
（Grammar）を使う。プログラミング言語の文法は、自然言語の文法よりもはるかに

単純である。**図10-3** に例を示す。

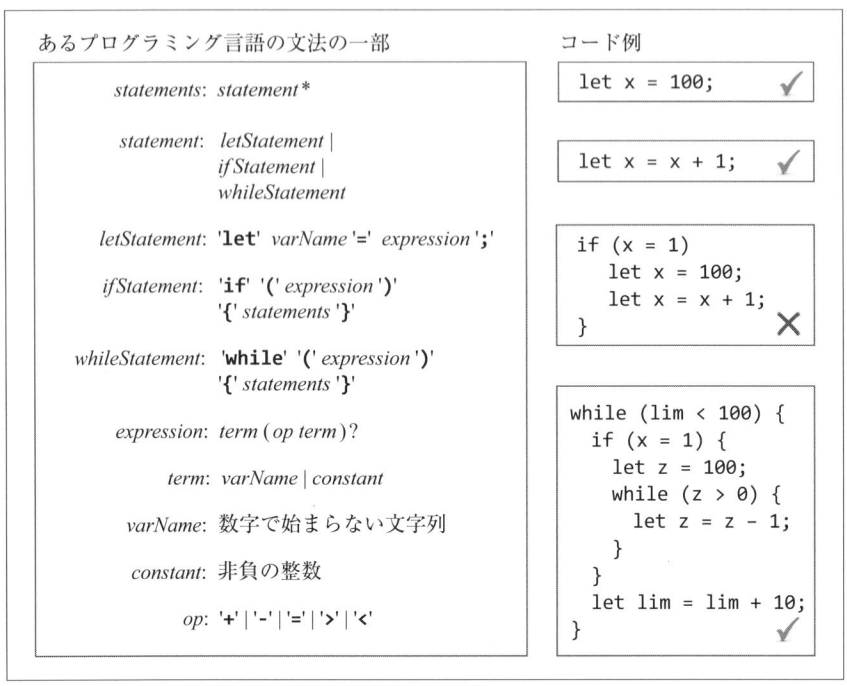

図10-3　あるプログラミング言語の文法の例。文法を満たすコード（✓）と満たさないコード（×）の例も示す。

　文法は**メタ言語**（Meta-Language）で記述される。メタ言語とは、「言語を記述するための言語」である。コンパイル理論には、文法、言語、メタ言語を指定し、それらについて論理的に考えるための形式がたくさんある。それらの中には、形式的すぎて、頭が痛くなるものもある。「Nand to Tetris」では、シンプルさを保つために、文法を「規則の集合」と見なしている。各規則は、左側と右側の要素で構成される。左側は規則の名前を指定するが、これは言語の一部ではない。それは文法を記述する人が（その場で）考え出したもので、それほど重要ではない。たとえば、規則の名前を文法全体で別の名前に置き換えても、文法は同じように有効である（ただし、可読性は低下するだろう）。

　規則の右側は、その規則が指定する言語パターンを記述する。このパターンは、次の3つの要素から構成される。

- **終端要素**：トークンを表す。
- **非終端要素**：他の規則の名前を表す。
- **修飾子**：|、*、?、(、) の 5 つの記号のいずれかを表す。

終端要素は、'**if**' のように太字で指定され、単一引用符で囲まれる。非終端要素は、*expression* のようにイタリック体で指定される。修飾子は通常のフォントで指定される。たとえば、*ifStatement*: '**if**' '**(**' *expression* '**)**' '**{**' *statements* '**}**' という規則を取り上げてみよう。これは、有効な *ifStatement* の文は、次の構造を持つことを規定している。

- トークン **if** で始まり
- トークン **(** が続き
- 有効な *expression* の文（文法は他の場所で定義されている）が続き
- トークン **)** が続き
- トークン **{** が続き
- 有効な *statements* の文（文法は他の場所で定義されている）が続き
- 最後にトークン **}** で終わる

文法のパターンが複数ある場合、修飾子の「|」を使って選択肢をリストアップする。たとえば、*statement*: *letStatement* | *ifStatement* | *whileStatement* という規則は、*statement* が *letStatement*、*ifStatement*、*whileStatement* のいずれかであることを規定している。

修飾子の「*」は、「0 個、1 個、または複数個」を表すために使用される。たとえば、*statements*: *statement**という規則は、*statements* が「0 個、1 個、または複数個」の *statement* の文であることを規定している。同様に、修飾子の「?」は「0 個または 1 個」を表すために使用される。たとえば、*expression*: *term* (*op term*)? という規則は、*expression* は、*term* があり、その後に *op term* のシーケンスが続くかもしれないし、続かないかもしれないことを規定している。これにより、たとえば x+17 や x<0 が *expression* であることが分かる（ここで x や 0 は *term* であり、+ や <は *op* である）。なお、修飾子の「(」と「)」は、文法要素をグループ化するために使用される。たとえば、(*op term*) は、この規則の文脈では、*op* の後に *term* が続くものをひとつの文法要素として扱うことを規定している。

10.1.3 パース

　文法は再帰的である。「ボブはアリスが紹介した職を得た」という文は正しい。これは主語・述語の文章が二重に使われている。これと同様に、if(x<0){if(y>0){...}}という文も正しい（if 文が二重に使われている）。では、このコードが文法的に正しいことをどのように確認できるだろうか。それには、最初のトークンを取得し、if パターンであることが分かったら、*ifStatement:* **'if'** **'('** *expression* **')'** **'{'** *statements* **'}'**というルールを適用する。このルールは、トークン **if** の後にトークン **(** があり、その後に *expression* があり、その後にトークン **)** があるべきだと述べている。今回の例では、入力要素の「(x<0)」に相当するので、この要件は満たされる。if 文のルールに戻ると、今度はトークン**{**の後に *statements* があり、その後にトークン**}**があると分かる。ここで、*statements* は *statement* の 0 個以上の文として定義されており、*statement* は *letStatement*、*ifStatement*、*whileStatement* のいずれかである。今回の例では、入力要素の「**if(y>0){...}**」が *ifStatement* の文に相当するので、この要求は満たされる。

　このように、プログラミング言語の文法を使って、与えられた入力が曖昧さなく受け入れられるか否かを確認できる[†1]。この構文解析により、与えられた入力テキストと、文法規則が認める構文パターンとの間で正確な対応関係が確立される。この対応関係は、**パース木**（**派生木**とも呼ばれる）というデータ構造で表現できる（**図10-4**）。このような木構造を構築できれば、パーサは入力を有効であると判断する。そうでなければ、入力に誤りがあると報告できる。

[†1]　そしてここに、プログラミング言語と自然言語の決定的な違いがある。自然言語では、「Whoever saves one life, saves the world entire.」のようなことが言える。英語では、形容詞を名詞の後に置くのは文法的には誤りである。しかし、この場合においては、文法規則を破ることで、詩的な効果が生まれる。プログラミング言語とは異なり、このような表現の自由が自然言語の無限の豊かさを生み出している。

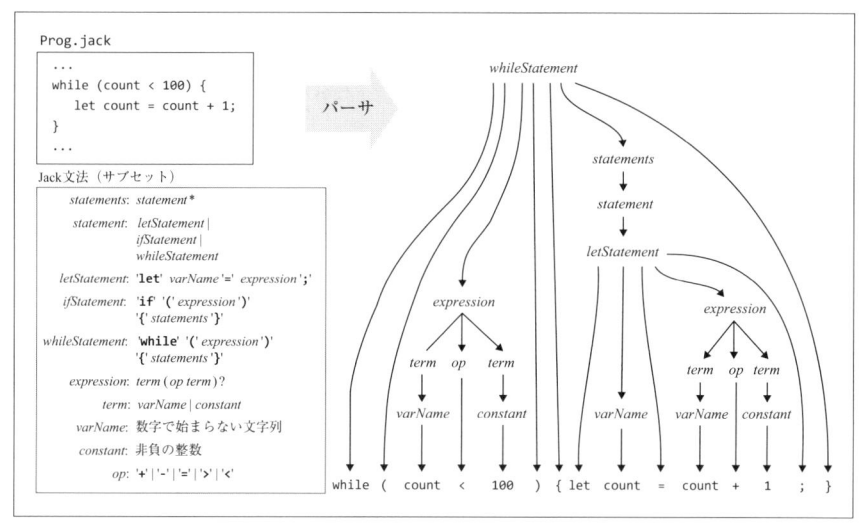

図10-4 コードセグメントのパース木の例。文法規則に基づき解析が行われる。

では、パース木をテキストでどのように表現すればよいだろうか。「Nand to Tetris」では **XML** を採用した。パーサは、木構造を反映するマークアップ形式の XML ファイルを出力する。この XML の出力ファイルを調べることで、パーサが入力を正しく解析しているかどうかを確認できる。**例10-1** に例を示す。

例10-1　同じパース木の XML による表現（Prog.xml）

```
...
<whileStatement>
  <keyword> while </keyword>
  <symbol> ( </symbol>
  <expression>
    <term> <varName> count </varName> </term>
    <op> <symbol> < </symbol> </op>
    <term> <constant> 100 </constant> </term>
  </expression>
  <symbol> ) </symbol>
  <symbol> { </symbol>
  <statements>
    <statement> <letStatement>
      <keyword> let </keyword>
      <varName> count </varName>
      <symbol> = </symbol>
      <expression>
```

```
      <term> <varName> count </varName> </term>
      <op> <symbol> + </symbol> </op>
      <term> <constant> 1 </constant> </term>
    </expression>
    <symbol> ; </symbol>
  </letStatement> </statement>
 </statements>
 <symbol> } </symbol>
</whileStatement>
...
```

10.1.4 パーサ

　パーサは、与えられた文法に従って動作する。パーサはトークンのストリームを入力として受け取り、出力としてパース木の生成を試みる。私たちの場合は、入力はJack 文法に従って書かれたプログラムであると期待する。そして、パース木の構造をXML で出力する。

　パース木を構築するアルゴリズムには、いくつか候補がある。たとえば、**再帰下降構文解析**として知られるトップダウンのアプローチがある。これはトークン化された入力を、言語の文法が認める入れ子構造を使って、再帰的に構文解析する。このアルゴリズムは次のように実装できる。まず文法のルールごとに、構文解析するルーチンを実装する。たとえば、**図10-3** に示した文法は、compileStatement、compileStatements、compileLet、compileIf、…、compileExpression などの一連のルーチンを使って実装できる（次章では、このロジックを完全版のコンパイラへと拡張するので、「parse」ではなく「compile」という用語を使っている）。

　compile*xxx* ルーチンは、*xxx* の文法の右側で指定された構文パターンに従う必要がある。たとえば、*whileStatement*: ' **while** ' ' **(** ' *expression* ' **)** ' ' **{** ' *statements* ' **}** ' に注目してみよう。私たちの方針に従えば、これは compileWhile という名前のルーチンによって実装される。このルーチンは、' **while** ' ' **(** ' *expression* ' **)** ' ' **{** ' *statements* ' **}** ' で指定された構文パターンを実現する必要がある。このロジックの実装案を、疑似コードを使って示す。

```
// このルーチンは以下を実装する：        // ヘルパールーチンが以下を処理する：
// whileStatement:                      // 現在のトークンを処理し、
// 'while''('expression')''{'statements'}'  // 次のトークンを取得する
// 現在のトークンが'while'の場合に        process(str):
// 呼び出されるべきルーチンである             if (currentToken == str)
compileWhile():                            printXMLToken(str)
    print("<whileStatement>")          else
    process("while")                       print("syntax error")
    process("(")                       // 次のトークンを取得する
    compileExpression()                currentToken =
    process(")")                           tokenizer.advance()
    process("{")
    compileStatements()
    process("}")
    print("</whileStatement>")
```

このパース処理は、while 文の *expression* と *statements* が完全にパースされるまで続く。もちろん、*statements* には、さらに while 文が含まれている可能性がある。その場合、パースは再帰的に続く。

上の例は、比較的単純な文法規則であり、パースは頭から順に直線的に進んだ。通常、文法規則はもっと複雑になり得る。たとえば、次に示す static 変数と field 変数に関するルールを考えてみよう（static 変数はクラスレベルの変数であり、field 変数はインスタンスレベルの変数である）。

classVarDec: (**'static'** | **'field'**) *type varName* (**','** *varName*) * **';'**

ここで *type* と *varName* は Jack 文法の他の場所で定義されているとする。このルールは、次のようなコードを認識する。

- `static int count;`
- `static char a, b, c;`
- `field boolean sign;`
- `field int up, down, left, right;`

このルールは、直線的なパースよりも複雑である。実装にあたり、主に 2 つの問題がある。第一に、このルールは最初のトークンとして 2 つの可能性（static または field）がある。第二に、このルールは複数の変数宣言を認める。この 2 つの問題に対処するために、compileClassVarDec ルーチンは次のように実装する。

- 最初のトークン（static または field）を直接処理する（ヘルパールーチンなどを呼び出す必要はない）。
- 次に、ループに入り、入力に含まれるすべての変数宣言を処理する。

　一般的に言って、文法規則が異なれば、その構文解析の実装も微妙に異なる。とは言っても、それらはすべて同じ基本原則に従っている。ここで言う基本原則とは、compile*xxx* ルーチンは、入力から *xxx* を構成するすべてのトークンを取得し処理し、*xxx* の構文木を出力することである。

　再帰的なパースアルゴリズムは、シンプルで洗練されている。言語が単純であれば、次にどのルールのパースを呼び出すかは、トークンを1つ先読みするだけで分かる。たとえば、現在のトークンが let であれば、それは *letStatement* である。現在のトークンが while であれば、それは *whileStatement* である。実際、**図10-3** に示したシンプルな文法では、1トークンの先読みだけで、次に使用するルールが決定できる。このような言語特性を持つ文法は LL(1) と呼ばれる。これらの文法は、「バックトラッキング」なしで再帰下降アルゴリズムによって、シンプルかつエレガントに処理することができる。

　「LL」という用語は、文法が入力を**左**（Left）から右に解析すること、そして**最も左**（Leftmost）から導出を行うことに由来する。(1) というパラメータは、次に呼び出すルールのパースを知るために、1トークンの先読みだけが必要であることを示している。そのトークンだけで曖昧さを解決できない場合は、さらに1トークンの先読みが必要になる。このように2つのトークンで曖昧さが解決できれば、パーサはLL(2) と呼ばれる。そうでない場合は、さらにトークンを先読みする必要がある。明らかに、先読みが多くなるほど、パーサの実装は複雑になる。

　これから示す Jack 言語文法は、ひとつの例外を除くと、LL(1) である。そして、その例外も簡単に解決できる。したがって、Jack は再帰下降アルゴリズムによって簡単にパースできる。これが「プロジェクト10」で行う作業の中心である。

10.2　仕様

　本節は2つのパートからなる。最初に Jack 言語の文法を定義する。続いて、この文法に従ってプログラムをパースする構文解析器の仕様を示す。

10.2.1　Jack 言語の文法

　9 章で説明した Jack 言語の機能仕様は、Jack プログラマーを対象としていた。ここでは、Jack コンパイラの開発者を対象に、Jack 言語の正式な仕様を示す。言語仕様、つまり**文法**は、次の表記法を使用して記述する。

- $'$**xxx**$'$：トークンをそのまま表す
- xxx：終端記号と非終端記号の名前を表す
- $(\,...\,)$：グループ化に使用
- $x\mid y$：x または y のどちらか
- $x\ \ y$：x の後に y が続く
- $x?$：x が 0 回または 1 回現れる
- $x*$：x が 0 回以上現れる

この表記法に基づき、Jack の完全な文法を**図 10-5** に示す。

字句要素：	Jack言語には5種類の終端記号（トークン）が含まれる。
keyword:	`'class'`|`'constructor'`|`'function'`|`'method'`|`'field'`|`'static'`| `'var'`|`'int'`|`'char'`|`'boolean'`|`'void'`|`'true'`|`'false'`|`'null'`|`'this'`| `'let'`|`'do'`|`'if'`|`'else'`|`'while'`|`'return'`
symbol:	`'{'`|`'}'`|`'('`|`')'`|`'['`|`']'`|`'.'`|`','`|`';'`|`'+'`|`'-'`|`'*'`|`'/'`|`'&'`|`'|'`|`'<'`|`'>'`|`'='`|`'~'`
integerConstant:	0から32767までの10進数の数字。
StringConstant:	ダブルクォート（`"`）で囲まれたユニコードの文字列。 ただし、中身の文字列にはダブルクォートと改行文字を含んではならない。
identifier:	アルファベット、数字、アンダースコア（_）の文字列。 ただし数字から始まる文字列は除く。
プログラムの構造：	Jackのプログラムはクラスの集まりである。クラスごとに別のファイルに 保存され、クラスごとにコンパイルが行われる。クラスは以下のような トークンの並びである。
class:	`'class'` *className* `'{'` *classVarDec* `*` *subroutineDec* `*` `'}'`
classVarDec:	(`'static'`|`'field'`) *type* *varName* (`','` *varName*)`*` `';'`
type:	`'int'`|`'char'`|`'boolean'`|*className*
subroutineDec:	(`'constructor'`|`'function'`|`'method'`) (`'void'`|*type*) *subroutineName* `'('` *parameterList* `')'` *subroutineBody*
parameterList:	((*type* *varName*) (`','` *type* *varName*)`*`)?
subroutineBody:	`'{'` *varDec*`*` *statements* `'}'`
varDec:	`'var'` *type* *varName* (`','` *varName*)`*` `';'`
className:	*identifier*
subroutineName:	*identifier*
varName:	*identifier*
文：	
statements:	*statement*`*`
statement:	*letStatement* | *ifStatement* | *whileStatement* | *doStatement* | *returnStatement*
letStatement:	`'let'` *varName* (`'['` *expression* `']'`)? `'='` *expression* `';'`
ifStatement:	`'if'` `'('` *expression* `')'` `'{'` *statements* `'}'` (`'else'` `'{'` *statements* `'}'`)?
whileStatement:	`'while'` `'('` *expression* `')'` `'{'` *statements* `'}'`
doStatement:	`'do'` *subroutineCall* `';'`
returnStatement:	`'return'` *expression*? `';'`
式：	
expression:	*term* (*op* *term*)`*`
term:	*integerConstant* | *stringConstant* | *keywordConstant* | *varName* | *varName* `'['` *expression* `']'` | `'('` *expression* `')'` | (*unaryOp* *term*) | *subroutineCall*
subroutineCall:	*subroutineName* `'('` *expressionList* `')'` | (*className* | *varName*) `'.'` *subroutineName* `'('` *expressionList* `')'`
expressionList:	(*expression* (`','` *expression*)`*`)?
op:	`'+'`|`'-'`|`'*'`|`'/'`|`'&'`|`'|'`|`'<'`|`'>'`|`'='`
unaryOp:	`'-'`|`'~'`
keywordConstant:	`'true'`|`'false'`|`'null'`|`'this'`

図10-5　Jack 文法

10.2.2 Jack 言語の構文解析器

構文解析器は、字句解析と構文解析の両方を実行するプログラムである。「Nand to Tetris」では、構文解析器の主な目的は、Jack プログラムを Jack 文法に従って解析し、その構文構造を理解することである。ここでの理解するというのは、構文解析器がパース処理の段階で、現在処理している要素の正体——それが式なのか、文なのか、変数名なのか、といったこと——を知っていなければならないということだ。この構文的な知識を持たずして、コード生成を行うことはできない。

使用法

構文解析器は、次のようにコマンドライン引数を 1 つ受け取る。

```
prompt> JackAnalyzer source
```

ここで、*source* は、*Xxx*.jack という形式のファイル名（拡張子は必須）か、1 つ以上の.jack ファイルを含むフォルダ名（この場合、拡張子はない）のどちらかである。ファイル名/フォルダ名にはファイルパスを含めることができる。パスが指定されていない場合、解析器はカレントフォルダで動作する。各 *Xxx*.jack ファイルについて、パーサは出力ファイルの *Xxx*.xml を作成し、解析した出力結果をそこに書き込む。出力ファイルは、入力ファイルと同じフォルダに作成される。フォルダ内にこの名前のファイルがある場合は、上書きされる。

入力

Xxx.jack ファイルは、文字のストリームである。このファイルが有効なプログラムを表している場合、Jack の有効なトークンに変換できる。トークンは、任意の数の空白文字、改行文字、コメントで区切られることがあり、それらは無視される。コメントには次の 3 つの形式がある。

- /*から*/ までのコメント
- /**から*/ までの API コメント
- 行末までの // コメント

出力

構文解析器は、入力ファイルの XML 記述を出力する。*xxx* という型の *token* とい

う終端要素が入力に現れるたびに、構文解析器は**<xxx>** *token* **</xxx>**というマークアップを出力する。ここで**xxx**は次の Jack 言語の 5 つのトークン型のいずれかを表す。

keyword、*symbol*、*integerConstant*、*stringConstant*、*identifier*

xxxが非終端要素の場合、構文解析器は以下の疑似コードを使って処理する。

```
print("<xxx>")
    xxx要素の本体を処理するための再帰的コード
print("</xxx>")
```

ここで**xxx**は次のいずれかである。

class、*classVarDec*、*subroutineDec*、*parameterList*、*subroutineBody*、*varDec*、*statements*、*letStatement*、*ifStatement*、*whileStatement*、*doStatement*、*returnStatement*、*expression*、*term*、*expressionList*

次の Jack 文法規則については、XML 出力において明示的に扱う必要はない（つまり、専用のサブルーチンを実装して処理する必要はない）。

type、*className*、*subroutineName*、*varName*、*statement*、*subroutineCall*

これらについては次の節で詳しく説明する。

10.3　実装

前節では、構文解析器が何をすべきかを説明した。この節では、そのような解析器をどのように実装するかを説明する。本書が提案する実装は、次の 3 つのモジュールに基づく。

- `JackTokenizer`：字句解析器
- `CompilationEngine`：再帰下降構文解析器
- `JackAnalyzer`：他のモジュールをセットアップして呼び出すメインプログラム

次の章では、新たに 2 つのモジュール（**シンボルテーブルと VM コード出力**）を追加する予定である。これにより、Jack 言語の完全版のコンパイラが完成する。なお、CompilationEngine は構文解析を行うモジュールだが、最終的にコンパイル全体を担うため、この名前が付けられた。

JackTokenizer

JackTokenizer は、入力ストリーム内のすべてのコメントと空白を除去し、一度に 1 つのトークンにアクセスできるようにする。さらに、このモジュールは Jack 文法で定義されている各トークンの**型**（Type）を識別する（**表10-1**）。

表10-1　JackTokenizer モジュールの API

ルーチン	引数	戻り値	機能
コンストラクタ/イニシャライザ	入力ファイル/ストリーム	—	入力（.jack）ファイル/ストリームを開き、パースを行う準備をする。
hasMoreTokens	—	ブール値	入力にまだトークンは存在するか？
advance	—	—	入力から次のトークンを取得し、それを現在のトークンとして設定する。このルーチンは、hasMoreTokens() が true の場合にのみ呼び出すことができる。なお、初期状態では現在のトークンは設定されていない。
tokenType	—	KEYWORD、SYMBOL、IDENTIFIER、INT_CONST、STRING_CONST	現在のトークンの種類を定数として返す。
keyWord	—	CLASS、METHOD、FUNCTION、CONSTRUCTOR、INT、BOOLEAN、CHAR、VOID、VAR、STATIC、FIELD、LET、DO、IF、ELSE、WHILE、RETURN、TRUE、FALSE、NULL、THIS	現在のトークンのキーワードを定数として返す。このルーチンは、tokenType() が KEYWORD の場合にのみ呼び出すことができる。
symbol	—	文字	現在のトークンの文字を返す。このルーチンは、tokenType() が SYMBOL の場合にのみ呼び出すことができる。

表 10-1　JackTokenizer モジュールの API（続き）

ルーチン	引数	戻り値	機能
identifier	—	文字列	現在のトークンの識別子（identifier）を返す。このルーチンは、tokenType() が IDENTIFIER の場合にのみ呼び出すことができる。
intVal	—	整数	現在のトークンの整数の値を返す。このルーチンは、tokenType() が INT_CONST の場合にのみ呼び出すことができる。
stringVal	—	文字列	現在のトークンの文字列を返す。このルーチンは、tokenType() が STRING_CONST の場合にのみ呼び出すことができる。

CompilationEngine

CompilationEngine は、この章で説明する構文解析器と次章で説明する完全版のコンパイラの両方の中核となるモジュールである（CompilationEngine は、以降「コンパイルエンジン」とも呼ぶ）。コンパイルエンジンは構文解析器として、そして後にコンパイラとして機能する。構文解析器としてのコンパイルエンジンは、入力ソースコードの構造化された表現を XML として出力する。コンパイラとしてのコンパイルエンジンは、代わりに実行可能な VM コードを出力する。両方の実装において、以下に示す構文解析のロジックと API は完全に同一である。

コンパイルエンジンは、JackTokenizer から入力を受け取り、結果を出力ファイルに書き込む。出力は、一連の compile*xxx* ルーチンによって生成される。各ルーチンは、Jack 言語の *xxx* という要素のコンパイルを担当する。これらのルーチン間の取り決めとして、各 compile*xxx* ルーチンは以下の役割を果たす。

- 入力から *xxx* を構成するすべてのトークンを取得し処理する。
- *xxx* に関連するすべてのトークンを読み終えた後、次のトークン（未処理のトークン）に JackTokenizer の位置を進める。
- *xxx* の構文解析結果を出力する。

原則として、各 compile*xxx* ルーチンは、現在のトークンが *xxx* の場合にのみ呼び出される。

compile*xxx* ルーチンを持たない文法規則

> *type*、*className*、*subroutineName*、*varName*、*statement*、*subroutineCall*

これらの規則は、Jack 文法をより構造化するために導入した。しかし実装にあたっては、これらの規則を個別に実装するよりも、それらを使用する主要な規則の解析ルーチン内で直接処理するほうが効率的であることが分かった。たとえば、compileType ルーチンを書く代わりに、*type* が使われる規則（たとえば、*classVarDec*）の中で *type* を直接処理することができる。

トークンの先読み

Jack 言語は、ほぼ LL(1) 言語として扱うことができる。つまり、現在のトークンを見れば、CompilationEngine が次に呼び出すべきルーチンを決定できる。ただし、この原則には例外があり、それが *term* である。*term* は、*expression* のパース時にのみ発生する。たとえば、次の式を考えてみよう。

```
y+arr[5]-p.get(row)*count()-Math.sqrt(dist)/2
```

この式は少々複雑に見えるかもしれないが、Jack においては有効な式である。この式は次の 6 つの項（*term*）から構成される。

- y：変数
- arr[5]：配列要素
- p.get(row)：p オブジェクトのメソッド呼び出し
- count()：this オブジェクトのメソッド呼び出し
- Math.sqrt(dist)：関数（スタティックメソッド）呼び出し
- 2：定数

この式をパースしていて、現在のトークンが識別子（例：y、arr、p、count、Math）である場合、その識別子で始まる *term* であることは分かる。しかし、この時点では、どのタイプの *term* としてパースすべきかを即座に判断することができない。この問題には簡単な解決策がある。それは次のトークンを 1 つ先読みすることである。たとえば、次のトークンが [であれば、配列要素だと分かる（例：arr[5]）。次のトークンが . であれば、オブジェクトのメソッド呼び出しだと分かる（例：p.get(row)）。

このように、1つ先読みするだけで曖昧さが解消され、*term* のパースが可能になる。

CompilationEngine で「先読み操作」が必要なのは2箇所である。ひとつは *term* のパース時である（これは *expression* のパース時にのみ発生する）。そして、もうひとつは *subroutineCall* のパース時である。Jack 文法を精査すると、*subroutineCall* が現れるのは以下の2箇所だけであることが分かる。

- *expression* の中の *term* をパースするとき——例：x + calc(...) + y
- *do* 文をパースするとき——例：do play(...)

物事を単純にするため、「Nand to Tetris」では *subroutineCall* という個別の文法規則を導入しない（XML 出力での <subroutineCall> タグはない）。それを踏まえ、本書では次のアプローチを提案する。

- *term* のパースの中で *subroutineCall* の要素を直接処理する。
- do *subroutineCall* 文は、do *expression* という構文としてパースする[†2]。

これにより、2つの不規則な先読みコードを compileTerm のルーチンに局所化することができ、compileSubroutineCall ルーチンを実装せずに済む（**表10-2**）。

表10-2　CompilationEngine モジュールの API

ルーチン	引数	戻り値	機能
コンストラクタ/イニシャライザ	入力ファイル/ストリーム、出力ファイル/ストリーム	—	与えられた入力と出力に対して新しいコンパイルエンジンを生成する。（JackAnalyzer モジュールが）次に呼ぶルーチンは compileClass() でなければならない。
compileClass	—	—	クラスをコンパイルする。
compileClassVarDec	—	—	スタティック変数の宣言またはフィールド変数の宣言をコンパイルする。
compileSubroutine	—	—	メソッド、ファンクション、コンストラクタをコンパイルする。

[†2] 訳注：*expression* の中で *term* のパースが行われるため、*subroutineCall* のパースは正しく処理される。XML 出力に関しては、XML タグの微調整（<expression> と <term> タグを除去するなど）が必要になるかもしれない。

表 10-2 CompilationEngine モジュールの API（続き）

ルーチン	引数	戻り値	機能
compileParameterList	—	—	パラメータのリスト（空の可能性もある）をコンパイルする。括弧 ( ) は処理しない。
compileSubroutineBody	—	—	サブルーチン本体をコンパイルする。
compileVarDec	—	—	var 宣言をコンパイルする。
compileStatements	—	—	一連の文をコンパイルする。波括弧 {} は処理しない。
compileLet	—	—	let 文をコンパイルする。
compileIf	—	—	if 文をコンパイルする。else 文を伴う可能性がある。
compileWhile	—	—	while 文をコンパイルする。
compileDo	—	—	do 文をコンパイルする。
compileReturn	—	—	return 文をコンパイルする。
compileExpression	—	—	式をコンパイルする。
compileTerm	—	—	現在のトークンが識別子の場合、このルーチンはそれを変数、配列要素、サブルーチン呼び出しのいずれかに解決しなければならない。そのためには、1 つ先のトークンを読み込み、そのトークンが [か (か . のどれに該当するかを調べる。それ以外のトークンはこの項の一部ではないので、先に進んではならない。
compileExpressionList	—	整数	カンマ区切りの式のリスト（空の場合もある）をコンパイルする。リスト内の式の数を返す。

compileExpressionList ルーチン

　このルーチンは、リスト内の式の数を返す。この戻り値は、「プロジェクト11」でコンパイラの開発を完成させるときに、VM コードの生成に必要となる。このプロジェクトでは VM コードを生成しないため、戻り値は使用されず、compileExpressionList を呼び出すルーチンでは無視できる。

JackAnalyzer

　これは、JackTokenizer と CompilationEngine のサービスを使用して、全体の構文解析プロセスを実行するメインプログラムである。各ソースファイルの *Xxx*.jack に対して、以下を行う。

1. *Xxx*.jack を入力ファイルとする JackTokenizer を作成する
2. *Xxx*.xml という名前の出力ファイルを作成する
3. JackTokenizer と CompilationEngine を使用して、入力ファイルをパース
   し、それを出力ファイルに書き込む

　このモジュールの API は提供しないので、適切な方法で実装してほしい。なお、
.jack ファイルをコンパイルする際に最初に呼び出さなければならないルーチンは
compileClass である。

10.4　プロジェクト

目的

　Jack の文法に従って Jack プログラムを解析する構文解析器を作る。解析器の出
力は、「10.2.2　Jack 言語の構文解析器」で指定したように XML で書かれる。
　このバージョンの構文解析器では、Jack のソースコードにエラーがないことを前
提としている。エラーのチェックや報告などの処理は、構文解析器の後のバージョン
で追加できるが、「プロジェクト 10」では実装しない。

リソース

　このプロジェクトの主なツールは、構文解析器を実装するために使用するプログラ
ミング言語である。また、付属の TextComparer ユーティリティも必要となる。こ
のプログラムは、空白を無視してファイルを比較することができる。これは、解析器
が生成した出力ファイルを、提供された比較ファイルと比較するのに役立つ。また、
XML ビューアを使って、これらのファイルを検査することもできる。別の方法とし
ては「XML compare」などで検索して現れる Web ツールを使うこともできる。

要件

　Jack 言語の構文解析器を作成し、提供されたテストファイルを使ってテストせよ。
解析器が生成する XML ファイルは、空白を無視すれば、提供された比較ファイルと
一致しなければならない。

テストファイル

　テスト用に複数の.jack ファイルを提供する。projects/10/Square プログラム

は、キーボードの矢印キーを使って画面上の黒い正方形を移動できる3クラスのアプリである。`projects/10/ArrayTest` プログラムは、配列処理を使って、ユーザーが入力した一連の整数の平均を計算する1クラスのアプリである。どちらのプログラムも9章で説明したものなので、馴染みがあるだろう。ただし、構文解析器がJack言語のすべての側面を完全にテストするように、元のコードにいくつかの変更を加えているので注意してほしい。たとえば、`projects/10/Square/Main.jack` にスタティック変数を追加したり、`more` という名前の関数を追加したりしたが、これらは使用も呼び出しもされない。これらの変更により、スタティック変数、`else`、単項演算子など、元の `Square` や `ArrayTest` ファイルには現れない言語要素のテストを行うことができる。

開発計画

以下に示す4つの手順で解析器を開発し、テストすることを提案する。

- まず、`JackTokenizer` を実装してテストする。
- 次に、式と配列以外のすべての機能を扱う `CompilationEngine` を作成し、テストする。
- そして、`CompilationEngine` を拡張して「式」を扱えるようにする。
- 最後に、`CompilationEngine` を拡張して「配列」を扱えるようにする。

これから説明するように、4つの各段階をユニットテストするための入力用の`.jack` ファイルと比較用の `.xml` ファイルを提供する。

10.4.1 トークナイザ

「10.3 実装」で指定した `JackTokenizer` モジュールを実装する。まずは`JackTokenizer` だけを使った `JackAnalyzer`（アナライザ）を実装しテストする。このアナライザは、「`JackAnalyzer` *source*」というコマンドで呼び出される。ここで *source* は、*Xxx*`.jack` という形式のファイル名（拡張子は必須）か、フォルダ名（この場合、拡張子はない）のどちらかである。後者の場合、フォルダには1つ以上の`.jack` ファイルと、場合によってはその他のファイルも含まれる。ファイル名/フォルダ名にはファイルパスを含めることができる。パスが指定されていない場合、アナライザはカレントフォルダで動作する。

アナライザはファイルを個別に処理する。各 *Xxx*`.jack` ファイルに対して、

JackTokenizer を生成し、出力を書き込むための出力ファイルを作成する。この初期バージョンのアナライザでは、出力ファイルは *Xxx*T.xml という名前になる（T は「トークン化された出力」を表す）。続いて、アナライザはループ処理に入り、JackTokenizer のメソッドを使用して、入力ファイル内のトークンをひとつずつ処理する。トークンは、*<tokenType> token </tokenType>*のようになる。この *tokenType* は、KEYWORD、SYMBOL、IDENTIFIER、INT_CONST、STRING_CONST の 5 種類のいずれかである。出力ファイルへの書き込みでは、トークンごとに改行を入れることが望ましい。

入力（Prog.jack）	**JackAnalyzer**の出力（ProgT.xml）

```
…
// コメントと空白文字は
// 無視される
if (x < 0) {
    let quit = "yes";
}
…
```

```
<tokens>
  …
  <keyword> if </keyword>
  <symbol> ( </symbol>
  <identifier> x </identifier>
  <symbol> &lt; </symbol>
  <integerConstant> 0 </integerConstant>
  <symbol> ) </symbol>
  <symbol> { </symbol>
  <keyword> let </keyword>
  <identifier> quit </identifier>
  <symbol> = </symbol>
  <stringConstant> yes </stringConstant>
  <symbol> ; </symbol>
  <symbol> } </symbol>
  …
</tokens>
```

文字列定数の場合、プログラムは二重引用符を無視することに注意してほしい。これは仕様として意図的に設計されたものである。

生成される出力には、XML の規約を満たすために 2 つの小さな問題に対処する必要がある。まず、XML ファイルはなんらかの開始タグと終了タグで囲まれていなければならない。この規約は、<tokens>と</tokens>タグによって満たされる。次に、Jack 言語で使用されるシンボルのうち「< > " &」の 4 つのシンボルは、XML マークアップでも使われる。したがって、これらは XML ファイルではデータとして直接使うことができない。この問題は**エスケープシーケンス**として知られる特殊な文字列に変換することで解決できる。XML の仕様に従い、これらのシンボルは<、>、"、& として表現される。たとえば、パーサが入力ファイルで<シンボルに会うと、<symbol> < </symbol>という行を出力する。このエスケープ

シーケンスは、XML ビューアによって<symbol> < </symbol>として表示される。

テストのガイドライン

- まず、JackAnalyzer の動作確認を行う。提供された.jack ファイルの中から ひとつを選び、これに対して JackAnalyzer を適用する。この過程で、単一の入力ファイルに対する JackAnalyzer の正常な動作を確認する。
- 次に、複数ファイルの処理能力を検証する。具体的には、Main.jack、Square.jack、SquareGame.jack の 3 つのファイルを含む Square フォルダと、Main.jack ファイルのみを含む TestArray フォルダにそれぞれ JackAnalyzer を適用する。
- 付属の TextComparer ユーティリティを使用して、JackAnalyzer が生成した出力ファイルを、提供された.xml の比較ファイルと比較する。たとえば、生成されたファイルの SquareT.xml を、提供された比較ファイルの SquareT.xml と比較する。
- 生成ファイルと比較ファイルは同じ名前なので、別々のフォルダに入れることを推奨する。

10.4.2 コンパイルエンジン

次のステップは、Jack 言語のすべての要素（ただし、式と配列に関するコードは除く）をパースすることである。そのために、「10.3 実装」で説明した CompilationEngine モジュールを実装する。このとき JackAnalyzer は、次のように動作する。

JackAnalyzer は、各 *Xxx*.jack ファイルに対して、入力を処理するための JackTokenizer を生成し、出力を書き込むための出力ファイル（名前は *Xxx*.xml）を作成する。次に、CompilationEngine の compileClass ルーチンを呼び出す。これ以降、CompilationEngine ルーチンは再帰的に呼び出され、最終的に**例10-1**のような XML が出力される。

まずは式と配列を扱わないバージョンの JackAnalyzer を実装し、ExpressionlessSquare フォルダに適用してテストする。このフォルダには、3つのファイル――Square.jack、SquareGame.jack、Main.jack――が含まれる。これらのファイルでは、元のコードのすべての式が識別子（スコープ内の変数名）に置き換えられている。たとえば以下のようになる。

```
Squareフォルダ
// Square.jack
...
method void incSize() {
    if (((y + size) < 254) & ((x + size) < 510)) {
        do erase();
        let size = size + 2;
        do draw();
    }
    return;
}
...
```

```
ExpressionlessSquareフォルダ
// Square.jack
...
method void incSize() {
    if (x) {
        do erase();
        let size = size;
        do draw();
    }
    return;
}
...
```

上のように、式を変数に置き換えるとコードは意味をなさなくなるが、これは問題ない。「プロジェクト10」ではプログラムの構文をテストすることが目的であり、意味のあるコードを生成することは求められていない。無意味なコードであっても構文的に正しければ、パーサのテストには十分である。なお、元のファイルと式を除去したファイルは同じ名前だが、別のフォルダに配置されている点に注意する。

テストの判定は、付属の `tools/TextComparer.sh`（もしくは `tools/Text Comparer.bat`）を使用して行うことができる。このツールにより、JackAnalyzer が生成した出力ファイルと提供された比較ファイルとの差異を容易に確認できる。`TextComparer.sh` は2つのファイル名を引数として指定し、コマンドラインから実行する。2つのファイルが一致する場合、成功メッセージがコマンドラインに表示される。

次に、式を扱う `CompilationEngine` ルーチンを完成させ、JackAnalyzer を Square フォルダに適用してテストする。最後に、配列を扱うルーチンを完成させ、JackAnalyzer を ArrayTest フォルダに適用してテストする。

10.5　展望

プログラムの構造を解析木や XML ファイルを使って記述するのは便利だが、コンパイラは必ずしもそのようなデータ構造を明示的に保持する必要はない。また、構文解析のアルゴリズムでは、プログラム全体をメモリに保持することなく、入力を1行ずつ読み込みながら解析を行うことができる。実際、この章で説明した構文解析のアルゴリズムがそうである。このような構文解析を行う戦略には、本質的に2つのタイプがある。より単純な戦略は「トップダウン」で動作する（この章で紹介したのはトップダウンである）。より高度な構文解析アルゴリズムは「ボトムアップ」で動

作する。こちらはより多くのコンパイル理論を必要とするため、本書では取り上げな
かった。

　この章では、一般的なコンパイラの講義で学ぶような「言語理論」については省略
した。また、Jack 言語の構文は単純さを重視して設計されており、再帰下降法を使っ
て簡単にコンパイルできる。たとえば、Jack 文法では演算子の優先順位（たとえば、
加算より乗算を先に行うなど）を強制していない。これにより、構文解析アルゴリズ
ムはシンプルになった。

　プログラマーなら誰でも、難解なコンパイルエラーに遭遇した経験があるはずだ。
実は、エラーの診断と報告は難しい問題である。多くの場合、エラーの影響は、エ
ラーが発生した数行後、あるいはかなり先の行で検出される。世の中には多くのコン
パイラが存在するが、コンパイラごとにエラー診断やデバッグ支援の能力は大きく異
なる。コンパイラは通常、解析木の一部をメモリに保持し、エラーの原因を特定し、
必要に応じて診断プロセスを逆方向にたどる。そして、役立つ注釈を解析木に追加す
る。「Nand to Tetris」では、コンパイラが扱うソースファイルにエラーがないこと
を前提としており、これらのエラーに関連する機能はすべて無視した。

　本章で触れなかったもうひとつのトピックは、プログラミング言語の「構文と意味
（シンタックスとセマンティクス）」がコンピュータサイエンスと認知科学でどのよう
に研究されているか、ということについてである。計算言語学や自然言語処理の分野
では、コンピュータサイエンスと自然言語が交わる。そこでは、言語の特性や、言語
を記述するメタ言語についての研究が活発に行われている。

　最後に、構文解析器を独立したプログラムとしてゼロから書くことは実のところほ
とんどない。その代わりに、プログラマーは通常、**LEX**（LEXical analysis の略）や
YACC（Yet Another Compiler Compiler の略）といった**コンパイラジェネレータ**を
使用してトークナイザとパーサを実装する。これらのツールに「文法」を与えると、
その文法で書かれたプログラムをトークン化し構文解析するためのコードが生成され
る。もちろん、私たちはそのようなブラックボックスを使用しない。"ゼロから作る"
精神が、本書のテーマであるからだ。

11章
コンパイラⅡ：コード生成

問題に取り組んでいるときは、美しさのことは考えない。しかし、終わってみて、その解決策が美しくなければ、それは間違っているのだ。

—— R. バックミンスター・フラー（1895–1993）

ほとんどのプログラマーはコンパイラを当たり前のものと考えている。しかし、よく考えてみると、高水準プログラムをバイナリコードに変換する能力は、ほとんど魔法のようなものだ。本書では、この魔法の謎を解くために5つの章（7章から11章）を割いている。私たちは、Jack というシンプルでモダンなオブジェクトベースの言語のコンパイラを開発している。Jack コンパイラは、Java や C#と同様に、全体として**フロントエンド**と**バックエンド**の2つの層に基づいている。フロントエンドは、Jack プログラムを VM コードへ変換するコンパイラが担当する。一方バックエンドは、VM コードを機械語へ変換する仮想マシン（VM）が担当する。コンパイラを作るのは大変な作業なので、私たちはその作業をさらに2つのモジュールに分けた。それが 10 章で開発した**構文解析器**と、本章のテーマである**コード生成器**である。

私たちの構文解析器は、高水準プログラムを構文要素にパースし、その構造を外部ファイルに出力できる。本章では、この解析器を完全なコンパイラに拡張する。そのために、パースされた要素を VM コードに変換するプログラムを開発する（7章から8章では、抽象化された仮想マシン上で実行される VM コードについて説明した）。このアプローチは、ある言語から別の言語へのテキスト変換の本質を捉えている。その過程は次のとおりである。

● ソース言語の**構文**を使って入力テキストをパースし、その根底にある**意味**を理解する。

- パースされた意味を、ターゲット言語の構文を使って再表現する。

　私たちの場合、ソース言語は Jack、ターゲット言語は VM 言語である。

　現代の高水準プログラミング言語は豊かで強力だ。関数やオブジェクトのような、精巧な抽象化を定義して使用することができる。また、理解しやすい文を用いてアルゴリズムを表現し、複雑なデータ構造を構築することが可能だ。対照的に、これらのプログラムが最終的に実行されるハードウェアプラットフォームは、極めてシンプルで最小限の機能しか持たない。一般に、ハードウェアプラットフォームは、ストレージ用の限られた数のレジスタと、基本的な処理命令のみを提供する。したがって、高水準から低水準へのプログラムの変換は、非常に困難な作業である。しかし仮想マシンを対象とすれば、抽象的な VM コマンドは最小限のハードウェア向けの機械語命令ほど低レベルではないため、実装がやや容易になる。VM の抽象的なコマンドは、実際のマシン命令ほどプリミティブではないためである。それでもなお、高水準言語と VM 言語の表現力の間には大きなギャップがあり、多くの技術的課題が残されている。

　本章は、**コード生成**に関する一般的な議論から始まる。続いて、コンパイラが**シンボル変数**を仮想メモリセグメントにマッピングするために**シンボルテーブル**をどのように使うかを説明する。その後、**式と文字列**をコンパイルするためのアルゴリズムを紹介する。そして、let、if、while、do、return などの**文**をコンパイルするためのテクニックを紹介する。変数、式、文をコンパイルする能力を合わせると、シンプルで手続き的な C 言語のようなコンパイラを実装するための基礎になる。これは、「11.1　コード生成」の残りの部分への導入となる。そこでは、**オブジェクト**と**配列**のコンパイルについて説明する。

　「11.2　仕様」は、Jack プログラムを VM プラットフォーム上の言語にマッピングするためのガイドラインを提供する。「11.3　実装」は、コンパイラを開発するためのアーキテクチャと API について説明する。いつものように、この章でも「11.4　プロジェクト」でコンパイラの実装を完成させるためのガイドラインとテストプログラムを提供する。そして、「11.5　展望」では、この章で省略したさまざまなことについて議論する。

　さて、多くの専門家がコンパイラの仕組みを理解したいと望んでいるが、実際にゼロから手を動かしてコンパイラを作る人は少ない。なぜなら、この経験を得るには──少なくとも学術的には──通常、全学期の選択科目が必要になるからだ。「Nand to Tetris」では、コンパイラの主要となる技術を 4 つの章とプロジェクトに分割し

ており、本章がその最後となる。これら 4 つの章を通して、私たちはコンパイラを支える重要な技術（アルゴリズム、データ構造、プログラミング作法）を学んできた。これら見事なアイデアやテクニックが実際に動く様子を目の当たりにすると、改めて感嘆せずにはいられないだろう。人間の創意工夫によって、単純なスイッチング素子が、ほとんど魔法とも呼べるような高度な機能を持つシステムへと変貌を遂げるのだから。

11.1　コード生成

高水準のプログラマーは、変数、式、文、サブルーチン、オブジェクト、配列などの抽象的な構成要素を使って作業する。これらの要素を巧みに組み合わせることで、プログラマーは複雑な処理を簡潔に表現できる。一方、コンパイラの使命は、抽象的なプログラムの意味を理解し、それを対象のコンピュータの言語へと変換することである。

今回私たちが対象とするコンピュータは、7 章から 8 章で説明した仮想マシンである。よって、私たちは、変数、式、文、サブルーチン、オブジェクト、配列を、その仮想マシン上で動作する VM コードに変換する方法を見つけ出さなければならない。幸いなことに、VM プログラムからマシン語への変換は、すでに「プロジェクト 7〜8」で解決済みである。この 2 段階の設計（これを「2 層コンパイル」と言う）により、コンパイラ開発の複雑さが大幅に軽減される。2 層コンパイルに感謝しよう！

この章では、「第 II 部　ソフトウェア」で示した Point クラスのコンパイル例を紹介する。**例 11-1** にそのクラス宣言を再掲する。このプログラムには、Jack 言語の機能がほとんど網羅されている。この Jack コードをざっと見直して、Point クラスの機能をもう一度確認してほしい。これにより、Jack 言語の高水準機能を VM コードへ変換する過程をより深く理解する準備が整う。

例11-1　Point クラス。Point クラスは Jack の変数（field、static、local、argument）とサブルーチン（constructor、method、function）のすべての種類を備えている。また、プリミティブ型、オブジェクト型、void を返すサブルーチンも含まれている。さらに、関数呼び出し、コンストラクタ呼び出し、現在のオブジェクト（this）や他のオブジェクトに対するメソッド呼び出しも含まれている

```
/** 2次元の点を表す
    ファイル名：Point.jack */
class Point {
 // この点の座標
 field int x, y;

 // これまでに作成されたPointオブジェクトの数
 static int pointCount;

 /** 2次元の点を作成し、
     与えられた座標で初期化する */
 constructor Point new(int ax, int ay) {
   let x = ax;
   let y = ay;
   let pointCount = pointCount + 1;
   return this;
 }

 /** この点のx座標を返す */
 method int getx() { return x; }

 /** この点のy座標を返す */
 method int gety() { return y; }

 /** これまでに作成されたPointの数を返す */
 function int getPointCount() {
   return pointCount;
 }

 /** この点に他の点を加えた点を返す */
 method Point plus(Point other) {
   return Point.new(x + other.getx(),
                    y + other.gety());
 }

 /** この点と他の点の間の
     ユークリッド距離を返す */
 method int distance(Point other) {
   var int dx, dy;
   let dx = x - other.getx();
   let dy = y - other.gety();
   return Math.sqrt((dx*dx) + (dy*dy));
```

```
  }

  /** この点を"(x,y)"の形式で出力する */
  method void print() {
    do Output.printString("(");
    do Output.printInt(x);
    do Output.printString(",");
    do Output.printInt(y);
    do Output.printString(")");
    return;
  }
} // Pointクラス宣言の終わり
```

11.1.1 変数の扱い

コンパイラの基本的なタスクのひとつは、高水準プログラムで宣言された変数を、対象とするプラットフォームの RAM にマッピングすることである。たとえば、Java を考えてみよう。Java では、int 変数は 32 ビット、long 変数は 64 ビットのデータ幅に設計されている。RAM が 32 ビット幅の場合、int 変数は 1 つのメモリワードに、long 変数は 2 つの連続したメモリワードにマッピングする必要がある。幸いなことに、「Nand to Tetris」ではマッピングの問題で苦労することはない。なぜなら、Jack のデータ型はすべてが 16 ビット幅だからだ。プリミティブ型（int、char、boolean）はすべて 16 ビット幅であり、アドレス値を持つポインタ変数も 16 ビット幅である。そのため、Jack の変数はすべてメモリ上の 1 ワードにマッピングできる。

コンパイラが直面する別の課題は、変数の**種類**によってライフサイクルが異なることである。たとえば、クラスには「スタティック変数」がある。スタティック変数は、クラス内のすべてのサブルーチンで共有される。したがって、スタティック変数のコピーは全体でただ 1 つだけ存在し、それはプログラムの実行中ずっと生きていなければならない。一方、クラスから作られたオブジェクト（インスタンス）には、自分だけの固有のデータである「フィールド変数」がある。フィールド変数のデータは、オブジェクトごとに別々のメモリ領域に保存される。そして、オブジェクトが不要になったとき、そのフィールド変数が使っていたメモリを解放して、他の目的で再利用できるようにする必要がある。

これは難しい問題に思えるだろうが、良いニュースがある。私たちはすでにその難題を解決しているのだ。2 層コンパイラのアーキテクチャでは、メモリの割り当てと解放は VM 側に委ねられている。今、私たちがやらなければならないのは、Jack の変数を以下のようにマッピングするだけである。

- スタティック変数：VM の static セグメント（static 0、static 1、static 2、... にマッピング）
- フィールド変数：VM の this セグメント（this 0、this 1、this 2、... にマッピング）
- ローカル変数：VM の local セグメント（local 0、local 1、local 2、... にマッピング）
- 引数：VM の argument セグメント（argument 0、argument 1、argument 2、... にマッピング）

　仮想メモリセグメントのホスト RAM へのマッピングや、実行時の複雑なデータ管理は、すべて VM 実装が処理してくれる。ただし、この VM 実装の開発が簡単ではなかったことを思い出そう。関数の呼び出しと復帰処理を実現するには、仮想メモリセグメントをホスト RAM に動的にマッピングするアセンブリコードを生成する必要があった。私たちはその作業を時間をかけて行ったのだ。今、私たちはその努力の恩恵を受けることができる。コンパイラに要求されるのは、高水準の変数を仮想メモリセグメントにマッピングするだけである。それ以外の細かい作業は、VM 実装によって処理される。私たちが VM 実装のことをコンパイラの**バックエンド**と呼ぶのは、そのためだ。

　まとめると、2 層コンパイルのモデルでは、高水準の変数を仮想メモリセグメントにマッピングするだけで済む。そして、コード生成中には、必要に応じてそのマッピングを使用する。これらのタスクは、**シンボルテーブル**として知られる古典的な抽象化を使って容易に管理できる。

シンボルテーブル

　コンパイラが高水準の文、たとえば let y = foo(x) で変数に遭遇するたびに、その変数が何を表しているのかを知る必要がある。x はスタティック変数か、オブジェクトのフィールド変数か、ローカル変数か、それともサブルーチンの引数か？ また、それは integer、boolean、char、あるいはクラス型を表しているのか？ このように、ソースコードで変数 x が出現するたびに、コード生成のためにこれらの問いに答えなければならない。当然、変数 y についてもまったく同様の扱いが求められる。

　変数のプロパティは、**シンボルテーブル**を用いて効率的に管理できる。ソースコード中でスタティック変数、フィールド変数、ローカル変数、引数が宣言されると、コ

ンパイラはそれを対応する VM セグメント（static、this、local、argument の
いずれか）の次に利用可能なエントリに割り当て、そのマッピングをシンボルテーブ
ルに記録する。コードの他の場所で変数が出現した場合、コンパイラはその名前をシ
ンボルテーブルで検索し、そのプロパティを取得し、必要に応じてコード生成に利用
する。

　高水準言語の重要な機能は、名前空間が分離されていることだ。これにより、同じ
識別子が異なる**スコープ**で異なる意味を持つことが可能になる（スコープとは、変数
の有効範囲のこと）。Jack では、クラスレベルとサブルーチンレベルの 2 つの名前
空間がある。スタティック変数とフィールド変数のスコープは、それらが宣言された
クラスである。一方、ローカル変数と引数のスコープは、それらが宣言されたサブ
ルーチンである。Jack コンパイラは、2 つの独立したシンボルテーブルを管理する
（**図11-1**）。

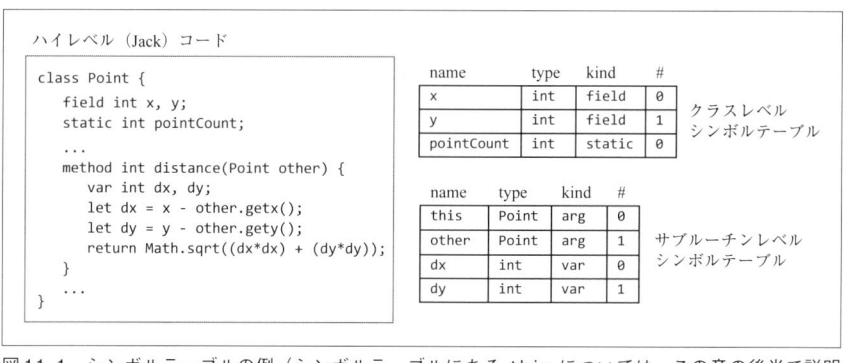

図11-1　シンボルテーブルの例（シンボルテーブルにある this については、この章の後半で説明
　　　　する）

　スコープはネストされており、内側のスコープが外側のスコープを隠す。たとえ
ば、Jack コンパイラが x+17 という式を処理する際、まず x がサブルーチンレベル
の変数（ローカル変数または引数）かどうかを調べる。それに該当しない場合、コン
パイラは x がスタティック変数またはフィールド変数かを調べる。一部のプログラミ
ング言語では、ネストの深さには制限はなく、変数はそれが宣言されたどのコードブ
ロック内でもローカル変数として扱われる。この無限ネストはシンボルテーブルのリ
ンクリストを使って実現できる。各テーブルは単一のスコープを表し、リスト内の次
のテーブルがより外側のスコープを表す。コンパイラが現在のスコープのテーブルで

変数を見つけられない場合、外側に向かってリスト内のテーブルを順に探索する。リスト内のすべてのテーブルで変数が見つからない場合、コンパイラは「未宣言変数」のエラーをあげる。

　Jack 言語では、スコープレベルが 2 つだけ存在する。コンパイル対象のサブルーチンと、そのサブルーチンが宣言されているクラスの 2 つである。そのため、コンパイラは 2 つのシンボルテーブルのみを管理すればよい。

変数宣言の扱い

　Jack コンパイラがクラス宣言のコンパイルを開始すると、クラスレベルのシンボルテーブルとサブルーチンレベルのシンボルテーブルを作成する。コンパイラがスタティック変数またはフィールド変数の宣言を処理する際、クラスレベルのシンボルテーブルに新しい行を追加する。その行には以下の情報が記録される。

- 変数の**名前**
- 変数の**型**（integer、boolean、char、またはクラス名）
- 変数の**種類**（static または field）
- 変数の**インデックス**（種類ごとに 0 から始まり、出現するたびに 1 ずつインクリメントされる）

　Jack コンパイラがサブルーチン（コンストラクタ、メソッド、または関数）の宣言を処理する際、サブルーチンレベルのシンボルテーブルをリセットする。サブルーチンがメソッドの場合、コンパイラはサブルーチンレベルのシンボルテーブルに<this, *className*, arg, 0>を追加する（この意味は「メソッドのコンパイル」で説明するため、それまでは無視してよい）。コンパイラがローカル変数または引数の宣言を処理する際、サブルーチンレベルのシンボルテーブルに新しい行を追加し、変数の名前、型、種類、インデックスを記録する。変数のインデックスは種類（var または arg）は 0 から始まり、その種類の新しい変数がテーブルに追加されるたびに 1 ずつインクリメントされる。

文での変数の扱い

　コンパイラが文の中で変数に遭遇すると、サブルーチンレベルのシンボルテーブルでその変数名を検索する。変数が見つからない場合、コンパイラはクラスレベルのシンボルテーブルで検索する。変数が見つかったら、コンパイラは文の変換を行う。

たとえば、**図11-1**のシンボルテーブルを使って、let y = y + dy という文をコンパイルしているとしよう。コンパイラはこの文を push this 1、push local 1、add、pop this 1 という VM コードに変換する。ここでは、コンパイラが式と let 文の処理方法を知っていると仮定している（これらは次節以降で取り上げるテーマである）。

11.1.2　式のコンパイル

まず、x+y-7 のような単純な式のコンパイルについて考えてみよう。ここで言う「単純な式」とは、*term operator term operator term ...* のような並びを指す。*term*（項）は変数または定数であり、*operator*（演算子）は +、-、*、/ のいずれかである。

Jack は、多くの高水準言語と同様に、式は**中置記法**で書かれる。たとえば、x と y の加算は x+y と書く。一方、コンパイルのターゲット言語は**後置記法**である。スタック指向の VM コードでは、先ほどの加算は push x、push y、add と表現される。10 章では、ソースコードをパースし、XML タグを使って中置記法で出力するアルゴリズムを紹介した。このアルゴリズムの解析ロジックはそのままでよいが、アルゴリズムの出力部分は、後置コマンドを生成するように修正する必要がある。**図11-2**に、この 2 つの表現の違いを対比して示す。

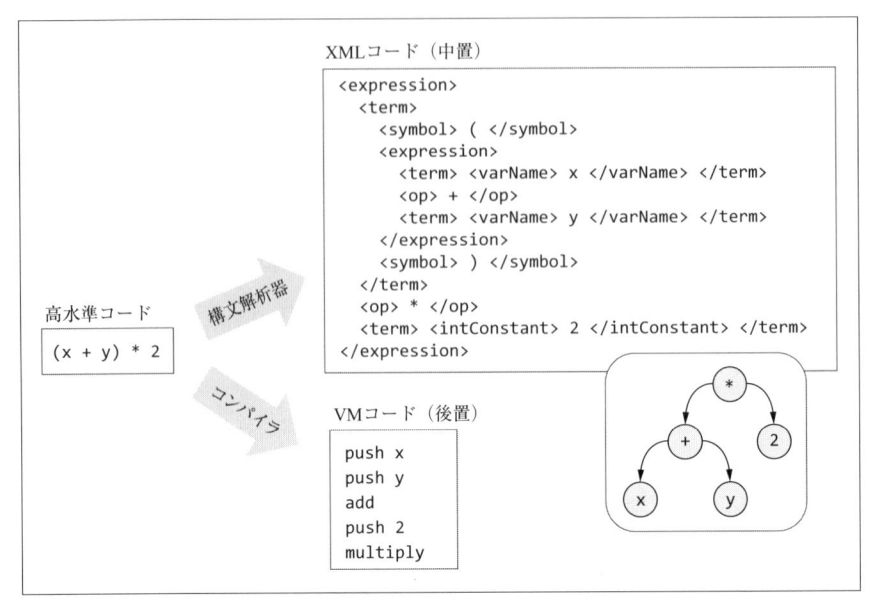

図11-2　同じコードの中置記法と後置記法による表現

　中置記法の式をパースし、スタックマシン上で同じ動作を行う後置記法コードを生成するアルゴリズムが必要になる（**図11-3**）。このアルゴリズムは入力式を左から右に処理しながら VM コードを生成する。便利なことに、このアルゴリズムは単項演算子と関数呼び出しも処理できる。

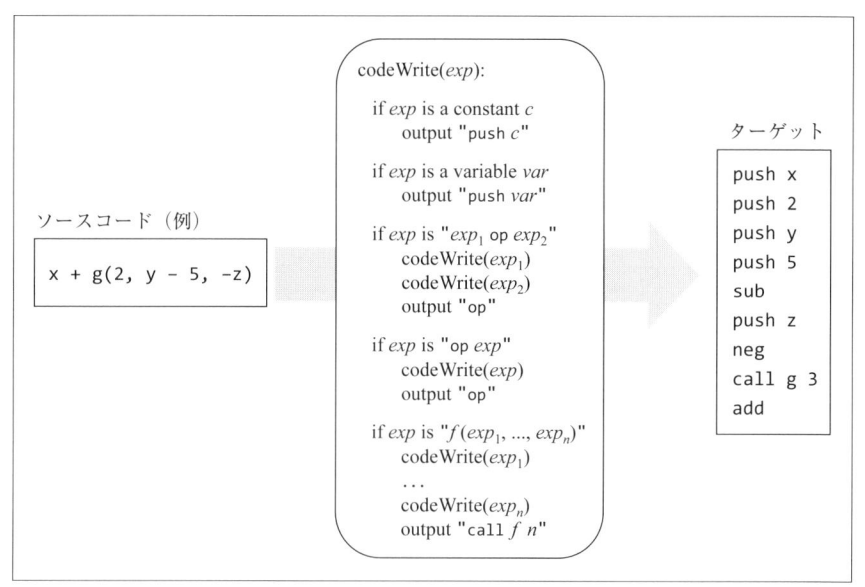

図11-3　式の VM コード生成のアルゴリズムとコンパイル例。このアルゴリズムは、入力式が有効であることを前提としている。最終的な実装では、出力されるシンボル変数を対応するシンボルテーブルのマッピングに置き換える必要がある。

図11-3 の codeWrite（疑似コード）が生成するスタックベースの VM コードを実行すると、式のすべての項が実行され、式の値がスタックの先頭に置かれる。これが、コンパイルされた式のコードに求められる動作である。

ここまでは比較的単純な式を扱ってきた。次は、より複雑な式を扱う。**図11-4** には、Jack 式の完全な文法定義と、この定義に沿った式の例を示す。

<u>定義</u>（Jack文法より）:

    expression: *term (op term)* *

      term: *integerConstant* | *stringConstant* | *keywordConstant* | *varName* |
        varName '**[**' *expression* '**]**' | '**(**' *expression* '**)**' | (*unaryOp term*) | *subroutineCall*

  subroutineCall: *subroutineName* '**(**' *expressionList* '**)**' |
        (*className* | *varName*) '**.**' *subroutineName* '**(**' *expressionList* '**)**'

  expressionList: (*expression* ('**,**' *expression*) *) ?

       op: '**+**' | '**-**' | '*****' | '**/**' | '**&**' | '**|**' | '**<**' | '**>**' | '**=**'

   unaryOp: '**-**' | '**~**'

keywordConstant: '**true**' | '**false**' | '**null**' | '**this**'

integerConstant、*stringConstant*、*keywordConstant*、その他の要素の定義は、図10-6の
Jack文法に示されている（これらの定義は自明なため、ここでは省略する）。

例： 5
  x
  x + 5
  (-b + Math.sqrt(b*b - (4 * a * c))) / (2 * a)
  arr[i] + foo(x)
  foo(Math.abs(arr[x + foo(5)]))

図 11-4　Jack 言語の式

Jack の式のコンパイルは compileExpression ルーチンが担当する。このルーチンの開発者は、**図11-3** のアルゴリズムから始め、**図11-4** に示した他の要素を扱うように拡張するとよいだろう。本章の後半で、この実装について詳しく説明する。

11.1.3　文字列のコンパイル

文字列はコンピュータのプログラムでよく使用される。オブジェクト指向言語では、通常、文字列を String クラスのインスタンスとして扱う（付録 F の String クラスを参照）。高水準の文や式に文字列定数が登場するたびに、コンパイラは以下の処理を行う。

- String のコンストラクタを呼び出すコードを書き、新しい String オブジェクトを生成して返す。
- 高水準の文字列定数に含まれる各文字に対して、String クラスの append

Char メソッドを呼び出す一連のコードを書き、新しいオブジェクトを初期化する。

この文字列定数の実装は無駄が多く、メモリリークにつながる可能性がある。たとえば、Output.printString("Loading ... please wait")という文を考えてみよう。おそらく、この文を書いたプログラマーの意図は、単にメッセージを表示するだけだろう。コンパイラが新しいオブジェクトを作成すること自体は問題ないが、そのオブジェクトがプログラム終了まで不要にメモリを占有し続けることは望まないだろう。しかし、実際にはそのようなことが起こる。新しい String オブジェクトが作成され、そのオブジェクトは使用されずに残り続ける。

Java、C#、Python では、実行時に**ガベージコレクション**を使用して、不要になったオブジェクトのメモリを回収する（不要なオブジェクトとは、どの変数からも参照されていないオブジェクトである）。また、現代のプログラミング言語では、文字列オブジェクトを効率的に使用するために、さまざまな最適化が施された文字列クラスが使用されている。一方、Jack OS には String クラスはひとつしかなく、文字列に関する最適化は実装されていない。

OS サービス

文字列の扱いについて説明する中で、コンパイラは必要に応じて OS のサービスを利用できることを述べた。Jack コンパイラの開発者は、「付録 F　Jack OS の API」のすべてのコンストラクタ、メソッド、関数が**コンパイルされた VM 関数**として利用可能だと想定できる。つまり、コンパイラが生成したコードは、これらの VM 関数を呼び出せる。この構成は 12 章で完全に実現される。そこでは、OS を Jack で実装し、VM コードにコンパイルする。

11.1.4　文のコンパイル

Jack プログラミング言語には、let、do、return、if、while の 5 つの文がある。ここでは、Jack コンパイラがこれらの VM コードをどのように生成するかについて説明する。

return 文のコンパイル

式のコンパイル方法が分かったなら、return *expression* のコンパイルは簡単だ。まず、compileExpression ルーチンを呼び出す。これは、式の値を評価してスタッ

クに乗せるための VM コードを生成する。次に、return の VM コードを生成する。

let 文のコンパイル

ここでは、let *varName* = *expression* の形式の文の扱いについて説明する。パースは左から右に行われるので、まず *varName* を覚えておく。次に、compileExpression ルーチンを呼び出す。これは式の値をスタックに乗せるための VM コードを生成する。最後に、pop *varName* を生成する。ここで *varName* は、実際にはシンボルテーブルにある *varName* のマッピングである（たとえば、local 3、static 1 など）。

let *varName*[*expression1*] = *expression2* 形式の文のコンパイルは、この章の後半の「11.1.6　配列のコンパイル」で説明する。

do 文のコンパイル

ここでは、do *className.functionName*(*exp₁*, *exp₂*, ..., *exp_n*) という形式の**関数呼び出し**のコンパイルについて説明する。do は、サブルーチンを呼び出すことを目的としており、その戻り値は無視される。10章では、do によるサブルーチン呼び出しの文を do *expression* であるかのよう扱うことを提案した。ここでもその提案を繰り返す。do *className.functionName*(...) という文をコンパイルするにあたり、compileExpression を呼び出し、その後 pop temp 0 のようなコマンドを生成して、スタックの最上位要素（式の値）を取り除くのだ。

do *varName.methodName*(...) や do *methodName*(...) の形の**メソッド呼び出し**のコンパイルについては、この章の後半の「メソッドのコンパイル」で説明する。

if 文と while 文のコンパイル

高水準プログラミング言語には、if や while、for や switch などのさまざまな**制御フロー文**が存在する。Jack は if と while を備えている。一方、低水準のアセンブリ言語や VM 言語は、**条件付き goto** と**無条件 goto** の 2 つの分岐処理を使って実行フローを制御する。そのため、コンパイラ開発者は、高水準の制御フロー文を goto のみで表現しなければならない。このギャップを埋める方法を**図 11-5** に示す。

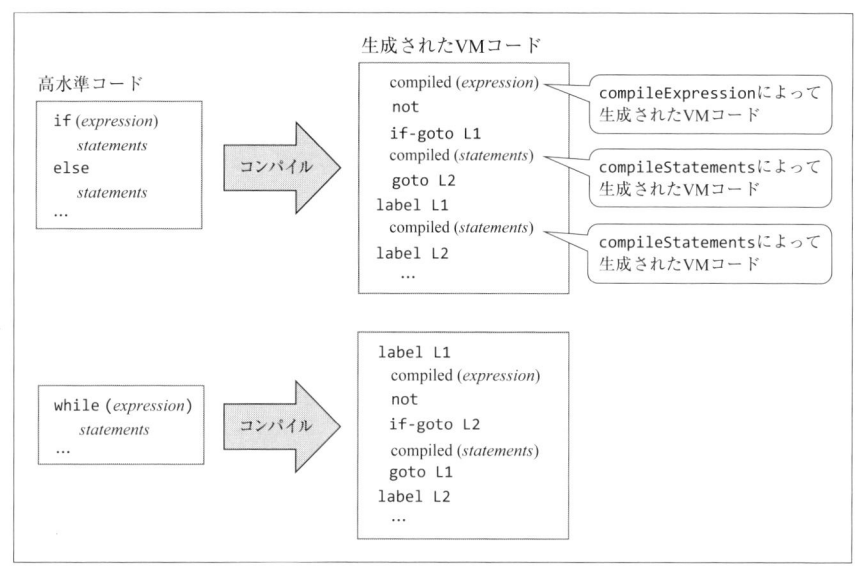

図11-5 if 文と while 文のコンパイル。L1 と L2 のラベルはコンパイラが生成する。

コンパイラが if キーワードを検出すると、if (*expression*) {*statements*} else {*statements*} の形のパターンをパースしなければならない。そこで、コンパイラは compileExpression を呼び出すことから始める。これは、式の値を計算してスタックに積むための VM コードを生成する。次に、コンパイラは VM コードの not を生成する。これは式の値を反転させるためのものだ。そして、コンパイラはラベル、たとえば L1 を作成し、そのラベルを使って if-goto L1 を生成する。それから、コンパイラは compileStatements を呼び出す。このルーチンは、*statement*; *statement*; ... *statement*; の形のシーケンスをコンパイルするように設計されている。ここで、各 *statement* は let、do、return、if、while のいずれかである。生成される VM コードは、**図11-5** では「compiled (*statements*)」と表記して、簡略化して記している。残りのコンパイル処理は自明である。

高水準プログラムには通常、複数の if 文と while 文が含まれる。このようなプログラムをコンパイルする際、コンパイラは一意のラベルを生成する必要がある。この問題は、ラベルの接尾辞をインクリメントすることで解決できる。また、制御フロー文はネストされることもある。たとえば、while 文の中に if 文が含まれたり、別の while 文が含まれたりする。このようなネストは、compileStatements ルーチンが再帰的であるため、自動的に処理される。

11.1.5　オブジェクトの扱い

　ここまで本章では、**変数**、**式**、**文字列**、**文**に関するコンパイル技術について説明してきた。これらの知識があれば、C 言語のような手続き型言語のコンパイラを実装することはできるだろう。だが、私たちの目標はさらに高いところにある。それは、Java のようなオブジェクト指向言語のコンパイラを実装することである。この目標に向けて、ここでは**オブジェクト**の扱いについて説明する。

　オブジェクト指向言語の特徴は、「オブジェクト」という抽象概念を宣言して操作できることだ。実際には、オブジェクトはスタティック変数、フィールド変数、ローカル変数、引数によって参照されるメモリブロックとして実装される。これらの参照変数は**オブジェクト変数**または**ポインタ**と呼ばれ、メモリブロックのベースアドレスを保持する。このモデルを実現するため、OS は**ヒープ**と呼ばれる論理領域を RAM 上に確保する。**ヒープ**はメモリプール[†1]として機能し、新しいオブジェクトを作成する際には必要に応じてメモリブロックが割り当てられる。オブジェクトが不要になると、そのメモリブロックは解放されヒープに戻される。コンパイラは、OS 関数を呼び出すことで、これらのメモリ管理操作を実行する。詳細は後述する。

　プログラムの実行中、ヒープには多数のオブジェクトが存在する可能性がある。ここで、これらのオブジェクトのひとつ、たとえば p オブジェクトに対して foo というメソッドを呼び出したいとしよう。オブジェクト指向言語では、このようなメソッド呼び出しは p.foo() と記述される。次に「呼び出し側」から「呼び出される側」に目を向けよう。foo メソッドの内部では、他のメソッドと同様に、**現在のオブジェクト**（これは this で参照できる）を操作するように実装されている。たとえば、foo に対応する VM コードは、this 0、this 1、this 2 などを参照するだろう。それらの VM コード（this 0、this 1、this 2 など）は、呼び出し側のオブジェクトである p のフィールドに対応する。ここで問題になるのは、this セグメントを呼び出し側の p オブジェクトにどのように対応付けるか、ということだ。これは「整列（Alignment）」と呼ばれる問題である。

　7 章から 8 章で実装した仮想マシンには、この整列を実現するためのメカニズムがある。それが RAM の 3 番地と 4 番地だ。RAM の 3 番地は THIS、4 番地は THAT と呼ばれる pointer セグメントである（THIS は pointer 0 で参照される）。VM

[†1]　訳注：メモリプール（Memory Pool）とは、プログラムが使用するメモリの管理を効率化するために、大きな連続したメモリ領域をあらかじめ確保しておく仕組みのこと。この大きな領域から、必要に応じて小さな部分を割り当てて使用する。

の仕様では、THIS ポインタによって this セグメントのベースアドレスが指定される。そのため、this を p オブジェクトに合わせるには、p のアドレス値をスタックに push し、pointer 0 に pop すればよい。この初期化テクニックは、**コンストラクタ**と**メソッド**のコンパイルで頻繁に使われる。以下、その詳細を説明する。

コンストラクタのコンパイル

オブジェクト指向言語では、オブジェクトは**コンストラクタ**と呼ばれるサブルーチンによって生成される。最初に、**呼び出し側**の視点から、コンストラクタ（たとえば、Java の new 演算子）がどのようにコンパイルされるかを説明する。次に、**呼び出される側**の視点から、コンストラクタ自体のコードがどのようにコンパイルされるかを説明する。

コンストラクタ呼び出しのコンパイル

オブジェクトの生成は通常、2 段階のプロセスで行われる。まず、特定のクラス型の変数を宣言する（たとえば、var Point p）。次に、クラスのコンストラクタを呼び出してオブジェクトを実際にインスタンス化する。（たとえば、let p = Point.new(2,3)）。プログラミング言語によっては、この 2 つの手続きを 1 つの文で表現できるものもある。しかしその裏側では、依然として変数の宣言とオブジェクトの生成という 2 段階のプロセスが行われている。

それでは、let p = Point.new(2,3) という文を詳しく見てみよう。この一文は、次の処理を行う。

- Point.new コンストラクタは、新しい Point インスタンスを表現するために必要な 2 ワード分のメモリブロックをヒープ上に確保する。
- 確保されたメモリブロック内の 2 ワードが、それぞれ引数として与えられた値 2 と 3 で初期化される。
- p に、新しく確保されたメモリブロックのベースアドレスを設定する。

この一連の処理を正しく実現するために、コンパイラは以下の 2 点を把握している必要がある。

- コンストラクタは、オブジェクトに必要な正確なサイズのメモリブロックを割り当てる方法を知っていなければならない。

● コンストラクタは実行を完了すると、割り当てたメモリブロックのベースアド
レスを呼び出し側に返す必要がある。

この抽象的な概念が具体的にどう実装されるのかを**図11-6**に示す。

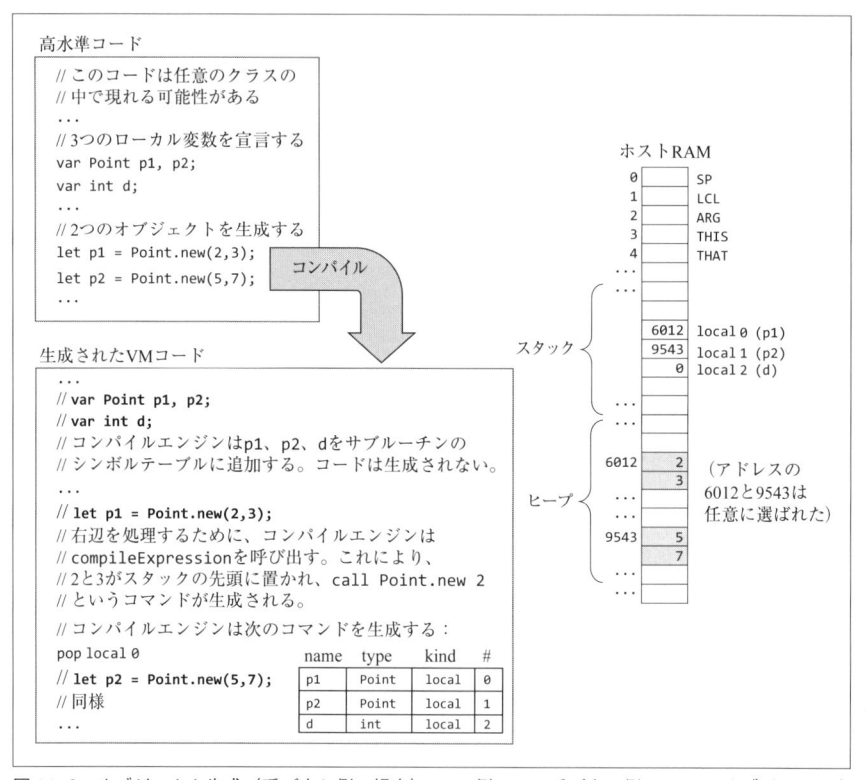

図11-6　オブジェクト生成（呼び出し側の視点）。この例では、呼び出し側は2つのオブジェクト変
数を宣言し、その後、クラスのコンストラクタを呼び出して2つのオブジェクトを生成す
る。コンストラクタは、魔法のように、2つのオブジェクトを表すメモリブロックを割り当
てる。呼び出し側のコードは、2つのオブジェクト変数をこれらのメモリブロックを参照す
るように設定する。

3つの重要な洞察が**図11-6**から得られる。まず、let p = Point.new(2,3) や
let p = Point.new(5,7) のようなコンストラクタ文のコンパイルに特別なこと
は何もないことに注目しよう。let 文やサブルーチン呼び出しのコンパイル方法につ
いてはすでに説明した。コンストラクタ文の呼び出しを特別にしているのは、なんら

かの方法でオブジェクトが生成されるという点にある。これは、**呼び出される側**、つまりコンストラクタのコンパイルに完全に委ねられている。この結果、コンストラクタは**図11-6**の RAM 図に示されている 2 つのオブジェクトを作成する。

2 つ目は、物理アドレスの 6012 と 9543 は偶然に選ばれた値であり、特別な意味を持たないということである。高水準コードもコンパイルされた VM コードも、オブジェクトがメモリのどこに格納されているかは知らない。これらのオブジェクトへの参照は、高水準コードでは p1 と p2、コンパイルされた VM コードでは local 0 と local 1 を介して行われ、それらは単なる記号にすぎない。この抽象化により、プログラムは再配置可能になる。

3 つ目は、明らかなことだが、生成された VM コードが実行されるまで、実質的には何も起こらないということだ。特に、**コンパイル時**にはシンボルテーブルが更新され、低水準のコードが生成されるだけだ。オブジェクトが生成され、変数にバインドされるのは、コンパイルされたコードが実行されるとき（**実行時**）だけである。

コンストラクタのコンパイル

ここまで、コンストラクタをブラックボックスとして扱ってきた。つまり、コンストラクタはなんらかの方法でオブジェクトを作成できると仮定してきた。この魔法がどのように実現されるかを**図11-7**に示す。図を見る前に、コンストラクタは**サブルーチン**であることに注意してほしい。そのため、コンストラクタは引数、ローカル変数、文の本体を持つ。したがって、コンパイラはコンストラクタをサブルーチンと同様に扱う。コンストラクタのコンパイルが特別なのは、通常のサブルーチンとしての扱いに加え、コンパイラが以下の 2 点を行うコードを生成する必要があるからだ。

- 新しいオブジェクトを生成すること
- 新しいオブジェクトを**現在のオブジェクト**（this で参照される）にすること

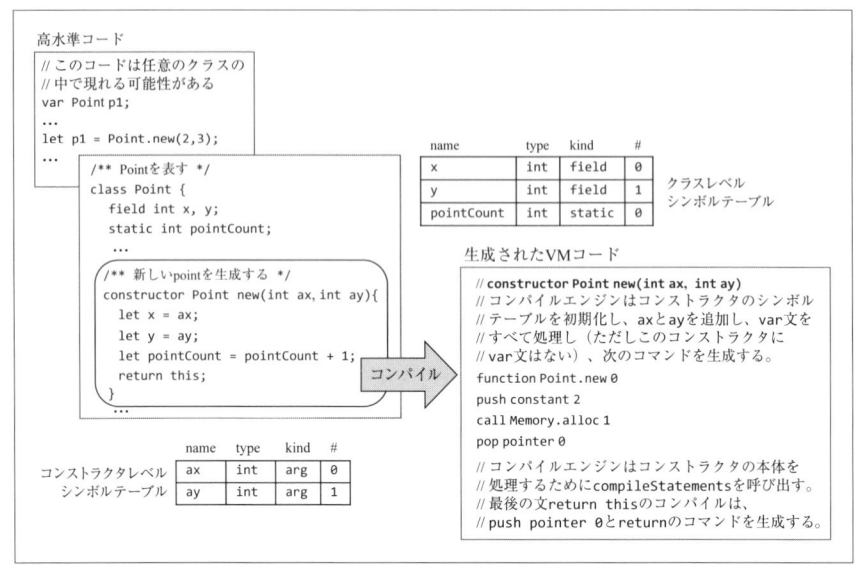

図11-7　オブジェクトの生成（呼び出される側の視点）

　新しいオブジェクトの作成には、そのデータを格納するための適切なサイズの空きRAMブロックを確保する必要がある。そして、そのブロックを「使用中」としてマークする必要がある。これらのタスクはOSによって行われる。「付録F　Jack OS のAPI」によれば、OS関数の `Memory.alloc(size)` が適任であることが分かる。この関数は、引数の $size$ で指定されたサイズ（16ビットワードの数）の利用可能なRAMブロックを探し、そのブロックの開始位置（ベースアドレス）を返す。

　`Memory.alloc` と `Memory.deAlloc` は、RAM資源を効率的に管理するための洗練されたアルゴリズムを用いている。これらのアルゴリズムの詳細は12章で解説し、実際に実装する。現段階では、コンパイラがオブジェクトのコンストラクタで `alloc` を、デストラクタで `deAlloc` を呼び出す低水準コードを生成することを理解すれば十分である。

　`Memory.alloc` を呼び出す前に、コンパイラは必要なメモリブロックのサイズを決定する。これはクラスレベルのシンボルテーブルから容易に計算できる。たとえば、`Point` クラスのシンボルテーブルには、2つの int 値（点の x 座標と y 座標）が格納される。よって、必要なメモリブロックのサイズは2となる。コンパイラは `push constant 2` と `call Memory.alloc 1` のコマンドを生成し、

Memory.alloc(2) の関数呼び出しを実行する。

OS 関数の alloc は、サイズ 2 の利用可能な RAM ブロックを探し、そのベース
アドレスをスタックに push する（これが VM で値を返す方法である）。続いて生成
される命令は、pop pointer 0 である。この命令により、alloc が返したベースア
ドレスを THIS に設定する。これ以降、コンストラクタ内の this セグメントは、新
たに割り当てられた RAM ブロックのベースアドレスに整列される。

this セグメントが適切に整列されると、コード生成は簡単になる。たとえば、
let x = ax という文を処理する compileLet ルーチンを考えよう。シンボルテー
ブルの検索により、x は this 0 に、ax は argument 0 に対応付けられることが分
かる。そのため、compileLet は push argument 0 を生成し、続いて pop this 0
を生成する。後者のコマンドは、this セグメントがオブジェクトのベースアドレス
に適切に整列されていることを前提としている。この整列は、alloc が返すベースア
ドレスを pointer 0（THIS）に設定することで行える。この一度限りの初期化によ
り、その後のすべての push/pop this i コマンドは、RAM（より厳密にはヒープ）
上のターゲットを正しく指すようになる。この仕組みの巧妙さが読者に伝わることを
願う。

Jack の言語仕様によると、すべてのコンストラクタは return this 文で終わる
ことが必須とされている。この規約により、コンパイルされたコンストラクタは、
push pointer 0 と return で終了する。これらのコマンドは、生成されたオブジェ
クトのベースアドレスである THIS の値をスタックに push する。ところで、Java な
どの言語では、コンストラクタに明示的な return this 文は不要だ。しかし、Java
のコンストラクタをコンパイルしたコードも VM レベルでは同様の動作をする。い
ずれにせよ、コンストラクタの役割は、オブジェクトを生成し、その参照を呼び出し
側に返すことである。

このような低水準の一連の処理は、呼び出し側の文である let *varName* =
className.constructorName(...) によって行われる。そしてコンストラクタ
が終了すると、*varName* には新しいオブジェクトのベースアドレスが格納される。
これを実現するために、コンパイラ、OS、VM 変換器、アセンブラが協力して動作
する。この抽象化のおかげで、高水準プログラマーはオブジェクト生成の複雑な詳細
を気にする必要がなく、簡単にオブジェクトを生成できる。

メソッドのコンパイル

コンストラクタと同様に、メソッド呼び出しとメソッド自体のコンパイル方法につ

いて説明する。

メソッド呼び出しのコンパイル

ここでは、平面上の 2 点 p1 と p2 の間のユークリッド距離を計算したいとする。C 言語などの手続き型プログラミングでは、p1 と p2 を複合データ型として、distance(p1,p2) のような関数呼び出しで実装できるだろう。一方、オブジェクト指向プログラミングでは、p1 と p2 は Point クラスのインスタンスとして実装され、同じ計算は p1.distance(p2) のようなメソッド呼び出しを使って行われる。**メソッド**は関数と異なり、常に特定のオブジェクトに対して動作するサブルーチンである。呼び出し側は、このオブジェクトを指定する責任がある。

distance は、ある点から別の点までの距離を計算する**手続き**として記述でき、p1 はその手続きが作用する**データ**である。注目したい点は、distance(p1,p2) と p1.distance(p2) の両イディオムが同じ値を計算し返すように設計されていることだ。ただし、C 言語の構文が distance に焦点を当てているのに対し、オブジェクト指向の構文では、文字どおり、オブジェクトが最初に来ている。この違いから、C 言語のような言語は**手続き型**、オブジェクト指向言語は**データ駆動型**などと呼ばれることがある。特に、オブジェクト指向プログラミングは「オブジェクトは自身の振る舞いを知っている」という前提に基づいている。たとえば、Point オブジェクトは、自身と別の Point オブジェクト間の距離計算方法を知っている。言い換えれば、distance 操作は Point の定義内に**カプセル化**されているのだ。

この抽象化を具現化するのは、いつもながら働き者のコンパイラである。ターゲットとなる VM 言語にはオブジェクトやメソッドの概念が存在しないため、コンパイラは p1.distance(p2) のようなオブジェクト指向のメソッド呼び出しを、distance(p1,p2) のような手続き型の呼び出しであるかのように扱う。具体的には、p1.distance (p2) を push p1、push p2、call distance に変換する。この変換プロセスを一般化すると、Jack には次の 2 種類のメソッド呼び出しがあることが分かる。

varName で参照されるオブジェクトにメソッドを適用する

$$varName.methodName(exp_1, exp_2, \ldots, exp_n)$$

現在のオブジェクトにメソッドを適用する

$$methodName(exp_1, exp_2, \ldots, exp_n)$$

（これは、`this.`*methodName*$(exp_1, exp_2, ... , exp_n)$ と同じ）

varName.methodName$(exp_1, exp_2, ... , exp_n)$ というメソッド呼び出しのコンパイル手順は次のとおりである。まず、`push` *varName* のコマンドを生成する。ここで *varName* はシンボルテーブルでのマッピングを指す。*varName* が省略された場合は、`this` のマッピングを `push` する。次に、`compileExpressionList` を呼び出し、括弧内の各式に対して計 n 回の `compileExpression` を実行する。最後に、`call` *className.methodName* $n+1$ を生成し、$n+1$ 個の引数がスタックに `push` されたことを示す。引数なしのメソッド呼び出しの場合は、`call` *className.methodName* 1 となる。ここで *className* は *varName* 識別子のシンボルテーブルにおける *type* である。具体例を**図11-8** に示す。

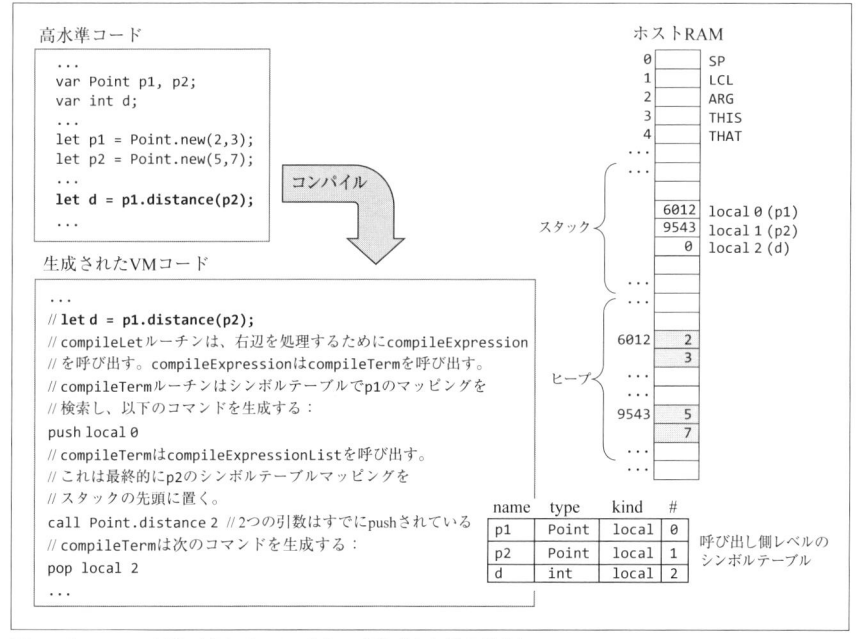

図11-8 メソッド呼び出しのコンパイル（呼び出し側の視点）

メソッドのコンパイル

ここまで、`distance` メソッドを「呼び出し側」の視点から説明してきた。次に、

このメソッドがどのように実装されるかに視点を移そう。たとえばJavaでは以下のようになるだろう。

```
/** Pointクラスのメソッド：
    このPointとotherの距離を返す */
int distance(Point other) {
  int dx, dy;
  dx = x - other.x;
  dy = y - other.x;
  return Math.sqrt((dx*dx) + (dy*dy));
}
```

他のメソッドと同様、distance は Java でも Jack でもビルトイン識別子の this で表される**現在のオブジェクト**に対して動作するように設計されている。しかし、上記の例が示すように、this を明示的に記述せずにメソッドを実装できる。これが可能なのは、親切な Java コンパイラが暗黙的に this を適用するからだ。たとえば、dx = x - other.x という文は、コンパイラによって dx = this.x - other.x と解釈される。この規約により、高水準コードはより簡潔になり、読みやすさと書きやすさが向上する。

ちなみに、Jack 言語では *object.field* というイディオムはサポートされていない。したがって、他のオブジェクトのフィールドは、get メソッドや set メソッドを使って操作する必要がある。たとえば、x - other.x のような式は、Jack では x - other.getx() として実装される。ここで getx は Point クラスの get メソッドだ。

では、Jack コンパイラは x - other.getx() のような式をどのように扱うのだろうか？ まず、シンボルテーブルで x を検索し、それが現在のオブジェクトの最初のフィールドを表していることを特定する。次に other.getx() の処理に移る。ここで疑問が生じる。getx() メソッドの実行時、多数のオブジェクトが存在する中で、other をどのように**現在のオブジェクト**に指定できるのか？

メソッド呼び出しの規約では、呼び出し側から渡される最初の引数を「現在のオブジェクト」として扱うことが決まっている。つまり、呼び出される側の視点では、現在のオブジェクト（この場合 other）は argument 0 の値をベースアドレスとするオブジェクトとなる。これが、Java、Python、そしてもちろん Jack のような言語で「オブジェクトにメソッドを適用する」という抽象化を可能にする、低水準のコンパイル技法の本質である（**図11-9**）。

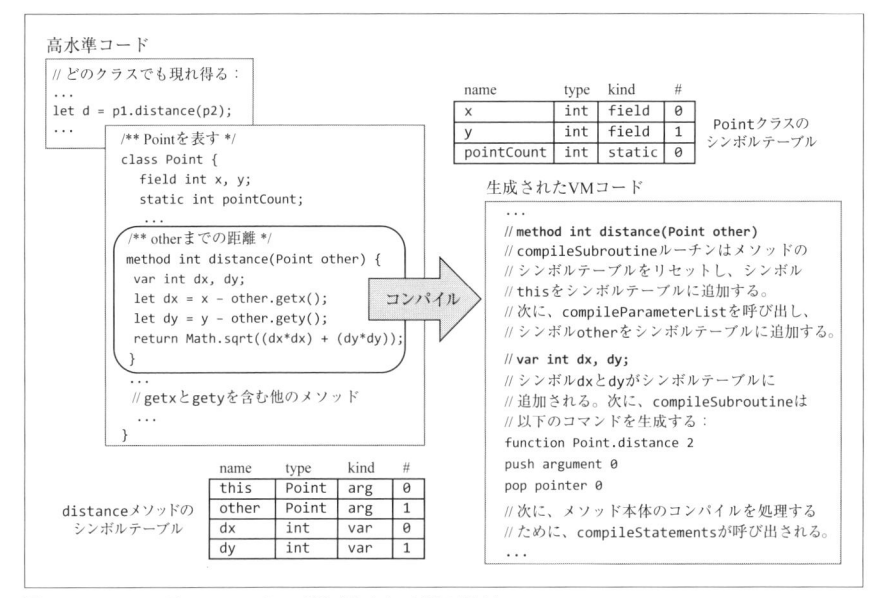

図11-9　メソッドのコンパイル（呼び出される側の視点）

　この例は、**図11-9** の左上のコードで始まる。そこでは、呼び出し側のコード が p1.distance(p2) というメソッド呼び出しを行っている。呼び出される側の コンパイルに注目すると、コードの本体は push argument 0 で始まり、その後 に pop pointer 0 が続く。これらのコマンドは、メソッドの THIS ポインタを argument 0 の値に設定する。メソッド呼び出しの規約により、argument 0 には メソッドが呼び出されて動作するオブジェクトのベースアドレスが格納されている。 したがって、これ以降、メソッドの this セグメントは、ターゲットオブジェクトの ベースアドレスに正しく整列され、すべての push/pop this i コマンドが正しく動 作する。たとえば、式 x - other.getx() は push this 0、push argument 1、 call Point.getx 1、sub にコンパイルされる。コンパイルされたメソッド呼び出 しのコードでは、まず呼び出されたオブジェクトのベースアドレスを THIS に設定す る。この初期化により、this 0（および他の this i 参照）が正しいオブジェクトの 適切なフィールドを指すようになる。

11.1.6　配列のコンパイル

　配列はオブジェクトと似ている。Jack では、配列は OS の一部である Array クラ

スのインスタンスとして実装される。つまり、Jack において配列はオブジェクトそのものである。ただし、配列の場合、let arr[3] = 17 のように、インデックスを使用して配列要素にアクセスできる。この便利な抽象化を実現する方法をこれから説明する。

　ポインタ表記を使えば、arr[i] は*(arr+i) と書けることに注目してほしい。*(arr+i) は、メモリアドレスの arr+i に格納されている要素を指す。この洞察が、let x = arr[i] のような文のコンパイルの基礎となる。そこで、arr[i] の物理アドレスを計算するために、push arr、push i、add を実行しよう。これにより、目的のアドレスがスタックに push される。次に、pop pointer 1 を実行する。VM仕様によれば、このコマンドは目的のアドレスを THAT ポインタ（RAM[4]）に格納する。結果として、仮想セグメント that のベースアドレスが目的のアドレスに整列される。この後に、push that 0 と pop x を実行すれば、let x = arr[i] の低水準の変換が完了する（**図11-10**）。

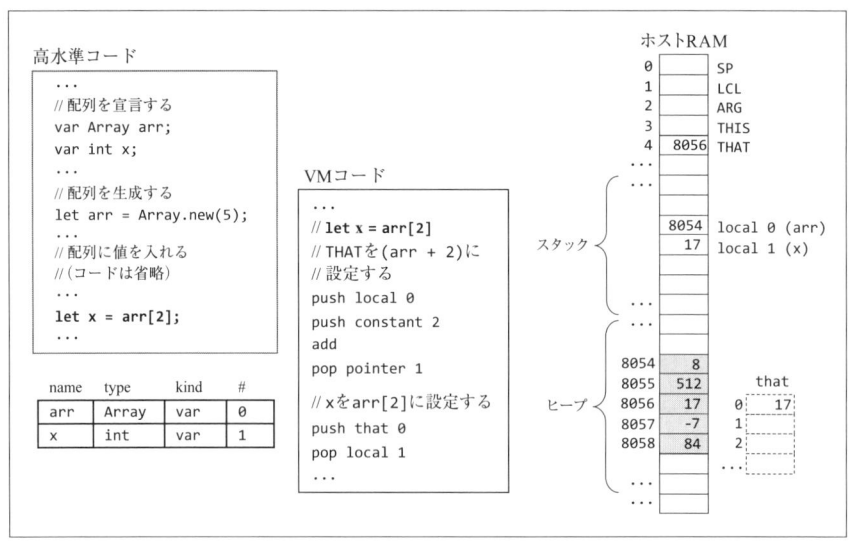

図11-10　VM コードを使った配列へのアクセス

　この素晴らしいコンパイル戦略には、ひとつ重大な欠点がある。それは、ある状況下で動作しないという点だ。具体的には、let a = b[j] のような文では正常に動作するが、let a[i] = b[j] のように代入の左辺がインデックス付けされている文

では問題が生じる（**図11-11**）。

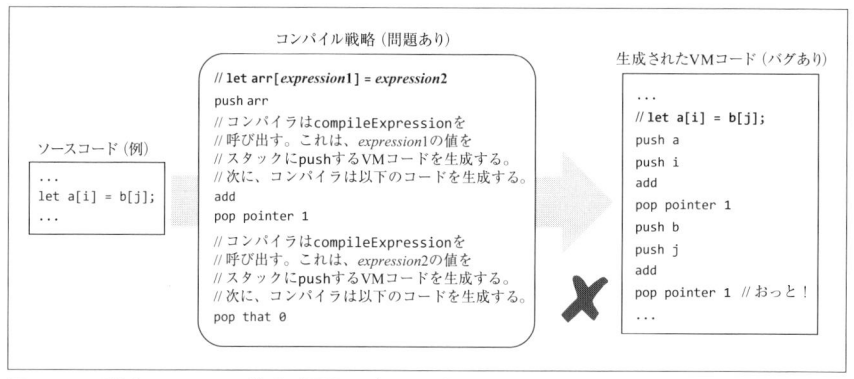

図 11-11　配列のコンパイル戦略（問題あり）とバグの例。この特定のケースでは、pointer 1 に格納された値が上書きされ、a[i] のアドレスが失われる。

　幸いなことに、このコンパイル戦略を一部修正することで、let arr[*expression*1] = *expression*2 のような文も正しくコンパイルできる。前回と同様に、push arr のコマンドを生成し、compileExpression を呼び出し、add のコマンドを生成することから始める。この一連のコマンドにより、目的のアドレス（arr + *expression*1）がスタックの先頭に置かれる。次に、compileExpression を呼び出す。これにより、最終的に *expression*2 の値がスタックの先頭に置かれる。ここでトリックを使う。pop temp 0 により、*expression*2 の値を temp 0 に（一時的に）保存するのだ。この操作には、「arr + *expression*1」の値をスタックの先頭要素にするという素晴らしい副作用がある。これで、pop pointer 1、push temp 0、pop that 0 を実行すれば、目的の代入操作が完了する。この小さな修正により（そして compileExpression ルーチンの再帰的な性質により）、let a[b[i] + a[j + b[a[3]]]] = b[b[j] + 2] のような、再帰的な構文も処理できるようになる。

　Jack 配列のコンパイルは比較的単純である。その要因はいくつかる。まず、Jack 配列は型付けされておらず、単に 16 ビットの値を格納するように設計されているからだ。これにより、型チェックや型変換の複雑さが軽減される。次に、Jack のプリミティブなデータ型は 16 ビットであり、アドレスも 16 ビットであり、RAM のワード幅もすべて 16 ビットであるからだ。この一貫性により、データとアドレスの間で 1 対 1 の対応が実現され、メモリ操作が単純化される。強く型付けされたプログラミ

ング言語や、この 1 対 1 の対応が保証できない言語では、配列のコンパイルにはより多くの作業が必要となる。

11.2　仕様

これまで説明してきたコンパイルの課題と解決策は、オブジェクトベースのプログラミング言語に適用可能な一般原則である。ここからは、これらの一般原則を **Jack コンパイラ** に適用する方法を説明する。Jack コンパイラは、Jack プログラムを入力として受け取り、実行可能な VM コードを出力するプログラムだ。VM コードは、7章から 8 章で規定された仮想マシン上でプログラムを実行する。

使い方

Jack コンパイラは次のように、1 つのコマンドライン引数を受け取る。

```
prompt> JackCompiler source
```

ここで、*source* は *Xxx*.jack という形のファイル名（拡張子は必須）か、ひとつ以上の.jack ファイルを含むフォルダ名（この場合は拡張子なし）のいずれかである。ファイル/フォルダ名にはファイルパスを含めることができる。パスが指定されていない場合、コンパイラはカレントフォルダで動作する。各 *Xxx*.jack ファイルに対して、コンパイラは出力ファイル *Xxx*.vm を作成し、VM コードをそこに書き込む。出力ファイルは入力ファイルと同じフォルダに作成される。フォルダに同じ名前のファイルがある場合は上書きされる。

11.3　実装

ここでは、10 章で実装した構文解析器を完全版の Jack コンパイラに拡張するためのガイドラインを提供する。

11.3.1　仮想マシンへの標準マッピング

Jack コンパイラは、さまざまなターゲットプラットフォーム用に開発することができる。ここでは、特定のターゲット、すなわち 7 章から 8 章で開発した仮想マシンに焦点を当てる。

ファイルと関数の命名

- Jack クラスファイルの *Xxx*.jack は、VM クラスファイルの *Xxx*.vm にコンパイルされる。
- *Xxx*.jack ファイルにある Jack サブルーチンの *yyy* は、VM 関数の *Xxx*.*yyy* にコンパイルされる。

変数のマッピング

- クラス宣言で宣言された1番目、2番目、3番目、… の **static** 変数は、仮想セグメントの static 0、static 1、static 2、… にマッピングされる。
- クラス宣言で宣言された1番目、2番目、3番目、… の **field** 変数は、this 0、this 1、this 2、… にマッピングされる。
- サブルーチンの var 文で宣言された1番目、2番目、3番目、… の **local** 変数は、local 0、local 1、local 2、… にマッピングされる。
- **function** または **constructor** (**method** ではないことに注意) のパラメータリストで宣言された1番目、2番目、3番目、… の **argument** 変数は、argument 0、argument 1、argument 2、… にマッピングされる。
- **method** のパラメータリストで宣言された1番目、2番目、3番目、… の **argument** 変数は、argument 1、argument 2、argument 3、… にマッピングされる。

オブジェクトのマッピング

method の呼び出し側から渡されたオブジェクトを仮想セグメントの this に合わせるには、VM コードの push argument 0、pop pointer 0 を使用する。

配列要素のマッピング

arr[*expression*] という高水準の参照は、pointer 1 を (arr + *expression*) に設定し、that 0 にアクセスすることでコンパイルされる。

定数のマッピング

- Jack 定数の null と false への参照は、push constant 0 にコンパイルされる。

- Jack 定数の true への参照は、push constant 1、neg にコンパイルされる。この命令により、-1 をスタックに push する。
- Jack 定数の this への参照は、push pointer 0 にコンパイルされる。このコマンドは、現在のオブジェクトのベースアドレスをスタックに push する。

11.3.2　実装ガイドライン

これまで概念的なコンパイル例を数多く見てきた。ここでは、それらのコンパイル技術を簡潔に要約する。

識別子の扱い

変数の命名に使用される識別子は、シンボルテーブルを使って処理できる。有効な Jack コードのコンパイル中に、シンボルテーブルで見つからない識別子は、サブルーチン名またはクラス名のいずれかであると考えられる。そして、その 2 つは Jack の構文規則により区別できる。Jack コンパイラは「リンク」を行わないので、それらの識別子をシンボルテーブルに保持する必要はない。

式のコンパイル

compileExpression ルーチンは、入力を *term op term op term ...* のシーケンスとして処理すべきだ。これを実現するために、compileExpression は codeWrite アルゴリズム（**図 11-3**）を実装し、さらに Jack 文法（**図 11-4**）で定義されたすべての可能な *terms*（項）を扱えるように拡張する必要がある。実際、文法規則を詳細に見ると、式のコンパイルにおける大半の処理が、その基礎となる *terms* のコンパイルで行われることが分かる。なお本書では、サブルーチン呼び出しのコンパイルを *terms* のコンパイルの一部として直接処理することを推奨した（「10.3　実装」の「CompilationEngine」を参照）。

expression（式）の文法構造と、それに対応する compileExpression ルーチンは、本質的に再帰的な性質を持つ。たとえば、compileExpression が左括弧を検出したら、内部の式を処理するために自身（compileExpression）を呼び出す。この再帰的アプローチにより、括弧の一番内側にある式が最初に評価される。なお、この括弧による優先順位規則を除いて、Jack 言語は演算子の優先順位をサポートしない。もちろん、演算子の優先順位を扱うことは技術的に可能だが、「Nand to Tetris」ではそれを Jack 言語の標準機能としていない（オプションとして、コンパイラをその

ように拡張できる）。

x * y という式は、push x、push y、call Math.multiply 2 にコンパイルされる。x / y という式は、push x、push y、call Math.divide 2 にコンパイルされる。Math クラスは次の 12 章で開発する（仕様は付録 F の Math クラスを参照）。

文字列のコンパイル

「$ccc...c$」という文字列定数の処理は、次のように行われる。

- 文字列の長さをスタックに push し、String.new コンストラクタを呼び出す。
- 文字列の各文字（c）に対して、その文字コード（Jack の文字コードについては付録 E の一覧表を参照）をスタックに push して、String メソッドの appendChar を呼び出す。

付録 F の String クラスの API によると、new コンストラクタと appendChar メソッドは両方とも戻り値として文字列を返す（つまり、文字列オブジェクトがスタックに push される）。この設計により、appendChar の呼び出し後に文字列を再度 push する必要がなくなる。

関数呼び出しとコンストラクタ呼び出しのコンパイル

n 個の引数を持つ「関数呼び出し」と「コンストラクタ呼び出し」のコンパイルは以下の手順で行う。

- compileExpressionList を呼び出す（これは内部で n 回 compileExpression を実行する）。
- スタックに n 個の引数が push されたことを通知し、実際の呼び出しを行う。

メソッド呼び出しのコンパイル

n 個の引数を持つ「メソッド呼び出し」のコンパイルは以下の手順で行う。

- メソッドを呼び出すオブジェクトへの参照を push する。
- compileExpressionList を呼び出す（これは内部で n 回 compileExpression を実行する）。
- スタックに $n+1$ 個の引数が push されたことを通知し、実際の呼び出しを

行う。

do 文のコンパイル

do *subroutineCall* を do *expression* であると見なしてコンパイルすることを推奨する。この場合、pop temp 0 のようなコマンドを使って、スタックの最上位の値を取り除く必要がある。

クラスのコンパイル

クラスのコンパイルを開始する際、コンパイラはクラスレベルのシンボルテーブルを作成し、クラスで宣言されたすべての **field** 変数と **static** 変数をそれに追加する。コンパイラは空のサブルーチンレベルのシンボルテーブルも作成する。この段階ではコードは生成されない。

サブルーチンのコンパイル

- サブルーチン（**constructor**、**function**、または **method**）のコンパイルを開始する際、コンパイラはサブルーチンのシンボルテーブルを初期化する。サブルーチンが **method** の場合、<this, *className*, arg, 0>のマッピングを追加する。
- 次に、パラメータリストで宣言されたすべてのパラメータをシンボルテーブルに追加し、続いてすべての var 宣言を処理してローカル変数をシンボルテーブルに追加する。
- この段階で、function *className.subroutineName nVars* コマンドの生成を開始する。*nVars* はサブルーチン内のローカル変数の数を示す。
- サブルーチンが **method** の場合、push argument 0 と pop pointer 0 の2つのコマンドを生成する。これにより、this セグメントを呼び出されたオブジェクトのベースアドレスに合わせる。

コンストラクタのコンパイル

- まず、コンパイラは前節で説明したすべての動作を実行し、最終的に function *className.constructorName nVars* というコマンドまで生成する。
- 次に、コンパイラは、push constant *nFields*、call Memory.alloc 1、

pop pointer 0 というコードを生成する。ここで *nFields* はコンパイルされたクラスのフィールドの数である。これにより、*nFields* 個の 16 ビットワードのメモリブロックが割り当てられ、this セグメントが新しく割り当てられたブロックのベースアドレスに整列される。

- コンパイルされたコンストラクタは push pointer 0、return で終わらなければならない。このコマンドは、コンストラクタによって作成された新しいオブジェクトのベースアドレスを呼び出し側に返す。

void メソッドと void 関数のコンパイル

すべての VM 関数は、リターンする前にスタックに値を push することが期待される。Jack では、void のメソッドや関数をコンパイルする場合、生成されたコードを push constant 0、return で終わらせるのが規約である。

配列のコンパイル

let arr[*expression*1] = *expression*2 の形式の文は、「11.1.6　配列のコンパイル」の最後で説明したテクニックを使ってコンパイルされる。

ヒント

配列を扱う際、that 0 を使う必要がある。ただし、インデックスが 0 より大きい that エントリを使う必要はない。

オペレーティングシステム

Math.sqrt((dx*dx) + (dy*dy)) という高水準の式を考えてみよう。コンパイラはこの式を、push *dx*、push *dx*、call Math.multiply 2、push *dy*、push *dy*、call Math.multiply 2、add、call Math.sqrt 1 という VM コードに変換する。ここで *dx* と *dy* は、シンボルテーブルにおける dx と dy のマッピングを表す。また、この例では次に示す 2 種類の OS サービスが利用されている。

- x * y のような基本演算：Math.multiply などの OS サブルーチン呼び出しに変換される
- Math.sqrt(x) のような OS 関数呼び出し：VM の後置記法を用いて直接変換される

OS は 8 つのクラスを備えている（付録 F を参照）。「Nand to Tetris」では、この OS に**ネイティブ**と**エミュレート**という 2 つの異なる実装を提供している。

ネイティブな OS 実装

「プロジェクト 12」では、OS クラスライブラリを Jack で開発し、Jack コンパイラを使ってコンパイルする。このコンパイルにより、8 つの .vm ファイルが生成される。これにより、どのような Jack プログラムでも、これらの OS 関数にアクセスできるようになる。そのためには、Jack プログラムのコンパイルによって生成された .vm ファイルを、その 8 つの .vm ファイルと同じフォルダに置く。これにより、すべての .vm ファイルが同一のコードベースに属するため、コンパイルされた VM コードからすべての OS 関数にアクセスできるようになる。

エミュレートされた OS 実装

付属の VM エミュレータは Java プログラムであり、Jack OS の Java ベースの実装を備えている。VM エミュレータにロードされた VM コードが OS 関数を呼び出すたびに、エミュレータはロードされたコードベースにその名前の VM 関数が存在するかどうかを確認する。存在する場合はその VM 関数を実行する。そうでない場合は、その OS 関数のビルトイン実装を呼び出す。したがって、「プロジェクト 11」で行うように、コンパイラが生成した VM コードを付属の VM エミュレータで実行する場合、OS の実装については心配する必要はない。

11.3.3　ソフトウェアアーキテクチャ

ここで提案するコンパイラアーキテクチャは、10 章の構文解析器を基盤とする。具体的には、以下のモジュールを用いて構文解析器を完全版となるコンパイラへと段階的に発展させる。

- JackCompiler：メインプログラム、他のモジュールのセットアップと呼び出しを行う
- JackTokenizer：Jack 言語のトークナイザ
- SymbolTable：Jack コードで見つかるすべての変数を追跡する
- VMWriter：VM コードを書き込む
- CompilationEngine：再帰下降コンパイルエンジン

JackCompiler

このモジュールはコンパイルプロセス全体を制御する。入力として *Xxx*.jack の形式のファイル名、または 1 つ以上の同形式ファイルを含むフォルダ名を受け取る。そして、*Xxx*.jack ソースファイルごとに、以下の処理を行う。

1. *Xxx*.jack 入力ファイルから JackTokenizer を作成する
2. *Xxx*.vm という名前の出力ファイルを作成する
3. CompilationEngine、SymbolTable、VMWriter を使用して、入力ファイルを解析し、変換された VM コードを出力ファイルに書き込む

このモジュールの API は提供しないので、適切な方法で実装してほしい。なお、.jack ファイルをコンパイルする際に最初に呼び出さなければならないルーチンは compileClass である。

JackTokenizer

このモジュールは、「プロジェクト 10」で実装したトークナイザと同一である（「10.3 実装」の「JackTokenizer」を参照）。

SymbolTable

このモジュールは以下を利用してシンボル変数を追跡記録する（**図11-1** を参照）。

- 名前（*name*）
- 型（*type*）
- 種類（*kind*）
- インデックス（*index*）

インデックスは種類ごとに最新の連番が割り当てられる。API を**表11-1** に示す。

表 11-1　SymbolTable モジュールの API

ルーチン	引数	戻り値	機能
コンストラクタ／イニシャライザ	—	—	空のシンボルテーブルを生成する

表 11-1　SymbolTable モジュールの API（続き）

ルーチン	引数	戻り値	機能
reset	—	—	シンボルテーブルを空にし、4 つのインデックスを 0 にリセットする。サブルーチン宣言のコンパイルを開始するときに呼び出すべきである。
define	*name*（文字列） *type*（文字列） *kind*（STATIC、FIELD、ARG、VAR）	—	与えられた *name*、*type*、*kind* の新しい変数を定義する（テーブルに追加する）。その *kind* のインデックス値を割り当て、インデックスに 1 を加える。
varCount	*kind*（STATIC、FIELD、ARG、VAR）	整数	指定された *kind* の変数がテーブルに定義されている数を返す。
kindOf	*name*（文字列）	(STATIC、FIELD、ARG、VAR、NONE)	指定された識別子の *kind* を返す。識別子が見つからない場合は NONE を返す。
typeOf	*name*（文字列）	文字列	指定された変数の *type* を返す。
indexOf	*name*（文字列）	整数	指定された変数の *index* を返す。

ヒント

Jack クラスファイルのコンパイル中に、Jack コンパイラは SymbolTable のインスタンスを 2 つ使用する。

VMWriter

　このモジュールは、出力ファイルに VM コードを書き込むための単純なルーチンをいくつか備えている（**表11-2**）。

表 11-2　VMWriter モジュールの API

ルーチン	引数	戻り値	機能
コンストラクタ/イニシャライザ	出力ファイル/ストリーム	—	新しい .vm ファイルを作り、それに書き込む準備をする。
writePush	*segment* (CONSTANT、ARGUMENT、LOCAL、STATIC、THIS、THAT、POINTER、TEMP) *index*（整数）	—	push コマンドを出力する。

表11-2 VMWriter モジュールの API（続き）

ルーチン	引数	戻り値	機能
writePop	*segment*（ARGUMENT、LOCAL、STATIC、THIS、THAT、POINTER、TEMP） *index*（整数）	—	pop コマンドを出力する。
writeArithmetic	*command*（ADD、SUB、NEG、EQ、GT、LT、AND、OR、NOT）	—	算術コマンドを出力する。
writeLabel	*label*（文字列）	—	label コマンドを出力する。
writeGoto	*label*（文字列）	—	goto コマンドを出力する。
writeIf	*label*（文字列）	—	if-goto コマンドを出力する。
writeCall	*name*（文字列） *nArgs*（整数）	—	call コマンドを出力する。
writeFunction	*name*（文字列） *nVars*（整数）	—	function コマンドを出力する。
writeReturn	—	—	return コマンドを出力する。
close	—	—	出力ファイル/ストリームを閉じる。

CompilationEngine

このモジュールはコンパイルプロセスを実行する。CompilationEngine の API は 10 章で示した API とほぼ同じだが、利便性のため、**表11-3** に再掲する。

CompilationEngine は JackTokenizer から入力を取得し、VMWriter を使用して VM コード出力を書き込む（「プロジェクト 10」の XML の代わりとして）。出力は一連の compile*xxx* ルーチンによって生成される。各ルーチンは、Jack 言語の特定の構成要素である *xxx* のコンパイルを担当する（たとえば、compileWhile は while 文を実現する VM コードを生成する）。compile*xxx* ルーチンは、*xxx* を構成するトークンを入力から処理し、トークンを正確に読み進め、対応する VM コードを出力する。*xxx* が「式」の場合、その値を計算し、その値をスタックの先頭に残す必要がある。原則として、各 compile*xxx* ルーチンは、現在のトークンが *xxx* の場合にのみ呼び出される。.jack ファイルは class キーワードで始まるため、コンパイルは compileClass の呼び出しから開始する。

表11-3　CompilationEngine モジュールの API

ルーチン	引数	戻り値	機能
コンストラクタ/イニシャライザ	入力ファイル/ストリーム、出力ファイル/ストリーム	—	与えられた入力と出力に対して新しいコンパイルエンジンを生成する。次に呼ぶルーチンは compileClass() でなければならない。
compileClass	—	—	クラスをコンパイルする。
compileClassVarDec	—	—	スタティック変数の宣言またはフィールド変数の宣言をコンパイルする。
compileSubroutine	—	—	メソッド、ファンクション、コンストラクタをコンパイルする。
compileParameterList	—	—	パラメータのリスト（空の可能性もある）をコンパイルする。括弧 () は処理しない。
compileSubroutineBody	—	—	サブルーチン本体をコンパイルする。
compileVarDec	—	—	var 宣言をコンパイルする。
compileStatements	—	—	一連の文をコンパイルする。波括弧 {} は処理しない。
compileLet	—	—	let 文をコンパイルする。
compileIf	—	—	if 文をコンパイルする。else 文を伴う可能性がある。
compileWhile	—	—	while 文をコンパイルする。
compileDo	—	—	do 文をコンパイルする。
compileReturn	—	—	return 文をコンパイルする。
compileExpression	—	—	式をコンパイルする。
compileTerm	—	—	現在のトークンが識別子の場合、このルーチンはそれを変数、配列要素、サブルーチン呼び出しのいずれかに解決しなければならない。そのためには、1つ先のトークンを読み込み、そのトークンが [か (か . のどれに該当するかを調べる。それ以外のトークンはこの項の一部ではないので、先に進んではならない。
compileExpressionList	—	整数	カンマ区切りの式のリスト（空の場合もある）をコンパイルする。リスト内の式の数を返す。

次に示す Jack 文法規則は、compile*xxx* という形式のルーチンを
CompilationEngine に持っていない。

- *type*
- *className*
- *subroutineName*
- *varName*
- *statement*
- *subroutineCall*

これらの規則の解析ロジックは、それらを参照するルーチン内で直接処理すべきである（Jack 言語の文法は「10.2.1 Jack 言語の文法」を参照）。

トークンの先読み

トークンの先読みについては、「10.3 実装」の「CompilationEngine」で説明した。

11.4 プロジェクト

目的

10 章で実装した構文解析器を完全版の Jack コンパイラに拡張する。以下で説明するすべてのテストプログラムにコンパイラを適用する。変換されたプログラムを実行し、与えられたドキュメントに従って動作することを確認する。

このバージョンのコンパイラは、入力される Jack のソースコードにエラーがないことを前提としている。エラーのチェックや報告の機能は将来のバージョンで追加できるが、「プロジェクト 11」では実装しない。

リソース

主に必要となるツールは、コンパイラを実装するプログラミング言語である。また、コンパイラによって生成された VM コードをテストするために、本書の VM エミュレータが必要になる。コンパイラは「プロジェクト 10」で実装した構文解析器を拡張することで実装されるので、そのソースコードも必要になる。

実装ステージ

「プロジェクト 10」の構文解析器を最終的なコンパイラへと段階的に変更すること

を提案する。具体的には、XML 出力生成ルーチンを、実行可能な VM コード生成
ルーチンに 2 段階で置き換えていく。以下に詳細を示す。

ステージ 0

「プロジェクト 10」で開発した構文解析器のコードをバックアップする。

ステージ 1：シンボルテーブル

まずは、コンパイラの SymbolTable モジュールを実装する。次に、SymbolTable
を用いて「プロジェクト 10」の構文解析器を拡張する。現状の構文解析器は、ソース
コードで識別子（例：foo）に遭遇すると、`<identifier> foo </identifier>`と
いう XML を出力する。ここでは、その代わりに、識別子に関する次の情報を出力す
るよう拡張する。

- *name*
- *category*（field、static、var、arg、class、subroutine）
- *index*：識別子のカテゴリが field、static、var、arg のいずれかの場合、
  シンボルテーブルによって識別子に割り当てられた実行インデックス
- *usage*：識別子が**宣言**されているか（Jack 変数宣言の static / field / var
  に現れる）、それとも**使用**されているか（Jack 式に現れる）

この情報を、構文解析器が選択したマークアップタグを使用して XML 出力の一部
として出力するようにする。

新しい SymbolTable モジュールと上記の新機能をテストするには、「プロジェク
ト 10」で提供されたテスト用の Jack プログラムを用いる。拡張した構文解析器が
上記の情報を正しく出力できれば、Jack プログラムを理解する機能が完成したこと
になる。この段階で、完全版であるコンパイラの開発に移行し、XML の代わりに
VM コードを生成するように構文解析器を拡張する。これは以下のように段階的に
行える。

ステージ 1.5

拡張した構文解析器のコードをバックアップする。

ステージ 2：コード生成

Jack コンパイラのコード生成機能を段階的にテストするための 6 つのアプリケーションプログラムを提供する。これらのテストプログラムを順に使用し、コンパイラを進化させながら開発・テストすることを推奨する。そうすることで、各テストの要求に応じて、コンパイラのコード生成能力を適切に実装できる。

通常、高水準プログラムをコンパイルしてエラーが発生した場合、そのプログラムに問題があると考える。一方、このプロジェクトでは、状況はまったく逆である。提供されるテストプログラムにはエラーはない。したがって、コンパイルにエラーが発生した場合、修正する必要があるのはプログラムではなくコンパイラである。ここでは各テストプログラムについて、次の手順で進めることを推奨する。

1. 開発中のコンパイラを使用して、プログラムが含まれるフォルダをコンパイルする。この操作により、指定されたフォルダ内の.jack ファイルに対してそれぞれ 1 つの.vm ファイルが生成されるはずである。
2. 生成された VM ファイルを調べる。一見して明らかに問題がある場合は、コンパイラを修正して手順 1 に戻る。覚えておいてほしいのは、提供されたテストプログラムはすべてエラーがないということである。
3. プログラムフォルダを VM エミュレータにロードし、ロードしたコードを実行する。提供された 6 つのアプリのテストプログラムには、それぞれ特定の実行ガイドラインが含まれていることに注意してほしい。これらのガイドラインに従って、コンパイルされたプログラム（変換された VM コード）をテストする。
4. プログラムが予期せぬ動作をした場合、または VM エミュレータによってエラーメッセージが表示された場合は、コンパイラを修正して手順 1 に戻る。

テストプログラム

Seven フォルダ

整数定数、do 文、return 文を含む単純なプログラムを、コンパイラが正しく処理できるかをテストする。具体的には、このプログラムは式 1+(2*3) を計算し、その値を画面の左上に表示する。コンパイラの変換が正しいかテストするには、VM エミュレータで変換後のコードを実行し、7 が正しく表示されることを確認する。

ConvertToBin フォルダ

Jack 言語のすべての手続き的要素（配列やメソッド呼び出しを含まない式、関数、if、while、do、let、return 文）を、コンパイラが正しく処理できるかをテストする。このプログラムでは、メソッド、コンストラクタ、配列、文字列、スタティック変数、フィールド変数の処理はテストしない。このプログラムは、RAM[8000] から 16 ビットの 10 進値を取得し、それを 2 進数に変換して、個々のビットを RAM[8001...8016] に格納する（各場所には 0 または 1 が含まれる）。変換が開始される前に、プログラムは RAM[8001...8016] を -1 に初期化する。コンパイラの変換が正しいかテストするには、変換後のコードを VM エミュレータにロードし、次のように進める。

- エミュレータの GUI を使用して、RAM[8000] に値（10 進数）を入れる
- プログラムを数秒間実行してから、実行を停止する
- メモリの RAM[8001...8016] に正しいビットが含まれているか、-1 が含まれていないかを目視で確認する。

Square フォルダ

コンパイラが Jack 言語のオブジェクト指向の機能（コンストラクタ、メソッド、フィールド、メソッド呼び出しを含む式）を正しく処理できるかをテストする。スタティック変数はテストしない。このプログラムは、キーボードの 4 つの矢印キーを使用して画面上で黒い正方形を移動できるシンプルなインタラクティブゲームを提供する。

プログラムの実行中に、Z キーと X キーで正方形のサイズを変更できる。ゲームを終了するには、Q キーを押す。コンパイラの変換が正しいかテストするには、VM エミュレータで変換後のコードを実行し、ゲームが期待どおりに動作することを確認する。

Average フォルダ

コンパイラが配列と文字列を正しく処理できるかをテストする。このプログラムは、ユーザーが入力した整数の列の平均を計算する。コンパイラの変換が正しいかテストするには、VM エミュレータで変換後のコードを実行し、画面に表示される指示に従う。

Pong フォルダ

コンパイラがオブジェクト指向のアプリケーションを正しく処理できるかの総合的なテストを行う（オブジェクトとスタティック変数の処理を含むテストが行われる）。古典的な Pong ゲームでは、ボールがランダムに動き、画面の端で跳ね返る。ユーザーは、キーボードの左右の矢印キーを押すことでパドルを移動し、ボールを跳ね返す。パドルがボールに当たるたびに、ユーザーは 1 点を獲得し、パドルが少し縮む（これでゲームの難易度が徐々に上がる）。ユーザーがミスしてボールが下に落ちると、ゲームオーバーとなる。コンパイラの変換が正しいかテストするには、VM エミュレータで変換後のコードを実行し、ゲームをプレイする。（ゲームをうまくプレイして）得点をゲットし、画面上にスコアが正しく表示されることを確認する。

ComplexArrays フォルダ

コンパイラが複雑な配列と式を正しく処理できるかをテストする。そのために、プログラムは配列を使って 5 つの複雑な計算を行う。各計算について、プログラムは画面に期待される結果とコンパイルされたプログラムによって計算された結果を表示する。コンパイラの変換が正しいかテストするには、VM エミュレータで変換後のコードを実行し、期待される結果と実際の結果を比較する。

「プロジェクト 11」は、オンライン IDE の VM エミュレータ（https://nand2tetris.github.io/web-ide/vm）を使って取り組むこともできる。

11.5　展望

Jack は汎用的なオブジェクト指向プログラミング言語だが、その設計は比較的単純である。この単純さのおかげで、厄介なコンパイルの問題をいくつか回避できた。たとえば、Jack は型付き言語のように見えるが実際はそうではない。Jack のすべてのデータ型（int、char、boolean）は 16 ビット幅であり、Jack コンパイラはほぼすべての型情報を無視できる。実際、式のコンパイルと評価の際、Jack コンパイラは式の型を判断する必要がない。唯一の例外は、x.m() の形式のメソッド呼び出しで、その場合にのみ x のクラス型を判断する必要がある。また、Jack の型の単純さは配列要素に型がない点にも表れている。

Jack とは対照的に、多くのプログラミング言語は豊富な型システムを持つが、こ

れによりコンパイラに追加の要求が課されることになる。たとえば、変数の型によって割り当てるメモリサイズが異なる可能性がある。また、型間の変換には、暗黙的もしくは明示的なキャスト操作が必要になる。x+y のような単純な式のコンパイルも、x と y の型に大きく依存する。

　Jack をシンプルにしているもうひとつの重要な要素は、**継承**をサポートしていない点にある。継承をサポートする言語では、x.m( ) のようなメソッド呼び出しの処理が、実行時のオブジェクト x のクラスに依存する。そのため、継承に対応するオブジェクト指向言語のコンパイラでは、すべてのメソッドを仮想的に扱い、実行時のオブジェクトの型に応じてそのクラスを解決しなければならない。Jack は継承をサポートしていないため、すべてのメソッド呼び出しはコンパイル時に静的に処理できる[†2]。

　一般的なオブジェクト指向言語は、クラスのメンバ変数に関して private/public の区別をサポートしている。一方、Jack は private/public の区別をサポートしていない。Jack ではすべてのスタティック変数とフィールド変数は private（宣言クラス内のみで認識）で、すべてのサブルーチンは public（任意のクラスから呼び出し可能）である。

　Jack には、型付け、継承、public フィールドがない。それにより、クラスを独立にコンパイルすることができる。つまり、Jack クラスは他のクラスのコードにアクセスすることなくコンパイルできる。他クラスのフィールドは直接参照されず、他クラスのメソッドへのリンクはすべて遅延され、名前のみで行われる。

　Jack 言語の他の多くの制限は重要ではない。これらは必要に応じて簡単に拡張できる。たとえば、for 文や switch 文を追加することは簡単だ。また、文字定数の代入機能（char 型変数へ 'c' を代入する）も簡単に追加することができる。

　最後に、私たちのコード生成は「最適化」をまったく意識していないことに注意したい。たとえば、c++ という高水準の文を考えてみよう。素朴なコンパイラは、これを push c、push 1、add、pop c という一連の低水準の VM 操作に変換する。続いて、VM 変換器がさらにマシンレベルの命令に変換し、結果的にかなりの量のコードになる。一方、最適化されたコンパイラは単純なインクリメントであることに気づき、それを 2 つのマシン命令（@c と M=M+1）に変換する。もちろん、これは産業用コンパイラに期待される最適化の一例にすぎない。コンパイラ開発者は、生成される

---

†2　訳注：「静的に処理できる」とは、メソッド呼び出しの詳細をコンパイル時に決定できることを意味する。継承がないため、各メソッドの呼び出し先が常に明確で、実行時に動的な探索が不要となる。

コードが高速かつ効率的に動作するよう、多大な努力と工夫を重ねている。

　「Nand to Tetris」では、効率は二の次である。ただし、OS は例外だ。Jack OS は効率的なアルゴリズムと最適化されたデータ構造を用いて設計されている。詳細は次章で説明する。

12章
OS

文明は、考えることなく行える操作の数を増やすことで進歩する。

——アルフレッド・ノース・ホワイトヘッド

『An Introduction to mathematics[†1]』（1911 年）

　1 章から 6 章では、汎用ハードウェアアーキテクチャの説明と構築を行った。7 章から 11 章では、そのハードウェアを使えるためにするソフトウェア階層を開発し、最終的に現代的なオブジェクトベースの言語の構築に至った。もちろん、私たちのハードウェアプラットフォーム上で、他の高水準プログラミング言語を仕様化し、独自のコンパイラを実装することも可能だ。

　私たちのパズルに欠けている最後のピースは、**オペレーティングシステム**（OS）である。OS は、コンピュータのハードウェアとソフトウェアの間のギャップを埋め、プログラマーやコンパイラにとってコンピュータシステムの利用を容易にするよう設計されている。たとえば、「Hello World」というテキストを画面に表示するには、特定の画面位置に数百ピクセルを描画しなければならない。この作業は、ハードウェア仕様書を参照しつつ、選択した RAM 位置のビットを操作するコードで実現できるだろう。しかし、高水準のプログラマーはもっと良いインターフェースを期待している。彼らは print("Hello World") と書くだけで済ませ、詳細は他の誰かに任せたいのだ。そこで OS が登場する。

　本章を通して、OS という用語はかなり緩やかに使われている。私たちの OS は最小限のもので、次の 2 つを目的としている。

---

†1　訳注：邦題『数学入門』アルフレッド・ノース・ホワイトヘッド著

- 低水準のハードウェア固有のサービスを、高水準でプログラマーにやさしいソフトウェアサービスにカプセル化すること
- 高水準言語を、よく使われる関数や抽象データ型で拡張すること

この意味では、OS と標準クラスライブラリの境界は曖昧だ。実際、現代のプログラミング言語は、グラフィックス、メモリ管理、マルチタスクなど、多くの標準的な OS サービスを**標準クラスライブラリ**に組み込んでいる。このモデルに基づき、Jack OS もクラスのコレクションとしてパッケージ化する。各クラスは、Jack のサブルーチン呼び出しを介してサービスを提供する（Jack OS の API は付録 F を参照）。

高水準のプログラマーは OS に対して次のことを期待するだろう。アプリケーションプログラムから生のハードウェアの詳細を隠蔽すること、そして、よく設計されたインターフェースを介してサービスを提供すること。そのためには、OS のコードはハードウェアに近い場所で動作し、メモリや入出力装置をほぼ直接操作しなければならない。さらに、OS はコンピュータ上で実行されるすべてのプログラムの実行をサポートするので、高い効率性が求められる。たとえば、アプリケーションプログラムでは、オブジェクトや配列などの生成や破棄は頻繁に行われる。そのため、それらの処理を迅速に効率良く行う必要がある。OS サービスの実行時間とメモリ効率を向上させることができれば、それらを使用するすべてのアプリケーションプログラムのパフォーマンスを劇的に改善できる。

OS は通常、高水準言語で書かれ、バイナリ形式にコンパイルされる。たとえば、Unix は C 言語で書かれている。私たちの OS は Jack で書く。C 言語と同様、Jack も必要に応じてハードウェアを扱えるよう、十分に低水準な機能を備えている。

本章は「12.1　背景」から始まる。そこでは、OS 実装でよく使用される主要なアルゴリズムを紹介する。具体的には、数学演算、文字列操作、メモリ管理、テキストとグラフィック出力、キーボード入力などが含まれる。これらアルゴリズムの紹介に続いて、Jack OS を説明する「12.2　Jack OS の仕様」と、提示したアルゴリズムを使って OS を実装する方法についてのガイダンスを提供する「12.3　実装」がある。いつものように、「12.4　プロジェクト」では、OS 全体を段階的に実装し、ユニットテストを行うために必要なガイドラインと資料を提供する。

本章には、ソフトウェア工学とコンピュータサイエンスの重要な教訓が含まれている。実践的な側面では、低水準のシステムサービスを開発するためのプログラミング技術と、OS サービスを統合し効率化する「大規模プログラミング」の技術を説明する。理論的な側面では、コンピュータサイエンスの至宝とも言える、エレガントで非

常に効率的なアルゴリズムの数々を紹介する。

12.1　背景

　コンピュータには通常、キーボード、画面、マウス、大容量ストレージ、ネットワークカード、マイク、スピーカーなど、さまざまな入出力デバイス（I/O デバイス）が接続されている。これらの I/O デバイスにはそれぞれ独自の機械的特性があり、データを読み書きするには多くの技術的な詳細が必要である。それにもかかわらず、高水準言語は let n = Keyboard.readInt("Enter a number:") のような文で、これらのデバイスを操作することができる。この一見シンプルなデータ入力操作を実現するために何をすべきかを掘り下げてみよう。

　まず、Enter a number:というプロンプトを表示してユーザーに働きかける。これには、String オブジェクトを作成し、'E'、'n'、't'、… などの char 型の配列で初期化する必要がある。次に、この文字列を 1 文字ずつ画面にレンダリングし、次の文字をどこに表示するかを示す**カーソル**位置を更新する。そして、Enter a number:プロンプトを表示した後、ユーザーがキーを押すのを待つループに入る（ユーザーは数字キーをいくつか押すだろう）。さて、以上のことを実現するには、次の方法を知る必要がある。

- キーストロークを取得する方法
- 単一文字の入力を得る方法
- 文字を文字列に追加する方法
- 文字列を整数に変換する方法

　ここまでの説明が大変そうに聞こえるかもしれないが、実はこれでもかなり控えめな説明に留めており、多くの複雑な詳細については触れていない。たとえば、「文字列オブジェクトの作成」、「画面への文字の表示」、「複数文字の入力の取得」とは、正確には何を意味するのだろうか。これらの操作を実現するためには、以下の作業が必要になる。

- **文字列オブジェクトの作成**：文字列オブジェクトは、完全な形で突然現れるわけではない。オブジェクトを作成するたびに、オブジェクトを表現するための使用可能な空間を RAM から見つけ、その空間を「使用中」としてマークし、

オブジェクトが不要になったら解放しなければならない。

- **画面への文字の表示**：文字はそのままでは表示できない。物理的に表示できるのは個々のピクセルだけである。したがって、文字の**フォント**が何であるかを把握し、フォント画像を表すビットが画面のメモリマップのどこにあるかを計算し、必要に応じてそれらのビットをオン/オフしなければならない。
- **複数文字の入力取得**：複数文字の入力を取得するには、キーボードを監視し文字が入力されるたびに、それを文字列に追加する必要がある。加えて、ユーザーが文字の再入力を行えるようバックスペースや削除に対応し、さらに視覚的なフィードバックを行い、ユーザーが入力中の文字列を見ることができるようにする必要がある。

この精巧な舞台裏の作業を担当するのが OS である。let n = Keyboard.read Int("Enter a number:") の実行には、メモリ割り当て、入出力処理、文字列処理など、さまざまな OS 関数が呼び出される。コンパイラは、前章で見たように、コンパイルされたコードに OS 関数呼び出しを追加することで、OS のサービスを抽象的に使用する。本章では、これらの関数が実際にどのように実現されているのかを探る。もちろん、ここで取り上げた例は、OS の機能の一部にすぎない。他にも、数学演算、グラフィック出力、その他一般的に必要とされるサービスがある。優れた OS は、これらの一見無関係で多種多様なタスクを、洗練されたアルゴリズムとデータ構造を使って効率的に処理する。それがこの章のテーマである。

12.1.1　数学演算

加算、**減算**、**乗算**、**除算**の 4 つの算術演算は、ほぼすべてのコンピュータプログラムの中核をなす。これらの演算が 100 万回実行されるループの中に含まれることもあるだろう。そのため、効率的な実装が求められる。

通常、加算は ALU のようにハードウェアレベルで実装される。また、2 の補数表現のおかげで、減算は何もしなくても実現できる。その他の算術演算は、コストとパフォーマンスを考慮し、ハードウェアかソフトウェアのどちらかで処理できる。ここでは、乗算、除算、平方根を計算する効率的なアルゴリズムを紹介する。これらはソフトウェアとハードウェアの両方の実装に適している。

効率優先

数学アルゴリズムは、n ビット値（n は 16、32、64 など）に対して動作する。原

則として、実行時間がこの n の多項式関数となるアルゴリズムが望ましい。一方、実行時間が n ビットの「値」に依存するアルゴリズムは、n の指数関数に依存するため不適切である。たとえば、`for i=1...y{sum=sum+x}` による素朴な乗算実装は、仮に y が 64 ビット幅の場合、その値は 9,000,000,000,000,000,000 以上になる可能性がある（n ビットの値は 2^n まで大きくなる可能性がある）。この場合、ループが終了するのに何億年とかかるかもしれない。

対照的に、以下で示す乗算、除算、平方根のアルゴリズムの実行時間は、n ビットの値（それは 2^n まで大きくなる可能性がある）ではなく、ビット数の n に依存する。これは算術演算の効率性に関して理想的である。それらのアルゴリズムの実行時間は $O(n)$ と表記さる。

なお本書では、実行時間を「n のオーダー」として表現するために、**ビッグ O 記法**である $O(n)$ を用いる。本章で紹介するすべての算術アルゴリズムの実行時間は $O(n)$ である。ここで n は入力のビット幅である。

乗算

小学校で教えられる標準的な乗算法を考えてみよう。356 に 73 を掛けるには、2 つの数を右寄せで上下に並べる。まず 356 に 3 を掛け、次に 356 を左に 1 つシフトして 3560 に 7 を掛ける（これは 356 に 70 を掛けるのと同じ）。最後に、各列の値を足して結果を得る。この手順は、$356 \times 73 = 356 \times 70 + 356 \times 3$ という洞察に基づいている。この手順の 2 進数版を**図 12-1** に示す。

```
x = 27 = ... 0 0 0 0 1 1 0 1 1
y = 9 = ... 0 0 0 0 0 1 0 0 1    y の i 番目のビット
          ... 0 0 0 0 1 1 0 1 1    1
          ... 0 0 0 1 1 0 1 1 0    0
          ... 0 0 1 1 0 1 1 0 0    0
          ... 0 1 1 0 1 1 0 0 0    1
x * y = 243 = ... 0 1 1 1 1 0 0 1 1    合計
```

```
// x, y ≥ 0 のとき、x * y を返す
multiply(x, y):
    sum = 0
    shiftedx = x
    for i = 0 ... n - 1 do
        if ((y の i 番目のビット)==1)
            sum = sum + shiftedx
        shiftedx = 2 * shiftedx
    return sum
```

図 12-1　乗算アルゴリズム

表記上の注意

　本章で紹介するアルゴリズムは、自明な疑似コードで記述されている。ブロックはインデントにより示す（波括弧や begin/end キーワードは使用しない）。たとえば、**図12-1** では、$sum = sum + shiftedx$ は if 文のボディに属し、$shiftedx = 2 * shiftedx$ は for 文のボディに属している。

　図12-1 の左図の手順を見てみよう。まず y の各 i 番目のビットに対し、x を i 回左シフトする（x に 2^i を掛ける）。そして、y の i 番目のビットが 1 ならシフトした x を加算し、0 なら何もしない。右側のアルゴリズムはこの手順を疑似コードで表したものである。$2 * shiftedx$ は、$shiftedx$ のビット表現を左シフトするか、$shiftedx$ を自身に加算することで効率的に計算できる。どちらも単純なハードウェア演算に適している。

実行時間

　乗算アルゴリズムは、n 回の反復を行う。ここで n は y 入力のビット幅である。反復の各回では、加算と比較演算を行う。したがって、アルゴリズムの総実行時間は $a + b \cdot n$ となる。ここで a は変数を初期化するのにかかる時間、b は加算と比較演算を行うのにかかる時間とする。形式的には、アルゴリズムの実行時間は $O(n)$ である。

　繰り返しになるが、この $x \times y$ のアルゴリズムの実行時間は、入力（x と y）の「値」に依存せず、入力の「ビット幅」に依存する。通常、ビット幅はデータ型に応じた小さな固定値（例：16、32、64 ビット）である。Hack プラットフォームでは、すべてのデータ型が 16 ビットである。乗算アルゴリズムの 1 回の反復におよそ 10 個の Hack 機械命令が含まれると仮定すると、入力の値に関わらず最大 160 クロックサイクルで実行できる。対照的に、入力値に依存するアルゴリズムでは、$10 \cdot 2^{16} = 655,360$ クロックサイクルが必要になり得る。

除算

　n ビットの数 x と y の除算 x/y を考えよう。単純な方法は y を x から繰り返し引き、その回数を数えることだ。しかし、この方法は x の値が大きいほど時間がかかり、ビット数 n に対して指数関数的に遅くなる。そのため、この方法は実用的ではない。

　処理を高速化するために、各反復で y の大きな塊を x から引く方法を考える。たと

えば、175 を 3 で割る場合、まず $x = (90, 80, 70, \ldots, 20, 10)$ の中で、$3 \cdot x \leq 175$ となる最大の数を見つける。答えは 50 である。これで 175 から 3 を 50 回引くことができる。後に残るのは、$175 - 3 \cdot 50 = 25$ の余りである。次に、$x = (9, 8, 7, \ldots 2, 1)$ の中で $3 \cdot x \leq 25$ となる最大の数を見つける。答えは 8 なので、3 をさらに 8 回引くことができる。ここまでの答えは $50 + 8 = 58$ となる。余りは $25 - 3 \cdot 8 = 1$ で 3 より小さいので、これ以上引くことはできない。したがって、$175/3 = 58$ で余りは 1 となる。

このテクニックは**長除法**として知られ、小学校で習う割り算の手順の基礎となっている。このアルゴリズムの 2 進数版は、10 の累乗の代わりに 2 の累乗を使って減算を行う。アルゴリズムは n 回の反復を行う（n は被除数の桁数）。各反復では乗算（実際にはシフト）、比較、減算の操作を伴う。このアルゴリズムも、x と y の値に依存しない。実行時間は入力のビット幅 n に対して $O(n)$ となる。

乗算の場合と同様に、このアルゴリズムを記述するのは簡単である。より興味深い例として、先ほどのテクニックと同程度に効率的だが、より洗練されていて実装しやすい別の除算アルゴリズムを紹介する（**図12-2**）。

```
// x / yの整数部分を返す
// ここで、x ≥ 0、y > 0とする
divide(x, y):
    if (y > x) return 0
    q = divide (x, 2 * y)
    if ((x – 2 * q * y) < y)
        return 2 * q
    else
        return 2 * q + 1
```

図12-2　除算アルゴリズム

480 を 17 で割る例で**図12-2** のアルゴリズムを考えよう。このアルゴリズムは次の洞察に基づく。

$$480/17 = 2 \cdot (240/17) = 2 \cdot (2 \cdot (120/17)) = 2 \cdot (2 \cdot (2 \cdot (60/17))) = \ldots$$

y が x に達するまでに 2 倍を何回繰り返せるかという回数が、再帰の深さの上限と

なる。これは x を表現するのに必要なビット数に等しい。よって、このアルゴリズムの実行時間は $O(n)$ となる（n は入力のビット幅）。

このアルゴリズムの課題は、乗算演算にも $O(n)$ の演算が必要な点だ。しかし、アルゴリズムのロジックを精査すると、$(2 * q * y)$ の値は乗算を使わずに計算できることが分かる。代わりに、前の再帰レベルの値から加算を用いて得られる。

平方根

平方根は、ニュートン・ラプソン法やテイラー展開など、さまざまな方法で効率的に計算できる。しかし、ここではより単純なアルゴリズムで十分である。平方根関数の $y = \sqrt{x}$ には2つの重要な性質がある。第一に、単調増加である。第二に、その逆関数の $y = x^2$ は、x を2回掛ける計算であり、効率的な計算方法は既に知られている。これらの性質を組み合わせると、平方根を効率的に計算するための要素が揃う。計算には**二分探索**の一種を使う（**図12-3**）。

```
// y = √x の整数部を計算する：
// y² ≤ x < (y+1)² （ただし、0 ≤ x < 2ⁿ）を満たす整数 y を見つける
// そのために、0 ... 2^(n/2) − 1 の範囲で二分探索を行う
sqrt(x):
    y = 0
    for  j = (n/2 − 1) ... 0   do
       if (y + 2^j)² ≤ x then y = y + 2^j
    return y
```

図12-3　平方根アルゴリズム

アルゴリズムが実行する二分探索の反復回数は $n/2$ に制限される。ここで n は x のビット数である。したがって、アルゴリズムの実行時間は $O(n)$ となる。

ここでは、乗算、除算、平方根を計算するアルゴリズムを紹介した。各アルゴリズムの実行時間は $O(n)$ である（n は入力のビット幅）。一般的に n は 16、32、64 のような小さな定数であるため、加算、減算、乗算、除算は瞬時に計算でき、その時間は入力の大きさに影響されない。

12.1.2 文字列

ほとんどのプログラミング言語は、「Loading game ...」や「QUIT」のような文字列を表現する **String 型**を備えている。通常、文字列の抽象化は、標準クラスライブラリの一部である String クラスによって提供される。Jack もこのアプローチを採用している。

Jack プログラムに登場する文字列定数はすべて、String オブジェクトとして実装される。String クラスには、文字の追加や最後の文字の削除など、さまざまな文字列処理メソッドがある（Jack OS の API は付録 F を参照）。これらの実装は比較的容易で、本章後半で説明する。String のより複雑なメソッドには、整数値と文字列間の相互変換がある。ここでは、その変換を行うアルゴリズムについて説明する。

数値の文字列表現

コンピュータの内部では数値を 2 進数で表現するが、人間は 10 進数に慣れている。そのため、人間が数値を読み書きする場合に限り、10 進数との変換が必要となる。また、キーボードなどの入力デバイスから数値を取得したり、画面などの出力デバイスに表示したりする際には、数値を文字列として扱う必要がある。数字文字（0〜9）は以下の文字コードで表される。

文字	0	1	2	3	4	5	6	7	8	9
ASCII コード	48	49	50	51	52	53	54	55	56	57

 Hack の文字セットについては付録 E の一覧表を参照してほしい。

数字文字は、整数との間で簡単に変換できる。文字 c の整数値は、$48 \leq c \leq 57$ の場合、$c - 48$ である。逆に、整数 x の文字コードは、$0 \leq x \leq 9$ の場合、$x + 48$ である。

1 桁の文字の扱いが分かれば、整数と文字列間の変換アルゴリズムは簡単に実現できる。これらの変換は反復的もしくは再帰的なロジックで実装できる。整数を文字列に変換するアプローチと文字列を整数に変換するアプローチの、両方のアルゴリズムを**図 12-4** に示す。

整数を文字列に変換する	文字列を整数に変換する

// 非負整数の文字列表現を返す
 	
int2String(*val*):
　　lastDigit = *val* % 10
　　c = *lastDigit* の文字表現
　　if (*val* < 10)
　　　return *c*（文字列として返す）
　　else
　　　return int2String (*val* / 10).appendChar(*c*)
	// str[0]が最上位桁を表すと仮定して、
	// 数字の文字列の整数値を返す
	
	string2Int(*str*):
	　　val = 0
	　　for (*i* = 0 … *str*.length( )) do
	　　　d = *str*.charAt(*i*)の整数値
	　　　val = *val* * 10 + *d*
	　　return *val*

図12-4　文字列と整数の変換アルゴリズム（appendChar、length、charAt は String クラスのメソッド）

　図12-4 を見ると、int2String および string2Int アルゴリズムの実行時間が $O(n)$ であることは明らかである。ここで、n は入力の文字数を表す。

12.1.3　メモリ管理

　プログラムが新しい配列やオブジェクトを作成する際、それらを表現するための適切な大きさのメモリブロックを割り当てる必要がある。そして、配列やオブジェクトが不要になった時点で、その RAM 空間をリサイクルすることができる。これらの作業は、alloc と deAlloc という 2 つの古典的な OS 関数が担う。これらの関数は、コンパイラがコンストラクタやデストラクタを扱う低水準コードを生成する際に使用されるだけでなく、高水準プログラマーも必要に応じて直接使用できる。

　配列やオブジェクトを表現するメモリブロックは、**ヒープ**と呼ばれる特定の RAM 領域から割り当てられ、そしてそこへ再び戻される。この資源を管理するのは OS である。OS が起動すると、ヒープの RAM 上のベースアドレスである heapBase を初期化する（Jack では heapBase は 2048 で、スタック領域の直後に位置する）。ここでは、ヒープ領域を管理するアルゴリズムに関して基本版と改良版の 2 つを紹介する。

メモリ割り当てアルゴリズム（基本版）

　free と呼ばれる単一のポインタで、ヒープ領域のまだ割り当てられていないセグメントの先頭を示す（**図12-5**）。

```
init():
    free = heapBase

// sizeで指定されたメモリブロックの割り当てを行う
alloc(size):
    block = free
    free = free + size
    return block

// 与えられたオブジェクトのメモリ領域の破棄を行う
deAlloc(object):
    なにもしない
```

図12-5　メモリ割り当てアルゴリズム（基本版）

この基本版となるヒープの管理方式は明らかに無駄が多く、メモリ空間は再利用されない。しかし、プログラムで使用するオブジェクトや配列が少ない場合、これで十分機能する。

メモリ割り当てアルゴリズム（改良版）

このアルゴリズムは、freeList と呼ばれる利用可能なメモリセグメントのリンクリストを管理する（**図12-6**）。リスト内の各セグメントは、「セグメントの長さ」と「リスト内の次のセグメントへのポインタ」の2つのフィールドから始まる。

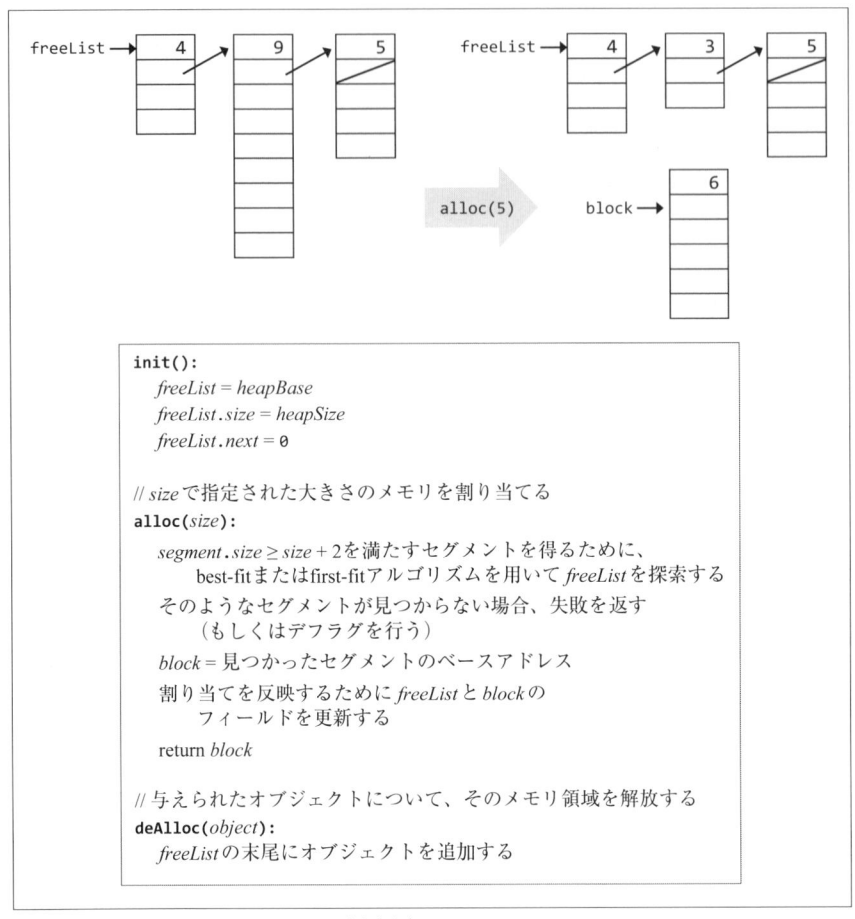

図12-6　メモリ割り当てアルゴリズム（改良版）

　メモリブロック割り当ての要求に対し、アルゴリズムは適切なセグメントをfreeList から検索する。検索には2つのヒューリスティック[†2]な方法がある。

- **best-fit**：必要なサイズを満たす最短のセグメントを探す。
- **first-fit**：十分な長さの最初のセグメントを使用する。

適切なセグメントが見つかれば、必要なメモリブロックを切り出す。切り出したブ

---

†2　訳注：ヒューリスティックとは、最適解を得られる保証はないが、効率性に優れた手法を指す。

ロックの直前の位置（`block[-1]`）にはそのブロックの長さを保持し、メモリ割り当て解除時に使用される。次に、`freeList` 内の該当セグメントの長さを、割り当て後に残った部分の大きさに更新する。更新後のセグメントにスペースがない場合（もしくは小さすぎる場合）、そのセグメント全体を `freeList` から削除する。

メモリブロックの再利用を求められた場合、不要になったブロックを `freeList` の末尾に追加する。

図12-6 のような動的メモリ割り当てアルゴリズムは、ブロックの断片化を引き起こす可能性がある。そのため、**デフラグメンテーション**という操作が必要になる。デフラグメンテーションとは、物理的に隣接しているが `freeList` 内で別セグメントになっているメモリ領域をマージすることを言う。デフラグメンテーションを行うタイミングは、オブジェクトの割り当てが解除されるときや、`alloc()` が要求サイズのブロックを見つけられなかったときに行うことができる（または、なんらかの定期的なアドホックな条件に従って行うこともできる）。

peek と poke

メモリ管理の議論を、リソース割り当てとは無関係の 2 つの単純な OS 関数で締めくくる。`Memory.peek(addr)` はアドレス *addr* の RAM の値を返し、`Memory.poke(addr,value)` は RAM のアドレス *addr* の値を *value* に設定する。これらの関数は、メモリを操作するさまざまな OS サービス（後述のグラフィックルーチンなど）で重要な役割を果たす。

12.1.4 グラフィック出力

現代のコンピュータは、最適化されたグラフィックスドライバと専用のグラフィック処理ユニット（GPU）を用いて、カラーで高解像度の画面上にアニメーションやビデオなどをレンダリングする。「Nand to Tetris」では、この複雑さの大部分を省略し、基本的なグラフィック描画アルゴリズムやテクニックにのみ焦点を当てる。

私たちのコンピュータは、行と列のグリッド状に配置された白黒の画面に接続される。各交点にはピクセルがある。慣例により、列は左から右に、行は上から下に番号付けされる。たとえば、ピクセルの (0,0) は画面の左上隅に位置する。

画面は、各ピクセルが 1 ビットで表現される専用の RAM 領域——これを**メモリマップ**という——を介してコンピュータに接続される。この画面は、コンピュータ外部の処理によって 1 秒間に何度もメモリマップの内容に基づいて更新される。コンピュータの動作をシミュレートするソフトウェアは、この画面更新の仕組みを再現す

る必要がある。

　画面上の最も基本的な操作は、(x, y) 座標で指定された個々のピクセルを描画することである。これは、メモリマップ内の対応するビットをオンまたはオフにすることで実現される。線や円を描くなどの操作は、この基本操作の上に構築される。グラフィックスのパッケージは、黒または白に設定可能な「現在の色」を保持し、すべての描画操作はこの「現在の色」を使用して行われる。

ピクセルの描画 (drawPixel)

　画面の位置 (x, y) のピクセルを描画するには、メモリマップ内の対応するビットを特定し、それを「現在の色」に設定する。RAM は n ビットデバイスであるため、この操作には n ビット値の読み書きが必要となる（**図12-7**）。

```
// (x,y)のピクセルを「現在の色」に設定する
drawPixel(x,y):
    xとyを使って、そのピクセルに対応する
        RAMアドレスを計算する
    Memory.peekを使って、そのアドレスの
        16ビット値を取得する
    なんらかのビット演算を使って、ピクセルに対応する
        ビットだけを「現在の色」に設定する
    Memory.pokeを使って、更新した16ビット値を
        RAMアドレスに戻す
```

図12-7　ピクセルの描画

　Hack で使用する画面のメモリマップは「5.2.4　入出力」で規定されている。このマッピングを使用して drawPixel アルゴリズムを実装することができる。

線の描画 (drawLine)

　2 点間のピクセルの間を結ぶ線を描くには、2 点を結ぶ仮想の線を引き、その線に沿ってピクセルを描画する。ただし、線を描くために使う「ペン」は、上下左右の 4 方向にしか動かすことができないため、線はギザギザになってしまう。この問題の解決策は、高解像度の画面を使用することである。人間の目は網膜の受容体細胞に限界があるため、高解像度の画面では実際にはギザギザであっても、脳が滑らかな線と錯

覚する。

$(x1, y1)$ から $(x2, y2)$ までの線を描画するには、まず $(x1, y1)$ のピクセルを描画し、$(x2, y2)$ に達するまでジグザグに進む（**図12-8**）。

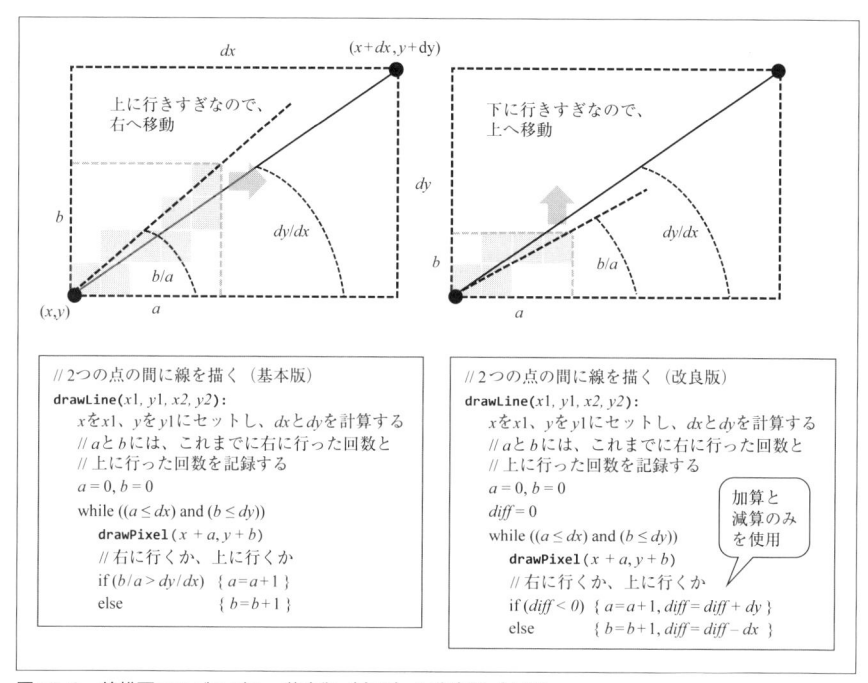

図12-8　線描画アルゴリズム。基本版（左下）と改良版（右下）

図12-8 の基本版のアルゴリズムは、ループごとに 2 回の除算操作を使用するため、非効率であり不正確である。最初の改善点は、$b/a > dy/dx$ という条件を、$a \cdot dy < b \cdot dx$ に置き換えることである。これで計算は整数の乗算だけになる。次に、$a \cdot dy < b \cdot dx$ の条件を注意深く検査すると、乗算なしでチェックできることが分かる。**図12-8** の改良版のアルゴリズムに示すように、a または b のインクリメント時に $(a \cdot dy - b \cdot dx)$ の値を更新する変数を保持することで、効率的に処理できる。

この線描画アルゴリズムの実行時間は $O(n)$ である。n は描画されたピクセルの数である。このアルゴリズムは加算と減算のみを使用するため、ソフトウェアとハードウェアのどちらであっても効率的に実装できる。

円の描画（drawCircle）

円描画のアルゴリズムを**図12-9**に示す。ここでは、すでに実装した3つのルーチン（乗算、平方根、線描画）を使っている。

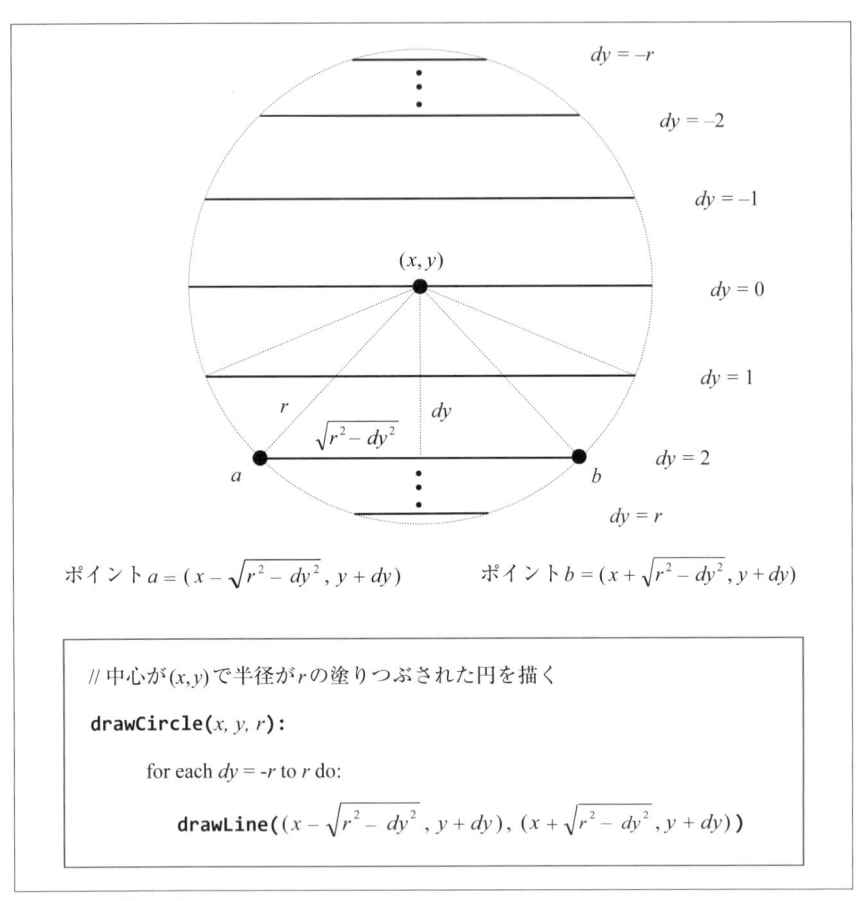

図12-9　円描画アルゴリズム

このアルゴリズムは、$y-r$ から $y+r$ の範囲の各行に対して水平線（図の a と b を結ぶ線）を描画する。r はピクセル単位で指定されるので、円の縦方向の直径に沿ってすべての行に線を描く。これにより、塗りつぶされた円が描画される。このアルゴリズムは簡単な工夫を加えることで円の輪郭だけを描画することもできる。

12.1.5　文字出力

　文字を表示する機能を開発するため、まず物理的な「ピクセル指向」の画面を、文字のビットマップ画像をレンダリングするのに適した論理的な「文字指向」の画面として扱う。私たちは、256 行 × 512 列のピクセルの画面上で、1 文字に 11 行 × 8 列のグリッドを割り当てることにする。そのため、23 行 × 64 列の文字が表示可能になる（3 行分のピクセルが余白となる）。

フォント

　コンピュータの文字セットは**印字可能**と**印字不可**に分類される。Hack の文字セット（付録 E を参照）の中で印字可能な文字は 11 行 × 8 列のビットマップ画像としてデザインされている（これらは私たちの限られた芸術的センスを最大限に活用したものだ）。これらの画像は**フォント**と呼ばれる。例として、（大文字の）「N」のフォントを**図 12-10** に示す。文字どうしの間隔をあけるため、すべての文字画像には右と下に少なくとも 1 ピクセルの空白を設けている（空白の大きさは文字によって異なる）。Hack フォントは、印字可能な 95 文字に対応する個別のビットマップ画像から構成されている。

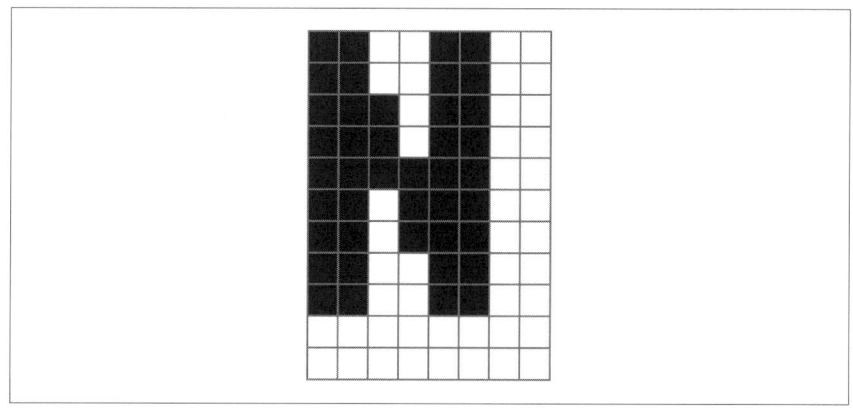

図 12-10　文字ビットマップの例

　フォントデザインは長い歴史を持つ活力に満ちた芸術分野であり、その起源は文字を書く技術と同様に古い。今日もどこかで、世界の優れたタイプデザイナーたちが、新たなフォントを設計しているだろう。私たちの場合、物理的に小さな画面に比較的

多くの文字を表示したいという要望から、11×8 ピクセルという小さなキャンバスを選択した。この制約のため粗末なフォントとなったが、目的は十分に果たしている。

カーソル

文字は通常、行の終わりに達するまで、左から右へ一文字ずつ表示される。たとえば、print("a") の次に print("b") が続くプログラムを考えてみよう。このプログラムは、画面に ab を表示する。このように文字を連続して表示するには**カーソル**が必要になる。カーソルは次の文字を描画する画面上の位置を追跡する。カーソルが保持する情報は、列と行、つまり cursor.col と cursor.row で構成される。カーソルの扱いは以下のようになる。

- 文字を表示した後には、cursor.col++ を行う。
- 行の最後では cursor.row++ と cursor.col = 0 を行う。
- カーソルが画面の一番下に達したとき、考えられる選択肢は 2 つある。
  - スクロール操作を行う。
  - 画面をクリアしてカーソルを (0,0) に設定して最初からやり直す。

ここでは画面に文字を出力する方法について説明した。他のデータ型を画面に出力するのは簡単だ。たとえば、文字列は文字ごとに出力し、数値は最初に文字列に変換してから出力する。

12.1.6　キーボード入力

キーボードの入力を取得するのは、一見単純に思えて実は複雑だ。たとえば、let name = Keyboard.readLine("enter your name:") という文を考えてみよう。readLine 関数は、予測不能なユーザーの操作に依存する。ユーザーがキーボードのキーをいくつか押し、Enter キーで終了するまで、この関数は終了しない。問題となるのは、人はキー操作のタイミングが不規則で、入力を中断したり、頻繁に修正したりすることだ。readLine 関数の実装は、これらのすべての異常事態に対応しなければならない。

ここでは、キーボード入力の管理を次の 3 つのステップに分けて説明する。

1. キーボードで押されているキーの検出
2. 単一文字の入力取得

3. 複数文字の入力取得

キーボード入力の検出 (keyPressed)

現在押されているキーの検出は、キーボードインターフェースに依存するハードウェア固有の操作である。Hack コンピュータでは、キーボードはアドレスが KBD というポインタに保持される 16 ビットのメモリレジスタを更新する。押されているキーがある場合、そのアドレスには文字コード（付録 E を参照）が格納される。キーが押されていない場合は 0 が格納される。この仕様に基づき、**図 12-11** に示す keyPressed 関数を実装する。

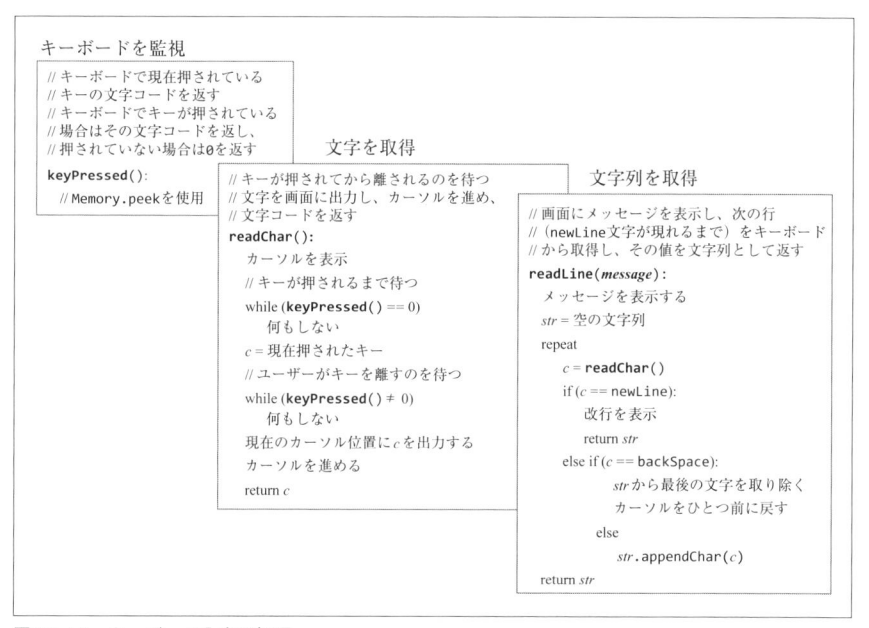

図 12-11　キーボード入力の処理

単一文字の読み取り (readChar)

キーが押された時点から、それに続くキーが離されるまでの経過時間は予測不可能である。この不確実性に対処するコードが必要となる。また、ユーザーがキーボードのキーを押したとき、どのキーが押されたかをフィードバックしたい（これは当然のことと思われるかもしれない）。具体的には、次の入力が行われる画面位置になんら

かのグラフィカルなカーソルを表示し、キーが押されると、その入力された文字を
カーソル位置に表示したい。これらの機能は readChar 関数を使って実装できる。

文字列の読み取り（readLine）

ユーザーの複数文字の入力は、Enter キーが押されて newLine という文字が得ら
れた後に確定する。Enter キーが押されるまでは、ユーザーはバックスペースキーや
削除キーを使って以前の入力を修正できる。これらの機能はすべて readLine 関数
を使って実装できる。

いつものように、入力処理も階層的な抽象化に基づいている。高水準プログラムは
readLine に依存し、readLine は readChar に依存し、readChar は keyPressed
に依存し、keyPressed は Memory.peek に依存し、Memory.peek はハードウェア
に依存している。

12.2　Jack OS の仕様

前節では、古典的な OS の基本機能に対応するさまざまなアルゴリズムを紹介し
た。本節では、具体的な OS として Jack OS の仕様を説明する。Jack OS は以下の
8 つのクラスから構成される。

- Math：数学演算を提供する。
- String：String 型を実装する。
- Array：Array 型を実装する。
- Memory：メモリ操作を扱う。
- Screen：画面へのグラフィック出力を扱う。
- Output：画面への文字出力を扱う。
- Keyboard：キーボードからの入力を扱う。
- Sys：実行関連のサービスを提供する。

Jack OS の API を付録 F に掲載してある。この API は OS の仕様と見なすこと
ができる。次節では、前節で紹介したアルゴリズムを使って、この API をどのよう
に実装できるかを説明する。

12.3 実装

OS のクラスは、サブルーチン（コンストラクタ、関数、メソッド）の集まりである。その大半は実装が容易なため、説明は省略する。より複雑なサブルーチンは「12.2 Jack OS の仕様」で説明したアルゴリズムに基づいている。これらの実装に役立つヒントとガイドラインを以下に示す。

Init 関数

一部の OS クラスでは、サブルーチンの実装をサポートするデータ構造を使用している。これらのデータ構造はクラスレベルでスタティックに宣言し、初期化して使うことができる。たとえば、*OSClass* というクラスの場合は、慣例的に *OSClass.init* と呼ばれる関数によってこれらのスタティック変数を初期化する。ただし、init 関数は内部的な目的のためのものであり、OS API では文書化されていない。

Math クラス

multiply

乗算アルゴリズム（**図 12-1** を参照）の実装では、被乗数のビット抽出を行う。この操作を bit(x,i) 関数としてカプセル化することを推奨する。bit(x,i) は、整数 x の i 番目のビットが 1 なら true、そうでなければ false を返す。Jack はシフト演算をサポートしていないため、代替策として長さ 16 のスタティック配列 twoToThe を用意し、i 番目の要素を 2 の i 乗に設定する。twoToThe は Math.init で初期化する。

divide

乗算アルゴリズムと**除算アルゴリズム**（**図 12-2** を参照）は非負の整数用だが、符号付き数にも対応可能である。「除算」では絶対値にアルゴリズムを適用し、戻り値の符号を適切に設定することで処理できる。一方、「乗算」では、数が 2 の補数表現で表されているおかげで、追加の符号処理は不要で、積は自動的に正しくなる。

除算アルゴリズムでは、$y > x$ になるまで y を 2 倍するが、この過程で y がオーバーフローする可能性がある。このオーバーフローは、y が負になったかをチェックすることで検出できる。

sqrt

平方根アルゴリズム（**図12-3** を参照）では、$(y + 2^j)^2$ の計算がオーバーフローし、結果が負になる可能性がある。この問題に効率的に対処するためには、アルゴリズムの if 文を次のように変更する。$(y + 2^j)^2 \leq x$ かつ $(y + 2^j)^2 > 0$ の場合、$y = y + 2^j$ とする。

String クラス

Jack プログラムに現れる文字列定数はすべて String クラスのオブジェクトとして実現される（Jack OS の API は付録 F を参照）。文字列は、次の要素からなるオブジェクトとして実装される。

- char 値の配列
- 文字列の最大長を示す maxLength プロパティ
- 文字列の実際の長さを示す length プロパティ

たとえば、let str="scooby" という文を処理する際、コンパイラは String コンストラクタを呼び出し、maxLength=6 と length=6 の char 配列を作成する。その後、str.eraseLastChar() メソッドを呼ぶと、配列の length は 5 になり、length を超える配列要素は文字列の一部と見なされないため、文字列は "scoob" として扱われる。

では、length が maxLength に達した文字列に新しい文字を追加しようとするとどうなるか。この場合、String クラスの実装には 2 つの選択肢がある。配列サイズを動的に拡張するか、固定サイズを維持するか。この選択は OS 実装者の判断に委ねられている。

intValue、setInt

これらのサブルーチンは**図12-4** のアルゴリズムを用いて実装できる。ただし、両アルゴリズムとも負の数を考慮していない点に注意が必要である。この点は実装時に特別な処理が必要となる。

doubleQuote（"）、newLine、backSpace

これらの文字コードは 34、128、129 である（付録 E を参照）。

String の他のメソッドは、char 配列の要素操作と String オブジェクトの length フィールドの更新を組み合わせることで、簡単に実装できる。

Array クラス

new

このサブルーチンは new という名前であるが、コンストラクタではなく関数である（Array クラスの new だけ関数とする）。実装では、新しい配列用のメモリ空間を明示的に割り当てる必要があり、これには OS 関数の Memory.alloc を使用する。

dispose

dispose メソッドは void メソッドであり、do arr.dispose() の形式で呼び出される。dispose の実装は、OS 関数の Memory.deAlloc を使用して配列のメモリ割り当てを解除する。

Memory クラス

peek、poke

これらの関数はホストメモリへの直接アクセスを可能にする。一見、高水準言語の Jack でそれを実現することは困難に思えるが、実は Jack 言語にはホストコンピュータのメモリを完全に制御できる "裏技" が存在する。この裏技を用いれば、Memory.peek と Memory.poke は容易に実装できる。

Jack 言語の裏技は、参照変数（ポインタ）を変則的に使用することで実現される。Jack は弱い型付き言語であり、参照変数に定数（メモリアドレスとして扱える）を直接代入できる。特に参照変数が配列の場合、この方法でホスト RAM のすべてのワードにインデックスによりアクセスできる（**図12-12**）。

```
// RAMの「代理」をJack上で作成する
var Array memory;
let memory = 0;   // 問題なし...
...
// アドレスiのRAMの値を取得する
let x = memory[i];
...
// アドレスiのRAMの値を設定する
let memory[i] = 17;
...
```

図12-12　Jack からホスト RAM を完全に制御できるようにする裏技

　コードの最初の2行で memory 配列のベースを RAM の先頭（アドレス 0）に設定する。これにより、物理アドレス i の RAM 位置は memory[i] として操作可能となる。つまり、コンパイラはアドレス $0+i$ の RAM 位置を操作することになる。これで目的が達成される。

　Jack の配列はコンパイル時にヒープ上に空間を割り当てられるのではなく、プログラムの実行時に配列の new 関数が呼ばれた時点で割り当てられる。new が関数ではなくコンストラクタだったとしたら、コンパイラと OS は配列を RAM 内の制御不能で不明なアドレスに割り当てるだろう。このトリックがうまくいくのは、配列変数を適切に初期化せずに使っているからである。

　memory 配列はクラスレベルで宣言し、Memory.init 関数で初期化することができる。このトリックを使えば、Memory.peek と Memory.poke は簡単に実装できる。

alloc、deAlloc

　これらの関数は、**図12-5** と**図12-6** に示したアルゴリズムのどちらかで実装できる。Memory.deAlloc は、**best-fit** か **first-fit** のどちらかを使って実装できる。

　Hack プラットフォームの VM 標準マッピング（「7.4.1　Hack プラットフォーム上の標準 VM マッピング①」を参照）では、**スタック**が RAM アドレスの 256〜2047 に割り当てられる。そのため、**ヒープ**のアドレスは 2048 から始めることができる。

　連結リストの freeList を実現するために、Memory クラスはスタティック変数の freeList を宣言し保持することができる（**図12-13**）。freeList は heapBase の値（2048）に初期化され、alloc と deAlloc が呼ばれると、freeList はメモリ内

の他のアドレスになる可能性がある。

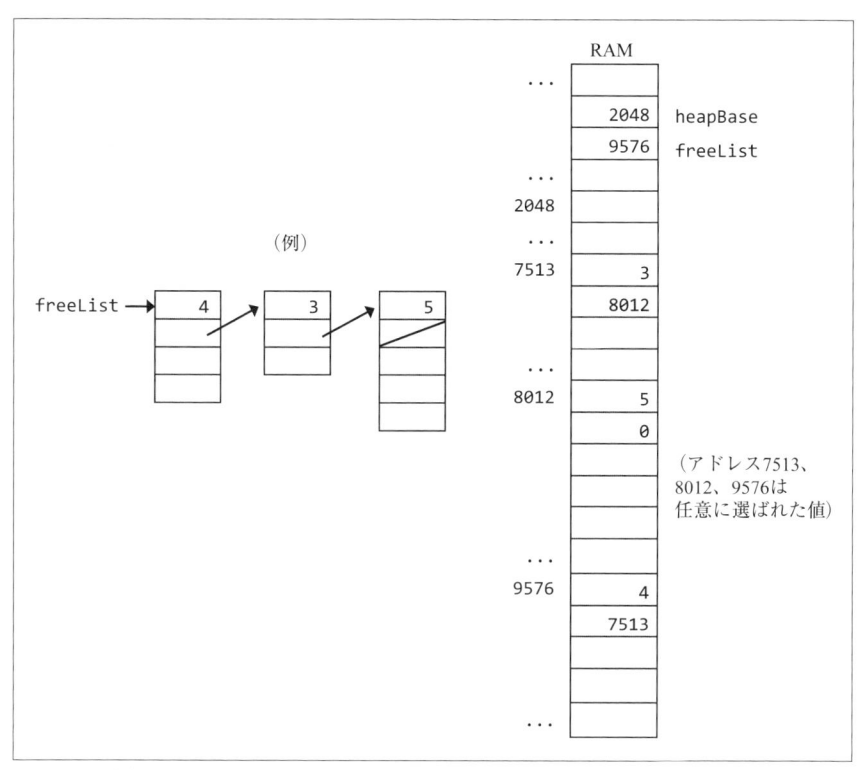

図12-13 動的メモリ割り当てを実現する連結リストの構造。論理的な表現（左図）と実メモリ上の
配置（右図）。

効率化のため、**図12-13** のように、連結リストの `freeList` を Jack コードで直接
管理するのが推奨される。この `freeList` は Memory.init 関数内で初期化できる。

Screen クラス

Screen クラスは、クラスのすべての描画関数で使用される「現在の色」を保持す
る。現在の色は、スタティックなブール変数で表すことができる。

drawPixel

Memory.peek と Memory.poke を使って画面にピクセルを描画できる。Hack プ

ラットフォームで使用する画面のメモリマップでは、行が row、列が col のピクセル（$0 \le row \le 255$, $0 \le col \le 511$）は、メモリアドレス $16384 + row \cdot 32 + col/16$ の 16 ビットワードの $col\%16$ ビットにマッピングされる。ピクセルを 1 つだけ描画するには、アクセスしたワードの対応する 1 ビット（そのビットのみ）を変更する。

drawLine

図12-8 に示した基本版のアルゴリズムはオーバーフローの可能性があるが、改良版ではこの問題が解消されている。

アルゴリズムは 4 つの方向に線を引くために一般化する必要がある。drawLine の実装では、画面の原点 (0,0) が左上隅にあることをを踏まえ、アルゴリズムの方向指定やプラス/マイナス演算を適切に調整しなければならない。

$dx = 0$ または $dy = 0$ の場合、それは真っ直ぐな直線を意味する。これらのケースは、このアルゴリズムではなく、別の最適化された実装で処理すべきである。

drawCircle

図12-9 のアルゴリズムにはオーバーフローの可能性がある。この問題への妥当な解決策として、円の半径を最大 181 に制限することが考えられる。

Output クラス

Output クラスは文字表示用の関数ライブラリで、23 行 64 列（インデックスは上から下に 0...22、左から右に 0...63）の画面を想定し、左上を (0,0) とする。文字は高さ 11 ピクセル、幅 8 ピクセルの長方形画像（文字間・行間のマージンを含む）としてレンダリングされ、これらの文字画像の集合を**フォント**と呼ぶ。

フォントの実装

フォントの設計と実装は、芸術的判断を要する作業ではあるが、退屈で時間のかかる作業でもある。Hack の文字セット（付録 E）のフォントについても同様である。幸いなことに、Hack フォントはすでに 95 個の長方形のビットマップ画像として完成している。

通常、フォントは外部ファイルに保存され、必要に応じて文字描画パッケージに読み込まれて使用される。「Nand to Tetris」では、フォントは OS の Output クラスに組み込まれている。Output クラスでは、文字ごとに文字のビットマップを保持す

る配列を定義する。この配列は 11 個の要素からなり、配列の j 番目の要素は、文字のビットマップの j 行目に現れる 8 ピクセルをコード化したビット表現を整数値として持つ。Output クラスではサイズが 127 のスタティック配列が定義され、インデックスが 32〜126 の要素が Hack 文字セットの文字コードに対応する（0〜31 のインデックスは使用されない）。これにより、その配列の i 番目の要素は、文字コードが i である文字のビットマップ画像を表す配列（11 個の要素を持つ配列）に設定される。

　「プロジェクト 12」の資料には、部分的に実装された Output クラスが含まれている。94 文字のフォントは実装済みで、1 文字のみ未実装であり、その実装は課題として残されている。そのコードは Output.init 関数で起動される。

printChar

　カーソル位置に文字を表示し、その後カーソルを 1 列前進させる。(row, col) の位置（ただし $0 \leq row \leq 22$、$0 \leq col \leq 63$）に文字を表示するには、ピクセル単位で $11 \cdot row$ から $11 \cdot row + 10$ まで、$8 \cdot col$ から $8 \cdot col + 7$ までのボックスに文字のビットマップを書き込む。

printString

　printChar 呼び出しを使って実装できる。

printInt

　整数を文字列に変換し、その文字列を出力することで実装できる。

Keyboard クラス

　Hack コンピュータのメモリ構成（「5.2.5　データメモリ」を参照）では、**キーボードメモリマップ**はアドレスが 24576 にある 16 ビットのメモリレジスタであると規定されている。

keyPressed

　Memory.peek() を使って簡単に実装できる。

readChar

図12-11 のアルゴリズムに従って実装できる。

readInt

文字列を読み取り、String メソッドを使って int 値に変換することで実装できる。

Sys クラス

wait

この関数は指定されたミリ秒数だけ待機するもので、duration ミリ秒のループで実装できる。ただし、1 ミリ秒の待機に必要なループの回数は CPU によって異なるため、特定のコンピュータでの計測が必要となり、結果的に移植性が失われる。ハードウェア仕様を反映したコンフィギュレーション関数を用いれば移植性を高められるが、「Nand to Tetris」ではそこまでの移植性は求められていない。

halt

無限ループに入ることで実装できる。

init

Jack の言語仕様（「9.2.2 プログラムの構造」を参照）では、プログラムは 1 つ以上のクラスで構成され、その中に必ず Main という名前のクラスが含まれる。この Main クラスには main 関数が必要で、プログラムの実行は Main.main 関数の呼び出しから開始される。

OS もコンパイルされた Jack クラスの集合体である。コンピュータ起動時、OS の実行が開始されるが、続いて OS がメインプログラムの実行を開始する必要がある。この処理は以下のように実装される。Hack プラットフォームの標準 VM マッピング（「8.5.2 Hack プラットフォーム上の標準 VM マッピング②」を参照）に基づき、VM 変換器は OS 関数 Sys.init を呼び出すブートストラップコード（機械語）を生成する。このコードは ROM のアドレス 0 に格納される。コンピュータをリセットすると、プログラムカウンタは 0 に設定され、ブートストラップコードの実行が開始され、Sys.init 関数が呼び出される。

これらの要件を考慮すると、Sys.init 関数には 2 つの主要な役割がある。第一

に、他のすべての OS クラスの init 関数を呼び出し、OS 全体の初期化を行う。第
二に、Main.main を呼び出し、ユーザープログラムの実行を開始する。

これにより、システムの制御はアプリケーションのプログラムに移り、「Nand to
Tetris」の壮大な旅は完結する。ここまでの旅路を楽しんでいただけたなら幸いで
ある。

12.4 プロジェクト

目的

本章で説明した OS を実装する。

要件

OS を Jack で実装し、以下に説明するプログラムを使ってテストせよ。テストプ
ログラムは、OS の一部のサービスを使用する。OS のクラスは、任意の順序で個別
に実装し、ユニットテストを行うことができる。

リソース

主に必要なツールは Jack である。Jack 言語で OS を開発する。また、OS 実装を
コンパイルするために提供される Jack コンパイラと、Jack で書かれたテストプログ
ラムも必要である。最後に、テストを実行するプラットフォームである VM エミュ
レータが必要である。

projects/12 フォルダには、Math.jack、String.jack、Array.jack、Memory.
jack、Screen.jack、Output.jack、Keyboard.jack、Sys.jack という名前の
8 つの OS クラスのファイルが含まれている。各ファイルには、すべてのクラスサ
ブルーチンの雛形がある。あなたの仕事は、不足している実装を完成させることで
ある。

VM エミュレータ

OS の開発者は、しばしば難題に直面する。それは、未実装の他の OS クラスの
サービスに依存するクラスをどのようにテストするかという問題だ。幸いなことに、
VM エミュレータは、OS を 1 クラスずつユニットテストするのに最適なツールで
ある。

VM エミュレータには、Java で実装された実行可能な OS が組み込まれている。

たとえば、call foo という VM コードを処理する際、エミュレータはまずロードされたコードベースで foo という名前の VM 関数を探す。見つかればその VM コードを実行し、見つからなければ foo がビルトインの OS 関数かどうかをチェックする。ビルトイン関数であれば、その実装を実行する。この仕組みは、これから説明するテスト計画を実行するのに役立つ。

テスト計画

projects/12 フォルダには、8つの OS クラス（Math、Memory、...）をテストするための8つのテストフォルダ（MathTest、MemoryTest、...）がある。各フォルダには、対応する OS クラスのサービスをテストするように設計された Jack プログラムが含まれている。一部のフォルダにはテストスクリプトと比較ファイルが含まれ、一部のフォルダには .jack ファイルのみが含まれている。OS クラスの *Xxx*.jack の実装をテストするには、次のように進めるとよい。

- 提供されたテストプログラム *Xxx*Test/*.jack のコードを調べる。どの OS サービスがどのようにテストされているかを理解する。
- あなたが実装した OS クラスの *Xxx*.jack を *Xxx*Test フォルダに入れる。
- 本書の Jack コンパイラを使ってフォルダをコンパイルする。これにより、OS クラスとテストプログラムの .jack ファイルが .vm ファイルへと変換される（同じフォルダに書き出される）。
- フォルダに .tst テストスクリプトが含まれている場合は、そのスクリプトを VM エミュレータにロードする。そうでない場合は、フォルダを VM エミュレータにロードする。
- 以下に示すように、OS クラスごとのテストガイドラインに従う。

Memory、Array、Math

これらのクラスをテストする3つのフォルダには、テストスクリプトと比較ファイルが含まれている。テストスクリプトは load コマンドで始まる。このコマンドは、カレントフォルダ内のすべての .vm ファイルを VM エミュレータにロードする。テストスクリプトにある次の2つのコマンドは、出力ファイルを作成し、提供された比較ファイルをロードする。次に、テストスクリプトはいくつかのテストを実行し、結果を比較ファイルと比較する。あなたの仕事は、これらのテストを通過するように Memory、Array、Math クラスを実装することである。

　Memory.alloc と Memory.deAlloc 関数に関しては、提供されたテストプログラムでは完全な検証が行えない。これらの関数を完全にテストするには、ユーザーレベルのテストでは可視化されない内部実装の詳細を精査する必要がある。そのような綿密なテストを望む場合、段階的なデバッグ手法を用いて、ホスト RAM の状態を詳細に検査することで、これらの関数の動作を検証できる。

String

　提供されたテストプログラムを実行すると、次のような出力を生成する。

```
new.appendChar: abcde
setInt: 12345
setInt: -32767
length: 5
charAt[2]: 99
setCharAt(2,'-'): ab-de
eraseLastChar: ab-d
intValue: 456
intValue: -32123
backSpace: 129
doubleQuote: 34
newLine: 128
```

Output

　提供されたテストプログラムを実行すると、次のような出力を生成する。

```
A                                                              B
0123456789
ABCDEFGHIJKLMNOPQRSTUVWXYZ abcdefghijklmnopqrstuvwxyz
!#$%&'()*+,-./:;<=>?@[]^_`{|}~"
-12346789




C                                                              D
```

Screen

　提供されたテストプログラムを実行すると、次のような出力を生成する。

Keyboard

この OS クラスのテストは、ユーザーとの対話的な操作を通じて行われる。Keyboard クラスの各関数（keyPressed、readChar、readLine、readInt）に対し、プログラムは特定のキー入力をユーザーに要求する。OS 関数が正しく実装され、要求どおりのキーが入力された場合、プログラムは ok を表示して次の関数のテストに移行する。入力が不適切な場合、同じ要求が繰り返される。すべての要求が正常に完了すると、プログラムは「Test completed successfully」と表示する。

```
keyPressed test:
Please press the 'Page Down' key
ok
readChar test:
(Verify that the pressed character is echoed to the screen)
Please press the number '3': 3
ok
readLine test:
(Verify echo and usage of 'backspace')
Please type 'JACK' and press enter: JACK
ok
readInt test:
(Verify echo and usage of 'backspace')
Please type '-32123' and press enter: -32123
ok

Test completed successfully
```

Sys

提供された.jack ファイルは、Sys.wait 関数をテストする。このテストプログラムはまず、ユーザーに任意のキーの入力を求める。キーが押されると、Sys.wait 関数を呼び出して 2 秒間待機し、その後画面にメッセージを表示する。キーを離してからメッセージが表示されるまでの間隔が、およそ 2 秒であることを確認せよ。

Sys.init 関数には明示的なテストは用意されていない。しかし、この関数の役割を考えると、それは不要とも言える。Sys.init はすべての OS の初期化を行った後、各テストプログラムの Main.main 関数を呼び出す重要な役割を担っている。したがって、Sys.init が正しく実装されていなければ、他のどのテストも正常に機能

しないと考えられる。

全体テスト

　OS クラスを個別にテストした後、本書の前半で紹介した Pong ゲームを使って、OS の実装を全体的にテストする。Pong のソースコードは projects/11/Pong にある。OS を構成する 8 つの .jack ファイルを Pong フォルダに入れ、提供された Jack コンパイラを使ってフォルダをコンパイルする。次に、Pong フォルダを VM エミュレータにロードし、ゲームを実行し、期待どおりに動作することを確認する。

12.5　展望

　本章では、多くの OS に共通する基本的なサービスの一部を紹介した。たとえば、メモリ管理、I/O デバイスの制御、ハードウェアでは未実装の数学演算、文字列などの抽象データ型の実装である。私たちはこのソフトウェアの標準ライブラリを**オペレーティングシステム**（OS）と呼ぶことにした。この名称には、2 つの重要な役割が反映されている。第一に、ハードウェアの複雑さを隠蔽する役割がある。これは、ハードウェアの面倒な細部、不足している機能、独特の動作などを、使いやすいソフトウェアサービスとしてまとめ上げることを意味する。第二に、ソフトウェア開発を支援する役割がある。これは、コンパイラやさまざまなプログラムが、簡単で整理された方法を通じて、これらのサービスを利用できるようにすることである。つまり、OS は、複雑なハードウェアの仕組みを分かりやすく整理し、それを他のソフトウェアが使いやすい形で提供する仲介役として機能するのである。しかし、私たちが OS と呼んだものと一般に使われる OS との間には、依然として大きな隔たりがある。

　まず、私たちの OS には基本的なサービスが欠けている。いくつか例を挙げよう。

- マルチスレッド、マルチプロセス（これらは多くの OS カーネルの中核機能である）
- ファイルシステムと大容量記憶装置のサポート
- コマンドラインインターフェース（Unix シェルのようなもの）とグラフィカルユーザーインターフェース
- セキュリティや通信プロトコルのサポート

さらに重要な相違点は、私たちの OS 操作の呼び出し方の自由度にある。peek や

poke などの一部の操作は、プログラマーにホストコンピュータのリソースへの無制限のアクセスを許可する。もちろん、そのような関数の不適切な使用は問題を起こす可能性がある。そのため、多くの OS では高度なセキュリティメカニズムを介したアクセスだけが許可されている。対照的に、Hack プラットフォームでは OS コードとユーザーコードには区別がなく、すべてのサービスが同じ権限の下で実行される。

効率の観点では、私たちが提示した乗算と除算のアルゴリズムは標準的なものである。これらのアルゴリズム（またはその変種）は通常、ソフトウェアではなくハードウェアで実装される。その実行時間は、$O(n)$ の加算操作である。n ビットの数を加算するには $O(n)$ のビット操作（ハードウェアではゲート）が必要なので、これらのアルゴリズムは最終的に $O(n^2)$ のビット操作が必要となる。なお、ビット数が大きい場合であっても、実行時間が大幅に速い乗算と除算のアルゴリズムは存在する。また、線描画や円描画などの幾何学的操作も専用のグラフィックス高速化ハードウェアに実装されることが多い。

「Nand to Tetris」で開発されたすべてのハードウェアとソフトウェアシステムと同様に、私たちの目標は、すべての需要に対応する完全なソリューションを提供することではない。むしろ、動作する実装を構築し、システムの基礎を深く理解することにある。

次の章が最終章である。そこでは、私たちのシステムをさらに拡張する方法をいくつか提案する。

13章
さらなる冒険へ

私たちは探求をやめない。そして探求の終わりに、私たちは出発点に戻り、その場所を初めて本当に理解するのだ。

———— T・S・エリオット（1888–1965）

おめでとう。私たちは基本原理から出発し、完全なコンピュータシステムを作り上げた。この知的探求の旅を満喫してくれたなら幸いだ。ここで、筆者らから秘密を共有しておきたい。実を言うと、筆者らは本書の執筆を通して、その過程を読者より楽しんでしまったのではないかと思う。何しろ、コンピュータシステムを設計する機会を得たのである。そして、設計はどんなプロジェクトにおいても最も楽しい部分なのである。冒険心に富む学習者の中には、この設計の醍醐味を味わいたいと考える人もいるだろう。アーキテクチャの改良を試みるかもしれない。随所に新機能を追加するアイデアが湧き上がるかもしれない。より大規模なシステムを構想するかもしれない。そして、単に目的地への到達方法だけでなく、航海士として進路そのものを決定したくなるかもしれない。

Jack/Hack システムのほぼすべての面で、改良、最適化、拡張が可能である。たとえば、アセンブリ言語、Jack 言語、オペレーティングシステムは、それぞれのアセンブラ、コンパイラ、OS 実装の一部を修正することで変更や拡張が可能である。その他の変更には、提供されたソフトウェアツールの修正も必要になるだろう。たとえば、ハードウェア仕様や VM 仕様を変更する場合、それぞれのエミュレータも同様に変更する必要が生じる。あるいは、Hack コンピュータに入出力デバイスを追加したい場合は、新たな内蔵チップを記述してそれらをモデル化する必要があるだろう。

そのような修正や拡張を読者が行えるようにするため、本書で使用したソフトウェアはすべて、そのソースコードをオープンソースとして公開している。一部のプラッ

トフォームで使用する起動用バッチファイルを除き、すべてのコードが Java で書かれている。ソフトウェアとドキュメントは https://www.nand2tetris.org で入手できる。読者の新たなアイデアに応じて、私たちのツールを自由に修正・拡張し、必要に応じて他者と共有してほしい。筆者らはコードをなるべく簡単に拡張できるように、コードとドキュメントを書いたつもりである。特に、本書のハードウェアシミュレータには、新しい内蔵チップを追加するためのシンプルなインターフェースが存在する。このインターフェースを使用して、シミュレートされたハードウェアプラットフォームを、たとえば大容量ストレージや通信デバイスで拡張することができる。

　読者がどのような設計を行うかは想像できないが、筆者らが考える設計案をここでいくつか紹介する。

13.1　ハードウェアの実現

　本書で紹介したハードウェアモジュールは、HDL または付属の実行可能なソフトウェアモジュールとして実装されている。この HDL による設計は、ある時点でシリコンに移行できる。つまり、ビットではなく実際の物理的な部品で構成された実物のコンピュータが実現可能なのだ。Hack や Jack を、実際のハードウェアプラットフォームで動かせたら素晴らしいと思わないだろうか。

　この目標に向けて、いくつかの異なるアプローチが考えられる。ひとつの極端な例は、FPGA ボード上に Hack プラットフォームを実装しようとする案である。これには、主流のハードウェア記述言語を使用して、すべてのチップ定義を書き直す必要がある。さらに、RAM、ROM、I/O デバイスをホストボードで実現するための実装上の課題にも取り組む必要があるだろう。このアプローチで取り組むなら、「Nand to Tetris」のスタッフの一人である Michael Schröder (https://www.nand2tetris.org/copy-of-talks) が開発したステップバイステップのプロジェクト（https://gitlab.com/x653/nand2tetris-fpga/）が参考になるだろう。もうひとつの極端なアプローチは、携帯電話のような既存のハードウェアデバイス上で Hack、VM、あるいは Jack プラットフォームをエミュレートしようとする案である。このようなプロジェクトでは、ハードウェアリソースのコストを適正に保つために、画面のサイズを縮小する必要があるかもしれない。

13.2 ハードウェアの改良

Hack は**プログラム内蔵**（Stored Program）方式のコンピュータだが、実行する
プログラムはあらかじめ ROM デバイスに格納されていなければならない。現在の
Hack アーキテクチャでは、物理的な ROM チップの交換をシミュレートする以外
に、別のプログラムをコンピュータにロードする方法は存在しない。

プログラムをロードする機能をバランスの取れた方法で追加するには、システム階
層の複数のレベルで変更を行う必要があるだろう。まず Hack ハードウェアは、ロー
ドされたプログラムを既存の ROM ではなく書き込み可能な RAM に配置できるよ
う修正する必要がある。次に、プログラムの保存を可能にするために、大容量記憶
チップなどの永続的なストレージを、ハードウェアに追加する必要があるだろう。そ
して OS を拡張し、この永続ストレージデバイスと、プログラムのロードと実行のた
めの新たなロジックを扱えるようにする必要がある。この時点で、OS のユーザーイ
ンターフェースである**シェル**が便利になるだろう。このシェルは、ファイルとプログ
ラムの管理コマンドを提供する。

13.3 高水準言語

すべてのプロフェッショナルと同様、プログラマーも自分が使用するツールに愛着
を持ち、それを自分好みに調整したいと考えるものだ。Jack 言語にはまだ改良の余
地が多く残されている。簡単な変更もあれば、より複雑な変更もあるだろう。中に
は、「継承」の追加のように、VM 仕様の変更も必要になるものもある。

もうひとつの選択肢は、Hack プラットフォーム上で新しい別の高水準言語を実現
することである。たとえば、Scheme 言語の実装などはどうだろう？

13.4 最適化

「Nand to Tetris」の旅では、最適化の問題をほとんど扱わなかった（ただし、OS
の実装では効率的なアルゴリズムをいくつか紹介した）。最適化はハッカーにとって
素晴らしい遊び場である。ハードウェアやコンパイラの局所的な最適化から始めるこ
ともできるが、最も効果が得られるのは VM 変換器の最適化だろう。たとえば、生
成されるアセンブリコードのサイズを縮小し、効率化したいと考えるかもしれない。
より大規模な最適化を望むのであれば、機械語や VM 言語の仕様を変更することに

なるだろう。

13.5　通信

　Hack コンピュータをインターネットへ接続できるように拡張するのはどうだろうか。これを実現するには、通信チップをハードウェアに追加し、それを扱うための OS クラスと高水準の通信プロトコルを扱うための OS クラスを書く必要がある。また、インターネットへのインターフェースを提供するために、通信チップと対話するためのプログラムがいくつか必要になるだろう。たとえば、HTTP 対応の Jack 製 Web ブラウザが動くところを想像してほしい。これは実現可能であり、とても価値のあるプロジェクトだと言える。

　以上が筆者らの思いついた設計案である。さあ、あなたならどうする？

付録 A
ブール関数の合成

論理によって証明し、直感によって発見する。

——アンリ・ポアンカレ（1854–1912）

1 章では、以下の主張を証明なしで述べた。

- ブール関数の真理値表が与えられれば、そこからその関数を実現するブール式を合成できる。
- あらゆるブール関数は、And、Or、Not の演算子のみを使って表現できる。
- あらゆるブール関数は、Nand 演算子のみを使って表現できる。

付録 A では、これらの主張の証明を示し、それらが互いに関連していることを示す。さらに、ブール代数を使ってブール式を簡略化するプロセスについても説明する。

A.1　ブール代数

ブール演算子の And、Or、Not には有用な代数的性質がある。1 章の**図 1-1** に掲載した真理値表から容易に証明できることに注意しつつ、これらの性質を簡潔に示す。

交換法則

x And $y = y$ And x

x Or $y = y$ Or x

結合法則

x And $(y$ And $z) = (x$ And $y)$ And z

x Or $(y$ Or $z) = (x$ Or $y)$ Or z

分配法則

x And $(y$ Or $z) = (x$ And $y)$ Or $(x$ And $z)$

x Or $(y$ And $z) = (x$ Or $y)$ And $(x$ Or $z)$

ド・モルガンの法則

$\text{Not}(x$ And $y) = \text{Not}(x)$ Or $\text{Not}(y)$

$\text{Not}(x$ Or $y) = \text{Not}(x)$ And $\text{Not}(y)$

べき等法則

x And $x = x$

x Or $x = x$

これらの代数法則を使って、ブール関数を簡略化できる。たとえば、$\text{Not}(\text{Not}(x)$ And $\text{Not}(x$ Or $y))$ という関数を考えてみよう。これをもっと簡単な形に変形できるだろうか。試してみて、何ができるか見てみよう。

$\text{Not}(\text{Not}(x)$ And $\text{Not}(x$ Or $y)) =$	// ド・モルガンの法則より
$\text{Not}(\text{Not}(x)$ And $(\text{Not}(x)$ And $\text{Not}(y))) =$	// 結合法則より
$\text{Not}((\text{Not}(x)$ And $\text{Not}(x))$ And $\text{Not}(y)) =$	// べき等法則より
$\text{Not}(\text{Not}(x)$ And $\text{Not}(y)) =$	// ド・モルガンの法則より
$\text{Not}(\text{Not}(x))$ Or $\text{Not}(\text{Not}(y)) =$	// 二重否定より
x Or y	

このようなブール式の簡略化には実務上重要な意義がある。たとえば、元のブール式である $\text{Not}(\text{Not}(x)$ And $\text{Not}(x$ Or $y))$ は 5 つの論理ゲートを使ってハードウェアで実装できる。一方、簡略化された式の x Or y は 1 つの論理ゲートで実装できる。両方の式は同じ機能を提供するが、後者はコスト、エネルギー、計算速度の点で 5 倍も効率的である。

ブール式をより単純な形に簡略化するには、経験と洞察力が必要である。さまざまな簡略化ツールや技法が利用可能だが、問題の難しさは残る。一般に、ブール式を最も単純な形に簡略化することは **NP 困難** な問題である。

A.2　ブール関数の合成

　ブール関数の真理値表が与えられたとき、この関数を表すブール式をどのように構築、つまり合成できるだろうか？ さらに、真理値表で表されるすべてのブール関数が、ブール式でも表現できることは保証されているのだろうか？

　これらの疑問には極めて満足のいく答えがある。まず、答えは「イエス」である。すべてのブール関数はブール式で表現可能である。しかも、それを実現するアルゴリズムが存在する。**図A-1** を見てほしい。そして、その左端の 4 列に注目してほしい。これらの列は、ある 3 変数関数 $f(x, y, z)$ の真理値表を定義している。ここでの目標は、これらのデータから、この関数を表すブール式を合成することである。

x	y	z	$f(x,y,z)$	$f_3(x,y,z)$	$f_5(x,y,z)$	$f_7(x,y,z)$
0	0	0	0	0	0	0
0	0	1	0	0	0	0
0	1	0	1	1	0	0
0	1	1	0	0	0	0
1	0	0	1	0	1	0
1	0	1	0	0	0	0
1	1	0	1	0	0	1
1	1	1	0	0	0	0

$$f_3(x,y,z) = \text{Not}(x) \text{ And } y \text{ And Not}(z)$$
$$f_5(x,y,z) = x \text{ And Not}(y) \text{ And Not}(z)$$
$$f_7(x,y,z) = x \text{ And } y \text{ And Not}(z)$$
$$f(x,y,z) = f_3(x,y,z) \text{ Or } f_5(x,y,z) \text{ Or } f_7(x,y,z)$$

図A-1　真理値表からブール関数を合成する（例）

　この具体例を使って、合成アルゴリズムの説明をしよう。まず、関数の値が 1 である真理値表の行に注目する。**図A-1** の関数では、3、5、7 行がそれに該当する。そのような各 i 行に対して、i 行の変数値に対してのみ 1 を返し、それ以外では 0 を返すブール関数 f_i を定義する。**図A-1** の真理値表から、そのような関数が 3 つ得られる。関数 f_i は、変数 x、y、z の 3 つの項の And で表すことができる。その各項は i 行でその変数の値が 1 か 0 かに応じて、「そのままの変数」か「その否定（Not）」となる。この構成により、表の下部に示されている 3 つの関数 f_3、f_5、f_7 が得られる。これらの関数はブール関数の f が 1 と評価される唯一のケースを表すため、f

はブール式 $f(x, y, z) = f_3(x, y, z)$ Or $f_5(x, y, z)$ Or $f_7(x, y, z)$ で表現できる。つまり、$f(x, y, z) = (\text{Not}(x)$ And y And $\text{Not}(z))$ Or $(x$ And $\text{Not}(y)$ And $\text{Not}(z))$ Or $(x$ And y And $\text{Not}(z))$ となる。

　形式的な記述は避けるが、この例は、任意のブール関数が特定のブール式で体系的に表現可能であることを示唆している。先述のとおり、And を使って関数 f_i を作り、それらを Or することで任意のブール関数を実現できる。この式は積和演算のブール版であり、関数の**選言標準形**（Disjunctive Normal Form; DNF）[1]とも呼ばれる。

　関数の変数が多く、したがって真理値表の行数が指数関数的に増加する場合、結果として得られる DNF は長く扱いにくいものとなり得る。この段階で、ブール代数とさまざまな簡略化技法を使って、その式をより効率的で扱いやすい表現に変換できる。

A.3　Nand の表現力

　「Nand to Tetris」というタイトルが示唆するように、すべてのコンピュータは Nand ゲートだけを使って構築できる。この主張を裏付ける方法は 2 つある。ひとつは、実際に Nand ゲートだけでコンピュータを構築することであり、これは本書の第 I 部で行う。もうひとつの方法は、形式的な証明を提示することであり、それを以下に示す。

補題 1

　任意のブール関数は、And、Or、Not 演算子のみを含むブール式で表現可能である。

証明

　どのようなブール関数でも、その真理値表を作成できる。そして先ほど示したように、どのような真理値表でも、And、Or、Not 演算子のみを含むブール式で表現できる。したがって、どのようなブール関数でも、And、Or、Not 演算子のみを含むブール式で表現可能である。

　この結果の重要性を理解するために、（2 進数ではなく）**整数**上で定義できる無限に

---

[1]　訳注：論理学では、「または（Or）」のことを「選言（Disjunction）」と呼ぶ。選言標準形（Disjunctive Normal Form）の Disjunction は、Or 演算を主体とした標準的な形式であることから、このように呼ばれる。

存在する関数について考えてみよう。そのような関数のすべてが、加算、乗算、否定だけを使った代数式で表現できれば素晴らしいことだろう。しかし実際には、整数関数の大半はそれでは表現できない。次に示す関数はその一例である。

$$f(x) = \begin{cases} 2x & (x \neq 7) \\ 312 & (x = 7) \end{cases}$$

一方、**2 進数**の世界では、各変数が取り得る値が有限（0 または 1）であるため、すべてのブール関数が And、Or、Not 演算子のみを使って表現できる。これは大いに魅力的な性質である。実務上の意義は計り知れない。つまり、任意のコンピュータを And、Or、Not ゲートのみで構築できるのである。

では、これより優れた定理はあるだろうか？

補題 2

任意のブール関数は、Not と And 演算子のみを含むブール式で表現できる。

証明

ド・モルガンの法則により、Or 演算子は Not と And 演算子を使って表現できる。この結果と補題 1 を組み合わせることで、補題 2 が証明される。

さらに、これより優れた定理はあるだろうか？

定理

任意のブール関数は、Nand 演算子のみを含むブール式で表現可能である。

証明

1 章の**図 1-2** の真理値表（下から 2 番目の行）を調べると、以下の 2 つの性質が明らかになる。

- $\text{Not}(x) = \text{Nand}(x, x)$
  Nand 関数の x と y の両変数を同じ値（0 または 1）に設定すると、関数はその値の否定と評価される。

- $\text{And}(x, y) = \text{Not}(\text{Nand}(x, y))$
  両辺の真理値表が同一であることを示すのは容易である。そして、Not は

Nand を使って表現できることをすでに示した。

これら 2 つの結果と補題 2 を組み合わせると、任意のブール関数は Nand 演算子のみを含むブール式で表現可能であることが分かる。

この注目すべき結果は、論理設計の基本定理と呼ぶにふさわしく、コンピュータは Nand 関数のみから構築可能であることを示している。言い換えれば、十分な数の Nand ゲートがあれば、それらを適切に配線することで任意のブール関数を実装できるということだ。

実際、今日のほとんどのコンピュータは、数十億個の Nand ゲート（または、同様に任意のブール関数を生成できるという特性を持つ Nor ゲート）で構成されるハードウェア基盤に基づいている。しかし実際には、Nand ゲートのみに限定する必要はない。電気技術者や物理学者が他の基本論理ゲートを効率的かつ低コストに実装できるなら、私たちはそれを喜んで使用するだろう。だからといって、ここで示した定理の重要性は変わらない。

付録 B
ハードウェア記述言語

知性とは、人工物、特にツールを作るためのツールを作る能力のことである。
——アンリ・ベルクソン（1859–1941）

付録 B は大きく 2 つの内容で構成されている。「B.1　HDL の基本」から「B.5
チップの可視化」では、本書およびプロジェクトで使用する HDL 言語について説明
する。「B.6　HDL サバイバルガイド」では、ハードウェアプロジェクトを成功させ
るための重要なヒントを与える。

ハードウェア記述言語（HDL）は、**チップ**を定義するための形式的な言語である。
チップとは、バイナリ信号を伝達する入力ピンと出力ピンからなる**インターフェー
ス**を持ち、その**実装**は相互に接続された低水準のチップの組み合わせである。ここで
は、「Nand to Tetris」で使用する HDL について説明する。1 章（特に「1.3　ハー
ドウェアの構築」）では、この付録を理解するための重要な背景知識を提供している。

B.1　HDL の基本

「Nand to Tetris」で使用する HDL はシンプルな言語である。付属のハードウェ
アシミュレータを使って HDL プログラムを試すのが最も効果的な学習方法である。
できるだけ早く手を動かして実験することを推奨する。まずは以下の例から始めると
よいだろう。

例

a、b、c という 3 つの 1 ビット変数が同じ値を持つかどうかを調べる必要があると
する。この 3 つの等価性をチェックする方法のひとつは、$\neg((a \neq b) \vee (b \neq c))$ とい

うブール関数を評価することである。二項演算子の $\neq$ は Xor ゲートを使って実現できることに注意すると、**図B-1** に示す HDL プログラムを使ってこの関数を実装できる。

```
                    /** 与えられた3つのビットが等しい場合はoutに1を、
                    それ以外の場合はoutに0をセットする */
インターフェース    CHIP Eq3 {
                       IN   a, b, c;
                       OUT  out;
                       PARTS:
                       Xor(a=a, b=b, out=neq1);      // Xor(a,b) → neq1
                       Xor(a=b, b=c, out=neq2);      // Xor(b,c) → neq2
        実装          Or (a=neq1, b=neq2, out=outOr); // Or(neq1,neq2) → outOr
                       Not(in=outOr, out=out);       // Not(outOr) → out
                    }
```

図B-1　HDL プログラム例

　Eq3.hdl の実装では、2 つの Xor ゲート、1 つの Or ゲート、1 つの Not ゲートの合計 4 つの**チップ部品**を使用している。$\neg((a \neq b) \vee (b \neq c))$ で表される論理を実現するために、HDL のプログラマーは 3 つの**内部ピン**（neq1、neq2、outOr）を作成し、名前を付けてチップ部品を接続する。

　内部ピンは自由に作成し、名前を付けることができるが、入力ピンと出力ピンの名前は HDL プログラマーがコントロールできない。これらは通常、チップの設計者によって提供され、API として文書化されている。たとえば、「Nand to Tetris」では、実装しなければならないすべてのチップの**スタブファイル**を提供している。各スタブファイルには、実装が欠けているチップのインターフェースが含まれている。守るべきことは、PARTS 文の下では何をしてもよいが、PARTS 文の上は何も変更してはならない、ということである。

　Eq3 の例では、Eq3 チップへの 2 つの入力が a と b という名前であり、これはチップ部品の Xor と Or への 2 つの入力と同じ名前（a と b）になっている。同様に、Eq3 チップの出力と Not チップ部品の出力も同じ名前（out）になっている。これにより、a=a、b=b、out=out のようなバインディングが発生する。このようなバインディングは奇妙に見えるかもしれないが、HDL プログラムではよく発生するため、慣れる必要がある。本付録の後半で、これらのバインディングの意味を明確にするシンプル

なルールを説明する。

重要なのは、プログラマーはチップ部品がどのように実装されているかを気にする必要がないことである。プログラマーはチップ部品をブラックボックスとして使用することができる。そのため、チップの機能を実現するために、それらチップ部品をどのように適切に配置するかだけに集中できる。このモジュール性のおかげで、HDLプログラムは短く、読みやすく、ユニットテストに適したものにすることができる。

`Eq3.hdl` のような HDL ベースのチップは、**ハードウェアシミュレータ**と呼ばれるコンピュータプログラムでテストできる。シミュレータに特定のチップを評価するよう指示すると、シミュレータはその PARTS セクションで指定されたすべてのチップ部品を評価する。そして、チップ部品で使われる下位レベルのチップ部品を評価し、それが再帰的に続く。この再帰的な掘り下げは、Nand ゲートにたどり着くまで続く。この再帰的な掘り下げは、後述する**ビルトインチップ**を使用することで回避できる。

HDL は宣言型言語

HDL プログラムは、チップ図の「テキストによる仕様」と見なすことができる。図に現れる *chipName* という名のチップに対して、プログラマーは HDL プログラムの PARTS セクションに *chipName(...)* という文を書く。この言語は**プロセス**ではなく**接続**を記述するように設計されているため、PARTS 文の順序は重要ではない。チップ部品が正しく接続されていれば、チップは期待どおりに動作する。HDL の文を並べ替えてもチップの動作に影響がないことは、従来のプログラミングに慣れている読者には奇妙に見えるかもしれない。HDL はプログラミング言語ではなく、仕様言語であることを覚えておこう。

空白、コメント、大文字小文字の規則

HDL では大文字と小文字が区別される。foo と Foo は 2 つの異なるものを表す。HDL のキーワードは大文字で書く。空白文字、改行文字、コメントは無視される。以下のコメント形式がサポートされている。

```
// 行末までのコメント
/* 結びまでのコメント */
/** API ドキュメント用のコメント */
```

ピン

　HDL プログラムには、入力ピン、出力ピン、内部ピンの3種類の**ピン**がある。内部ピンは、あるチップ部品の出力を他のチップ部品の入力に接続するのに使われる。ピンはデフォルトでシングルビットであり、**0** または **1** の値を伝達する。マルチビットの**バス**ピンも宣言して使用できる。これについては、本付録の後半で説明する。

　チップとピンの**名前**は、アルファベットと数字の並びで、数字で始まらないものであればなんでもよい（一部のハードウェアシミュレータでは、ハイフンの使用が許可されていない）。慣例では、チップ名は大文字で始まり、ピン名は小文字で始まる。可読性のために、名前には大文字を含めることができる（例：xorResult）。HDL プログラムは.hdl ファイルに保存される。HDL の CHIP *Xxx* 文で宣言されたチップの名前は、ファイル名の *Xxx*.hdl と同一でなければならない。

プログラム構造

　HDL プログラムは、**インターフェース**と**実装**で構成される。インターフェースは、チップの API ドキュメント、チップ名、入力ピンと出力ピンの名前で構成される。実装は、PARTS キーワードの下にある文で構成される。全体的なプログラム構造は次のとおりである。

```
/** APIドキュメント：チップの機能 */
CHIP chipName {
  IN  inputPin1, inputPin2, ... ;
  OUT outputPin1, outputPin2, ... ;
  PARTS:
  // ここから実装が始まる
}
```

パーツ（PARTS）

　チップの実装は、以下のようなチップ部品文の順不同の並びである。

```
PARTS:
  chipPart(connection, ... , connection);
  chipPart(connection, ... , connection);
...
```

　各 connection は、pin1 = pin2 のようなバインディングを使って指定される。pin1 と pin2 は、入力ピン、出力ピン、あるいは内部ピンの名前である。これらの接続は、HDL プログラマーが必要に応じて作成し、名前の付いた「ワイヤ」として

可視化できる。`chipPart1` と `chipPart2` を接続する「ワイヤ」には、HDL プログラムに 2 回現れる内部ピンがある。1 回は `chipPart1(...)` 文の**シンク**[†1]として、もう 1 回は別の `chipPart2(...)` 文の**ソース**として現れる。たとえば、次のような文を考えてみよう。

```
chipPart1(..., out = v,...);  // chipPart1のoutが内部ピンvに供給される
chipPart2(..., in = v, ...);  // chipPart2のinがvから供給される
chipPart3(..., in1 = v, ..., in2 = v,...);  // chipPart3のin1とin2
                                            // もvから供給される
```

ピンの Fan-in[†2]は 1 つである。つまり、ピンは 1 つのソースからしか供給されない。一方、ピンの Fan-out は無制限である。つまり、ピンは複数のチップ部品の複数のピンに供給できる。上の例では、内部ピンの v が 3 つの入力に同時に供給されている。これは、チップ図の**フォーク**に相当する HDL である。

a=a の意味

Hack プラットフォームの多くのチップは同じピン名を使用している。**図B-1** に示すように、`Xor(a=a, b=b, out=neq1)` のような文が生成される。最初の 2 つの接続は、実装されたチップ（Eq3）の a と b の入力を Xor チップ部品の a と b の入力に供給する。3 番目の接続は、Xor チップ部品の out 出力を内部ピンの neq1 に供給する。コードを理解するのに役立つ簡単なルールがある。それは、すべてのチップ部品文において、「=」の左側は**チップ部品**の入力ピン/出力ピンのいずれかを示し、右側は（今まさに）**実装中のチップ**の入力ピン/出力ピン/内部ピンのいずれかを示す、ということである。

B.2　マルチビットバス

HDL プログラムの入力ピン、出力ピン、内部ピンは、デフォルトのシングルビット値か、**バス**と呼ばれるマルチビット値のいずれかである。

ビットの番号付けとバス構文

ビットには右から左に向かって 0 から番号が付けられる。たとえば、`sel=110` は、

---

†1　訳注：シンク（Sink）は信号の受け取り先を表し、ソース（Source）は信号の供給元を表す。
†2　訳注：Fan-in とは、1 つのピンに入力できる信号の数を表す。Fan-out とは、1 つのピンから出力できる信号の数を表す。

sel[2]=1、sel[1]=1、sel[0]=0 を意味する。

入力バスピンと出力バスピン

　ピンのビット幅は、IN 文と OUT 文で宣言されたときに指定される。構文は x[n]
で、x はピンの名前、n はビット幅である。

内部バスピン

　内部ピンのビット幅は、以下のように宣言されたバインディングから暗黙的に推測
される。

```
chipPart1(..., x[i] = u, ...);
chipPart2(..., x[i..j] = v, ...);
```

　ここで、x はチップ部品の入力ピンまたは出力ピンである。最初のバインディング
は、u をシングルビットの内部ピンとして定義し、その値を x[i] に設定する。2 番
目のバインディングは、v を $j - i + 1$ ビット幅の内部バスピンとして定義し、その
値をバスピン x の i から j（両端を含む）のビットに設定する。

　入力ピンや出力ピンとは異なり、内部ピン（u や v など）に添字を付けることはで
きない。たとえば、u[i] は許可されない。

true/false バス

　定数 true（1）と false（0）もバスの定義に使用できる。たとえば、x が 8 ビッ
トのバスピンだとすると、次のような文を考えてみよう。

```
chipPart(..., x[0..2] = true, ..., x[6..7] = true, ...);
```

　この文は x に 11000111 の値を設定する。何も影響を受けていないビットは、デ
フォルトで false（0）に設定されることに注意しよう。別の例を**図 B-2** に示す。

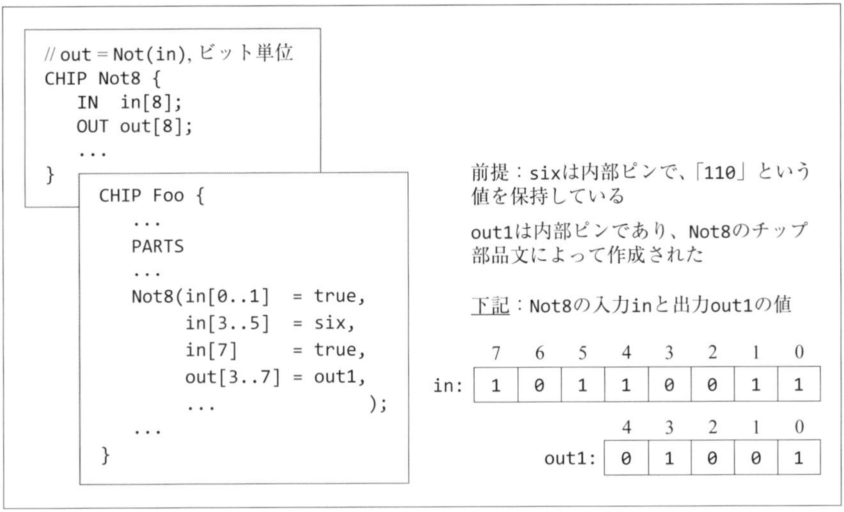

図 B-2　バスの動作例

B.3　ビルトインチップ

チップは、HDL で書かれた**ネイティブ**な実装か、高水準プログラミング言語で書かれた実行可能モジュールによって提供される**ビルトイン**の実装を持つことができる。「Nand to Tetris」のハードウェアシミュレータは Java で書かれているので、ビルトインチップを Java クラスとして実現するのが便利である。したがって、HDLで Mux チップを構築する前に、ユーザーはビルトインの Mux チップをハードウェアシミュレータにロードして実験することができる。ビルトインの Mux チップの動作は、シミュレータのソフトウェアの一部である Mux.class という Java クラスファイルによって提供される。

Hack コンピュータは、付録 D にリストされている約 30 の汎用チップで構成されている。これらのチップのうち、Nand と DFF の 2 つは、論理学の公理のように与えられたもの、または**プリミティブ**と見なされる。ハードウェアシミュレータは、ビルトイン実装を呼び出すことで、与えられたチップを実現する。したがって、「Nand to Tetris」では、Nand と DFF を HDL で構築せずに使用できる。

プロジェクトの 1、2、3、5 は、付録 D にリストされている残りのチップの HDL 実装を構築することを中心に展開する。CPU と Computer チップを除くすべてのチッ

プには、ビルトイン実装もある。これは、1 章で説明したように、動作シミュレーションを容易にするために行われた。

　ビルトインチップ（約 30 の *chipName*.class ファイルのライブラリ）は、nand2tetris/tools/builtInChips フォルダにある。ビルトインチップには、通常の HDL チップと同一の HDL インターフェースがある。したがって、各 .class ファイルには、ビルトインチップのインターフェースを表す .hdl ファイルが付属している。ビルトインチップの HDL 定義の例を**図 B-3** に示す。

```
/** ビルトインチップとして実装されている16ビットAndゲート */
CHIP And16 {
    IN  a[16], b[16];
    OUT out[16];
    BUILTIN And16;
}
```

tools/builtInChips/And16.class
によって実装されている

図 B-3　ビルトインチップ定義の例

　本書のハードウェアシミュレータは汎用ツールであるのに対し、「Nand to Tetris」で構築する Hack コンピュータは特定のハードウェアプラットフォームである。この点を理解することが重要である。ハードウェアシミュレータは、Hack とは関係のないゲート、チップ、プラットフォームの構築に使用できる。そのため、ビルトインチップについて議論する際は、多様なハードウェア構築プロジェクトをサポートできる汎用的な利点について説明することが有効である。一般に、ビルトインチップは以下のようなサービスを提供する。

基礎

　ビルトインチップは、プリミティブと見なされるチップの実装を提供することができる。たとえば、Hack コンピュータでは、Nand と DFF が与えられている。

効率

　RAM のようなチップは、多数の下位レベルのチップで構成されている。そのようなチップをチップ部品として使用すると、ハードウェアシミュレータはそれらを評価しなければならない。これは、チップを構成する下位レベルのチップをすべて再帰的

に評価することになる。そのため、シミュレーションが遅くなり、効率性は落ちる。通常の HDL ベースのチップの代わりにビルトインチップ部品を使用すると、シミュレーションの速度が大幅に向上する。

ユニットテスト

HDL プログラムは、チップ部品の実装に注意を払うことなく、抽象的に使用する。したがって、新しいチップを構築する際は、常にビルトインチップ部品を使用することを推奨する。この方法は、効率的であり、エラーを最小限に抑える。

可視化

設計者がチップの動作を可視化し、シミュレートされたチップの内部状態を対話的に変更できるようにしたい場合は、グラフィカルユーザーインターフェースを備えたビルトインチップの実装を提供できる。この GUI は、ビルトインチップがシミュレータにロードされるか、チップ部品として呼び出されるたびに表示される。これらの視覚的な機能を除けば、GUI 対応チップは他のチップと同じように動作し、使用できる。「B.5 チップの可視化」では、GUI 対応チップの詳細を説明する。

拡張

新しい入出力デバイスを実装したり、Hack 以外の新しいハードウェアプラットフォームを作成したりする場合は、ビルトインチップでこれらの構築をサポートできる。機能追加や新機能の開発についての詳細は、13 章を参照してほしい。

B.4　順序回路

チップは**組み合わせ回路**または**順序回路**のいずれかにできる。組み合わせ回路は時間に依存せずに、入力の変化に瞬時に応答する。順序回路は時間に依存し、**クロック同期**とも呼ばれる。ユーザーもしくはテストスクリプトが順序回路の入力を変更すると、チップの出力は次の**時間単位**、つまり次の**サイクル**の開始時にのみ変更される。ハードウェアシミュレータは、シミュレートされたクロックを使用して時間の進行を実現する。

クロック

シミュレータのクロックは 2 つのフェーズを持ち、0、0+、1、1+、2、2+、3、3+

などと表される無限のシーケンスを出力する。この離散時間のシーケンスは、tick
と tock と呼ばれる 2 つのコマンドによって制御される。tick はクロック値を t か
ら $t+$ に移動し、tock は $t+$ から $t+1$ に移動して次の時間単位を開始する。この間
に経過した**実時間**は、シミュレーションにおいては意味をなさない。シミュレーショ
ンの進行は、ユーザーもしくはテストスクリプトによって以下のように制御される。

　まず、順序回路がシミュレータにロードされると、GUI のクロック型のボタンが
有効になる（組み合わせ回路チップをシミュレートする場合は無効になる）。このボ
タンを 1 回クリック（tick）するとクロックサイクルの第 1 フェーズが終了し、そ
の後のクリック（tock）でサイクルの第 2 フェーズが終了し、次のサイクルの第 1
フェーズが開始される。

　あるいは、テストスクリプトからクロックを実行することもできる。たとえば、ス
クリプトコマンドの repeat n {tick, tock, output} は、シミュレータに n 時
間単位のクロックを進め、その過程で値を出力するよう指示する。付録 C では、これ
らのコマンドを備えた**テスト記述言語**（Test Description Language; TDL）につい
て説明している。

　クロックによって生成される 2 つのフェーズの時間単位は、実装されたチップ内の
すべての順序回路チップの動作を制御する。時間単位の第 1 フェーズ（tick）では、
各順序回路チップの入力が、そのチップのロジックに従ってチップの内部状態に影響
を与える。時間単位の第 2 フェーズ（tock）では、チップの出力が新しい値に設定さ
れる。したがって、順序回路チップを外から見ると、チップの出力ピンが新しい値に
安定するのは、tock——連続する 2 つの時間単位間の移行点——だけであることが
分かる。

　組み合わせ回路チップはクロックを完全に無視することを繰り返し述べておく。
「Nand to Tetris」では、1 章から 2 章で構築されたすべての論理ゲートとチップ
（ALU まで）は組み合わせ回路である。3 章で構築されたすべてのレジスタとメモリ
ユニットは順序回路である。チップは、デフォルトでは組み合わせ回路であり、以下
のようにすることで、明示的または暗黙的に**順序回路**になる。

順序回路（ビルトインチップ）

　ビルトインチップは、次の文を使用して、クロックへの依存を明示的に宣言できる。

```
CLOCKED pin, pin, ..., pin;
```

　ここで、各 *pin* はチップの入力ピンまたは出力ピンである。入力ピン *x* を CLOCKED リストに含めることは、*x* への変更が次の時間単位の開始時にのみチップの出力に影響を与えることを規定する。出力ピン *x* を CLOCKED リストに含めることは、チップのいずれかの入力の変更が次の時間単位の開始時にのみ *x* に影響を与えることを規定する。Hack プラットフォームで最も基本的なビルトインの順序回路チップである DFF の定義を**図 B-4** に示す。

```
/** D 型フリップフロップ
out[t]=in[t-1]（t は現在のサイクルまたは時間単位）*/
CHIP DFF {
    IN in;
    OUT out;                    builtInChips/DFF.class にて実装される
    BUILTIN DFF;
    CLOCKED in;
}                               明示的なクロック属性
```

図 B-4　DFF の定義

　チップの入力ピンまたは出力ピンの一部だけがクロック属性として宣言される可能性がある。その場合、クロック属性のない入力ピンの変更は、瞬時にクロック属性のない出力ピンに影響を与える。たとえば、RAM ユニットの address ピンの実装方法がそれである。アドレス指定のロジックは組み合わせ回路であり、クロックに依存しない。

　CLOCKED キーワードをピンのリストを空にして宣言することも可能である。その場合、入出力の動作はクロックに依存せず、組み合わせ回路になることを規定する（ただし、チップがクロックに応じて内部状態を変更する可能性はある）。

順序回路（複合チップ）

　CLOCKED 属性は、ビルトインチップでのみ明示的に定義できる。では、シミュレータは特定のチップ部品が順序回路であることをどのように知るのだろうか？ チップがビルトインでない場合、そのチップのパーツでクロック同期されているものがあれば、そのチップはクロック同期されている。クロック属性はチップ階層の最下層まで再帰的にチェックされ、明示的にクロック同期されたビルトインチップが見つか

れば、そのチップはクロック同期されていると見なされる。したがって、Hack コンピュータでは、DFF チップ部品を直接的または間接的に含むすべてのチップがクロック同期される。

　チップがビルトインでない場合、その HDL コードから順序回路か組み合わせ回路かを判断する方法はない。

ベストプラクティス
チップ設計者がチップの API ドキュメントで、順序回路か組み合わせ回路かを明示すること。

フィードバックループ

　チップの出力の 1 つがチップの入力に直接的に、または（場合によっては長い）依存関係のパスを介して供給される場合、そのチップは**フィードバックループ**を含むという。たとえば、次の 2 つのチップ部品文を考えてみよう。

```
Not (in=loop1, out=loop1)   // 無効なフィードバックループ
DFF (in=loop2, out=loop2)   // 有効なフィードバックループ
```

　両方の例で、内部ピン（loop1 または loop2）がチップの出力からその入力に供給しようとしており、フィードバックループを作成している。2 つの例の違いは、Not が組み合わせ回路チップであるのに対し、DFF は順序回路であることである。Not の例では、loop1 が in と out の間に制御できない依存関係を生み出している。これは**データ競合**と呼ばれることもある。対照的に、DFF の場合、loop2 によって作られた in と out の依存関係は、DFF の in 入力がクロック同期されていると宣言されているため、クロックによって遅延される。したがって、out(t) は in(t) の関数ではなく、in(t-1) の関数となる。

　シミュレータがチップを評価するとき、すべての接続にフィードバックループを伴うかどうかを再帰的にチェックする。各ループについて、シミュレータは、途中のどこかでクロック同期されたピンを通過するかどうかをチェックする。そうであれば、ループは許可される。そうでない場合、シミュレータは処理を停止し、エラーメッセージを発行する。これは、制御不能の「データ競合」を防ぐために行われる。

B.5 チップの可視化

ビルトインチップの中には **GUI 対応**にしたものがある。それらのチップは、チップ操作をアニメーションによって可視化することができる。シミュレータが GUI 対応のチップ部品を評価すると、画面にグラフィカルなイメージが表示される。このイメージには対話的な要素が含まれていることがあり、ユーザーはそれを使ってチップの現在の状態を調べたり、変更したりできる。GUI の設計は、ビルトインチップを実装した開発者によって行われる。

現在のバージョンのハードウェアシミュレータは、以下の GUI 対応のビルトインチップを備えている。

ALU

Hack の ALU の入力、出力、および現在計算されている関数を表示する。

レジスタ (ARegister、DRegister、PC)

レジスタの値を表示する。レジスタの値はユーザーが変更できる。

RAM チップ

スクロール可能な配列のようなイメージを表示し、すべてのメモリ位置のデータを示す。ユーザーはこれを変更できる。シミュレーション中にメモリ位置のデータが変更された場合、GUI の対応する値も変更される。

ROM チップ (ROM32K)

RAM チップと同じ配列のようなイメージに加えて、外部テキストファイルから機械語プログラムをロードできるアイコンがある (ROM32K チップは、Hack コンピュータの命令メモリとして機能する)。

Screen チップ

物理的な画面をシミュレートする 256 行 × 512 列のウィンドウを表示する。シミュレーション中に、RAM 上の**画面メモリマップ**のビットが変更された場合、GUI の画面で対応するピクセルも変更される。この画面の更新ループは、シミュレータの実装に組み込まれている。

Keyboard チップ

　キーボードのアイコンを表示する。このアイコンをクリックすると、コンピュータの実際のキーボードがシミュレートされたチップに接続される。この時点から、実際のキーボードで押されたすべてのキーは、シミュレートされたチップによって処理され、そのバイナリコードが RAM 上の**キーボードメモリマップ**に表示される。ユーザーがマウスのフォーカスをシミュレータ GUI の別の領域に移動すると、キーボードの制御は実際のコンピュータに戻される。

　GUI 対応のチップ部品を 3 つ使用する GUIDemo チップを**例B-1** に示す。シミュレータがこのチップをどのように処理するかを**図B-5** に示す。GUIDemo チップのロジックは、その in 入力を 2 つのアドレスに送る。ひとつは RAM16K の address、もうひとつは Screen の address である。さらに、このチップは、3 つのチップ部品の out 値を、行き止まりの内部ピンである a、b、c に送る。これらの接続自体に意味はなく、単にシミュレータが GUI 対応のビルトインチップ部品をどう扱うかを示している。

例 B-1　GUI 対応チップ部品を活性化するチップ

```
// GUI機能を持つチップのデモ:
// このチップのロジックに意味はない
// 単にシミュレータにGUIを表示させるためのデモである
CHIP GUIDemo {
  IN  in[16], load, address[15];
  OUT out[16];
  PARTS:
  RAM16K(in=in, load=load, address=address[0..13], out=a);
  Screen(in=in, load=load, address=address[0..12], out=b);
  Keyboard(out=c);
}
```

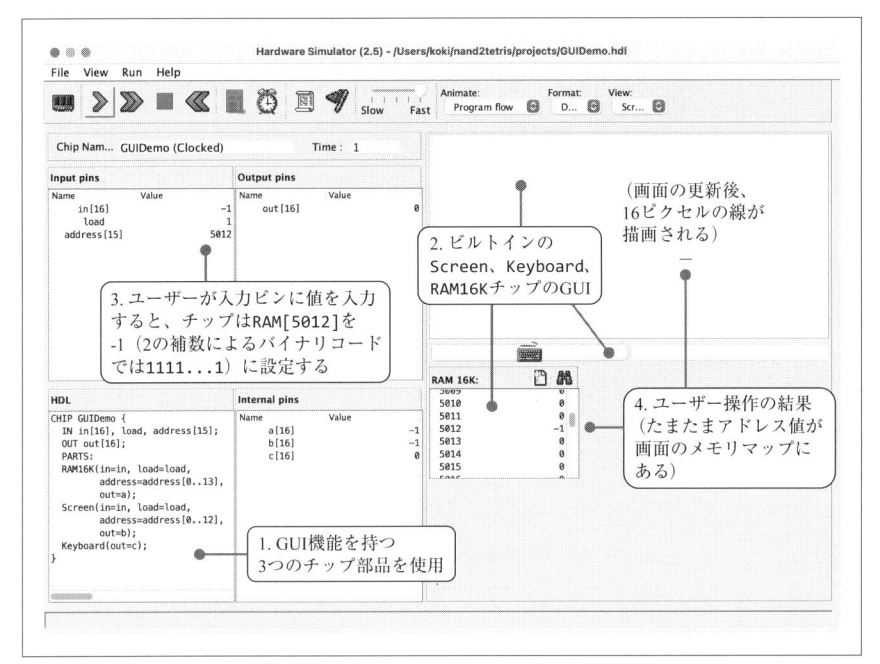

図B-5 GUI 対応チップのデモ。ロードされた HDL プログラムが GUI 対応のチップ部品を使用して
　　　　いるため（ステップ 1）、シミュレータは各 GUI イメージをレンダリングする（ステップ 2）。
　　　　ユーザーがチップの入力ピンの値を変更すると（ステップ 3）、シミュレータはそれらの変更
　　　　を各 GUI に反映する（ステップ 4）。

　ユーザーによる操作（ステップ 3）がどのように画面に影響を与えるか（ステップ 4）に注目しよう。画面に表示されている水平線は、メモリ位置 5012 に -1 を格納することによって生じる。−1 の 2 の補数によるバイナリコード（16 ビット）は **1111111111111111** なので、画面の 156 行の 320 列から始まる 16 ピクセルを描画する。この画面座標は、RAM アドレスの 5012 に対応する。メモリアドレスと画面座標（行、列）のマッピングは、4 章（「4.2.5　入出力操作」）で指定されている。

B.6　HDL サバイバルガイド

　ここでは、付属のハードウェアシミュレータを使って HDL でチップを開発する際の実用的なヒントを提供する。これらのヒントに特定の順序はない。まずは説明を通読し、その後必要に応じて参照することを推奨する。

チップ

nand2tetris/projects フォルダには、1 から 13 までの 13 個のフォルダが存在し、各章番号に対応している。ハードウェアプロジェクトは 1、2、3、5 フォルダに含まれる。各ハードウェアプロジェクトフォルダには、各チップに対応する HDL の**スタブファイル**が用意されている。これらのスタブファイルには実装が含まれておらず、その実装を完成することがプロジェクトの目標である。チップは、本書で説明されている順序で実装することが重要である。たとえば、「プロジェクト 1」で Xor チップの実装から始めた場合、Xor.hdl の実装には And と Or のチップ部品が必要となる。And.hdl と Or.hdl がまだ実装されていない状態では、Xor.hdl プログラムは正しく実装されていても動作しない。

ただし、プロジェクトフォルダに And.hdl と Or.hdl ファイルが含まれていない場合、Xor.hdl プログラムは正しく動作することに注意しよう。ハードウェアシミュレータは Java プログラムであり、Hack コンピュータを構築するために必要なすべてのチップのビルトイン実装を備えている（ただし CPU と Computer チップを除く）。シミュレータがチップ部品（たとえば And）を評価するとき、カレントフォルダで And.hdl ファイルを探す。この時点で、3 つの可能性がある。

- HDL ファイルが見つからない場合、チップのビルトイン実装が起動し、未実装の HDL 実装を補完する。
- スタブ HDL ファイルが見つかった場合、シミュレータはその実行を試みる。実装が存在しないため、実行は失敗する。
- HDL ファイルが見つかり、HDL 実装が含まれている場合、シミュレータはそれを実行し、エラーがあればそれを報告する。

ベストプラクティス

2 つのアプローチが考えられる。

第一のアプローチは、本書で説明されている順序でチップを実装することである。チップはボトムアップで、基本的なチップから複雑なチップへと論じられているため、この順序に従えば実装順序に関する問題は発生しない。

第二のアプローチは、たとえば stubs という名称のサブフォルダを作成し、提供されたすべての.hdl スタブファイルをそこに移動することである。その後、作業対象のスタブファイルをひとつずつ作業フォルダに移動する。チップの実装が完了したら、たとえば completed サブフォルダに移動させる。この方法

では、作業フォルダには現在作業中の.hdl ファイル（および提供された.tst
ファイルと.cmp ファイル）のみが存在するため、シミュレータは常にビルトイ
ンチップを使用することになる。

HDL ファイルとテストスクリプト

作業中の.hdl ファイルとそれに関連する.tst テストスクリプトファイルは、同
一フォルダに配置する必要がある。提供されたテストスクリプトは、テスト対象の
.hdl ファイルをロードする load コマンドで開始される。シミュレータは常にカレ
ントフォルダでこのファイルを探索する。

シミュレータの［File］メニューでは、.hdl ファイルと.tst スクリプトファイル
の両方をロードできる。しかし、これにより問題が発生する可能性がある。たとえ
ば、作業中の.hdl ファイルをシミュレータにロードし、別のフォルダからテストス
クリプトをロードすることができる。テストスクリプトを実行すると、異なるバー
ジョンの HDL プログラム（おそらくスタブファイル）がシミュレータにロードされ
る可能性がある。疑問がある場合は、シミュレータ GUI の［HDL］部分の表示を見
て、現在ロードされている HDL コードを確認するべきである。

ベストプラクティス
シミュレータの［File］メニューを使用してロードすべきは、.hdl ファイルま
たは.tst ファイルのいずれか一方のみである。両方をロードすべきではない。

チップの単独テスト

ある時点で、テストに失敗しているにもかかわらず、チップが正しいと確信するよ
うになるかもしれない。実際、チップは完全に実装されているが、そのチップ部品の
ひとつが正しくない可能性がある。また、テストに合格したチップが、別のチップの
チップ部品として使用されたときに失敗する可能性もある。ハードウェア設計に固有
の制約のひとつは、テストスクリプト（特に複雑なチップをテストするもの）が、テ
スト対象のチップがあらゆる状況で完全に機能することを保証できないことである。

幸いなことに、問題を引き起こしているチップ部品を常に診断することが可能で
ある。テスト用のフォルダを作成し、現在実装中のチップに関連する.hdl、.tst、
.out の 3 つのファイルのみをそこにコピーする。チップの実装がこのフォルダで単
独でテストに合格する場合（シミュレータがデフォルトのビルトインチップ部品を
使用するようにする）、チップ部品の実装、つまりこのプロジェクト以前に実装した

チップに問題があると推測できる。他のチップをひとつずつこのテストフォルダにコピーし、問題のあるチップが特定されるまでテストを繰り返す。

HDL の構文エラー

ハードウェアシミュレータは、下部のステータスバーにエラーを表示する。画面サイズの小さいコンピュータでは、これらのメッセージが画面下部から見切れてしまう場合がある。HDL プログラムをロードしても GUI の［HDL］部分に何も表示されず、エラーメッセージも見えない場合、この問題が発生している可能性がある。多くのコンピュータには、キーボードを使用してウィンドウを移動する方法が用意されている。たとえば Windows では、Alt+Space キー、M キー、矢印キーを使用する。

未接続のピン

ハードウェアシミュレータは、未接続のピンをエラーとは見なさない。デフォルトでは、未接続の入力ピンまたは出力ピンを `false`（バイナリ値は `0`）に設定する。これにより、チップの実装で予期せぬエラーが発生する可能性がある。

チップの出力ピンが常に `0` の場合、プログラム内の別のピンに適切に接続されていることを確認しよう。特に、このピンに直接的または間接的に供給される内部ピン（ワイヤ）の名前を再確認すべきである。タイプミスは特に危険である。なぜなら、シミュレータは切断されたワイヤに対してエラーを出さないからである。たとえば、`Foo(..., sum=sun)` という文を考えてみよう。ここで、シミュレータは `sun` という名前の内部ピンを自動的に作成し、`Foo` の `sum` 出力を `sun` にパイプする。`sum` の値が実装されたチップの出力ピン、または別のチップ部品の入力ピンに供給されることになった場合、このピンは常に `0` になってしまう。

要するに、出力ピンが常に `0` の場合、またはチップ部品のひとつが正しく動作していないように見える場合は、関連するすべてのピン名のスペルをチェックし、チップ部品のすべての入力ピンが接続されていることを確認しよう。

カスタマイズされたテスト

プロジェクトのフォルダには、完成させるべき各 *chip*`.hdl` ファイルに対して、テストスクリプト *chip*`.tst` と比較ファイル *chip*`.cmp` も含まれている。チップが出力を生成し始めると、フォルダには *chip*`.out` という名前の出力ファイルが生成される。チップがテストスクリプトに失敗した場合は、`.out` ファイルを参照することが重要である。出力値を検査し、失敗の原因を探ることができる。なんらかの理由で

出力ファイルがシミュレータ GUI に表示されない場合は、テキストエディタを使用していつでも検査できる。

　必要に応じて、独自のテストを実行することもできる。提供されたテストスクリプトを *MyTestChip*.tst などにコピーし、スクリプトコマンドを変更することで、チップの動作をより深く理解できるだろう。その場合、output-file 行の出力ファイル名を変更し、compare-to 行を削除すること。これにより、テストは常に最後まで実行されるようになる（デフォルトでは、出力行が比較ファイルの対応する行と一致しない場合、シミュレーションは停止する）。内部ピンの出力を表示するために output-list 行を変更することも検討しよう。

　付録 C では、テスト記述言語について詳細に解説している。

内部ピンのサブバス化（インデックス付け）

　内部ピンのサブバス化（インデックス付け）は許可されていない。インデックスを付けることができるバスピンは、実装されたチップの入力ピンと出力ピン、またはそのチップ部品の入力ピンと出力ピンのみである。ただし、内部バスピンのサブバス化には回避策が存在する。以下にその回避策を示す。

```
CHIP Foo {
  IN  in[16];
  OUT out;
  PARTS:
  Not16  (in=in, out=notIn);
  Or8Way (in=notIn[4..11], out=out);  // エラー：内部バスにインデックスは付けられない
}

// 回避策：
  Not16  (in=in, out[4..11]=notIn);
  Or8Way (in=notIn, out=out);  // 動作する！
```

複数の出力

　バスピンのマルチビット値を 2 つのバスに分割する必要がある場合がある。これは、複数の「out=」のバインディングを使用することで実現できる。たとえば次のようになる。

```
CHIP Foo {
  IN  in[16];
  OUT out[8];
  PARTS:
```

```
    Not16   (in=in, out[0..7]=low8, out[8..15]=high8);   // out値の分割
    Bar8Bit (a=low8, b=high8, out=out);
}
```

　値を出力し、さらにその値を計算に使用したい場合もある。これは次のように実現できる。

```
CHIP Foo {
  IN  a, b, c;
  OUT out1, out2;
  PARTS:
  Bar (a=a, b=b, out=x, out=out1);   // Barの出力がFooのout1出力を供給する
  Baz (a=x, b=c, out=out2);          // Barの出力のコピーがBazのa入力も供給する
}
```

全チップ部品のインターフェース

　本書で登場するすべてのチップのインターフェース[3]を、付録 D に掲載してある。また、オンライン版（https://github.com/oreilly-japan/the-elements-of-cs-2e-ja/blob/main/Hack-Chipset-API.md）も準備している。チップの実装でチップ部品を使用する際は、オンラインドキュメントからチップのインターフェースをコピーして HDL プログラムに貼り付け、不足しているバインディングを記入することもできる。この方法は、時間の節約だけでなく、タイプミスも最小限に減らしてくれる。

---

†3　訳注：ここで言うインターフェースとは Add16(a= ,b= ,out=) のような文を指す。

付録 C
テスト記述言語

失敗は発見への入り口である。

——ジェームズ・ジョイス（1882–1941）

テストはシステム開発において極めて重要な要素であるが、コンピュータサイエンス教育では十分に注目されていないことが多い。「Nand to Tetris」ではテストを非常に重視している。本書では、新しいハードウェアやソフトウェアのモジュール P を開発する前に、まずそれをテストするためのモジュール T を設計すべきだと考えている。さらに、T は P の開発規約の一部でなければならない。そのため、本書で指定されているすべてのチップやソフトウェアシステムに対して、テストプログラムを提供している。あなたは自分の作品を好きなようにテストしてかまわないが、最終的には本書のテストに合格することが求められる。

本書のプロジェクトでは、さまざまな場所でテストを行う。テストの定義や実行を効率化するために、私たちはテスト記述言語を設計した。この言語は、「Nand to Tetris」で提供されているすべての関連ツールでほぼ同じように機能する。関連ツールは次のとおりである。

- **ハードウェアシミュレータ**：HDL で記述されたチップをシミュレーションしテストする。
- **CPU エミュレータ**：機械語プログラムをシミュレーションしテストする。
- **VM エミュレータ**：コンパイルされた Jack プログラムをシミュレートしてテストする。

これらのシミュレータにはすべて、読み込まれたチップやプログラムをインタラク

ティブにテストしたり、テストスクリプトを使ってバッチ処理でテストしたりできる GUI が搭載されている。テストスクリプトは、関連するシミュレータにハードウェアまたはソフトウェアのモジュールを読み込み、あらかじめ計画されたテストケースのコマンド列をモジュールに適用する。さらに、テストスクリプトはテスト結果を出力し、与えられた比較ファイルとテスト結果を比較するコマンドも用意されている。まとめると、テストスクリプトは、体系的で再現可能な文書化されたテストを可能にする。これは、あらゆるハードウェアやソフトウェアの開発プロジェクトにおいて特に重要な機能である。

「Nand to Tetris」では、学習者がテストスクリプトを書くことは期待していない。本書で登場するすべてのハードウェアおよびソフトウェアモジュールをテストするために必要なテストスクリプトは、プロジェクト資料とともに提供される。したがって、付録 C の目的は、テストスクリプトの書き方を教えることではなく、提供されたテストスクリプトの構文とロジックの理解を手助けすることである。もちろん、提供されたスクリプトをカスタマイズして、新しいスクリプトを自由に作成することもできる。

C.1 一般的なガイドライン

以下のガイドラインは、すべてのソフトウェアツールとテストスクリプトに適用される。

ファイル形式と使用法

ハードウェアまたはソフトウェアモジュールをテストする際には、4 種類のファイルが関与する。必須ではないが、これらのファイルには同じ接頭辞（ファイル名）を付けることを推奨する。

Xxx.yyy

テスト対象のモジュールの名前が *Xxx* で、*.yyy* は .hdl、.hack、.asm、.vm のいずれかの拡張子である。たとえば、*Xxx*.hdl ファイルは HDL で書かれたチップ定義、*Xxx*.hack ファイルは Hack 機械語で書かれたプログラム、*Xxx*.asm ファイルは Hack アセンブリ言語で書かれたプログラム、*Xxx*.vm ファイルは VM 言語で書かれたプログラムを表す。

Xxx.tst

Xxx に格納されたコードをテストするために設計されたテストスクリプトで、シミュレータを一連のステップで実行する。

（オプション）*Xxx*.out

スクリプトコマンドがシミュレーション中に選択された変数の現在の値を書き込むことができる出力ファイル。

（オプション）*Xxx*.cmp

選択された変数の望ましい値、つまりモジュールが正しく実装されていればシミュレーションが生成するはずの値を含む比較ファイル。

これらのファイルはすべて同じフォルダに保存し、そのフォルダには *Xxx* という同じ名前を付けるのが便利である。すべてのシミュレータのドキュメントや説明では、「カレントフォルダ」という用語は、シミュレータ環境で最後にファイルを開いたフォルダを指す。

空白

テストスクリプト（*Xxx*.tst ファイル）の空白文字、改行文字、コメントは無視される。テストスクリプトには以下の形式のコメントを記述できる。

```
// 行末までのコメント
/* 結びまでのコメント */
/** APIドキュメント用のコメント */
```

テストスクリプトはファイル名とフォルダ名を除いて大文字と小文字を区別しない。

使用法

「Nand to Tetris」のハードウェアまたはソフトウェアモジュールの *Xxx* に対して、スクリプトファイル *Xxx*.tst と比較ファイル *Xxx*.cmp を提供している。これらのファイルは、*Xxx* の実装をテストするために設計されている。場合によっては、*Xxx* の雛形として実装が一部欠けている HDL インターフェースも提供している。すべてのプロジェクトのファイルはテキストファイルであり、一般的なテキストエディタで表示・編集できる。

Xxx.tst のようなスクリプトファイルは、関連するシミュレータにロードされ、シミュレーションが開始される。スクリプトの最初のコマンドは通常、テスト対象のモジュール *Xxx* に格納されたコードをロードする。次に、オプションで、出力ファイルを初期化し、比較ファイルを指定するコマンドが続く。スクリプトの残りのコマンドは、実際のテストを実行する。

シミュレーションの制御

各シミュレータには、シミュレーションを制御するための一連のメニューとアイコンが用意されている。

[File] メニュー、[チップ] アイコン（▥）

シミュレータに関連するプログラム（.hdl ファイル、.hack ファイル、.asm ファイル、.vm ファイル、またはフォルダ名）やテストスクリプト（.tst ファイル）をロードできる。ユーザーがテストスクリプトをロードしない場合、シミュレータはデフォルトのテストスクリプト（後述）をロードする。

[再生] アイコン（≫）

現在ロードされているテストスクリプトで指定された次のシミュレーションのステップを実行するようシミュレータに指示する。

[早送り] アイコン（≫）

現在ロードされているテストスクリプト内のすべてのコマンドを実行するようシミュレータに指示する。

[停止] アイコン（▥）

現在ロードされているテストスクリプトの実行を停止するようシミュレータに指示する。

[巻き戻し] アイコン（≪）

現在ロードされているテストスクリプトの実行をリセットするようシミュレータに指示する。つまり、テストスクリプトの最初のコマンドから実行する準備ができている状態にする。

上記のシミュレータのアイコンは「コードを実行する」のではないことに注意。そうではなく、「コードを実行するテストスクリプトを実行する」のである。

C.2　ハードウェアシミュレータでのチップのテスト

　ハードウェアシミュレータは、付録 B で説明したハードウェア記述言語（HDL）で書かれたチップ定義のテストとシミュレーションのために設計されている。1 章では、チップの開発とテストに関する重要な背景を提供しているので、まずそちらを読むことを推奨する。

例

　付録 B で、3 つの 1 ビット入力が等しいかどうかをチェックするように設計された Eq3 チップを**図B-1** に示した。このチップをテストするために設計された Eq3.tst スクリプトと、このテストの比較ファイルである Eq3.cmp を**図C-1** に示す。

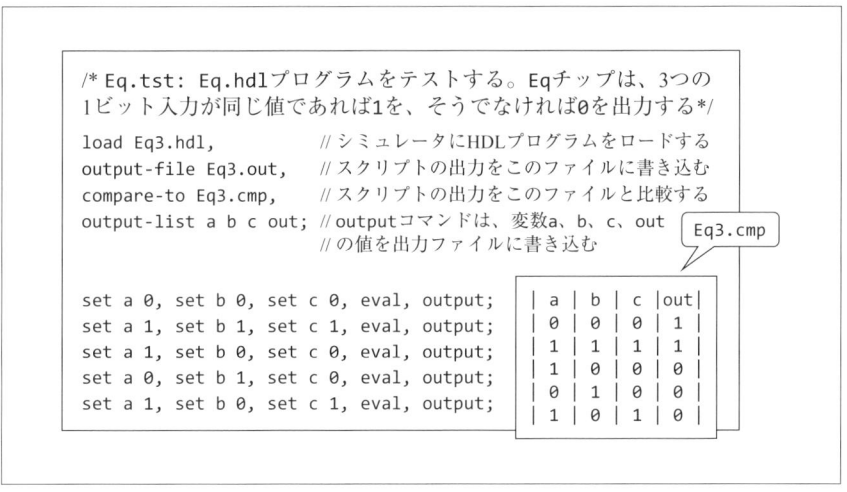

```
/* Eq.tst: Eq.hdlプログラムをテストする。Eqチップは、3つの
1ビット入力が同じ値であれば1を、そうでなければ0を出力する*/
load Eq3.hdl,          // シミュレータにHDLプログラムをロードする
output-file Eq3.out,   // スクリプトの出力をこのファイルに書き込む
compare-to Eq3.cmp,    // スクリプトの出力をこのファイルと比較する
output-list a b c out; // outputコマンドは、変数a、b、c、out
                       // の値を出力ファイルに書き込む

set a 0, set b 0, set c 0, eval, output;
set a 1, set b 1, set c 1, eval, output;
set a 1, set b 0, set c 0, eval, output;
set a 0, set b 1, set c 0, eval, output;
set a 1, set b 0, set c 1, eval, output;
```

Eq3.cmp

```
| a | b | c |out|
| 0 | 0 | 0 | 1 |
| 1 | 1 | 1 | 1 |
| 1 | 0 | 0 | 0 |
| 0 | 1 | 0 | 0 |
| 1 | 0 | 1 | 0 |
```

図C-1　テストスクリプトと比較ファイル（例）

　テストスクリプトは通常、いくつかのセットアップコマンドから始まり、その後にシミュレーションのステップが続く。シミュレーションステップでは、チップの入力ピンをテスト値にバインドし、チップのロジックを評価し、選択した変数の値を指定された出力ファイルに書き込むようシミュレータに指示する。

　Eq3 チップは 3 つの 1 ビット入力を持つため、網羅的なテストには 8 つのテストケースが必要になる。網羅的なテストのサイズは、入力サイズに応じて指数関数的に

増大する。そのため、ほとんどのテストスクリプトは、図に示すように、代表的な入力値を使って部分的にテストする。

データ型と変数

テストスクリプトでは、**整数型**と**文字列型**の 2 つのデータ型がサポートされている。整数定数は、デフォルトの 10 進数（%D 接頭辞）、2 進数（%B 接頭辞）、または 16 進数（%X 接頭辞）の形式で表すことができる。これらの値は常に等価な 2 の補数のバイナリ値に変換される。たとえば、次のようなコマンドを考えてみよう。

```
set a1 %B1111111111111111
set a2 %XFFFF
set a3 %D-1
set a4 -1
```

この 4 つの変数はすべて同じ値であり、2 進数では 1111111111111111 に設定される。これは 10 進数の −1 の 2 の補数表現に相当する。

文字列値は %S 接頭辞を使用して指定し、二重引用符で囲む必要がある。文字列は表示目的でのみ使用され、変数に代入することはできない。

ハードウェアシミュレータの 2 相クロック（順序回路のテストでのみ使用）は、0、0+、1、1+、2、2+、3、3+ などの一連の値を発する。これらの**クロックサイクル**（または**時間単位**とも呼ばれる）の進行は、tick と tock という 2 つのスクリプトコマンドで制御できる。tick はクロック値を t から $t+$ に、tock は $t+$ から $t + 1$ に移動し、次の時間単位に入る。現在の時間単位は、time という名前の読み取り専用のシステム変数に格納される。

スクリプトコマンドは、ピン、ビルトインチップの変数、システム変数 time の 3 種類の変数にアクセスできる。

ピン

シミュレートされたチップの入力ピン、出力ピン、内部ピン（たとえば、set in 0 というコマンドは、名前が in のピンの値を 0 に設定する）

ビルトインチップの変数

チップの外部実装によって公開される変数（**表C-1**）

time

シミュレーション開始からの経過時間単位数（読み取り専用変数）

表 C-1　「Nand to Tetris」の主要なビルトインチップの変数とメソッド

チップ名	外部アクセス可能な変数	データ型/範囲	メソッド
Register	Register[]	16 ビット （−32768 … 32767）	
ARegister	ARegister[]	16 ビット	
DRegister	DRegister[]	16 ビット	
PC（プログラムカウンタ）	PC[]	15 ビット（0 … 32767）	
RAM8	RAM8[0...7]	各要素は 16 ビット	
RAM64	RAM64[0...63]	各要素は 16 ビット	
RAM512	RAM512[0...511]	各要素は 16 ビット	
RAM4K	RAM4K[0...4095]	各要素は 16 ビット	
RAM16K	RAM16K[0...16383]	各要素は 16 ビット	
ROM32K	ROM32K[0...32767]	各要素は 16 ビット	load *Xxx*.hack または *Xxx*.asm
Screen	Screen[0...16383]	各要素は 16 ビット	
Keyboard	Keyboard[]	16 ビット、読み込み専用	

スクリプトコマンド

スクリプトは連続したコマンドにより構成される。コマンドはカンマ、セミコロン、感嘆符のいずれかで終了する。これらの終端記号には以下のような意味がある。

カンマ（,）

スクリプトコマンドを終了する。

セミコロン（;）

スクリプトコマンドとシミュレーションステップを終了する。**シミュレーションステップ**は 1 つ以上のスクリプトコマンドで構成される。ユーザーがシミュレータのメニューや play アイコンを使って**単一ステップ**を実行するよう指示すると、シミュレータはセミコロンに達するまで現在のコマンドからスクリプトを実行し、そこでシミュレーションは一時停止する。

感嘆符（!）

スクリプトコマンドを終了し、スクリプトの実行を停止する。ユーザーは後でその時点からスクリプトの実行を再開することができる。通常はデバッグ目的で使用される。

以下では、スクリプトコマンドを 2 つの概念的なセクションに分類して説明する。

ひとつはファイルのロードや設定の初期化に使用される**セットアップコマンド**、もう
ひとつはシミュレータに実際のテストを実行させるための**シミュレーションコマン
ド**である。

セットアップコマンド

load *Xxx*.hdl

Xxx.hdl に格納されている HDL プログラムをシミュレータにロードする。ファ
イル名には.hdl 拡張子を含める必要があり、パス指定を含めてはならない。シ
ミュレータはカレントフォルダからファイルをロードしようとし、失敗した場合は
tools/builtInChips フォルダからロードしようとする。

output-file *Xxx*.out

output コマンドの結果を指定されたファイルに書き込むようシミュレータに指示
する。ファイルには.out 拡張子を含める必要がある。出力ファイルはカレントフォ
ルダに作成される。

output-list *v1*, *v2*, …

スクリプトで output コマンドが出現したときに出力ファイルに何を書き込むか
を指定する（次の output-list コマンドがあればそこまで）。リストの各値は変数
名とそれに続く書式指定である。このコマンドは、変数名で構成されるヘッダー行
も生成し、出力ファイルに書き込む。output-list の各項目 *v* の構文は *varName
format padL.len.padR*（実際には空白文字はない）である。この表記により、ま
ず *padL* 個の空白文字を書き、次に変数 *varName* の現在の値を指定された *format*
で長さが *len* の文字列で書き、そして *padR* 個の空白文字を書き、最後に区切り記号
の|を書き込む。*format* は %B（バイナリ）、%X（16 進数）、%D（10 進数）、または
%S（文字列）のいずれかである。デフォルトの書式は %B1.1.1 である。

たとえば、Hack プラットフォームの CPU.hdl チップには、reset という名前の
入力ピン、pc という名前の出力ピン、DRegister という名前のチップ部品がある。
シミュレーション中にこれらのピンの値を追跡したい場合は、次のようなコマンドを
使用できる（ビルトインチップの状態変数については後述する）。

```
Output-list time%S1.5.1    // システム変数のtime
             reset%B2.1.2  // チップの入力ピンの1つ
             pc%D2.3.1      // チップの出力ピンの1つ
             DRegister[]%X3.4.4  // このチップ部品の内部状態
```

この output-list コマンドは、2つの output コマンドの後、次のような出力を生成する。

```
| time  |reset|  pc |DRegister[]|
|   20+ |  0  | 21  |    FFFF   |
|   21  |  0  | 22  |    FFFF   |
```

compare-to *Xxx*.cmp

output コマンドで生成された出力行を、指定された比較ファイル内の対応する行と比較する必要があることを指定する（ファイルには.cmp 拡張子を含める必要がある）。2つの行が同じでない場合、シミュレータはエラーメッセージを表示し、スクリプトの実行を中止する。比較ファイルはカレントフォルダにあるものとする。

シミュレーションコマンド

set *varName value*

変数に値を代入する。変数は、シミュレートされているチップ（またはチップ部品）のピンか内部変数のいずれかである。変数のビット幅は値のビット幅と一致している必要がある。

eval

チップの入力ピンを現在の値に適用し、結果の出力値を計算するようシミュレータに指示する。

output

シミュレータに以下の一連の操作を実行するよう指示する。

1. 最後の output-list コマンドにリストされたすべての変数の現在の値を取得する。
2. 最後の output-list コマンドで指定された形式を使用して出力行を作成する。
3. 出力行を出力ファイルに書き込む。

4. `compare-to` コマンドで比較ファイルが事前に宣言されている場合、出力行が比較ファイルの現在の行と異なれば、エラーメッセージを表示してスクリプトの実行を停止する。

5. 出力ファイルと比較ファイルの行カーソルを進める。

tick

現在の時間単位（クロックサイクル）の前半を終了する。

tock

現在の時間単位の後半を終了し、次の時間単位の前半に入る。

repeat *n* *{commands}*

波括弧内のコマンドを *n* 回繰り返すようシミュレータに指示する。*n* が省略された場合、シミュレータはなんらかの理由でシミュレーションが停止するまで（たとえば、ユーザーが Stop アイコンをクリックしたときなど）、コマンドを繰り返す。

while *booleanCondition* *{commands}*

booleanCondition が真である限り、波括弧内のコマンドを繰り返すようシミュレータに指示する。条件は *x op y* の形式で、*x* と *y* は定数または変数名、*op* は=、>、<、>=、<=、< >のいずれかである。*x* と *y* が文字列の場合、*op* は=または< >のいずれかである。

echo *text*

シミュレータのステータス行に *text* を表示する。テキストは二重引用符で囲む必要がある。

clear-echo

シミュレータのステータス行をクリアする。

breakpoint *varName* *value*

スクリプトコマンドの実行後、指定された変数の値（*varName*）と指定された値

（*value*）の比較を行う。変数 *varName* が値 *value* を含む場合、実行は中断され、メッセージが表示される。そうでない場合、実行は通常どおり継続される。このコマンドはデバッグに便利である。

clear-breakpoints

以前に定義されたすべてのブレークポイントをクリアする。

builtInChipName method argument(s)

ビルトインチップのメソッドを引数を与えて実行する。ビルトインチップの設計者は、ユーザー（またはテストスクリプト）がシミュレートされたチップを操作できるメソッドを提供できる（**表C-1**を参照）。

ビルトインチップの変数

チップは、HDL プログラムまたは外部から提供される実行可能モジュールのいずれかで実装できる。後者の場合、そのチップは**ビルトイン**であるという。ビルトインチップは、*chipName[varName]* の構文を使用して、チップの状態へアクセスできる。ここで、*varName* はチップ API で文書化されるべき実装固有の変数である（**表C-1**を参照）。

たとえば、スクリプトコマンドの set RAM16K[1017] 15 を考えてみよう。RAM16K が現在シミュレートされているチップの場合（または現在シミュレートされているチップのチップ部品の場合）、このコマンドはメモリ位置が 1017 の値を 15 に設定する。また、ビルトインチップの RAM16K には GUI の機能があるため、新しい値はチップのイメージにも反映され可視化される。

ビルトインチップが 1 つの値だけを内部状態として保持している場合、現在の値は *chipName[]* の表記でアクセスできる。内部状態がベクトルの場合は、*chipName[i]* の表記法が使用される。たとえば、ビルトインチップの Register をシミュレートする際には、set Register[] 135 のようなスクリプトコマンドを書くことができる。このコマンドは、チップの内部状態を 135 に設定する。次の時間単位で、Register チップはこの値に設定され、出力ピンはこの値を発するようになる。

ビルトインチップのメソッド

ビルトインチップは、スクリプトコマンドで使用できる**メソッド**も公開できる。た

とえば、Hack コンピュータのプログラムは、ビルトインチップの ROM32K で実装される命令メモリユニットに格納される。Hack コンピュータで機械語プログラムを実行する前に、このチップにプログラムをロードしなければならない。この作業を簡単にするために、ROM32K のビルトイン実装には load メソッドが用意されている。このメソッドは、機械語命令を含むテキストファイルをロードする。ROM32K load *FileName*.hack のようなスクリプトコマンドによって使用される。

終了例

この節の最後に、Hack コンピュータの最上位の Computer チップをテストするための複雑なテストスクリプトを示す。Computer チップをテストするひとつの方法は、機械語プログラムをロードし、コンピュータがプログラムを 1 命令ずつ実行させながら、選択した値を監視することである。

たとえば、RAM[0] と RAM[1] の最大値を計算し、結果を RAM[2] に書き込む機械語プログラムを実装したとする（このプログラムを Max.hack というファイルに保存する）。このプログラムが適切に動作しない場合、プログラム、ハードウェア、テストスクリプト、またはシミュレータのいずれかにバグがある可能性がある。ここでは簡単のため、Computer チップ以外はすべてエラーがないと仮定しよう。

私たちは ComputerMax.tst というテストスクリプトを書いた。**例C-1** のスクリプトは、Computer.hdl をロードし、ROM32K チップに Max.hack プログラムをロードする。その後、RAM[0] と RAM[1] にテスト値を設定し、コンピュータをリセットして実行し、RAM[2] の結果を確認する。これにより、Computer チップの動作を検証できる。

例C-1　最上位の Computer チップのテスト

```
/* ComputerMax.tstスクリプト
   RAM[2]をmax（RAM[0], RAM[1]）に設定するMax.hackプログラムを使用 */

// Computerをロードし、シミュレーションの準備をする
load Computer.hdl,
output-file ComputerMax.out,
compare-to ComputerMax.cmp,
output-list RAM16K[0] RAM16K[1] RAM16K[2];

// Max.hackをROM32Kチップにロード
ROM32K load Max.hack,
```

```
// RAM16Kチップの最初の2つのセルにテスト値を設定
set RAM16K[0] 3,
set RAM16K[1] 5,
output;

// プログラムの実行を完了するのに十分なクロックサイクルを実行
repeat 14 {
  tick, tock,
  output;
}

// 別のテストのセットアップ、別の値を使用

// Computerをリセット：
// resetを1に設定し、クロックを実行して
// プログラムカウンタ（PC、順序回路）を
// 新しいリセット値に設定する
set reset 1,
tick,
tock,
output;

// resetを0に設定し、新しいテスト値をロードし、
// プログラムの実行を完了するのに十分なクロックサイクルを実行
set reset 0,
set RAM16K[0] 23456,
set RAM16K[1] 12345,
output;
repeat 14 {
  tick, tock,
  output;
}
```

このプログラムを実行するのに、なぜ14クロックサイクルで十分であると分かるのだろうか。これはプログラムを実際に動かすことで分かる。具体的には、クロックサイクルを大きな値に設定して、コンピュータの出力が安定するまで待つ。そのときのクロックサイクルを記録することで、十分なクロックサイクル数を見積もることができる。あるいは、ロードされたプログラムの実行時の振る舞いを分析することでも分かる。

デフォルトのテストスクリプト

「Nand to Tetris」のシミュレータには、デフォルトのテストスクリプトが用意されている。ユーザーがテストスクリプトをシミュレータにロードしない場合、以下に

示すデフォルトのテストスクリプトが使用される。

```
// ハードウェアシミュレータのデフォルトのテストスクリプト
repeat {
  tick,
  tock;
}
```

C.3　CPU エミュレータ上での機械語プログラムのテスト

　本書の**ハードウェアシミュレータ**は、任意のハードウェアプラットフォームの構築をサポートするために設計された汎用プログラムである。一方、**CPU エミュレータ**は、特定のプラットフォーム（Hack コンピュータ）上での機械語プログラムの実行をシミュレートするように設計されたツールである。プログラムは、4 章で説明した記号またはバイナリの Hack 機械語のいずれかで記述できる。

　通常、シミュレーションには次の 4 つのファイルが関与する。

● テスト対象のプログラム：*Xxx*.asm または *Xxx*.hack
● テストスクリプト：*Xxx*.tst
● （オプション）出力ファイル：*Xxx*.out
● （オプション）比較ファイル：*Xxx*.cmp

これらのファイルはすべて、通常は *Xxx* という名前の同じフォルダに置かれる。

例

　乗算を行う Mult.hack というプログラムについて考えてみよう。このプログラムは、RAM[2]=RAM[0]*RAM[1] を実現するように設計されている。このプログラムを CPU エミュレータでテストするには、RAM[0] と RAM[1] に値を入れ、プログラムを実行し、RAM[2] を調べるのがよい。このテストは、**例C-2** に示すテストスクリプトによって実行される。

例C-2　CPU エミュレータ上での機械語プログラムのテスト

```
// プログラムをロードしシミュレーションの準備をする
load Mult.hack,
```

```
output-file Mult.out,
compare-to Mult.cmp,
output-list RAM[2]%D2.6.2;

// 最初の2つのRAMセルにテスト用の値を設定する
set RAM[0] 2,
set RAM[1] 5;

// プログラムの実行を完了するのに十分なクロックサイクルを実行する
repeat 20 {
  ticktock;
}
output;

// プログラムをリセットし、別の値を設定する
set PC 0,
set RAM[0] 8,
set RAM[1] 7;

// Mult.hackは単純な反復加算アルゴリズムに基づいているため、
// 乗数が大きいほど多くのクロックサイクルが必要になる
repeat 50 {
  ticktock;
}
output;
```

変数

CPU エミュレータ上で実行されるスクリプトコマンドは、Hack コンピュータの以下の要素にアクセスできる。

A

アドレスレジスタの現在の値（符号なし 15 ビット）

D

データレジスタの現在の値（16 ビット）

PC

プログラムカウンタの現在の値（符号なし 15 ビット）

RAM[*i*]

RAM の位置 *i* の現在の値（16 ビット）

time
> シミュレーション開始からの**時間単位**——**クロックサイクル**、**ticktock** とも呼ぶ——の数（読み取り専用のシステム変数）

コマンド

CPU エミュレータは、以下の変更点を除き、「C.2　ハードウェアシミュレータでのチップのテスト」で説明したすべてのコマンドをサポートしている。

load *ProgName*
> *ProgName* は *Xxx*.asm または *Xxx*.hack のいずれかである。このコマンドは、機械語プログラム（テスト対象）をシミュレートされた命令メモリにロードする。プログラムがアセンブリで書かれている場合、シミュレータは load *ProgName* コマンドの実行の一部として、その場でバイナリに変換する。

eval
> CPU エミュレータでは使用されない。

builtInChipName method argument(s)
> CPU エミュレータでは使用されない。

ticktock
> このコマンドは tick と tock の代わりに使用される。各 ticktock はクロックを 1 時間単位（サイクル）進める。

デフォルトのテストスクリプト

```
// CPUエミュレータのデフォルトテストスクリプト
Default Test Script
  repeat {
  ticktock;
  }
```

C.4　VM エミュレータ上での VM プログラムのテスト

本書の **VM エミュレータ**は、7 章〜8 章で説明した仮想マシンの Java 実装である。VM エミュレータは、VM プログラムの実行をシミュレートする。また、コマンド操作や仮想メモリセグメントを可視化する機能がある。

VM プログラムは、1 つ以上の .vm ファイルで構成される。そして、VM プログラムのシミュレーションには以下の 4 つのファイルが関与する。

- テスト対象のプログラム：1 つの *Xxx*.vm ファイルまたは 1 つ以上の .vm ファイルを含む *Xxx* フォルダ
- （オプション）テストスクリプト：*Xxx*.tst
- （オプション）出力ファイル：*Xxx*.out
- （オプション）比較ファイル：*Xxx*.cmp

通常、これらのファイルは *Xxx* という同じ名前のフォルダに置かれる。

仮想メモリセグメント

VM コードの push と pop は、**仮想メモリセグメント**（argument、local など）を操作するように設計されている。これらのセグメントは、ホスト RAM に割り当てられなければならない。これは、VM エミュレータが VM コードの call、function、return の実行をシミュレートする際の副作用として行うタスクである。

スタートアップコード

VM 変換器が VM プログラムを変換する際、スタックポインタを 256 に設定し、Sys.init 関数を呼び出す機械語コードを生成する。Sys.init 関数は OS クラスを初期化し、Main.main を呼び出す。同様に、VM エミュレータが VM プログラム（1 つ以上の VM 関数の集合）を実行するよう指示された場合、Sys.init 関数の実行から開始するようプログラムされている。ロードされた VM コードに Sys.init 関数がない場合、エミュレータはロードされた VM コードの最初のコマンドから実行を開始する。

この機能は、2 つの章とプロジェクトにまたがる VM 変換器のユニットテストをサポートするために、VM エミュレータに追加された。「プロジェクト 7」では、push、pop、および算術コマンドのみを処理し、関数呼び出しコマンドを処理しない基本的な VM 変換器を実装する。このようなプログラムを実行したい場合は、VM コードで登場する仮想メモリセグメントを、ホスト RAM のどこかに固定しなければならない。都合が良いことに、この初期化はスクリプトコマンドによって実現できる。スクリプトコマンドを使用すれば、仮想セグメントをホスト RAM の任意の場所に固定できる。

例

FibonacciSeries.vm ファイルには、フィボナッチ数列の最初の n 個の要素を計算する一連の VM コードが含まれている。このコードは引数を 2 つ取る。ひとつは n、もうひとつは計算された要素を格納するメモリアドレスの開始位置である。**例C-3** に示すテストスクリプトは、引数 6 と 4000 でこのプログラムをテストする。

例C-3　VM エミュレータ上での VM プログラムのテスト

```
/* FibonacciSeries.vmプログラムは最初のnのフィボナッチ数列を計算する。このテストでは
   n=6であり、フィボナッチ数列はRAMアドレスの4000から4005に書き込まれる */
load FibonacciSeries.vm,
output-file FibonacciSeries.out,
compare-to FibonacciSeries.cmp,
output-list RAM[4000]%D1.6.2 RAM[4001]%D1.6.2 RAM[4002]%D1.6.2
            RAM[4003]%D1.6.2 RAM[4004]%D1.6.2 RAM[4005]%D1.6.2;

// プログラムのコードにはfunction/call/returnコマンドが含まれていない。そのため、
// スクリプトはスタック、ローカル、引数セグメントを明示的に初期化する
set SP 256,
set local 300,
set argument 400;

// 第1引数をn=6に、第2引数を数列が書き込まれるアドレスに設定し、
// プログラムの実行を完了するのに十分なVMステップを実行する
set argument[0] 6,
set argument[1] 4000;
repeat 140 {
  vmstep;
}
output;
```

変数

VM エミュレータ上で実行されるスクリプトコマンドは、仮想マシンの以下の要素にアクセスできる。

VM セグメントの内容

local[i]
　　local セグメントの i 番目の要素の値

argument[i]
　　argument セグメントの i 番目の要素の値

this[*i*]

　　this セグメントの *i* 番目の要素の値

that[*i*]

　　that セグメントの *i* 番目の要素の値

temp[*i*]

　　temp セグメントの *i* 番目の要素の値

VM セグメントのポインタ

local

　　RAM 内の local セグメントのベースアドレス

argument

　　RAM 内の argument セグメントのベースアドレス

this

　　RAM 内の this セグメントのベースアドレス

that

　　RAM 内の that セグメントのベースアドレス

実装固有の変数

RAM[*i*]

　　ホスト RAM の *i* 番目の位置の値

SP

　　スタックポインタの値

currentFunction

　　現在実行中の関数の名前（読み取り専用）

line

　　currentFunctionName.lineIndexInFunction の形式の文字列を含む（読み取り専用）。たとえば、実行が関数 Sys.init の 3 行目に達すると、line 変数には Sys.init.3 という値が含まれる。この仕組みは、ブレークポイントを設定する際に使用できる。

コマンド

VM エミュレータは、「C.2 ハードウェアシミュレータでのチップのテスト」で説明したすべてのコマンドをサポートしているが、以下の変更点がある。

load *source*

> オプションの *source* パラメータは、VM コードを含む *Xxx*.vm ファイル、または 1 つ以上の .vm ファイルを含む *Xxx* フォルダ名のいずれかである。.vm ファイルがカレントフォルダにある場合、*source* の指定は省略できる。

tick / tock

> VM エミュレータでは使用されない。

vmstep

> 単一の VM コードの実行をシミュレートし、コード内の次のコマンドに進む。

デフォルトのスクリプト

```
// VMエミュレータのデフォルトスクリプト
repeat {
  vmstep;
}
```

付録D
Hackのチップセット

チップは名前がアルファベット順に並んでいる。このドキュメントのオンライン版（https://github.com/oreilly-japan/the-elements-of-cs-2e-ja/blob/main/Hack-Chipset-API.md）も用意してある。ここで示すAPIフォーマットは便利である。チップを使用するには、以下のチップのテキストをHDLプログラムにコピー&ペーストし、足りないバインディング（**コネクション**とも呼ばれる）を記入する。

表D-1 APIフォーマット

API	説明
Add16(a= ,b= ,out=)	2つの16ビットの2の補数値を加算
ALU(x= ,y= ,zx= ,nx= ,zy= ,ny= , f= ,no= ,out= ,zr= ,ng=)	HackのALU
And(a= ,b= ,out=)	Andゲート
And16(a= ,b= ,out=)	16ビットAnd
ARegister(in= ,load= ,out=)	アドレスレジスタ（ビルトイン）
Bit(in= ,load= ,out=)	1ビットレジスタ
CPU(inM= ,instruction= ,reset= , outM= ,writeM= ,addressM= ,pc=)	Hack CPU
DFF(in= ,out=)	Dフリップフロップゲート（ビルトイン）
DMux(in= ,sel= ,a= ,b=)	入力を2つの出力のうち1つにルーティング
DMux4Way(in= ,sel= ,a= ,b= ,c= , d=)	入力を4つの出力のうち1つにルーティング
DMux8Way(in= ,sel= ,a= ,b= ,c= , d= ,e= ,f= ,g= ,h=)	入力を8つの出力のうち1つにルーティング
DRegister(in= ,load= ,out=)	データレジスタ（ビルトイン）
HalfAdder(a= ,b= ,sum= , carry=)	2ビットの足し算
FullAdder(a= ,b= ,c= ,sum= , carry=)	3ビットの足し算
Inc16(in= ,out=)	outをin+1に設定

表 D-1 API フォーマット（続き）

API	説明
Keyboard(out=)	キーボードのメモリマップ（ビルトイン）
Memory(in= ,load= ,address= , out=)	Hack プラットフォームのデータメモリ RAM
Mux(a= ,b= ,sel= ,out=)	2 つの入力から選択
Mux16(a= ,b= ,sel= ,out=)	2 つの 16 ビット入力から選択
Mux4Way16(a= ,b= ,c= ,d= ,sel= , out=)	4 つの 16 ビット入力から選択
Mux8Way16(a= ,b= ,c= ,d= ,e= , f= ,g= ,h= ,sel= ,out=)	8 つの 16 ビット入力から選択
Nand(a= ,b= ,out=)	Nand ゲート（ビルトイン）
Not(in= ,out=)	Not ゲート
Not16(in= ,out=)	16 ビット Not
Or(a= ,b= ,out=)	Or ゲート
Or16(a= ,b= ,out=)	16 ビット Or
Or8Way(in= ,out=)	8 入力 Or
PC(in= ,load= ,inc= ,reset= , out=)	プログラムカウンタ
RAM8(in= ,load= ,address= ,out=)	8 ワード RAM
RAM64(in= ,load= ,address= , out=)	64 ワード RAM
RAM512(in= ,load= ,address= , out=)	512 ワード RAM
RAM4K(in= ,load= ,address= , out=)	4K ワード RAM
RAM16K(in= ,load= ,address= , out=)	16K ワード RAM
Register(in= ,load= ,out=)	16 ビットレジスタ
ROM32K(address= ,out=)	Hack プラットフォームの命令メモリ（ROM、ビルトイン）
Screen(in= ,load= ,address= , out=)	画面のメモリマップ（ビルトイン）
Xor(a= ,b= ,out=)	Xor ゲート

付録E
Hackの文字セット

例E-1　文字セット

32:	space	64:	@	96:	`	128:	newLine
33:	!	65:	A	97:	a	129:	backSpace
34:	"	66:	B	98:	b	130:	leftArrow
35:	#	67:	C	99:	c	131:	upArrow
36:	$	68:	D	100:	d	132:	rightArrow
37:	%	69:	E	101:	e	133:	downArrow
38:	&	70:	F	102:	f	134:	home
39:	'	71:	G	103:	g	135:	end
40:	(	72:	H	104:	h	136:	pageUp
41:	)	73:	I	105:	i	137:	pageDown
42:	*	74:	J	106:	j	138:	insert
43:	+	75:	K	107:	k	139:	delete
44:	,	76:	L	108:	l	140:	esc
45:	-	77:	M	109:	m	141:	f1
46:	.	78:	N	110:	n	142:	f2
47:	/	79:	O	111:	o	143:	f3
48:	0	80:	P	112:	p	144:	f4
49:	1	81:	Q	113:	q	145:	f5
50:	2	82:	R	114:	r	146:	f6
51:	3	83:	S	115:	s	147:	f7
52:	4	84:	T	116:	t	148:	f8
53:	5	85:	U	117:	u	149:	f9
54:	6	86:	V	118:	v	150:	f10
55:	7	87:	W	119:	w	151:	f11
56:	8	88:	X	120:	x	152:	f12
57:	9	89:	Y	121:	y		
58:	:	90:	Z	122:	z		
59:	;	91:	[	123:	{		
60:	<	92:	\	124:	|		
61:	=	93:	]	125:	}		
62:	>	94:	^	126:	~		
63:	?	95:	_	127:	DEL		

付録 F
Jack OSのAPI

Jack 言語には、メモリ割り当て、数学関数、キーボード入力、画面出力などの基本的な OS サービスを提供する 8 つの標準クラスがある。付録 F では、これらのクラスの API について説明する。

F.1　Math

このクラスは、一般的に必要とされる数学関数を提供する。

```
function int multiply(int x, int y)
```
　　x と y の積を返す。Jack コンパイラがプログラムのコードで乗算演算子の∗を検出すると、この関数を呼び出して処理する。したがって、Jack の式の x ∗ y と関数呼び出しの Math.multiply(x,y) は同じ値を返す。

```
function int divide(int x, int y)
```
　　x / y の整数部分を返す。Jack コンパイラがプログラムのコードで除算演算子の / を検出すると、この関数を呼び出して処理する。したがって、Jack の式の x / y と関数呼び出しの Math.divide(x,y) は同じ値を返す。

```
function int min(int x, int y)
```
　　x と y の最小値を返す。

```
function int max(int x, int y)
```
　　x と y の最大値を返す。

```
function int sqrt(int x)
```
　　x の平方根の整数部分を返す。

F.2　String

　このクラスは char 型の文字列を表し、一般的に必要とされる文字列処理に関する
サービスを提供する。

```
constructor String new(int maxLength)
```
　　最大の長さが maxLength で、初期の長さが 0 の新しい空の文字列を生成する。

```
method void dispose()
```
　　この文字列を破棄する。

```
method int length()
```
　　この文字列の文字数を返す。

```
method char charAt(int i)
```
　　この文字列の i 番目の位置にある文字を返す。

```
method void setCharAt(int i, char c)
```
　　この文字列の i 番目の位置の文字を c に設定する。

```
method String appendChar(char c)
```
　　この文字列の末尾に c を追加し、この文字列を返す。

```
method void eraseLastChar()
```
　　この文字列から最後の文字を消去する。

```
method int intValue()
```
　　数字以外の文字が検出されるまでの文字列を整数値として返す。

```
method void setInt(int val)
```
　　この文字列が指定された値の表現を保持するように設定する。

```
function char backSpace()
```
　　バックスペース文字を返す。

```
function char doubleQuote()
```
　　二重引用符文字を返す。

```
function char newLine()
```
　　改行文字を返す。

F.3　Array

　Jack 言語では、配列は OS クラスである Array のインスタンスとして実装される。配列が宣言されると、arr[i] という構文を使用して配列要素にアクセスできる。Jack の配列は型付けされていない。配列の要素はプリミティブなデータ型またはオブジェクト型を保持できる。同じ配列内であっても、要素ごとに異なるデータ型を格納することが可能である。

```
function Array new(int size)
```
　　指定されたサイズの新しい配列を生成する。

```
method void dispose()
```
　　この配列を破棄する。

F.4　Output

　このクラスは、文字を表示するための関数を提供する。23 行（上から下へ 0...22 でインデックス付け）それぞれ 64 文字（左から右へ 0...63 でインデックス付け）からなる文字単位の画面を想定している。画面の左上の文字位置のインデックスは (0,0)である。文字は、高さ 11 ピクセル、幅 8 ピクセル（文字の間隔と行の間隔のマージンを含む）の長方形の画像を画面にレンダリングすることによって表示される。すべての文字のビットマップ画像（フォント）は、Output クラスのコードを調べることで見つけることができる。カーソルは塗りつぶされた小さな四角形で描画されており、次の文字が表示される場所を示す。

```
function void moveCursor(int i, int j)
```
　　カーソルを i 行目の j 列目に移動し、そこに表示されている文字をカーソルで上書きする。

```
function void printChar(char c)
```
カーソルの位置に文字を表示し、カーソルを 1 列前進させる。

```
function void printString(String s)
```
カーソルの位置から文字列の表示を開始し、カーソルを適切に進める。

```
function void printInt(int i)
```
カーソルの位置から整数の表示を開始し、カーソルを適切に進める。

```
function void println()
```
カーソルを次の行の先頭に進める。

```
function void backSpace()
```
カーソルを 1 列後方に移動する。

F.5 Screen

このクラスは、画面上にグラフィカルな図形を表示するための関数を提供する。
Hack の物理画面は、256 行（上から下へ 0...255 でインデックス付け）それぞれ 512
ピクセル（左から右へ 0...511 でインデックス付け）で構成されている。画面の左上
のピクセルのインデックスは (0,0) である。

```
function void clearScreen()
```
画面全体を消去する。

```
function void setColor(boolean b)
```
現在の色を設定する。この色は、後続のすべての drawXxx 関数呼び出しで使
用される。黒は true、白は false で表される。

```
function void drawPixel(int x, int y)
```
現在の色を使用して、(x,y) ピクセルを描画する。

```
function void drawLine(int x1, int y1, int x2, int y2)
```
現在の色を使用して、ピクセル (x1,y1) からピクセル (x2,y2) までの線を描
画する。

```
function void drawRectangle(int x1, int y1, int x2, int y2)
```
現在の色を使用して、左上隅が (x1,y1) で右下隅が (x2,y2) の塗りつぶされた長方形を描画する。

```
function void drawCircle(int x, int y, int r)
```
現在の色を使用して、(x,y) を中心とする半径 $r \leq 181$ の塗りつぶされた円を描画する。

F.6 Keyboard

このクラスは、標準キーボードからの入力を読み取るための関数を提供する。

```
function char keyPressed()
```
現在キーボードで押されているキーの文字を返す。現在押されているキーがない場合は 0 を返す。Hack の文字セット（付録 E を参照）のすべての値を認識する。これには、newLine（128、String.newLine() の戻り値）、backSpace（129、String.backSpace() の戻り値）、leftArrow（130）、upArrow（131）、rightArrow（132）、downArrow（133）、home（134）、end（135）、pageUp（136）、pageDown（137）、insert（138）、delete（139）、esc（140）、f1〜f12（141〜152）の文字が含まれる。

```
function char readChar()
```
キーボードのキーが押されて離されるまで待ち、対応する文字を画面に表示して、その文字を返す。

```
function String readLine(String message)
```
メッセージを表示し、newLine 文字が検出されるまでキーボードから入力された文字列を読み取り、文字列を表示して、その文字列を返す。ユーザーのバックスペースの入力も処理する。

```
function int readInt(String message)
```
メッセージを表示した後、キーボードからの入力を受け付ける。newLine 文字が入力されるまで文字列を読み取り、その文字列を画面に表示する。そして、読み取った文字列を整数として解釈し、その値を返す。ただし、最初の数字以外の文字が現れた時点で整数の読み取りを終了する。ユーザーのバックス

ペースの入力も処理する。

F.7　Memory

このクラスは、メモリ管理のサービスを提供する。Hack の RAM は 32,768 ワードで構成され、各ワードは 16 ビットのバイナリデータを保持する。

function int peek(int address)
　RAM[address] の値を返す。

function void poke(int address, int value)
　RAM[address] を指定された value に設定する。

function Array alloc(int size)
　指定された size の利用可能な RAM ブロックを見つけ、そのベースアドレスを返す。

function void deAlloc(Array o)
　指定されたオブジェクトを配列としてキャストし、解放する。つまり、このアドレスから始まる RAM ブロックを将来のメモリ割り当てで使用できるようにする。

F.8　Sys

このクラスは、プログラム実行に関する基本的なサービスを提供する。

function void halt()
　プログラムの実行を停止する。

function void error(int errorCode)
　ERR<errorCode>の形式を使用してエラーコードを表示し、プログラムの実行を停止する。

function void wait(int duration)
　約 duration ミリ秒待機してから戻る。

付録 G
オンラインIDEの使い方

斎藤 康毅

本付録は日本語版オリジナルの記事である。本稿では、「Nand to Tetris」のオンライン IDE（https://nand2tetris.github.io/web-ide）について説明する。また、このツールを使ってプロジェクトに取り組む方法を解説する。

G.1　オンライン IDE の概要

「Nand to Tetris」には、一連のソフトウェアツールが付属している。これらのツールを使って、本書のプロジェクトに取り組むことができる。本稿執筆時点（2024 年 9 月）で、デスクトップ版とオンライン版の 2 つのバージョンが提供されている。

デスクトップ版のソフトウェアスイート

手元のパソコンで動作する Java プログラム。本書では主に、このバージョンのツールを使って説明されている。

オンライン IDE（統合開発環境）

ブラウザ上で動作するオンライン版の IDE で、プロジェクトの開発に必要なほぼすべてのツールが用意されている。作成したファイルはブラウザのストレージに自動で保存され、必要に応じて手元のパソコンへダウンロードできる。

ソフトウェアツールは両バージョンともに、無料でオープンソースとして提供されている。本稿では、後者のオンライン IDE について説明する。

G.2　オンライン IDE の主要ツール

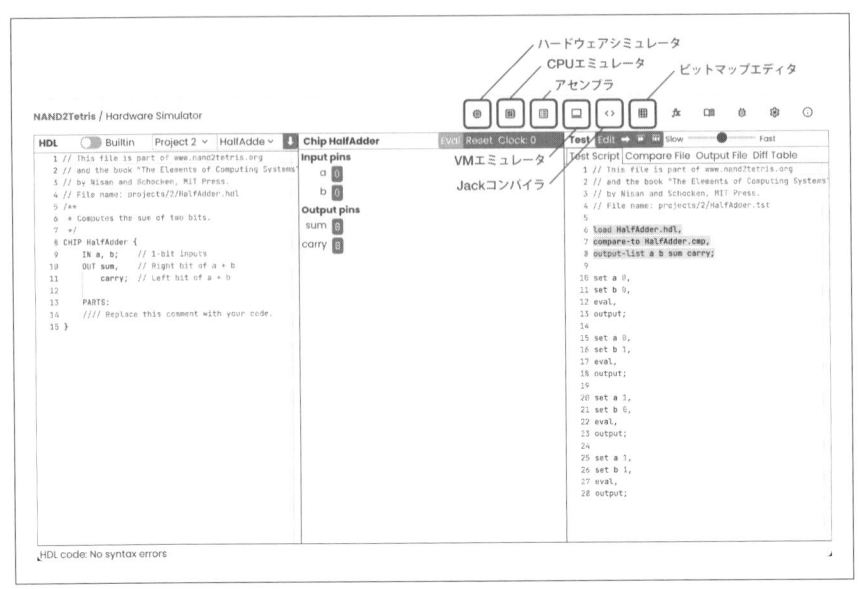

図 G-1　オンライン IDE の画面

　オンライン IDE には、以下のツールが用意されている。**図 G-1** に示すとおり、各ツールはアイコンメニューから選択することができる。

ハードウェアシミュレータ（⊕）

　チップの設計に用いる。HDL 用のエディタがあり、シミュレーションとテストに必要な機能を備える。

　関連プロジェクト：1、2、3、5 章

CPU エミュレータ（⊞）

　Hack コンピュータ（CPU、RAM、ROM、画面、キーボード）をエミュレートする。機械語コードをロードすることができる（直接入力することも可能）。

　関連プロジェクト：4、7、8、9 章

アセンブラ（目）

　Hack アセンブリ言語で書かれたプログラムを Hack バイナリコードに変換す

る。

関連プロジェクト：4、6 章

VM エミュレータ（□）

VM コードを実行する仮想マシンをエミュレートする。VM エミュレータは、VM コードの実行やデバッグに使用される。

関連プロジェクト：7、8、9、11、12 章

Jack コンパイラ（‹›）

Jack プログラムを VM コードへ変換する。変換された VM コードは、VM エミュレータにロードして実行可能。

関連プロジェクト：9、12 章

ビットマップエディタ（▦）

スプライトなどのビジュアル要素設計ツール。Hack コードまたは Jack コードを生成する。主にゲームなどのグラフィックスを使用するプログラムの開発に活用される。

関連プロジェクト：9 章

以降、各ツールの使い方について説明する（ビットマップエディタについては必須ツールではないため省略する）。

G.3　ハードウェアシミュレータ

ハードウェアシミュレータは、「Nand to Tetris」のプロジェクト 1、2、3、5 で扱うすべてのチップの実装とテストに使用される。各チップは `chipName.hdl` のようなファイルで定義され、これらファイルは自動的にブラウザのストレージに保存される。次回ハードウェアシミュレータを使用する際には、ブラウザのストレージに保存されたファイルが表示される。**図 G-2** に示すとおり、シミュレータには 3 つのパネル―― HDL パネル、ピンパネル、テストパネル――がある。以下、各パネルの機能について説明する。

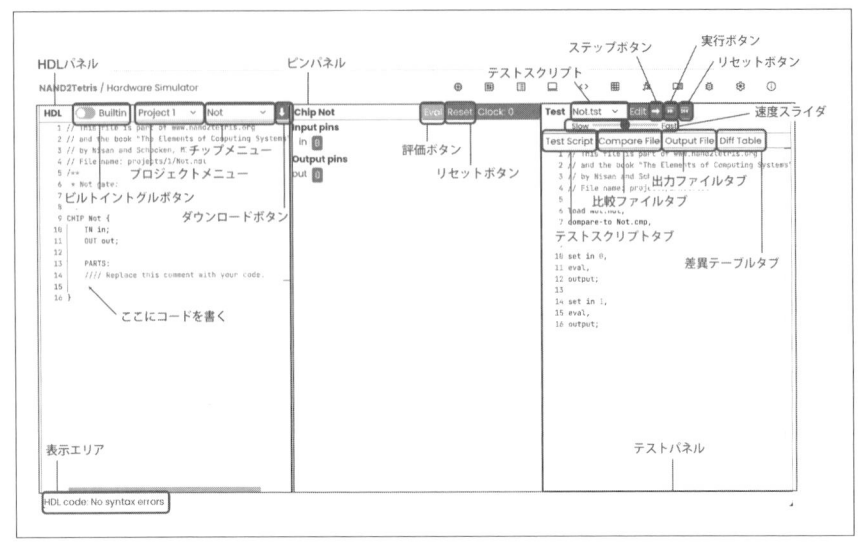

図 G-2　ハードウェアシミュレータの画面

HDL パネル

　チップ（HDL プログラム）を実装するには、プロジェクトメニューとその右隣の
チップメニューからチップ名を選択する。これにより、HDL プログラムがロードさ
れ、チップのピンが表示され、チップのテストスクリプトが表示される。HDL パネ
ルはエディタとして機能し、チップの実装コードを編集できる。

　HDL プログラムに加えた変更は自動的にブラウザのストレージに保存される。ダ
ウンロードボタン（⬇）をクリックすることにより、現在のプロジェクトのすべての
.hdl ファイルがダウンロードされる。

　プロジェクト 1、2、3、5 の各チップにはビルトイン版がある。ビルトイン版には
チップのインターフェースとビルトイン実装が含まれている。ビルトイン版を使用す
ると、HDL で実装する前にチップ挙動を実験できる。これを行うには、HDL パネル
の「Builtin」と書かれたトグルボタンをオンにする。

ピンパネル

　チップの入力ピン、出力ピン、内部ピンの名前と現在の値を表示する。ピンの値
は、ユーザーが Eval（評価）ボタンをクリックするか、チップのテストスクリプトで
eval コマンドが実行されると、チップの実装コードにしたがって計算される。チッ

プを対話的に評価するには、入力ピン値を変更し、Eval（評価）ボタンをクリックする。

　順序回路チップを内部パーツとして使用するチップは、自身も順序回路チップとなる。クロックとリセット機能は順序回路チップにのみ適用される。ステップボタン（■）をクリックすると1クロックだけ進行し、リセットボタン（■）でクロックを初期化できる。

テストパネル

　テストパネルには、ロードされたチップ用に提供されたテストスクリプトが表示される。黄色でハイライトされた「現在のコマンド」は、次に実行されるテストスクリプトコマンドである。チップをテストするには、ステップボタン（■：現在のコマンドを実行）、実行ボタン（■：現在のコマンドから先のテストスクリプト全体を実行）、またはリセットボタン（■：スクリプトの最初のコマンドを現在のコマンドにする）を使用する。速度スライダを使用して、スクリプトの実行速度を調整できる。

　比較ファイルとテストスクリプトによって生成された出力ファイルは、それぞれのタブをクリックすることで表示できる。

G.4　CPU エミュレータ

　CPU エミュレータは、Hack コンピュータ上での Hack プログラムの実行をエミュレートするために使用される。CPU エミュレータは、バイナリまたはアセンブリ形式の Hack プログラムをロードし、実行する。CPU エミュレータの画面を**図G-3**に示す。

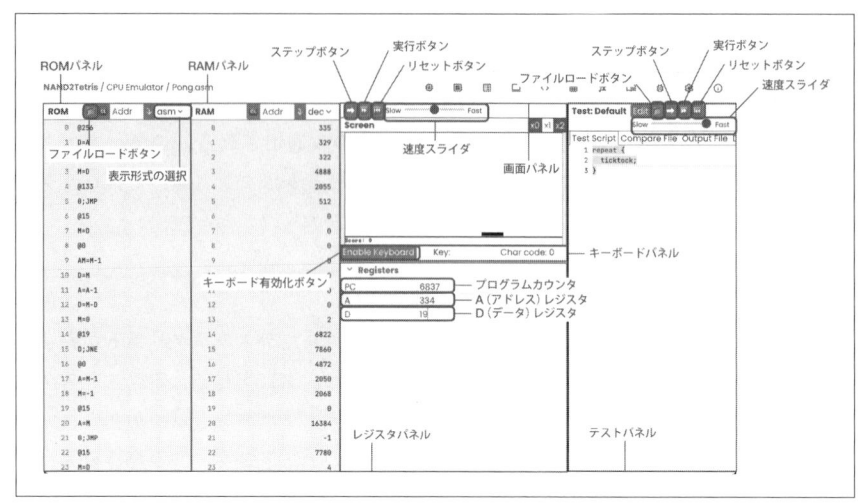

図 G-3　CPU エミュレータの画面

ROM パネル

　命令メモリを表示する。ファイルロードボタン（）から .asm または .hack ファイルをロードすることができる。CPU エミュレータには組み込みのアセンブラがあり、.asm ファイルがロードされると、アセンブラにより各記号命令がバイナリに変換される。

RAM パネル

　データメモリを表示する。RAM パネルの表示形式メニューを使用して、ロードされたコードを記号形式またはバイナリ形式で検査できる。

画面パネル

　画面は 256 行あり、各行に 512 個の白黒ピクセルがある。画面は画面メモリマップ（RAM アドレス 16,384 から 24,575）から継続的に更新される。これらのアドレスに値を書き込むと、画面上に白黒ピクセルが描画される。

キーボードパネル

　Enable Keyboard（キーボード有効化）ボタンをクリックすると、キーボードが有効になり、キーボードメモリマップ（RAM アドレス 24,576）にキー入力が書き込

まれる。またキーボードの表示エリアには、この文字コードが表示される。

レジスタパネル

PC、A レジスタ、D レジスタが表示される。

テストパネル

テストスクリプトが表示される。スクリプトのコマンドを実行するには、テストパネルのステップ/実行/リセットボタン（⧉/⧉/⧉）を使用する。

プログラムの実行手順

Hack プログラムの実行手順は以下のとおりである。

1. ROM パネルのファイルロードボタン（⧉）をクリックして、.asm または.hack ファイルをロードする。
2. プログラムが入力処理を行う場合、関連する RAM アドレスにテスト値を入力する。
3. プログラムのコードを実行するには、画面パネルのステップ/実行/リセットボタン（⧉/⧉/⧉）を使用する。
4. プログラムフォルダにテストスクリプトが含まれている場合、テストスクリプトがテストパネルにロードされる。スクリプトのコマンドを実行するには、テストパネルのステップ/実行/リセットボタン（⧉/⧉/⧉）を使用する。

G.5　アセンブラ

アセンブラは、Hack のアセンブリ言語で書かれたプログラムを、Hack の機械語に変換する。具体的に、アセンブラは以下の目的で使用される。

- プログラムを記号コードからバイナリコードへ変換する。
- 学習目的のためにアセンブリの過程を確認する。
- 別のアセンブラの正確性をテストする（2 つのバイナリコードファイルを比較する）。

アセンブラの画面は**図G-4** に示すとおり、4 つのパネルで構成される。

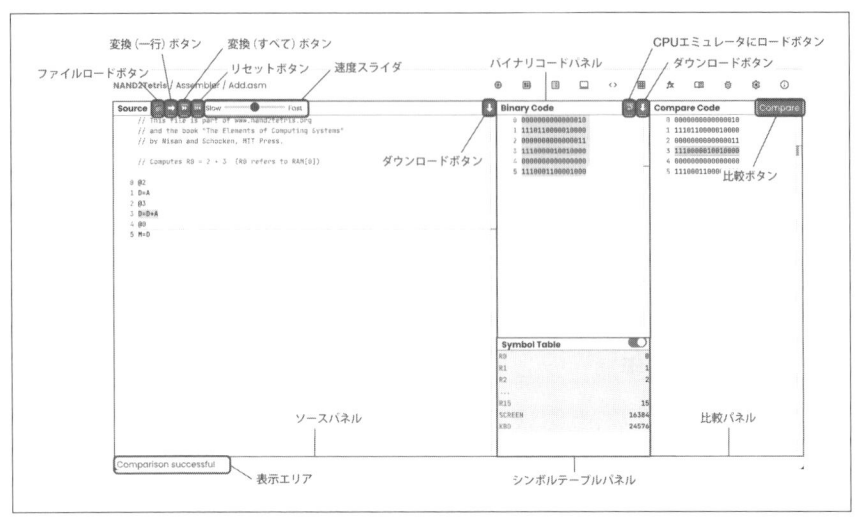

図 G-4　アセンブラの画面

ソースパネル

　ソースパネルには、コードを直接書くことができる。ファイルをロードするには、ソースパネルのファイルロードボタン（🖼）をクリックする。エディタで行った変更はブラウザのストレージに自動的に保存される。「変換（1 行）」ボタン（➡）をクリックすると、現在の行が 1 行だけ変換される。また、「変換（すべて）」ボタン（⏩）をクリックすると、全行が変換される。変換速度は速度スライダを使用して制御できる。

バイナリコードパネル

　アセンブリコードから変換されたバイナリコードが表示される。バイナリコードは、アセンブリコードの各命令に対応する。「CPU エミュレータにロード」ボタン（➡）をクリックすると、バイナリコードが CPU エミュレータにロードされる。

シンボルテーブルパネル

　アセンブリコード内のシンボルとそのアドレスが表示される。シンボルテーブルは、アセンブリコード内のラベルとそのアドレスの対応を示す。

比較パネル

　別のアセンブラを実装し、正しくコードを生成しているかチェックしたい場合に使

用する。そのためには、自作のアセンブラとこのアセンブラで同じアセンブリプログラムを変換する。次に、自作のアセンブラが生成したコードを比較パネルにコピー＆ペーストし、「Compare」ボタンをクリックする。比較結果は、下部の表示エリアに表示される。

G.6　VM エミュレータ

VM エミュレータは、VM プログラムを実行するために使用される。VM プログラムは通常、高水準言語プログラムのコンパイル結果である。VM エミュレータの画面を**図G-5**に示す。

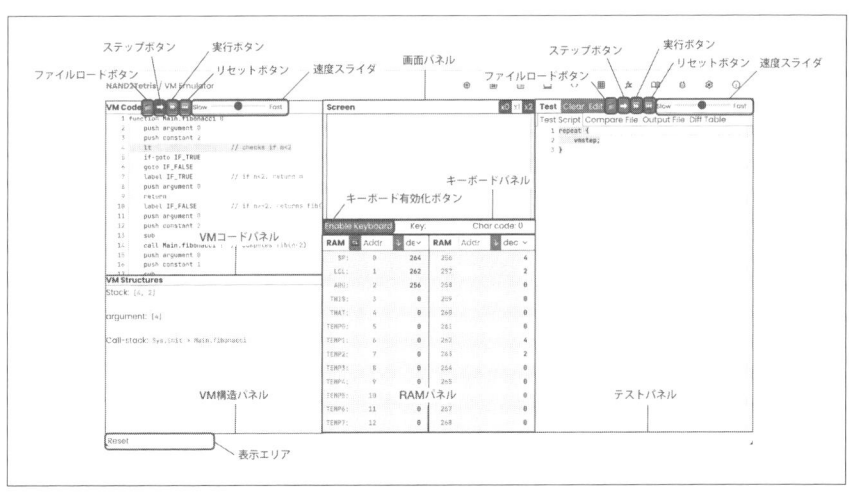

図 G-5　VM エミュレータの画面

VM コードパネル

VM エミュレータは、VM プログラムをロードして実行する。VM プログラムは、VM 言語で書かれた 1 つ以上の.vm ファイルの集合である。VM プログラムをロードするには、VM コードパネルのファイルロードボタン（▨）をクリックする。フォルダ内のすべての.vm ファイルがロードされ、VM エミュレータによって実行される。

VM 構造パネル

　VM プログラムの構造を表示する。具体的には、スタック、コールスタック、仮想メモリセグメント（ローカル、引数など）で構成される。

画面パネル

　ロードされたコードに画面を操作する命令が含まれている場合、画面パネルに表示される。画面のアニメーションが遅すぎる（もしくは速すぎる）場合は、コードをリセットし、実行速度を変更してコードを再実行する。

キーボードパネル

　ロードされたコードにキーボードからの入力命令が含まれている場合は、Enable Keyboard（キーボード有効化）ボタンをクリックする。これにより、ホストキーボードからの入力が VM エミュレータに送信される。

RAM パネル

　RAM パネルは Hack コンピュータのホスト RAM を表示する。RAM パネルには 2 つの表示エリアがあり、どちらも同じ RAM デバイスと同じアドレス空間を示す。各表示エリアは独立してスクロールできる。2 つの表示エリアは、RAM の異なる部分を同時に表示するのに役立つ。

テストパネル

　テストスクリプトが表示される。スクリプトのコマンドを実行するには、テストパネルのステップ/実行/リセットボタン（⏭/⏩/⏮）を使用する。

G.7　Jack コンパイラ

　Jack コンパイラは、Jack プログラムを VM コードにコンパイルするために使用される。Jack プログラムは、Jack 言語で書かれた 1 つ以上の .jack ファイルの集合である。プログラムファイルは 1 つのフォルダに保存する必要があり、そのフォルダの名前がプログラムの名前となる。Jack プログラムが 1 つのファイル（例：Average.jack）のみで構成されている場合でも、このファイルをプログラムフォルダに入れる必要がある。Jack コンパイラの画面を**図 G-6** に示す。

図 G-6　Jack コンパイラの画面

ソースパネル

　ソースパネルでプログラムフォルダをロードできる。ホストファイルシステムか
らフォルダをロードする際、コンパイラはそのフォルダ内のすべての.jack ファイ
ルを開き（特定の順序はない）、各ファイルを別々のタブに配置する。ソースパネル
のコードは編集可能である。また、新規ファイルボタン（■）により、新しい.jack
ファイルを追加することもできる。

　Compile（コンパイル）ボタンをクリックすると、開いているすべての Jack ファ
イルがコンパイルされる。構文エラーがある場合、表示エリアにエラーメッセージが
表示される。

　コンパイルが成功した後、Jack プログラムを実行できる。実行するには、Run（実
行）ボタンをクリックする。この操作により、VM エミュレータに画面が移動する。
その後、VM エミュレータを使用してコンパイルされたコードを実行できる。

G.8　日本語版のサポートサイト

　本書のサポートサイトでは日本語版の正誤表や、その他の補足情報を提供している。

https://github.com/oreilly-japan/the-elements-of-cs-2e-ja

索引

ま行

● 著者紹介

Noam Nisan（ノーム・ニッサン）

エルサレム・ヘブライ大学（イスラエルの国立大学）の Computer Science and Engineering 学部の学部長。

Shimon Schocken（シモン・ショッケン）

コンピュータサイエンスの教授。イスラエルのライマン大学（IDC Herzlia）の Efi Arazi School of Computer Science 学部の創設者兼学部長。

● 訳者紹介

斎藤 康毅（さいとう こうき）

1984 年長崎県対馬生まれ。東京工業大学工学部卒、東京大学大学院学際情報学府修士課程修了。現在、企業にて人工知能に関する研究開発に従事。著書に『ゼロから作る Deep Learning』『ゼロから作る Deep Learning ❷』『ゼロから作る Deep Learning ❸』『ゼロから作る Deep Learning ❹』『ゼロから作る Deep Learning ❺』、翻訳書に『実践 機械学習システム』『実践 Python 3』（以上、オライリー・ジャパン）などがある。

コンピュータシステムの理論と実装 第2版
——モダンなコンピュータの作り方

2024年11月28日　　初版第 1 刷発行

著　　　者	Noam Nisan（ノーム・ニッサン）	
	Shimon Schocken（シモン・ショッケン）	
訳　　　者	斎藤 康毅（さいとう こうき）	
発　行　人	ティム・オライリー	
制　　　作	アリエッタ株式会社	
印刷・製本	三美印刷株式会社	
発　行　所	株式会社オライリー・ジャパン	

〒160-0002　東京都新宿区四谷坂町12番22号
Tel　（03）3356-5227
Fax　（03）3356-5263
電子メール　japan@oreilly.co.jp

発　売　元　　株式会社オーム社

〒101-8460　東京都千代田区神田錦町3-1
Tel　（03）3233-0641（代表）
Fax　（03）3233-3440

Printed in Japan（ISBN978-4-8144-0087-4）
乱丁本、落丁本はお取り替え致します。